滇中地区种子植物名录

王焕冲　杨　凤　张荣桢　主编

科学出版社

北　京

内 容 简 介

　　本书是基于编者团队近年野外调查的一手成果，在对历史资料和标本全面收集和整理基础上编写而成的。本书共收录种子植物 6208 种（包括种下单元），分属 209 科 1644 属，其中裸子植物 9 科 66 种，被子植物 200 科 6142 种。书中收录了原生物种和逸野归化类群，同时收录有少量重要和常见的栽培植物，但暂不收录大多数近年来引种的园林园艺植物和其他各类经济植物。本书裸子植物部分依据 Christenhusz 系统（2011），被子植物依据 APG Ⅳ系统（2016）排列，科内物种均以学名的拉丁字母排序。

　　本书可供高等院校生态学、生物学相关专业师生参考使用，也可供相关领域的研究人员，以及生态保护、环境、农林等管理部门的工作人员和植物爱好者参考。

图书在版编目（CIP）数据

　　滇中地区种子植物名录/王焕冲，杨凤，张荣桢主编. —北京：科学出版社，2022.6
　　ISBN 978-7-03-058236-2

　　Ⅰ. ①滇⋯　Ⅱ. ①王⋯　②杨⋯　③张⋯　Ⅲ. ①种子植物–云南–名录　Ⅳ. ①Q949.408-62

　　中国版本图书馆 CIP 数据核字(2022)第 118299 号

责任编辑：王海光　王　妤 / 责任校对：郑金红
责任印制：吴兆东 / 封面设计：蓝正设计

科学出版社 出版
北京东黄城根北街 16 号
邮政编码：100717
http://www.sciencep.com
北京中科印刷有限公司 印刷
科学出版社发行　各地新华书店经销
＊
2022 年 6 月第 一 版　开本：720×1000　1/16
2022 年 6 月第一次印刷　印张：13 3/4
字数：286 000
定价：168.00 元
(如有印装质量问题，我社负责调换)

前　言

植物名录是一个地区植物资源的"点名册"和"户口本"，作为基础的背景资料，对植物资源的开发利用、生物多样性保护、生态环境改善等工作具有重要意义。地区生物物种名录以最简洁的方式编目特定区域内所有物种，记录学名和分布等关键信息，在网络高度发达的今天尤具价值，因为学名是物种唯一的身份识别码，通过学名可以轻松查询到与该物种关联的海量资料和信息，从而可以整合生物多样性信息，为人才培养、科研和生产服务。生物物种名录也是分类学研究进展的重要标志，是各种志书编研必需的基础。

滇中地区位于云南省中部到东部，以昆明为中心，主要包括昆明、曲靖、玉溪和楚雄 4 个州市，总面积 9 万多平方千米，约占全省总面积的四分之一。滇中是一个自然条件复杂、多样、独特的自然地理单元，其北界位于川滇交界的金沙江河谷，与川西高原相接，南达红河州和文山州的北部，西可至苍山-哀牢山一线，与横断山毗邻，东部与贵州高原相接。滇中地区耕地集中，人口密集，城镇化水平高，工业基础好，地域优势强，是云南省经济社会发展的核心区域；同时滇中也是植物资源丰富、类型多样的植物物种多样性富集区。从植物区系地理学角度来看，滇中是东亚植物区系的一个重要组成部分，亚热带性质显著。该区域地处中国植物区系的重要中间过渡地带，区域以东是中国-日本森林植物亚区，以西则是中国-喜马拉雅森林植物亚区，南接典型的热带及亚热带植物区系，向北则逐渐过渡为温带植物区系，因此该植物区系中替代和过渡现象极为显著，是区系地理中东西交汇和南北相通的关键区域。古地中海成分、康滇古陆成分、第三纪成分、东亚成分、热带亚洲成分和北温带成分等众多区系来源在此汇合，经过漫长地质历史过程相互融合，相互交流，共同形成如今丰富而独特的植物多样性。由于独特的自然地理环境和气候条件，滇中地区植物区系的特有现象也特别突出，既有古特有类群，也富含新特有类群。特别在种级水平上，滇中地区是我国西南地区众多特有物种的集中分布区。

本书的最初蓝本是 20 世纪 60 年代由云南大学朱维明先生等编写的《昆明野生及习见栽培植物初步名录》油印本。1981 年 2 月，云南大学生物系植物教研室黄素华等老师在朱先生的基础上，进行修改和补充完善，编写完成《昆明地区种子植物名录》，该书主要覆盖当时昆明的四区四县（五华区、盘龙区、官渡区、西山区、呈贡县、富民县、安宁县、晋宁县）和邻近的嵩明、寻甸、武定等地，共收录种子植物 2500 余种。20 世纪八九十年代至 21 世纪初，《昆明地区种子植物名录》一直是云南大学植物学野外实习的参考书，服务了一代又一代的学子，在人才培养中发挥了重要作用。该书还被广泛交流到国内外学者手中，受到了学界的好评。近年来，编者在实习和野外科学考察过程中，逐渐认识到滇中是云南省植物资源调查和研究的薄弱地区，有必要在前人基础上对滇中地区植物资源做系统的调查和梳理，整合最新的研究成果和资料，弄清本底，编写名录，满足教学、科研和生产实践的需要。

近年来，本书编者课题组结合云南大学生态学与生物学野外实习基地建设工作，以及植物资源调查相关科研项目，进行了大量的野外调查和研究工作，采集标本近2万号。基于上述工作基础我们编写了本书，本书与前期已经出版的《滇中地区野生植物识别手册》是姊妹篇。该手册收录野生维管植物1115种，其中石松类与蕨类植物19科55种，裸子植物3科11种，被子植物138科1049种。除了课题组野外调查和整理标本所获取的第一手资料外，本书同时参考了《云南植物志》《云南种子植物名录》《昆明种子植物要览》《昆明地区种子植物名录》等资料。本书共收录种子植物209科1644属6208种（包括种下单元），其中裸子植物9科66种，被子植物200科6142种。本书收录了原生物种和逸野归化类群，同时收录少量重要和常见的栽培植物，但暂不收录大多数近年来引种的园林园艺植物和其他各类经济植物。所收录物种至少有1号采自滇中的标本为凭证，或者为权威分类学文献所记载。全书裸子植物部分依据Christenhusz系统（2011），被子植物依据APG Ⅳ系统（2016）排列，科内物种均以学名的拉丁字母排序。

本书是集体努力的成果，物种鉴定和收录甄别主要由王焕冲负责和把关；除此之外，课题组的研究生做了大量具体细致的工作。野外调查工作得到了地方林业和草原局和保护区的一些同仁的大力帮助，在此深表感谢！特别感谢云南大学宏观生物学教研团队的各位老师和同事，多年来给予我们持续不断的关心和帮助，鼓励我们完成本书的编写工作。本书出版得到了云南大学"双一流"建设人才培养专项建设经费（C1762101030038）的资助；野外调查工作得到了国家自然科学基金（31960040）、第二次青藏高原综合科学考察研究（2019QZKK0502）、第四次全国中药资源普查（祥云县、峨山县、易门县、绥江县）（财社〔2017〕66号）、云南省省级环境保护专项资金（2014BI0014）、第二次全国重点保护野生植物资源调查（大理白族自治州、玉溪市）等项目的部分资助，在此表示感谢！

本书虽已完稿，但我们内心仍存惶惶。滇中地区仍然有许多调查薄弱或者空白地区，许多类群仍待进一步研究和核实，因此后续仍需做大量踏踏实实的工作。本书内容虽经反复核对检查，但正如古人所言，"校书犹扫落叶，随扫随有"，错漏之处在所难免，恳请有关专家和读者朋友不吝指正，以便我们进一步完善。

编　者
2021年5月于昆明·云南大学东陆园

编 写 说 明

1. 地理范围

本书所指的滇中地区主要以云南省中部的昆明市、曲靖市、玉溪市、楚雄彝族自治州 4 个州市为主体。

2. 类群收录标准

本书尽可能多地收录滇中地区野生种子植物，包括原生物种和逸野归化种类。同时收录少量重要和常见的栽培植物，但暂不收录近年来新引种的园林园艺植物和其他各类经济植物。本书数据主要来源于云南大学植物标本馆在野外调查和标本研究过程所获取的一手资料，并参考了《云南植物志》《云南种子植物名录》《昆明种子植物要览》《昆明地区种子植物名录》等资料。书中收录物种至少有 1 号采自滇中的标本为凭证，或者为权威分类学文献所记载。

3. 植物名称及分类处理

本书中被子植物科的界定参照最新分类系统，主要参考了被子植物系统发育网站（Angiosperm Phylogeny Website）（http://www.mobot.org/MOBOT/research/APweb）。物种学名主要参考《中国植物志》（1959~2004）及其英文修订版 *Flora of China*（1994~2013）。此外，根据最新研究进展，对一些类群的学名进行了更新。基于篇幅和使用方便的考虑，学名的原始文献在书中不作引证，异名仅收录先前曾在国内被广泛使用的名称及容易引起混淆的名称；学名的命名人缩写与"国际植物名称索引"（International Plant Names Index，IPNI）（https://www.ipni.org）一致。中文名主要参考《中国植物志》和《云南植物志》，但在部分类群上遵循云南的普遍用法，如 *Castanopsis* 称为"栲属"而不是"锥属"。物种名称和范畴充分考虑各类分类学文献和资料的一致性，当存在不一致时，结合模式、标本和野外经验综合判断；在信息不足的情况下，则以 *Flora of China* 和最新的分类研究结果为准。

4. 名录排序

本书中裸子植物部分依据 Christenhusz 系统（2011），被子植物依据 APG Ⅳ 系统（2016）排序。科下属种均按学名的拉丁字母排序。

5. 地理分区

根据滇中各区域自然地理特点和植物区系分化规律，本书将滇中地区分为 7 个区（文中以大写罗马数字标注），每个区具体地理范围如下。

Ⅰ区：滇中中部，包括安宁市、富民县、嵩明县、西山区、五华区、官渡区、盘龙区、呈贡区、晋宁区、澄江市、江川区、通海县、华宁县、红塔区等。

Ⅱ区：滇中北部及东北部，包括禄劝彝族苗族自治县、寻甸回族彝族自治县、东川区、会泽县等。

Ⅲ区：滇中东部，包括宣威市、沾益区、马龙区、麒麟区、富源县、陆良县、罗平县等

Ⅳ区：滇中东南部，包括师宗县、宜良县、石林彝族自治县等。

Ⅴ区：滇中西南部，包括易门县、峨山彝族自治县、双柏县、新平彝族傣族自治县、元江哈尼族彝族傣族自治县等。

Ⅵ区：滇中西部，包括楚雄市、禄丰市、南华县、牟定县、姚安县等。

Ⅶ区：滇中西北部，包括大姚县、永仁县、元谋县、武定县等。

6. 图例与注释

1）科名前面的数字表示分类系统中的科号，其中裸子植物的科号前加大写字母"G"以区别于被子植物。

2）物种中文名右上角的*表示该植物为栽培植物。

3）物种中文名右上角的#表示该植物为归化种或入侵物种。

4）物种在地理分布上的特有性通过在学名前加标识进行区分：★（中国特有）、▲（云南特有）、●（滇中地区特有）。

5）大写罗马数字表示物种在滇中的分布区域（具体含义参见 5. 地理分区）。

6）√表示该物种在本书姊妹篇《滇中地区野生植物识别手册》中有收录并配有彩图。

7. 索引

限于篇幅和出于使用方便的考虑，本书纸质版书后仅列出科名索引（包括中文名索引、学名索引）。种名索引（包括中文名索引、学名索引）以电子版形式展示，可通过扫描封底二维码阅读和使用。

目　　录

总　　论

1.1　滇中地区自然环境概况

1.1.1　地理位置

滇中地区位于云南省中部至北部，是以昆明为中心，半径 150~200 km 的地理区域，行政区划上主要包括昆明、曲靖、玉溪和楚雄 4 个州市。地理坐标北纬 24°15′~27°05′东经 101°00′~105°00′，总面积 9 万多平方千米，约占全省总面积的四分之一。滇中地区是云贵高原的重要组成部分，同时也是一个自然条件复杂、多样、独特的自然地理单元，其北界位于川滇交界的金沙江河谷，与川西高原相接，南达红河州和文山州的北部，西可至苍山-哀牢山一线，与横断山毗邻，东部与贵州高原相接。滇中地区耕地集中，人口密集，城镇化水平高，工业基础好，地域优势强，是云南省经济社会发展的核心区域。

1.1.2　地质历史

大地构造上，滇中地区的主体位于扬子准地台的西南角，其西为著名的三江褶皱系，东南接华南褶皱系。滇中地区所在的云南高原地区在中生代构造运动期上升成陆，并伴生断裂和凹陷，形成山地和山间盆地，结束了云南高原的洋壳岩石圈演化历史，使云南高原进入了陆内环境演化阶段（明庆忠和潘玉君，2002）。早更新世晚期，受发生在青藏高原的昆黄运动影响，区域内发生了一次明显的构造运动——元谋运动，造成下更新统的褶皱、断裂变形和金沙江的全线贯通（程捷等，2001）。在中新世-上新世时期，受喜马拉雅运动第 Ⅱ 幕的强烈影响，发生强烈的差异性升降运动，并伴随断裂、断块运动，使高原抬升，但在云南各地抬升幅度并不同，总体表现为西高东低、北高南低的地势，并在抬升过程中由于地块的差异运动，相继出现众多中小型沉积盆地和构造盆地，该期基本上奠定了云南今日轮廓雏形。至上新世晚期，地表起伏和缓，断陷湖盆已具雏形，地面湖沼广布，水流侵蚀微弱，为准平原末期转向断陷湖盆与辐射状沟系的过渡时期。在这一时期形成了云南统一夷平面（云南高原面）（明庆忠和潘玉君，2002）。在上新世末，青藏高原开始强烈隆升，形成青藏运动的 B 幕，一方面带动周围地区作不同程度的隆升，另一方面则因其向外的冲掩而在川滇黔地区形成一近 SSW-NNE 挤压场，导致云南高原面肢解破碎，位移解体（吴根耀，1992）。

1.1.3　地形地貌

　　云贵高原是我国四大高原之一，大致以乌蒙山为界可以分为东西两部分，东为贵州高原，西为云南高原，云南高原为丘陵状高原，平均海拔 2000m 左右，高原面多山间盆地（俗称"坝子"），地势北高南低，由北向南呈阶梯式下降。滇中地区是云南高原的核心地带，全区海拔高差显著，最大高差超过 4000m，最高点位于北部的拱王山主峰雪岭，海拔 4344.1m，是我国青藏高原以东地区海拔最高的山地，最低点位于元江县小河底河与元江南端交汇处的南昏，海拔仅 328m。在地壳升降运动和断裂作用，以及长期外力作用影响下，滇中地区山地、峡谷、高原、盆地、湖泊交错分布，地表形态错综复杂，地形地貌复杂多样。

　　滇中地区各区域地形地貌分化显著。滇中地区中部为著名的"断陷湖盆区"，密集分布大量的断陷盆地群，其中昆明盆地面积达 763.6km²。这些盆地海拔为 1700~2000m，与周围山地高差 200~500m。盆地中湖泊广布，有滇池、抚仙湖、阳宗海等。盆地周边山地发达，但面积普遍不大，海拔一般为 2300~2600m，其中以呈贡与澄江两县区交界处的梁王山最高，山顶处海拔 2820m。滇中地区北部至东北部整体属于乌蒙山西支，是滇中地区最高区域。山体高耸雄壮，金沙江及其支流（如普渡河、小江、牛栏江等）深切剧烈，谷底海拔 700~1100m，南北向断裂带非常发达，高原高度解体，构成以高中山峡谷为主，间有断陷盆地和断块山地的复杂地貌格局。区域内有大量超过 3500m 的高耸山体，如大百草岭、轿子山等，危崖陡立，山势跌宕起伏，峰顶及附近地区常有典型的刃脊、角峰、冰斗、"U"形谷等古冰川地貌以及石海、岩屑锥等现代冻土地貌。滇中地区东部岩溶地貌发达，地势起伏和缓，为海拔约 2000m 的广大高原。广大的岩溶高原地面，由石芽、石林、溶沟所构成的山丘，与漏斗、溶蚀洼地、落水洞、盲谷、地下河等交错分布，虽总体地势起伏不大，但崎岖不平。滇中地区东南部石灰岩层面积广，岩溶山原地貌发达，山原平均海拔 1300~1800m，大部分地区相对高差不大，断陷盆地较为发达。红河深大断裂中发育元江河谷，谷底海拔较低，干热河谷气候显著。元江河谷与西侧南北走向的哀牢山共同形成中山峡谷地貌。滇中地区西部为紫色岩系组成的波状起伏高原，中生代紫色砂岩和页岩层普遍分布。由于岩层层积厚度大，但抗侵蚀力不强，层状地貌发育重复，地貌层状结构明显而发达。区域内高山深谷不多，仅红河上游各支流下切较为剧烈。盆地以浅切割的侵蚀盆地为主，但也有较大的断陷盆地，如姚安盆地等。

1.1.4　气候

　　滇中地区地处中亚热带，具有鲜明的亚热带高原季风气候（低纬高原季风气候）特点。纬度低，太阳高度角大，一年中太阳高度角和日照时间变化不大，冬夏温差小。高原海拔高，气温随海拔上升而下降，因此夏季无酷热天气。北部周边的高山阻隔，使得来自北方冷空气的侵袭强度减弱，持续时间变短，形成冬无严寒、四季如春的气候。高原上空气清新，阳光透射率强，白昼吸收的热量较多，但夜间地面辐射失热较大，因此昼夜温差较大。此外，滇中地区位于亚洲南部，近邻南亚大陆，处于西南季风的影响范围，形成季风气候。每年 11 月至次年 4 月，随着西风带的南移，受来自印度次大陆热带和副热带干燥区的干旱气团控制，造成晴朗少云雨的干燥气候，为一年中的旱季。5 月至 10 月，随着西风带北撤，滇中地区上空的西风消失，来自印度洋和孟加拉湾热带洋面的西南季风推进，带着大量的水气的暖湿气团控制全区。在此期间，有时来自太平洋北部湾的热带暖湿气团，即东南季风也会深入进来。西南季风和东南季风都带着大量水气，空气温暖潮湿，加上高原的抬升作用和夏季空气对流作用增强，极易成云致雨，降水较为丰富，形成雨季。因此滇中地区气候可以总结成如下几点：①冬夏温差小，四季如春，但昼夜温差大；②干湿季分明，雨热同期；③夏无酷暑，冬无严寒；④气候类型多样，立体气候突出，正所谓"一山分四季，十里不同天"。其中冬暖夏凉、干湿季分明是区域气候最显著的两大特征，对区域内植被和植物区系影响深远。

1.1.5 植被概况

半湿润常绿阔叶林是滇中地区的水平地带性植被。滇青冈 *Cyclobalanopsis glaucoides*、高山栲 *Castanopsis delavayi*、元江栲 *C. orthacantha*、滇石栎 *Lithocarpus dealbatus* 等壳斗科植物是本区域原生植被的建群种和优势种。不过由于长期人类活动影响，保存完好的森林主要残留于寺院周围、"神山"、水源保护地、自然保护区等处，如昆明西山、筇竹寺、武定狮子山等处均保存有较为完好的原生半湿润常绿阔叶林。较为干旱地带的常见植被是黄毛青冈 *Cyclobalanopsis delavayi* 林和锥连栎 *Quercus franchetii* 林，它们是适应干旱环境的典型植物群落。云南松林是滇中地区最为常见和广布的森林植被，是现存林地主要类型，常形成纯林，或与阔叶树种共同形成松栎混交林。此外，区域内植被的垂直分化明显，类型多样，垂直带谱较为完整。河谷地带干热河谷气候显著，落叶季雨林和干热性稀树灌木草丛广布；在海拔 2300~2800m 地带，中山湿性常绿阔叶林典型，以白穗石栎 *Lithocarpus craibianus*、野八角 *Illicium simonsii* 为优势的森林较为常见；在北部地区，海拔 3000m 以上的山地上还可以见到亚高山针叶林、亚高山灌丛和草甸等植被类型。

1.2 滇中地区植物采集和研究情况简介

现代植物分类学传入我国之前，本草学是我国人民认识和利用野生植物资源的主要形式。就云南而言，影响最为深远的本草学著作首推明代著名药物学家兰茂所著的《滇南本草》。兰茂为今云南省嵩明县杨林人，祖籍河南，其祖上大约于洪武十五年（公元 1382 年）入滇。《滇南本草》系作者根据行医和考察所得编写而成，正如其自序中所云："余幼酷好本草，考其性味，辨地理之情形，察脉络之往来，留心数年，合滇中蔬菜草木种种性情，并著《医门撮要》二卷，以传后世"。从多方面资料分析来看，兰茂活动范围主要集中在滇中一带，《滇南本草》所收录药用植物也是以滇中地区所产为主。经后人整理考订，《滇南本草》全书约 10 万余字，记载药物达 500 余种，多数为云南滇中一带地方性中草药。

早期涉及滇中地区植物标本采集和研究的人员主要来自西方，他们身份繁杂，除职业的植物采集家外，尚有探险家、传教士、旅行家、外交官、军官、海关职员、园艺家、商人等。这些人出于学术或其他诸多目的，先后在我国采集了大量的植物标本、种子及其他鲜活植物材料，源源不断地送到欧美各国的标本馆和植物园。据现有资料，英国探险家和军官吉尔（W. T. Gill）是最早深入到云南考察的西方人，1877 年 7 月他和"中国通"同伴威廉·梅斯尼（William Mesny）途经四川、西藏进入云南，到达滇中地区西部边缘的大理一带采集植物标本，随后向西，于同年 11 月到达缅甸巴莫。1881 年英国领事馆官员卡洛斯（W. R. Carles）曾在昆明附近有过短时间的采集，不过所采标本较少。

西方人在滇中地区大规模标本采集始于法国传教士德拉维（J. M. Delavay）。其于 1882 年进入云南，至 1895 年病逝于昆明。德拉维以法国天主教在云南的一些教堂为基地，在云南及周边共采集了 20 余万份标本，所获大多送至法国国家自然历史博物馆以供植物学家阿德里安·勒内·弗兰谢（Adrien René Franchet）研究。弗兰谢根据德拉维所采标本发表了许多新属和超过 1500 个新种，出版有三卷本的著作 *Plantae Delavayanae*。云南省河谷地带常见的茶条木属 *Delavaya*，以及山玉兰 *Magnolia delavayi*、偏翅唐松草 *Thalictrum delavayi*、高山薯蓣 *Dioscorea delavayi*、厚瓣玉凤花 *Habenaria delavayi* 等众多植物就是以其名来命名。此外，英国领事馆工作人员博尔内（F. S. Bourne）、法国探险家亨利·奥尔良（Henri d'Orleans）、英国人汉库克（W. Hancock）、英国旅行家威尔逊（E. H. Wilson）、法国传教士杜克洛（F. Ducloux）、爱尔兰医生亨利（A. Henry）、英国植物采集家福雷斯特（G. Forrest）、法国传教士梅里（E. E. Maire）、奥地利植物学家韩马迪（H. Handel-Mazzetti）、瑞士植物分类学家史密斯（K. A. H. Smith）、美籍奥地利探险家罗克（J. F. Rock）等均在滇中地区进行过或多或少的采集和考察（包士英等，1995; 中国科学院中国植物志编辑委员会, 2004）。

19 世纪末至 20 世纪初，随着西学东渐，中国学者逐渐开始研究自己国家植物。我国近代植物学的开拓者钟观光先生和其长子钟补勤是现知最早在云南进行植物标本采集的中国学者，他们曾于 1919 年到昆明、大理点苍山、宾川鸡足山等地采集标本，所采标本中有兰科的大理角盘兰 *Herminium tsoongii* 和菊科的鸡足山千里光 *Nemosenecio incisifolius* 等新种。继钟观光之后，蔡希陶、蒋英与陈少卿、陈谋与吴中伦、王启无、吴韫珍、吴征镒、梁国贤、秦仁昌、冯国楣、李鸣岗、刘慎谔、王汉臣、张宏达等学者先后在云南采集过标本，其中以蔡希陶、王启无、秦仁昌、冯国楣 4 位持续时间最长且所获最多，4 人因此被誉为当时云南植物的"四大采集家"

（另一说法为：蔡希陶、王启无、俞德浚、冯国楣）。

新中国成立后，滇中地区植物采集和研究进入了一个全新的时代，广度、强度和深度都大大加强。中国科学院昆明植物研究所、云南大学、西南林业大学、中国科学院西双版纳热带植物园等均在部分区域开展过专门调查采集，其中比较重要的采集人或采集队如下：①1950~1956年，毛品一、赵禹、禹华平、尹文清、吕正伟等人在云南中部采集标本1847号，其中有许多新物种，如黄绿蝇子草 *Silene flavovirens*、多毛铃子香 *Chelonopsis mollissima*、黄毛润楠 *Machilus chrysotricha* 等；② 1953年后，曾随蔡希陶、王启无、俞德浚等采集植物标本的邱炳云在云南采集标本9000多号，其中不少是采自滇中地区，所采标本主要存放于中国科学院昆明植物研究所和中国科学院植物研究所标本馆，所采的代表性新类群有路南海菜花 *Ottelia acuminata* var. *lunanensis*、会泽南星 *Arisaema dahaiense*、昆明犁头尖 *Typhonium kunmingense*、嵩明木半夏 *Elaeagnus angustata* var. *songmingensis* 等；③云南大学生物系曾在昆明周边采集了大量标本，成为云南大学植物标本馆馆藏的基础；④1964年年初成立的云南大学生态学与地植物学研究室（即后来的生态学与地植物学研究所）在建室之初就确定从滇中地区开始植被研究的计划，朱维明等人在禄劝、易门、昆明周边、永仁等地采集大量的标本，标本现存放于云南大学植物标本馆，所采标本经后人研究，有许多新种，如易门滇紫草 *Onosma decastichum*、乌蒙杓兰 *Cypripedium wumengense*、厚叶丝瓣芹 *Acronema crassifolium* 等。

近年来，云南大学植物标本馆研究团队在昆明、玉溪、楚雄、曲靖等进行了大量的标本采集和调查研究，为本研究积累了丰富的基础数据。此外，相关科研院所和高校对滇中地区的一些重要山地和区域进行过专门调查，如武定狮子山（郭勤峰，1988）、昆明轿子山（王焕冲，2009；李朝阳等，2010）、大姚百草岭（王利松，2003；王利松等，2005）、楚雄紫溪山（李国昌等，2010）、元江干热河谷（李海涛，2008）、绿汁江流域（马兴达，2017）等。

综合而言，滇中地区有着较为悠久的植物标本采集和研究历史，已经积累了大量标本、数据和资料，为本书奠定了扎实的基础。不过需要注意的是，相比云南其他热点地区，如滇西北横断山区、滇东南、滇西南西双版纳等地而言，滇中地区的调查和研究依然十分薄弱，仍有很多区域调查不充分，甚至是空白地区，非常有必要深入开展调查和研究。

1.3　滇中地区种子植物物种多样性数量统计

本书共收录种子植物209科1644属6208种，其中裸子植物9科66种（包括种下单元），被子植物200科6142种。全书裸子植物部分依据 Christenhusz 系统（2011），被子植物依据 APG Ⅳ系统（2016）排列与分析。

1.3.1　滇中地区裸子植物科的统计及分析

滇中地区有裸子植物 9 科 26 属 66 种（包括种下单元），其中有 32 种为栽培种，占滇中地区裸子植物总种数的 48.48%。在科一级的组成中，含 10 种以上的科仅有 2 科，分别为松科和柏科，所含物种占滇中地区裸子植物种数的 69.70%（表 1-1）。松科与柏科植物为该地区裸子植物的主体，其中柏科种数最多，为 27 种，但 20 种为栽培种，野生自然分布的仅有 7 种，而松科恰恰相反，19 个物种中有 15 种为野生种，该科植物是裸子植物在滇中地区植物区系中的演化主体与优势种群。

表 1-1　滇中地区裸子植物科一级数量统计

科名	属数	种数	栽培种
苏铁科 Cycadaceae	1	5	2
银杏科 Ginkgoaceae	1	1	1
买麻藤科 Gnetaceae	1	2	0
麻黄科 Ephedraceae	1	2	0
松科 Pinaceae	7	19	4
南洋杉科 Araucariaceae	1	1	1
罗汉松科 Podocarpaceae	1	3	3
柏科 Cupressaceae	11	27	20
红豆杉科 Taxaceae	2	6	1

1.3.2　滇中地区被子植物科的统计及分析

滇中地区有被子植物 6142 种（包括种下单元），分属 200 科 1618 属，其中有 5534 个野生种，608 个栽培种。在科一级的组成中，含 50 种及以上的有 31 科（表 1-2），共含 4046 种，占滇中地区被子植物总种数的 65.86%。这些类群的植物在滇中地区充分演化，构成了滇中地区被子植物区系的主体部分，这些科中，有 7 科含 150 种以上，从大到小依次为菊科、禾本科、豆科、蔷薇科、兰科、唇形科、茜草科。

表 1-2　滇中地区被子植物科一级数量统计（含 50 种及以上）

科名	属数	种数
菊科 Compositae	134	451
禾本科 Poaceae	124	408
豆科 Fabaceae	120	381
蔷薇科 Rosaceae	33	292
兰科 Orchidaceae	79	282
唇形科 Lamiaceae	52	199
茜草科 Rubiaceae	52	160
毛茛科 Ranunculaceae	15	138
莎草科 Cyperaceae	14	132
报春花科 Primulaceae	8	120
杜鹃花科 Ericaceae	14	119

科名	属数	种数
伞形科 Umbelliferae	38	97
锦葵科 Malvaceae	34	95
夹竹桃科 Apocynaceae	38	94
龙胆科 Gentianaceae	16	84
蓼科 Polygonaceae	12	84
荨麻科 Urticaceae	16	82
樟科 Lauraceae	13	71
壳斗科 Fagaceae	5	67
大戟科 Euphorbiaceae	24	67
列当科 Orobanchaceae	16	66
天门冬科 Asparagaceae	20	64
苦苣苔科 Gesneriaceae	14	63
石竹科 Caryophyllaceae	13	62
桑科 Moraceae	5	58
芸香科 Rutaceae	14	53
卫矛科 Celastraceae	8	53
十字花科 Cruciferae	18	52
葫芦科 Cucurbitaceae	18	52
天南星科 Araceae	21	50
鼠李科 Rhamnaceae	11	50

而从科内属一级的分析来看（表 1-3），滇中地区仅出现 1 属的被子植物有 72 科，占滇中地区被子植物总科数的 36.00%，所含属数占滇中地区被子植物总属数的 4.45%；出现 2~5 属的有 64 科，占总科数的 32.00%，共含 191 属，占总属数的 11.80%；出现 6~9 属的有 19 科，占总科数的 9.50%，共含 146 属，占总属数的 9.02%；出现 10~19 属的有 32 科，占总科数的 16.00%，共计 440 属，占总属数的 27.19%；出现 20 属及以上的有 13 科，占总科数的 6.50%，共计 769 属，占总属数的 47.53%。仅出现 1 属的科数量最多，而出现属较少的科（出现 1~5 属）是滇中地区被子植物科层级多样性的主体部分，出现属较多的科（出现 20 属及以上）虽然数量较小，但所含种类较多，是滇中地区属级和种级多样性的主体。

表 1-3 滇中地区被子植物科内属一级的数量结构分析

类型	科数	占总科数的比例	含有属数	占总属数的比例
出现 20 属及以上的科	13	6.50%	769	47.53%
出现 10~19 属的科	32	16.00%	440	27.19%
出现 6~9 属的科	19	9.50%	146	9.02%
出现 2~5 属的科	64	32.00%	191	11.80%
仅出现 1 属的科	72	36.00%	72	4.45%
合计	200	100.00%	1618	100.00%

滇中地区被子植物共有 18 个属的属内物种数超过（含）30 种（表 1-4），这些属的植物是各自科种类的代表，共计 719 种，占滇中地区被子植物总种数的 11.71%，是滇中地区植物多样性属一级的典型代表。

表 1-4　滇中地区被子植物属一级数量统计（含 30 种及以上）

属名	所属科	种数	占该科总种数的比例
杜鹃属 *Rhododendron*	杜鹃花科	67	56.30%
薹草属 *Carex*	莎草科	54	40.90%
榕属 *Ficus*	桑科	46	79.31%
报春花属 *Primula*	报春花科	46	38.33%
悬钩子属 *Rubus*	蔷薇科	44	15.07%
铁线莲属 *Clematis*	毛茛科	42	30.43%
李属 *Prunus*	蔷薇科	40	13.70%
马先蒿属 *Pedicularis*	列当科	38	57.58%
蒿属 *Artemisia*	菊科	38	8.43%
木蓝属 *Indigofera*	豆科	36	9.45%
蓼属 *Persicaria*	蓼科	36	42.86%
珍珠菜属 *Lysimachia*	报春花科	36	30.00%
龙胆属 *Gentiana*	龙胆科	35	41.67%
小檗属 *Berberis*	小檗科	34	70.83%
凤仙花属 *Impatiens*	凤仙花科	34	100.00%
莎草属 *Cyperus*	莎草科	32	24.24%
虎耳草属 *Saxifraga*	虎耳草科	31	72.09%
栒子属 *Cotoneaster*	蔷薇科	30	10.27%

从科内种一级数量结构统计来看（表 1-5），滇中地区仅出现 1 种的有 28 科，占滇中地区被子植物总科数的 14.00%，共含 28 种，占总种数的 0.46%；出现 2~10 种的有 77 科，占总科数的 38.50%，共含 349 种，占总种数的 5.68%；出现 11~20 种的有 24 科，占总科数的 12.00%，共含 371 种，占总种数的 6.04%；出现 21~49 种的有 40 科，占总科数的 20.00%，共含 1348 种，占总种数的 21.95%；出现 50 种及以上的有 31 科，占总科数的 15.50%，共计 4046 种，占总种数的 65.87%。可见，单种科和少种科是滇中地区被子植物科多样性的主体，但多种科是滇中地区植物种类组成的主体。

表 1-5　滇中地区被子植物科内种一级的数量结构分析

类型	科数	占总科数的比例	含有种数	占总种数的比例
出现 50 种及以上的科	31	15.50%	4046	65.87%
出现 21~49 种的科	40	20.00%	1348	21.95%
出现 11~20 种的科	24	12.00%	371	6.04%
出现 2~10 种的科	77	38.50%	349	5.68%
仅出现 1 种的科	28	14.00%	28	0.46%
合计	200	100.00%	6142	100.00%

1.3.3　滇中地区种子植物栽培种的统计分析

本书共有 126 科收录有栽培种，占滇中地区种子植物总科数的 60.29%，共计 640

种，占总种数的 10.31%。其中，栽培种含 10 种及以上的有 19 科，占种子植物总科数的 9.09%（表 1-6）。全为栽培种的有 18 科，占总科数的 8.61%（表 1-7）。所收录仅为已经在滇中地区长期稳定栽培的常见和重要种类，它们是区域内植物多样性的重要组成成分，丰富了滇中地区植物科、属、种的多样性，同时栽培植物多为重要资源价值，对滇中地区的经济社会发展具有很大贡献。

表 1-6　滇中地区种子植物科内栽培种数量统计（含 10 种及以上）

科名	种数	栽培种
禾本科 Poaceae	408	48
豆科 Fabaceae	381	36
菊科 Compositae	451	33
蔷薇科 Rosaceae	292	34
锦葵科 Malvaceae	95	21
柏科 Cupressaceae	27	20
石蒜科 Amaryllidaceae	30	18
天门冬科 Asparagaceae	64	18
葫芦科 Cucurbitaceae	52	17
棕榈科 Palmae	18	16
鸢尾科 Iridaceae	21	14
茄科 Solanaceae	41	14
芸香科 Rutaceae	53	12
十字花科 Cruciferae	52	13
木兰科 Magnoliaceae	27	12
桃金娘科 Myrtaceae	21	12
苋科 Amaranthaceae	38	12
天南星科 Araceae	50	10
唇形科 Lamiaceae	199	10

表 1-7　全为栽培种的科列表

科名	属数	种数	栽培种
美人蕉科 Cannaceae	1	4	4
悬铃木科 Platanaceae	1	3	3
睡莲科 Nymphaeaceae	2	3	3
罗汉松科 Podocarpaceae	1	3	3
凤梨科 Bromeliaceae	2	3	3
番杏科 Tetragoniaceae	3	3	3
鹤望兰科 Strelitziaceae	2	2	2
银杏科 Ginkgoaceae	1	1	1
南洋杉科 Araucariaceae	1	1	1
木麻黄科 Casuarinaceae	1	1	1
露兜树科 Pandanaceae	1	1	1
辣木科 Moringaceae	1	1	1
胡麻科 Pedaliaceae	1	1	1
红木科 Bixaceae	1	1	1
旱金莲科 Tropaeolaceae	1	1	1
番木瓜科 Caricaceae	1	1	1
莲科 Nelumbonaceae	1	1	1
杜仲科 Eucommiaceae	1	1	1

各　论

裸子植物 GYMNOSPERMS

G1 苏铁科 Cycadaceae
[1 属 5 种，含 2 栽培种]

陈氏苏铁
▲**Cycas chenii** X. Gong et W. Zhou；V

滇南苏铁
★**Cycas diannanensis** Z. T. Guan et G. D. Tao；V

攀枝花苏铁
★**Cycas panzhihuaensis** L. Zhou et S. Y. Yang；
II，VII

篦齿苏铁*
Cycas pectinata Buch.-Ham.

苏铁*
Cycas revoluta Thunb.

G3 银杏科 Ginkgoaceae
[1 属 1 种，含 1 栽培种]

银杏*
★**Ginkgo biloba** L.

G5 买麻藤科 Gnetaceae
[1 属 2 种]

买麻藤
Gnetum montanum Markgr.；V

垂子买麻藤
★**Gnetum pendulum** C. Y. Cheng；V

G6 麻黄科 Ephedraceae
[1 属 2 种]

丽江麻黄
★**Ephedra likiangensis** Florin；II

藏麻黄（匍枝丽江麻黄）
Ephedra saxatilis (Stapf) Royle ex Florin；
Ephedra likiangensis Florin f. *mairei* (Florin) C.
Y. Cheng；II

G7 松科 Pinaceae
[7 属 19 种，含 4 栽培种]

大黄果冷杉（亚种）（云南黄果冷杉）
Abies chensiensis Tiegh. subsp. **salouenensis**
(Bordères et Gaussen) Rushforth；*Abies ernestii*
Rehd. var. *salouenensis* (Bordères et Gaussen)
Cheng et L. K. Fu；II

川滇冷杉（原变种）
★**Abies forrestii** Coltm.-Rog. var. **forrestii**；II

长苞冷杉（变种）
★**Abies forrestii** Coltm.-Rog. var. **georgei** (Orr)
Farjon；*Abies georgei* Orr；II

急尖长苞冷杉（变种）（乌蒙冷杉）
★**Abies forrestii** Coltm.-Rog. var. **smithii** Viguié
et Gaussen；*Abies georgei* Orr var. *smithii* (Viguié et
Gaussen) W. C. Cheng et L. K. Fu；II

雪松*
Cedrus deodara (Roxb. ex D. Don) G. Don

云南油杉（原变种）（滇油杉）
Keteleeria evelyniana Mast. var. **evelyniana**；I，
II，III，IV，V，VI，VII；√

蓑衣油杉（变种）
●**Keteleeria evelyniana** Mast. var. **pendula** Hsueh；I

旱地油杉
★**Keteleeria xerophila** Hsueh et S. H. Huo；V，VI

油麦吊云杉（变种）
Picea brachytyla (Franch.) Pritz. var. **complanata**
(Mast.) W. C. Cheng ex Rehd.；II

丽江云杉*
Picea likiangensis (Franch.) E. Pritz.

华山松
Pinus armandii Franch.；I，II，III，IV，V，VI，
VII；√

高山松
★**Pinus densata** Mast.; Ⅱ

思茅松[*]（变种）
Pinus kesiya Royle ex Gord. var. **langbianensis** (A. Chev.) Gaussen

日本五针松[*]
Pinus parviflora Siebold et Zucc.

云南松（原变种）
★**Pinus yunnanensis** Franch. var. **yunnanensis**; Ⅰ，Ⅱ，Ⅲ，Ⅳ，Ⅴ，Ⅵ，Ⅶ; √

地盘松（变种）
★ **Pinus yunnanensis** Franch. var. **pygmaea** (Hsueh f.) Hsueh f.; Ⅰ，Ⅱ，Ⅴ，Ⅶ

黄杉
★**Pseudotsuga sinensis** Dode; Ⅰ，Ⅱ，Ⅲ，Ⅴ，Ⅶ; √

云南铁杉
Tsuga dumosa (D. Don) Eichler; Ⅴ，Ⅵ; √

丽江铁杉
★**Tsuga forrestii** Downie; Ⅱ

G8 南洋杉科 Araucariaceae
[1 属 1 种，含 1 栽培种]

南洋杉[*]
Araucaria cunninghamii Aiton ex D. Don

G9 罗汉松科 Podocarpaceae
[1 属 3 种，含 3 栽培种]

大理罗汉松[*]
▲**Podocarpus forrestii** Craib et W. W. Sm.

罗汉松[*]（原变种）
Podocarpus macrophyllus (Thunb.) Sweet var. **macrophyllus**

短叶罗汉松[*]（变种）
Podocarpus macrophyllus (Thunb.) Sweet var. **maki** Siebold et Zucc.

G11 柏科 Cupressaceae
[11 属 27 种，含 20 栽培种]

翠柏
Calocedrus macrolepis Kurz; Ⅰ，Ⅲ，Ⅴ，Ⅵ; √

日本扁柏[*]
Chamaecyparis obtusa (Siebold et Zucc.) Endl.

云片柏[*]
Chamaecyparis obtusa (Siebold et Zucc.) Endl. cv. **'Breviramea'** Dallimore et Jackson

日本花柏[*]
Chamaecyparis pisifera (Siebold et Zucc.) Endl.

线柏[*]
Chamaecyparis pisifera (Siebold et Zucc.) Endl. cv. **'Filifera'** Dallimore et Jackson

羽叶花柏[*]
Chamaecyparis pisifera (Siebold et Zucc.) Endl. cv. **'Plumosa'** Ohwi

绒柏[*]
Chamaecyparis pisifera (Siebold et Zucc.) Endl. cv. **'Squarrosa'** Ohwi

美国尖叶扁柏[*]
Chamaecyparis thyoides (L.) Britton, Sterns et Poggenb.

柳杉[*]
Cryptomeria japonica (Thunb. ex L. f.) D. Don; *Cryptomeria fortunei* Hooibrenk ex Otto et Dietr., *Cryptomeria japonica* (Thunb. ex L. f.) D. Don subsp. *sinensis* (Miq.) P. D. Sell

杉木[*]
★**Cunninghamia lanceolata** (Lamb.) Hook.

干香柏[*]
★**Cupressus duclouxiana** Hickel; √

柏木[*]
★**Cupressus funebris** Endlicher

西藏柏木[*]（藏柏、喜马拉雅柏木）
Cupressus torulosa D. Don ex Lamb.

圆柏[*]
Juniperus chinensis L.; *Sabina chinensis* (L.) Antoine

刺柏
★**Juniperus formosana** Hayata; Ⅰ，Ⅱ; √

昆明柏
▲ **Juniperus gaussenii** W. C. Cheng; *Sabina gaussenii* (W. C. Cheng) W. C. Cheng et W. T. Wang; Ⅰ，Ⅴ，Ⅶ

垂枝香柏（原变种）（乔桧）
★**Juniperus pingii** W. C. Cheng ex Ferre var. **pingii**; Ⅱ

香柏（变种）
★**Juniperus pingii** W. C. Cheng ex Ferre var. **wilsonii** (Rehder) Silba; Ⅱ

铺地柏
Juniperus procumbens (Siebold ex Endl.) Miq.; *Sabina procumbens* (Siebold ex Endl.) Iwata et Kusaka

高山柏
Juniperus squamata Buch.-Ham. ex D. Don；Ⅱ，
Ⅴ，Ⅵ

水杉*
★**Metasequoia glyptostroboides** Hu et W. C. Cheng

侧柏
Platycladus orientalis (L.) Franco；Ⅰ，Ⅱ，Ⅲ，
Ⅳ，Ⅴ；√

龙柏*
Sabina chinensis (L.) Ant. cv. **'Kaizuca'** Hort.

落羽杉*（原变种）
Taxodium distichum (L.) Rich. var. **distichum**

池杉*（变种）
Taxodium distichum (L.) Rich. var. **imbricatum**
(Nutt.) Croom

墨西哥落羽杉*
Taxodium mucronatum Ten.

罗汉柏*
Thujopsis dolabrata (L. f.) Siebold et Zucc.

G12 红豆杉科 Taxaceae
[2 属 6 种，含 1 栽培种]

三尖杉
Cephalotaxus fortunei Hook.；Ⅰ，Ⅱ，Ⅳ，Ⅴ，
Ⅵ，Ⅶ；√

篦子三尖杉
★**Cephalotaxus oliveri** Mast.；Ⅰ，Ⅴ

粗榧
Cephalotaxus sinensis (Rehder et E. H. Wilson) H.
L. Li；Ⅰ，Ⅱ，Ⅴ

喜马拉雅红豆杉（原变种）（云南红豆杉、西
藏红豆杉、须弥红豆杉）
Taxus wallichiana Zucc. var. **wallichiana**；*Taxus
yunnanensis* W. C. Cheng et L. K. Fu；Ⅱ，Ⅴ；√

红豆杉*（变种）
Taxus wallichiana Zucc. var. **chinensis** (Pilg.) Florin

南方红豆杉（变种）
Taxus wallichiana Zucc. var. **mairei** (Lemée et H.
Lév.) L. K. Fu et Nan Li；Ⅱ

被子植物 ANGIOSPERMS

4 睡莲科 Nymphaeaceae
[2 属 3 种，含 3 栽培种]

萍蓬草*
Nuphar pumila (Timm) DC.

白睡莲*
Nymphaea alba L.

睡莲*
Nymphaea tetragona Georgi

7 五味子科 Schisandraceae
[3 属 21 种，含 1 栽培种]

红茴香（假野八角）
★**Illicium henryi** Diels.; *Illicium pseudosimonsii* Q. Lin; Ⅴ，Ⅶ

大花八角
★**Illicium macranthum** A. C. Sm.; Ⅴ

大八角
Illicium majus Hook. f. et Thomson; Ⅴ，Ⅵ

小花八角
★**Illicium micranthum** Dunn; Ⅱ，Ⅲ，Ⅴ

少果八角
Illicium petelotii A. C. Sm.; Ⅴ

野八角
Illicium simonsii Maxim.; Ⅰ，Ⅱ，Ⅲ，Ⅳ，Ⅴ，Ⅵ，Ⅶ；√

八角*
Illicium verum Hook. f.

黑老虎
Kadsura coccinea (Lem.) A. C. Sm.; Ⅴ，Ⅵ

异形南五味子
Kadsura heteroclita (Roxb.) Craib; Ⅴ，Ⅶ

毛南五味子
Kadsura induta A. C. Sm.; Ⅴ，Ⅶ

南五味子
★**Kadsura longipedunculata** Finet et Gagnep.; Ⅰ，Ⅴ，Ⅵ，Ⅶ

大花五味子
Schisandra grandiflora (Wall.) Hook. f. et Thomson; Ⅱ；√

翼梗五味子（原亚种）
Schisandra henryi C. B. Clarke subsp. **henryi**; Ⅰ，Ⅲ，Ⅴ，Ⅶ

滇五味子（亚种）（云南铁箍散）
★ **Schisandra henryi** C. B. Clarke subsp. **yunnanensis** (A. C. Sm.) R. M. K. Saunders; Ⅴ

狭叶五味子
★**Schisandra lancifolia** (Rehd. et Wils.) A. C. Sm.; Ⅰ，Ⅱ

小花五味子
Schisandra micrantha A. C. Sm.; Ⅰ，Ⅱ，Ⅵ

滇藏五味子
Schisandra neglecta A. C. Sm.; Ⅰ

合蕊五味子（黄龙藤）
Schisandra propinqua (Wall.) Baill.; Ⅰ，Ⅱ，Ⅵ，Ⅶ；√

红花五味子
Schisandra rubriflora (Franch.) Rehd. et Wils.; Ⅶ

球蕊五味子（白花球蕊五味子）
★ **Schisandra sphaerandra** Stapf; *Schisandra sphaerandra* Stapf f. *pallida* A. C. Sm.; Ⅰ，Ⅴ，Ⅵ，Ⅶ

华中五味子（南五味子）
★**Schisandra sphenanthera** Rehd. et Wils.; Ⅰ，Ⅱ，Ⅴ，Ⅵ，Ⅶ

10 三白草科 Saururaceae
[1 属 1 种]

蕺菜（鱼腥草、侧耳根）
Houttuynia cordata Thunb.; Ⅰ，Ⅱ，Ⅲ，Ⅳ，Ⅴ，Ⅵ，Ⅶ；√

11 胡椒科 Piperaceae
[2 属 15 种]

石蝉草
Peperomia dindygulensis Miq.; Ⅳ，Ⅴ，Ⅵ

蒙自草胡椒（短穗草胡椒）
Peperomia heyneana Miq.; *Peperomia duclouxii* C.

DC.; Ⅰ, Ⅳ, Ⅴ

豆瓣绿（毛叶豆瓣绿）
Peperomia tetraphylla (G. Forst.) Hook. et Arn.; *Peperomia tetraphylla* (G. Forst.) Hook. et Arn. var. *sinensis* (C. DC.) P. S. Chen et P. C. Zhu; Ⅰ, Ⅱ, Ⅲ, Ⅳ, Ⅴ, Ⅵ, Ⅶ; √

蒌叶
Piper betle L.; Ⅴ

苎叶蒟
Piper boehmeriifolium (Miq.) Wall. ex C. DC.; Ⅴ

黄花胡椒
★**Piper flaviflorum** C. DC.; Ⅴ

毛蒟
★**Piper hongkongense** C. DC.; Ⅴ

粗梗胡椒
★**Piper macropodum** C. DC.; Ⅴ

短蒟
Piper mullesua Buch.-Ham. ex D. Don; Ⅴ

角果胡椒
Piper pedicellatum C. DC.; Ⅴ

毛叶胡椒
▲**Piper puberulilimbum** C. DC.; Ⅴ

假蒟
Piper sarmentosum Roxb.; Ⅴ

球穗胡椒（腺脉蒟）
Piper thomsonii (C. DC.) Hook. f.; *Piper bavinum* C. DC; Ⅵ

石南藤（毛山蒟）
Piper wallichii (Miq.) Hand.-Mazz.; *Piper martinii* C. DC.; Ⅰ, Ⅴ; √

蒟子
▲**Piper yunnanense** Y. C. Tseng; Ⅴ; √

12 马兜铃科 Aristolochiaceae
[3 属 12 种]

滇东马兜铃
★**Aristolochia feddei** H. Lév.; Ⅵ

优贵马兜铃（纤细马兜铃）
★ **Aristolochia gentilis** Franch.; *Aristolochia gracillima* Hemsl.; Ⅴ, Ⅶ

背蛇生
Aristolochia tuberosa C. F. Liang et S. M. Hwang; Ⅱ, Ⅲ, Ⅳ

短尾细辛
★**Asarum caudigerellum** C. Y. Cheng et C. S. Yang; Ⅶ

单叶细辛
Asarum himalaicum Hook. f. et Thomson ex Klotzsch.; Ⅱ

斑喉关木通（斑喉马兜铃）
★**Isotrema faucimaculatum** (H. Zhang et C. K. Hsien) X. X. Zhu, S. Liao et J. S. Ma; *Aristolochia faucimaculata* H. Zhang et C. K. Hsien; Ⅰ, Ⅱ, Ⅳ, Ⅶ

昆明关木通（昆明马兜铃）
★**Isotrema kunmingense** (C. Y. Cheng et J. S. Ma) X. X. Zhu, S. Liao et J. S. Ma; *Aristolochia kunmingensis* C. Y. Cheng et J. S. Ma; Ⅰ, Ⅱ, Ⅳ, Ⅶ; √

凉山关木通（凉山马兜铃）
★**Isotrema liangshanense** (Z. L. Yang) X. X. Zhu, S. Liao et J. S. Ma; *Aristolochia liangshanensis* Z. L. Yang; Ⅲ

卵叶关木通（卵叶马兜铃）
★**Isotrema ovatifolium** (S. M. Hwang) X. X. Zhu, S. Liao et J. S. Ma; *Aristolochia ovatifolia* S. M. Hwang; Ⅰ, Ⅲ, Ⅴ, Ⅵ

拟何氏关木通
●**Isotrema pseudohei** X. X. Zhu, Jun Wang bis et G. D. Li; Ⅴ

川西关木通（川西马兜铃、滇东马兜铃）
★**Isotrema thibeticum** (Franch.) X. X. Zhu, S. Liao et J. S. Ma; *Aristolochia thibetica* Franch.; Ⅰ, Ⅱ

变色关木通（变色马兜铃）
Isotrema versicolor (S. M. Hwang) X. X. Zhu, S. Liao et J. S. Ma; *Aristolochia versicolor* S. M. Hwang; Ⅰ, Ⅲ

14 木兰科 Magnoliaceae
[9 属 27 种，含 12 栽培种]

长蕊木兰
Alcimandra cathcartii (Hook. f. et Thomson) Dandy; Ⅴ, Ⅵ

厚朴*
★**Houpoea officinalis** (Rehder et E. H. Wilson) N. H. Xia et C. Y. Wu; *Magnolia officinalis* Rehder et E. H. Wilson

夜香木兰*（夜合花）
Lirianthe coco (Lour.) N. H. Xia et C. Y. Wu; *Magnolia coco* (Lour.) DC.

山玉兰
★**Lirianthe delavayi** (Franch.) N. H. Xia et C. Y. Wu; Ⅰ, Ⅱ, Ⅲ, Ⅳ, Ⅴ, Ⅵ, Ⅶ; √

鹅掌楸*
Liriodendron chinense (Hemsl.) Sarg.

北美鹅掌楸*
Liriodendron tulipifera L.

荷花玉兰*（荷花木兰）
Magnolia grandiflora L.

桂南木莲
Manglietia conifera Dandy; *Magnolia conifera* (Dandy) V. S. Kumar; Ⅴ

大叶木莲
Manglietia dandyi (Gagnep.) Dandy; *Magnolia dandyi* Gagnep., *Manglietia megaphylla* Hu et W. C. Cheng; Ⅴ

木莲
Manglietia fordiana Oliv.; *Magnolia fordiana* (Oliv.) Hu; Ⅴ, Ⅵ

大果木莲
★**Manglietia grandis** Hu et W. C. Cheng; *Magnolia grandis* (Hu et W. C. Cheng) V. S. Kumar; Ⅴ

红色木莲（红花木莲）
Manglietia insignis (Wall.) Blume; Ⅴ, Ⅵ

白兰*（缅桂花）
Michelia × alba DC.; *Magnolia × alba* (DC.) Figlar

合果木
Michelia baillonii (Pierre) Finet et Gagnep.; *Paramichelia baillonii* (Pierre) Hu; Ⅴ

黄兰含笑*（黄兰）
Michelia champaca L.; *Magnolia champaca* (L.) Baill. ex Pierre

含笑*
★**Michelia figo** (Lour.) Spreng; *Magnolia figo* (Lour.) DC.

多花含笑（小毛含笑）
Michelia floribunda (Finet et Gagnep.) Figlar; *Michelia microtricha* Hand.-Mazz.; Ⅰ, Ⅳ, Ⅴ, Ⅵ, Ⅶ

醉香含笑*
Michelia macclurei Dandy

黄心含笑（黄心夜合、长蕊含笑）
Michelia martini H. Lév.; *Michelia longistamina* Law; Ⅴ

球花含笑
▲**Michelia sphaerantha** C. Y. Wu ex Y. W. Law et Y. F. Wu; *Magnolia sphaerantha* (C. Y. Wu ex Y. W. Law et Y. F. Wu) Sima; Ⅵ

绒叶含笑
Michelia velutina DC.; *Magnolia lanuginosa* (Wall.) Figlar et Noot.; Ⅲ, Ⅵ

云南含笑
★**Michelia yunnanensis** Franch. ex Finet et Gagn.; Ⅰ, Ⅱ, Ⅳ, Ⅴ, Ⅵ, Ⅶ; √

西康天女花（西康玉兰、西康木兰）
★**Oyama wilsonii** (Finet et Gagnep.) N. H. Xia et C. Y. Wu; *Magnolia wilsonii* (Finet et Gagnep.) Rehder; Ⅰ, Ⅱ, Ⅴ, Ⅶ; √

滇藏玉兰
Yulania campbellii (Hook. f. et Thomson) D. L. Fu; *Magnolia campbellii* Hook. f. et Thomson; Ⅰ, Ⅳ, Ⅴ, Ⅶ

玉兰*
★**Yulania denudata** (Desr.) D. L. Fu

紫玉兰*
★**Yulania liliiflora** (Desr.) D. L. Fu; *Magnolia liliiflora* Desr.

二乔玉兰*
★**Yulania × soulangeana** (Soul.-Bod.) D. L. Fu

18 番荔枝科 Annonaceae
[6 属 8 种，含 1 栽培种]

番荔枝*
Annona squamosa L.

窄叶异萼花（云桂暗罗）
Disepalum petelotii (Merr.) D. M. Johnson; *Polyalthia petelotii* Merr.; Ⅴ

瓜馥木
Fissistigma oldhamii (Hemsl.) Merr.; Ⅴ

小萼瓜馥木
Fissistigma polyanthoides (Aug. DC.) Merr.; Ⅴ

凹叶瓜馥木
Fissistigma retusum (H. Lév.) Rehd.; Ⅴ

野独活
Miliusa balansae Finet et Gagnep.; Ⅴ

云南澄广花
●**Orophea yunnanensis** P. T. Li; Ⅰ

细基丸（老人皮）
Polyalthia cerasoides (Roxb.) Benth. et Hook. f. ex Bedd.; Ⅴ

19 蜡梅科 Calycanthaceae
[1 属 2 种，含 1 栽培种]

山蜡梅
★**Chimonanthus nitens** Oliv.; Ⅰ, Ⅱ, Ⅶ

蜡梅*
★**Chimonanthus praecox** (L.) Link

23 莲叶桐科 Hernandiaceae
[1 属 3 种]

心叶青藤（原变种）
★**Illigera cordata** Dunn var. **cordata**；II，IV，V，VI，VII；√

多毛青藤（变种）（多毛心叶青藤）
▲**Illigera cordata** Dunn var. **mollissima** (W. W. Sm.) Kubitzki；I，V，VII

大花青藤
Illigera grandiflora W. W. Sm. et Jeffrey；V

25 樟科 Lauraceae
[13 属 71 种，含 5 栽培种]

毛尖树
Actinodaphne forrestii (C. K. Allen) Kosterm.；V，VI

毛果黄肉楠
★**Actinodaphne trichocarpa** C. K. Allen；V

粗壮琼楠
★**Beilschmiedia robusta** C. K. Allen；V

无根藤
Cassytha filiformis L.；V

肉桂*
Cinnamomum aromaticum Nees

钝叶桂
Cinnamomum bejolghota (Buch.-Ham.) Sweet；V

阴香*
Cinnamomum burmannii (Nees et T. Nees) Blume

樟*
Cinnamomum camphora (L.) J. Presl

聚花桂
★**Cinnamomum contractum** H. W. Li；II，VI

云南樟
Cinnamomum glanduliferum (Wall.) Meisn.；I，II，III，V，VI，VII；√

长柄樟
▲**Cinnamomum longipetiolatum** H. W. Li；V

黄樟
Cinnamomum parthenoxylon (Jack) Meisn.；*Cinnamomum porrectum* (Roxb.) Kosterm.；V

少花桂
Cinnamomum pauciflorum Nees；I，IV

刀把木
★**Cinnamomum pittosporoides** Hand.-Mazz.；I，V，VI，VII

岩樟
★**Cinnamomum saxatile** H. W. Li；V

柴桂
Cinnamomum tamala (Buch.-Ham.) T. Nees et C. H. Eberm.；V，VI

川桂
★**Cinnamomum wilsonii** Gamble；II

单花木姜子
Dodecadenia grandiflora Nees；*Litsea monantha* Yang et P. H. Huang；VII

香面叶
Lindera caudata (Nees) Hook. f.；*Iteadaphne caudata* (Nees) H. W. Li；IV，V，VI

香叶树
Lindera communis Hemsl.；I，II，III，V，VI，VII；√

团香果
Lindera latifolia Hook. f.；V

黑壳楠
Lindera megaphylla Hemsl.；I，II，V；√

滇粤山胡椒（原变种）
Lindera metcalfiana C. K. Allen var. **metcalfiana**；V

网叶山胡椒（变种）
Lindera metcalfiana C. K. Allen var. **dictyophylla** (C. K. Allen) H. P. Tsui；V

绒毛山胡椒
Lindera nacusua (D. Don) Merr.；V

绿叶甘檀（波密钓樟）
Lindera neesiana (Wall. ex Nees) Kurz；*Lindera fruticosa* Hemsl.，*Lindera fruticosa* Hemsl. var. *pomiensis* H. P. Tsui；VI，VII

三桠乌药
Lindera obtusiloba Blume；V

川钓樟（变种）
Lindera pulcherrima (Nees) Benth. ex Hook. f. var. **hemsleyana** (Diels) H. P. Tsui；V

菱叶钓樟
★**Lindera supracostata** Lec.；I，V，VI

三股筋香（原变种）
Lindera thomsonii C. K. Allen var. **thomsonii**；I，II，V，VI

长尾钓樟（变种）
Lindera thomsonii C. K. Allen var. **velutina**

(Forrest) L. C. Wang；Ⅰ，Ⅱ，Ⅲ，Ⅳ，Ⅴ，Ⅵ，Ⅶ

无梗钓樟（变种）
Lindera tonkinensis Lecomte var. **subsessilis** H. W.
Li；Ⅰ，Ⅴ，Ⅵ

琼楠叶木姜子
▲**Litsea beilschmiediifolia** H. W. Li；Ⅴ

高山木姜子
★**Litsea chunii** W. C. Cheng；Ⅱ

毛豹皮樟（变种）
Litsea coreana H. Lév. var. **lanuginosa** (Migo) Yen
C.Yang et P. H. Huang；Ⅰ，Ⅳ

豹皮樟（变种）
Litsea coreana H. Lév. var. **sinensis** (C. K. Allen)
Yen C.Yang et P. H. Huang；Ⅳ

山鸡椒
Litsea cubeba (Lour.) Pers.；Ⅰ，Ⅱ，Ⅴ，Ⅵ，Ⅶ；√

黄丹木姜子
Litsea elongata (Nees ex Wall.) Benth. et Hook. f.；Ⅴ

潺槁木姜子
Litsea glutinosa (Lour.) C. B. Rob.；Ⅴ

红河木姜子
▲**Litsea honghoensis** H. Liu；Ⅳ

湖北木姜子
★**Litsea hupehana** Hemsl.；Ⅱ

毛叶木姜子（清香木姜子）
Litsea mollis Hemsl.；*Litsea euosma* W. W. Sm.；
Ⅴ，Ⅵ，Ⅶ

假柿木姜子
Litsea monopetala (Roxb.) Pers.；Ⅴ

木姜子
Litsea pungens Hemsl.；Ⅰ，Ⅱ，Ⅴ，Ⅵ，Ⅶ

红叶木姜子（长梗木姜子）
Litsea rubescens Lec.；*Litsea forrestii* Diels；Ⅰ，
Ⅱ，Ⅴ，Ⅵ，Ⅶ；√

绢毛木姜子
Litsea sericea (Wall. ex Nees) Hook. f.；Ⅱ，Ⅴ，Ⅵ

云南木姜子
Litsea yunnanensis Yen C. Yang et P. H. Huang；
Ⅴ，Ⅵ

黄毛润楠
▲**Machilus chrysotricha** H. W. Li；Ⅰ，Ⅵ

长梗润楠
Machilus duthiei King ex Hook. f.；*Machilus*
longipedicellata Lec.；Ⅰ，Ⅴ，Ⅵ，Ⅶ；√

长毛润楠（长毛楠）
★**Machilus forrestii** (W. W. Sm.) L. Li, J. Li et H. W.
Li；*Phoebe forrestii* W. W. Sm.；Ⅱ，Ⅳ，Ⅴ，Ⅵ，Ⅶ

黄心树（芳槁润楠）
Machilus gamblei King ex Hook. f.；*Machilus*
bombycina King ex Hook. f., *Machilus suaveolens*
S. K. Lee；Ⅴ

秃枝润楠
Machilus kurzii King ex Hook. f.；Ⅴ

小花润楠
★**Machilus minutiflora** (H. W. Li) L. Li, J. Li et H.
W. Li；Ⅳ

粗壮润楠
Machilus robusta W. W. Sm.；Ⅴ

柳叶润楠
Machilus salicina Hance；Ⅴ

滇润楠
Machilus yunnanensis Lec.；Ⅰ，Ⅱ，Ⅳ，Ⅴ，Ⅵ，
Ⅶ；√

滇新樟
Neocinnamomum caudatum (Nees) Merr.；Ⅰ，
Ⅴ，Ⅵ

新樟
Neocinnamomum delavayi (Lecomte) H. Liu；Ⅰ，
Ⅱ，Ⅳ，Ⅴ，Ⅵ，Ⅶ；√

鸭公树
★**Neolitsea chui** Merr.；Ⅴ

团花新木姜子
★**Neolitsea homilantha** C. K. Allen；Ⅰ，Ⅲ，Ⅳ，
Ⅴ，Ⅵ；√

多果新木姜子
Neolitsea polycarpa H. Liu；Ⅴ

四川新木姜子
★**Neolitsea sutchuanensis** Yen C. Yang；Ⅴ

拟檫木*（密花黄肉楠）
Parasassafras confertiflora (Meisn.) D. G. Long；
Actinodaphne confertiflora Meisn.

鳄梨*
Persea americana Mill.

沼楠
Phoebe angustifolia Meisn.；Ⅴ

竹叶楠
★**Phoebe faberi** (Hemsl.) Chun；Ⅱ，Ⅵ

雅砻江楠
★**Phoebe legendrei** Lecomte；Ⅰ，Ⅱ

小叶楠
▲**Phoebe microphylla** H. W. Li；Ⅴ

白楠
★**Phoebe neurantha** (Hemsl.) Gamble；Ⅰ，Ⅴ

红梗楠
▲**Phoebe rufescens** H. W. Li；Ⅴ，Ⅵ

紫楠
Phoebe sheareri (Hemsl.) Gamble；Ⅴ，Ⅵ

26 金粟兰科 Chloranthaceae
[1 属 3 种，含 1 栽培种]

鱼子兰
Chloranthus elatior Link；Ⅴ，Ⅵ，Ⅶ

全缘金粟兰（四块瓦）
★**Chloranthus holostegius** (Hand.-Mazz.) C. Pei et San；Ⅰ，Ⅳ，Ⅴ，Ⅵ；√

金粟兰*（珠兰）
Chloranthus spicatus (Thunb.) Makino

27 菖蒲科 Acoraceae
[1 属 3 种]

菖蒲（原变种）（细根菖蒲）
Acorus calamus L. var. **calamus**；*Acorus calamus* L. var. *verus* L.；Ⅰ，Ⅱ，Ⅳ，Ⅴ

石菖蒲（变种）（长苞菖蒲）
Acorus calamus L. var. **angustatus** Besser；*Acorus tatarinowii* Schott，*Acorus rumphianus* S. Y. Hu；Ⅰ，Ⅱ，Ⅲ，Ⅳ，Ⅴ，Ⅵ，Ⅶ

金钱蒲
Acorus gramineus Aiton；Ⅲ

28 天南星科 Araceae
[21 属 50 种，含 10 栽培种]

尖尾芋（老虎芋）
Alocasia cucullata (Lour.) G. Don；Ⅰ，Ⅲ，Ⅴ

海芋
Alocasia odora (Roxb. ex Lodd., G. Lodd. et W. Lodd.) Spach；Ⅴ

勐海魔芋
Amorphophallus kachinensis Engl. et Gehrm.；Ⅴ

魔芋*（东川魔芋、花魔芋）
★**Amorphophallus konjac** K. Koch；*Amorphophallus mairei* H. Lév.，*Amorphophallus rivierei* Durand ex Carrière

滇魔芋（滇南魔芋）
Amorphophallus yunnanensis Engl.；Ⅰ，Ⅱ，Ⅴ，

Ⅵ，Ⅶ；√

雷公连
Amydrium sinense (Engl.) H. Li；*Epipremnopsis sinensis* (Engl.) H. Li；Ⅴ

元江南星
Arisaema balansae Engl.；Ⅴ

白苞南星
★**Arisaema candidissimum** W. W. Sm.；Ⅱ

会泽南星
Arisaema dahaiense H. Li；Ⅰ，Ⅱ

象南星（黑南星、粗序南星）
Arisaema elephas Buchet；*Arisaema rhombiforme* Buchet，*Arisaema dilatatum* Buchet；Ⅱ，Ⅶ

一把伞南星
Arisaema erubescens (Wall.) Schott；*Arisaema undulatum* Krause，*Arisaema oblanceolatum* Kitamura，*Arisaema brevipes* Engl.；Ⅰ，Ⅱ，Ⅲ，Ⅳ，Ⅴ，Ⅵ，Ⅶ；√

象头花（大理南星）
Arisaema franchetianum Engl.；*Arisaema delavayi* Buchet；Ⅰ，Ⅱ，Ⅲ，Ⅳ，Ⅴ，Ⅵ，Ⅶ；√

天南星（多裂南星、短檐南星）
Arisaema heterophyllum Blume；*Arisaema multisectum* Engl.；Ⅱ

花南星（驴耳南星）
★**Arisaema lobatum** Engl.；*Arisaema onoticum* Buchet；Ⅱ，Ⅶ

乌蒙南星
★**Arisaema mairei** H. Lév.；*Arisaema wumengense* H. Li, Q. T. Zhang et L. S. Xie；Ⅱ

小南星
★**Arisaema parvum** N. E. Br. ex Hemsl.；Ⅰ，Ⅱ

河谷南星
Arisaema prazeri Hook. f.；Ⅳ，Ⅴ；√

岩生南星（银南星、线叶南星）
★**Arisaema saxatile** Buchet；*Arisaema bathycoleum* Hand.-Mazz.，*Arisaema lineare* Buchet；Ⅱ，Ⅶ

瑶山南星
★**Arisaema sinii** K. Krause；Ⅰ，Ⅱ，Ⅶ

山珠南星（原亚种）（山珠半夏）
Arisaema yunnanense Buchet subsp. **yunnanense**；Ⅰ，Ⅱ，Ⅲ，Ⅳ，Ⅴ，Ⅵ，Ⅶ；√

五叶山珠南星（亚种）
★ **Arisaema yunnanense** Buchet subsp. **quinquelobatum** (H. Li et J. Murata) Z. X. Ma；*Arisaema quinquelobatum* H. Li et J. Murata；Ⅶ

芋*（台芋、野芋、红芋、紫芋）
Colocasia esculenta (L.) Schott; *Colocasia formosana* Hayata, *Colocasia antiquorum* Schott, *Colocasia konishii* Hayata, *Colocasia tonoimo* Nakai

假芋*
Colocasia fallax Schott

麒麟叶*（台湾麒麟叶）
Epipremnum pinnatum (L.) Engl.; *Epipremnum formosanum* Hayata

千年健*
Homalomena occulta (Lour.) Schott

刺芋
Lasia spinosa (L.) Thwait.; Ⅴ

稀脉浮萍
Lemna aequinoctialis Welw.; *Lemna perpusilla* Torr.; Ⅰ, Ⅱ, Ⅲ, Ⅳ, Ⅴ, Ⅵ, Ⅶ

浮萍
Lemna minor L.; Ⅰ, Ⅱ, Ⅲ, Ⅳ, Ⅴ, Ⅵ, Ⅶ

品藻
Lemna trisulca L.; Ⅵ, Ⅶ

大野芋*
Leucocasia gigantea (Blume) Schott; *Colocasia gigantea* (Blume) Hook. f.

龟背竹*
Monstera deliciosa Liebm.

半夏
Pinellia ternata (Thunb.) Makino; Ⅰ, Ⅱ, Ⅲ, Ⅳ, Ⅴ, Ⅵ, Ⅶ; √

大薸
Pistia stratiotes L.; Ⅰ, Ⅱ, Ⅲ, Ⅳ, Ⅴ, Ⅵ, Ⅶ; √

石柑子（紫苞石柑）
Pothos chinensis (Raf.) Merr.; *Pothos cathcartii* Schott, *Pothos chinensis* (Raf.) Merr. var. *lotienensis* C. Y. Wu et H. Li; Ⅳ; √

早花岩芋
Remusatia hookeriana Schott; Ⅴ, Ⅶ

岩芋（台湾岩芋）
Remusatia vivipara (Roxb.) Schott; *Remusatia formosana* Hayata; Ⅰ, Ⅶ

爬树龙
Rhaphidophora decursiva (Roxb.) Schott; Ⅴ, Ⅵ

狮子尾
Rhaphidophora hongkongensis Schott; Ⅴ

上树蜈蚣
Rhaphidophora lancifolia Schott; Ⅳ, Ⅴ, Ⅵ

大叶南苏
Rhaphidophora peepla (Roxb.) Schott; Ⅰ, Ⅴ, Ⅵ

高原斑龙芋（高山犁头尖、高原犁头尖）
Sauromatum diversifolium (Wall. ex Schott) Cusimano et Hett.; *Typhonium diversifolium* Wall., *Typhonium alpinum* C. Y. Wu ex H. Li; Ⅱ

西南斑龙芋（昆明犁头尖、西南犁头尖）
Sauromatum horsfieldii Miq.; *Typhonium omeiense* H. Li, *Typhonium kunmingense* H. Li; Ⅰ, Ⅱ, Ⅴ, Ⅵ, Ⅶ; √

斑龙芋
Sauromatum venosum (Dryand. ex Aiton) Kunth; Ⅰ, Ⅱ

紫萍
Spirodela polyrhiza (L.) Schleid.; Ⅰ, Ⅵ, Ⅶ

犁头尖
Typhonium blumei Nicolson et Sivad.; *Typhonium divaricatum* (L.) Decne.; Ⅴ, Ⅵ

芜萍
Wolffia arrhiza (L.) Horkel ex Wimm.; Ⅰ, Ⅱ, Ⅲ, Ⅳ, Ⅴ, Ⅵ, Ⅶ

无根萍
Wolffia globosa (Roxb.) Hartog et Plas; Ⅰ, Ⅱ, Ⅲ, Ⅳ, Ⅴ, Ⅵ, Ⅶ

马蹄莲*
Zantedeschia aethiopica (L.) Spreng.

白马蹄莲*（紫心黄马蹄莲）
Zantedeschia albomaculata (Hook.) Baill.; *Zantedeschia melanoleuca* (Hook. f.) Engl.

红马蹄莲*
Zantedeschia rehmannii Engl.

29 岩菖蒲科 Tofieldiaceae
[1 属 1 种]

叉柱岩菖蒲
★**Tofieldia divergens** Bur. et Franch.; Ⅰ, Ⅱ, Ⅴ, Ⅵ, Ⅶ; √

30 泽泻科 Alismataceae
[3 属 4 种，含 1 栽培种]

东方泽泻（亚种）
Alisma plantago-aquatica L. subsp. **orientale** (Sam.) Sam.; *Alisma orientale* (Sam.) Juz.; Ⅰ, Ⅱ, Ⅲ, Ⅳ, Ⅴ, Ⅵ, Ⅶ; √

水金英*
Hydrocleys nymphoides (Humb. et Bonpl. ex Willd.) Buchenau

矮慈姑（高原慈姑）
Sagittaria pygmaea Miq.; *Sagittaria altigena* Hand.-Mazz. ex Samuel.; Ⅱ

野慈姑（华夏慈姑、慈姑、剪刀草）
Sagittaria trifolia L.; *Sagittaria trifolia* L. subsp. *leucopetala* (Miq.) Q. F. Wang, *Sagittaria trifolia* L. var. *sinensis* (Sims) Makino, *Sagittaria trifolia* L. var. *angustifolia* (Sieb.) Kitagawa; Ⅰ, Ⅱ, Ⅲ, Ⅳ, Ⅴ, Ⅵ, Ⅶ; √

32 水鳖科 Hydrocharitaceae
[6 属 10 种]

水筛
Blyxa japonica (Miq.) Maxim. ex Asch. et Gürke; Ⅴ

黑藻（罗氏轮叶黑藻）
Hydrilla verticillata (L. f.) Royle; *Hydrilla verticillata* (L. f.) Royle var. *roxburghii* Caspary; Ⅰ, Ⅱ, Ⅲ, Ⅳ, Ⅴ, Ⅵ, Ⅶ; √

水鳖
Hydrocharis dubia (Blume) Backer; Ⅰ; √

草茨藻
Najas graminea Delile; Ⅰ

大茨藻（茨藻）
Najas marina L.; Ⅰ, Ⅱ, Ⅲ; √

小茨藻
Najas minor All.; Ⅰ

海菜花（原变种）
★ **Ottelia acuminata** (Gagnep.) Dandy var. **acuminata**; *Ottelia acuminata* (Gagnep.) Dandy var. *tonhaiensis* H. Li; Ⅰ, Ⅱ, Ⅲ, Ⅳ, Ⅴ; √

路南海菜花（变种）
●**Ottelia acuminata** (Gagnep.) Dandy var. **lunanensis** H. Li; Ⅳ

嵩明海菜花（变种）
● **Ottelia acuminata** (Gagnep.) Dandy var. **songmingensis** Z. T. Jiang, H. Li et Z. T. Dao; Ⅰ

苦草
Vallisneria natans (Lour.) Hara; Ⅰ, Ⅱ, Ⅲ, Ⅳ, Ⅴ, Ⅵ, Ⅶ

38 眼子菜科 Potamogetonaceae
[3 属 13 种]

菹草
Potamogeton crispus L.; Ⅰ, Ⅱ, Ⅲ, Ⅳ, Ⅴ, Ⅵ, Ⅶ

眼子菜
Potamogeton distinctus A. Benn.; Ⅳ, Ⅴ; √

光叶眼子菜
Potamogeton lucens L.; Ⅰ

微齿眼子菜
Potamogeton maackianus A. Benn.; Ⅰ, Ⅱ

小节眼子菜（马来眼子菜）
Potamogeton nodosus Poir.; *Potamogeton malaianus* Miq., *Potamogeton malainus* Miq.; Ⅰ, Ⅳ

南方眼子菜（湖北眼子菜、钝脊眼子菜）
Potamogeton octandrus Poir.; *Potamogeton hubeiensis* W. X. Wang, X. Z. Sun et H. Q. Wang, *Potamogeton octandrus* Poir. var. *miduhikimo* (Makino) Hara; Ⅰ

尖叶眼子菜
Potamogeton oxyphyllus Miq.; Ⅴ

穿叶眼子菜
Potamogeton perfoliatus L.; Ⅰ, Ⅱ, Ⅳ, Ⅵ, Ⅶ; √

丝草
Potamogeton pusillus L.; Ⅰ, Ⅱ, Ⅲ, Ⅳ, Ⅴ, Ⅵ, Ⅶ

牙齿草
Potamogeton tepperi A. Benn.; Ⅰ

竹叶眼子菜
Potamogeton wrightii Morong; Ⅰ, Ⅲ; √

篦齿眼子菜（铺散眼子菜）
Stuckenia pectinata (L.) Börner; *Potamogeton pectinatus* L., *Potamogeton pectinatus* L. var. *diffusus* Hagstrom; Ⅰ

角果藻
Zannichellia palustris L.; Ⅰ

43 沼金花科 Nartheciaceae
[1 属 6 种]

灰鞘粉条儿菜
★**Aletris cinerascens** F. T. Wang et Tang; Ⅴ

星花粉条儿菜
Aletris gracilis Rendle; *Aletris stelliflora* Hand.-Mazz.; Ⅴ

少花粉条儿菜（原变种）
Aletris pauciflora (Klotzsch) Hand.-Mazz. var. **pauciflora**; Ⅱ

穗花粉条儿菜（变种）
Aletris pauciflora (Klotzsch) Hand.-Mazz. var. **khasiana** (Hook. f.) F. T. Wang et Tang; Ⅱ, Ⅶ

粉条儿菜
Aletris spicata (Thunb.) Franch.; Ⅰ, Ⅲ, Ⅵ, Ⅶ

狭瓣粉条儿菜
★**Aletris stenoloba** Franch.; Ⅰ, Ⅶ

45 薯蓣科 Dioscoreaceae
[1 属 25 种]

参薯
Dioscorea alata L.; Ⅰ, Ⅱ, Ⅲ

蜀葵叶薯蓣
Dioscorea althaeoides R. Knuth; Ⅱ, Ⅵ, Ⅶ

丽叶薯蓣（梨果薯蓣）
★**Dioscorea aspersa** Prain et Burkill; Ⅲ, Ⅳ

板砖薯蓣
▲**Dioscorea banzhuana** S. J. Pei et C. T. Ting; Ⅴ

尖头果薯蓣（二色薯蓣）
★**Dioscorea bicolor** Prain et Burkill; Ⅳ, Ⅴ, Ⅶ

异叶薯蓣
▲**Dioscorea biformifolia** S. J. Pei et C. T. Ting; Ⅰ, Ⅳ, Ⅴ

黄独
Dioscorea bulbifera L.; Ⅱ, Ⅳ, Ⅴ, Ⅵ, Ⅶ

薯莨
Dioscorea cirrhosa Lour.; Ⅳ, Ⅴ

叉蕊薯蓣
Dioscorea collettii Hook. f.; Ⅰ, Ⅱ, Ⅲ, Ⅳ, Ⅴ, Ⅵ, Ⅶ

多毛叶薯蓣
Dioscorea decipiens Hook. f.; Ⅴ

高山薯蓣
★**Dioscorea delavayi** Franch.; *Dioscorea henryi* (Prain et Burkill) C. T. Ting; Ⅰ, Ⅱ, Ⅲ, Ⅳ, Ⅴ, Ⅵ, Ⅶ; √

三角叶薯蓣
Dioscorea deltoidea Wall. ex Griseb.; Ⅰ, Ⅱ, Ⅴ, Ⅶ

光叶薯蓣
Dioscorea glabra Roxb.; Ⅳ, Ⅴ

褐苞薯蓣
Dioscorea hamiltonii Hook. f.; *Dioscorea persimilis* Prain et Burkill; Ⅰ, Ⅱ, Ⅳ, Ⅶ

粘山药（山药）
Dioscorea hemsleyi Prain et Burkill; Ⅰ, Ⅱ, Ⅲ, Ⅳ, Ⅴ, Ⅵ, Ⅶ; √

白薯莨
Dioscorea hispida Dennst.; Ⅴ

毛芋头薯蓣（高山薯蓣）
Dioscorea kamoonensis Kunth; Ⅰ, Ⅱ, Ⅴ, Ⅵ, Ⅶ

黑珠芽薯蓣（粘黏黏）
Dioscorea melanophyma Prain et Burkill; Ⅰ, Ⅱ, Ⅳ, Ⅴ, Ⅵ, Ⅶ; √

光亮薯蓣
Dioscorea nitens Prain et Burkill; Ⅰ, Ⅴ, Ⅶ

黄山药
Dioscorea panthaica Prain et Burkill; Ⅰ, Ⅱ, Ⅳ, Ⅴ, Ⅵ, Ⅶ

五叶薯蓣
Dioscorea pentaphylla L.; Ⅰ, Ⅴ, Ⅵ

薯蓣
Dioscorea polystachya Turcz.; *Dioscorea opposita* Thunb.; Ⅰ, Ⅴ; √

小花盾叶薯蓣（小花薯蓣）
▲**Dioscorea sinoparviflora** C. T. Ting, M. G. Gilbert et Turland; *Dioscorea parviflora* C. T. Ting; Ⅱ, Ⅴ, Ⅶ

毛胶薯蓣
★**Dioscorea subcalva** Prain et Burkill; *Dioscorea subcalva* Prain et Burkill var. *submollis* (R. Knuth) C. T. Ting et P. P. Ling; Ⅰ, Ⅱ, Ⅳ, Ⅴ, Ⅵ, Ⅶ

云南薯蓣（云南粘山药）
★**Dioscorea yunnanensis** Prain et Burkill; Ⅱ, Ⅳ, Ⅴ, Ⅶ

48 百部科 Stemonaceae
[1 属 2 种]

云南百部
▲**Stemona mairei** (H. Lév.) K. Krause; Ⅱ, Ⅶ

大百部
Stemona tuberosa Lour.; Ⅴ; √

50 露兜树科 Pandanaceae
[1 属 1 种，含 1 栽培种]

露兜树[*]
Pandanus tectorius Parkinson ex Du Roi; *Pandanus tectorius* Parkinson ex Du Roi var. *sinensis* Warb.

53 藜芦科 Melanthiaceae
[2 属 15 种，含 1 栽培种]

球药隔重楼（原变种）
Paris fargesii Franch. var. **fargesii**; Ⅰ, Ⅱ

具柄重楼（变种）（卵叶重楼）
★**Paris fargesii** Franch. var. **petiolata** (Baker ex C. H. Wright) F. T. Wang et Tang; *Paris delavayi* Franch. var. *petiolata* (Baker ex C. H. Wright) H. Li

ex S. F. Wang; II

禄劝花叶重楼
★**Paris luquanensis** H. Li; II

毛重楼
★ **Paris mairei** H. Lév.; *Paris pubescens* (Hand.-Mazz.) F. T. Wang et Tang, *Paris violacea* H. Lév.; II, VII

花叶重楼
Paris marmorata Stearn; IV, VII

七叶一枝花*（原变种）
Paris polyphylla Sm. var. **polyphylla**

华重楼（变种）
Paris polyphylla Sm. var. **chinensis** (Franch.) H. Hara; II, IV

狭叶重楼（变种）
Paris polyphylla Sm. var. **stenophylla** Franch.; I, II, III, IV, V, VI, VII

滇重楼（变种）
Paris polyphylla Sm. var. **yunnanensis** (Franch.) Hand.-Mazz.; I, II, III, IV, V, VI, VII; √

黑籽重楼（原变种）（短梗重楼）
Paris thibetica Franch. var. **thibetica**; *Paris polyphylla* Sm. var. *appendiculata* H. Hara; I, V

无瓣重楼（变种）（缺瓣重楼）
Paris thibetica Franch. var. **apetala** Hande.-Mazz.; II

毛叶藜芦
★**Veratrum grandiflorum** (Maxim. ex Miq.) O. Loes.; II

蒙自藜芦
Veratrum mengtzeanum O. Loes.; I, II, III, VI, VII

狭叶藜芦
Veratrum shanense W. W. Sm.; *Veratrum stenophyllum* Diels; II, V, VII

大理藜芦（披麻草）
★**Veratrum taliense** O. Loes.; III, V, VI

56 秋水仙科 Colchicaceae
[2 属 6 种]

长蕊万寿竹（短蕊万寿竹）
Disporum bodinieri (H. Lév. et Vaniot) F. T. Wang et Y. C. Tang; *Disporum brachystemon* F. T. Wang et Tang; I, II, IV, V, VI, VII

距花万寿竹（总梗万寿竹）
Disporum calcaratum D. Don; *Disporum*

pedunculatum H. Li et J. L. Huang; I, V, IV

万寿竹
Disporum cantoniense (Lour.) Merr.; I, II, III, IV, V, VI, VII; √

长蕊万寿竹
Disporum longistylum (H. Lév. et Vaniot) H. Hara; I, V

少花万寿竹（单花宝铎草）
Disporum uniflorum Baker; I, V, VI

山慈菇（丽江山慈菇、土贝母）
Iphigenia indica (L.) A. Gray ex Kunth; I, III, VI; √

59 菝葜科 Smilacaceae
[1 属 29 种]

尖叶菝葜
Smilax arisanensis Hayata; III, V

云南肖菝葜
★**Smilax binchuanensis** P. Li et C. X. Fu; *Heterosmilax yunnanensis* Gagnep.; I, II, V

西南菝葜
Smilax biumbellata T. Koyama; *Smilax bockii* Warb.; II, IV, V, VI, VII

肖菝葜
Smilax bockii Warb.; *Heterosmilax japonica* Kunth; II, V, VI, VII

圆锥菝葜
Smilax bracteata C. Presl; I, II, IV, V, VI

密疣菝葜
Smilax chapaensis Gagnep.; IV

菝葜
Smilax china L.; V, VI

筐条菝葜
Smilax corbularia Kunth; IV

合蕊菝葜
★**Smilax cyclophylla** Warb.; II

托柄菝葜
★**Smilax discotis** Warb.; I, II, IV, V

长托菝葜
Smilax ferox Wall. ex Kunth; I, II, IV, V, VI, VII; √

土茯苓
Smilax glabra Roxb.; I, II, III, IV, V, VI, VII; √

束丝菝葜
Smilax hemsleyana Craib; I, VI

粉背菝葜
Smilax hypoglauca Benth.; Ⅳ，Ⅴ

暗色菝葜
Smilax laevis Wall. ex A. DC.; *Smilax lanceifolia* Roxb. var. *opaca* A. DC.; Ⅳ，Ⅶ

马甲菝葜
Smilax lanceifolia Roxb.; Ⅰ，Ⅱ，Ⅲ，Ⅳ，Ⅴ，Ⅵ，Ⅶ

马钱叶菝葜
★**Smilax lunglingensis** F. T. Wang et Tang; Ⅰ，Ⅳ，Ⅴ，Ⅵ，Ⅶ; √

无刺菝葜
★**Smilax mairei** H. Lév.; Ⅰ，Ⅱ，Ⅲ，Ⅳ，Ⅴ，Ⅵ，Ⅶ; √

防己叶菝葜
Smilax menispermoidea A. DC.; Ⅱ，Ⅳ，Ⅴ，Ⅵ

小叶菝葜
★**Smilax microphylla** C. H. Wright; Ⅰ，Ⅱ，Ⅴ，Ⅵ，Ⅶ

乌饭叶菝葜
Smilax myrtillus A. DC.; Ⅴ

黑叶菝葜
★**Smilax nigrescens** F. T. Wang et Tang; Ⅱ，Ⅲ，Ⅳ，Ⅴ

白背牛尾菜
Smilax nipponica Miq.; Ⅲ

穿鞘菝葜
Smilax perfoliata Lour.; Ⅴ

方枝菝葜
Smilax quadrata A. DC.; Ⅳ，Ⅴ

牛尾菜
Smilax riparia A. DC.; Ⅲ

短梗菝葜
★**Smilax scobinicaulis** C. H. Wright; Ⅰ，Ⅱ，Ⅳ，Ⅴ，Ⅶ

短柱肖菝葜
Smilax septemnervia (F. T. Wang et Tang) P. Li et C. X. Fu; *Heterosmilax septemnervia* F. T. Wang et Tang; Ⅳ

鞘柄菝葜
Smilax stans Maxim.; Ⅰ，Ⅱ，Ⅶ

60 百合科 Liliaceae
[7 属 23 种，含 2 栽培种]

云南大百合（变种）
Cardiocrinum giganteum (Wall.) Makino var. **yunnanense** (Leichtlin ex Elwes) Stearn; Ⅰ，Ⅱ，Ⅴ，Ⅵ，Ⅶ

川贝母
Fritillaria cirrhosa D. Don; Ⅱ，Ⅴ

玫红百合
▲**Lilium amoenum** E. H. Wilson ex Sealy; Ⅰ，Ⅱ，Ⅵ，Ⅶ

开瓣豹子花
Lilium apertum Franch.; *Nomocharis aperta* (Franch.) W. W. Sm. et W. E. Evans; Ⅰ

滇百合（原变种）
Lilium bakerianum Collett et Hemsl. var. **bakerianum**; Ⅰ

黄绿花滇百合（变种）
Lilium bakerianum Collett et Hemsl. var. **delavayi** (Franch.) E. H. Wilson; Ⅰ，Ⅴ，Ⅶ

紫红花滇百合（变种）
★**Lilium bakerianum** Collett et Hemsl. var. **rubrum** Stearn; Ⅰ; √

野百合（百合）
Lilium brownii F. E. Brown ex Miellez; Ⅰ，Ⅱ，Ⅳ，Ⅴ

川百合
Lilium davidii Duch. ex Elwes; Ⅰ，Ⅱ

湖北百合*
★**Lilium henryi** Baker

卷丹*
Lilium lancifolium Thunb.; *Lilium tigrinum* Ker Gawler

豹子花（宽瓣豹子花）
★**Lilium pardanthinum** (Franch.) Y. D. Gao; *Nomocharis pardanthina* Franch., *Nomocharis mairei* H. Lév.; Ⅱ

紫喉百合（变种）（窄叶百合）
Lilium primulinum Baker var. **burmanicum** (W. W. Sm.) Stearn; *Lilium nepalense* D. Don var. *birmanicum* W. W. Sm.; Ⅰ，Ⅴ，Ⅵ

川滇百合（变种）（披针叶百合）
★**Lilium primulinum** Baker var. **ochraceum** (Franch.) Stearn; *Lilium nepalense* D. Don var. *ochraceum* (Franch.) S. Yun Liang; Ⅰ

通江百合（泸定百合）
★**Lilium sargentiae** E. H. Wilson; Ⅰ，Ⅱ

蒜头百合
★**Lilium sempervivoideum** H. Lév.; Ⅰ，Ⅱ

淡黄花百合
Lilium sulphureum Baker ex Hook. f.; Ⅰ，Ⅱ，

VII; √

大理百合
★**Lilium taliense** Franch.; I, IV

尖果洼瓣花
Lloydia oxycarpa Franch.; II, VII; √

云南洼瓣花
Lloydia yunnanensis Franch.; II, VI, VII; √

假百合（钟花假百合）
Notholirion bulbuliferum (Lingelsh.) Stearn; *Notholirion campanulatum* Cotton et Stearn; II

小花扭柄花
★**Streptopus parviflorus** Franch.; II

黄花油点草
Tricyrtis maculata (D. Don) J. F. Macbr.; *Tricyrtis pilosa* Wall.; III

61 兰科 Orchidaceae
[79 属 282 种，含 2 栽培种]

多花脆兰（变种）
Acampe praemorsa (Roxb.) Blatt. et McCann var. **longepedunculata** (Trimen) Govaerts; *Acampe rigida* (Buch.-Ham. ex Sm.) P. F. Hunt; III, V

禾叶兰
Agrostophyllum callosum Rchb. f.; V

高褶带唇兰
Ania viridifusca (Hook.) Tang et W. T. Wang ex Summerh.; *Tainia viridifusca* (Hook.) Benth. et Hook. f.; II

筒瓣兰
Anthogonium gracile Wall. ex Lindl.; I, II, IV, V, VI, VII

口盖花蜘蛛兰
Arachnis bella (Rchb. f.) J. J. Sm.; *Esmeralda bella* Rchb. f.; V

竹叶兰
Arundina graminifolia (D. Don) Hochr.; I, II, V, VII

小白及
Bletilla formosana (Hayata) Schltr.; I, II, III, IV, V, VI, VII

黄花白及
Bletilla ochracea Schltr.; I, II, V, VII

白及
Bletilla striata (Thunb.) Rchb. f.; I, V; √

长叶苞叶兰
Brachycorythis henryi (Schltr.) Summerh.; IV

赤唇石豆兰
Bulbophyllum affine Wall. ex Lindl.; I, V

大叶卷瓣兰
Bulbophyllum amplifolium (Rolfe) N. P. Balakr. et Sud. Chowdhury; V

梳帽卷瓣兰
Bulbophyllum andersonii (Hook. f.) J. J. Sm.; V

白花大苞兰
Bulbophyllum candidum (Lindl.) Hook. f.; *Sunipia candida* (Lindl.) P. F. Hunt; V

大苞石豆兰
Bulbophyllum cylindraceum Wall. ex Lindl.; V

短齿石豆兰
Bulbophyllum griffithii (Lindl.) Rchb. f.; I, V

角萼卷瓣兰
Bulbophyllum helenae (Kuntze) J. J. Sm.; V

卷苞石豆兰
Bulbophyllum khasyanum Griff.; V

短葶石豆兰（豹斑石豆兰）
Bulbophyllum leopardinum (Wall.) Lindl. ex Wall.; *Bulbophyllum colomaculosum* Z. H. Tsi et S. C. Chen; V

密花石豆兰
Bulbophyllum odoratissimum (Sm.) Lindl. ex Wall.; V

麦穗石豆兰
Bulbophyllum orientale Seidenf.; V

长足石豆兰（阿里山石豆兰）
Bulbophyllum pectinatum Finet; *Bulbophyllum pectinatum* Finet var. *transarisanense* (Hayata) S. S. Ying; I, V

斑唇卷瓣兰
Bulbophyllum pecten-veneris (Gagnep.) Seidenf.; I, V

滇南石豆兰
Bulbophyllum psittacoglossum Rchb. f.; I, V, VI, VII

美花大苞兰
Bulbophyllum pulcherissimum H. Jiang, D. M. He et J. D. Ya; V

伏生石豆兰
Bulbophyllum reptans (Lindl.) Lindl. ex Wall.; V

藓叶卷瓣兰
Bulbophyllum retusiusculum Rchb. f.; V

凹萼石豆兰
Bulbophyllum retusum H. Jiang, D. P. Ye et J. D.

Ya；Ⅴ，Ⅵ

二色大苞兰
Bulbophyllum roseopictum J. J. Verm., Schuit. et de Vogel; *Sunipia bicolor* Lindl.；Ⅴ

伞花卷瓣兰
Bulbophyllum umbellatum Lindl.；Ⅴ

双叶卷瓣兰
Bulbophyllum wallichii Rchb. f.；Ⅴ

蒙自石豆兰（德钦石豆兰）
Bulbophyllum yunnanense Rolfe; *Bulbophyllum otoglossum* Tuyama；Ⅴ

蜂腰兰
Bulleyia yunnanensis Schltr.；Ⅰ，Ⅴ，Ⅶ

泽泻虾脊兰
Calanthe alismatifolia Lindley; *Calanthe alismaefolia* Lindl.；Ⅴ

流苏虾脊兰
Calanthe alpina Hook. f. ex Lindl.；Ⅱ，Ⅶ

肾唇虾脊兰
Calanthe brevicornu Lindl.；Ⅱ，Ⅴ

棒距虾脊兰
Calanthe clavata Lindl.；Ⅴ

剑叶虾脊兰
Calanthe davidii Franch.；Ⅰ，Ⅱ，Ⅲ

钩距虾脊兰（雪峰虾脊兰）
★**Calanthe graciliflora** Hayata; *Calanthe graciliflora* Hayata var. *xuafengensis* Z. H. Tsi；Ⅴ

叉唇虾脊兰
Calanthe hancockii Rolfe；Ⅴ，Ⅵ，Ⅶ

西南虾脊兰
Calanthe herbacea Lindl.；Ⅴ

细花虾脊兰
Calanthe mannii Hook. f.；Ⅲ

香花虾脊兰
Calanthe odora Griff.；Ⅰ

镰萼虾脊兰
Calanthe puberula Lindl.；Ⅴ

反瓣虾脊兰
Calanthe reflexa Lindl.；Ⅱ

匙瓣虾脊兰
Calanthe simplex Seidenf.；Ⅴ

三棱虾脊兰
Calanthe tricarinata Lindl.；Ⅱ，Ⅴ，Ⅵ

三褶虾脊兰
Calanthe triplicata (Willem.) Ames；Ⅰ，Ⅴ，Ⅶ

大花头蕊兰
Cephalanthera damasonium (Mill.) Druce；Ⅰ，Ⅱ

头蕊兰
Cephalanthera longifolia (L.) Fritsch；Ⅰ，Ⅱ，Ⅳ，Ⅵ，Ⅶ

黄兰
Cephalantheropsis obcordata (Lindl.) Ormer.; *Cephalantheropsis gracilis* (Lindl.) S. Y. Hu；Ⅴ

川滇叠鞘兰
★**Chamaegastrodia inverta** (W. W. Sm.) Seidenf.；Ⅰ，Ⅱ，Ⅳ；√

流苏叉柱兰
Cheirostylis barbata Q. Liu et X. F. Wu；Ⅳ

小唇叉柱兰
Cheirostylis chuxiongensis J. D. Ya；Ⅴ

大花叉柱兰
Cheirostylis griffithii Lindl.；Ⅶ

全唇叉柱兰（太鲁阁叉柱兰）
Cheirostylis takeoi (Hayata) Schltr.; *Cheirostylis tatewakii* Masam.；Ⅴ

反瓣叉柱兰
Cheirostylis thailandica Seidenf.；Ⅴ

云南叉柱兰
Cheirostylis yunnanensis Rolfe；Ⅴ

长叶隔距兰
Cleisostoma fuerstenbergianum Kraenzl.；Ⅴ

隔距兰
Cleisostoma linearilobatum (Seidenf. et Smitinand) Garay; *Cleisostoma sagittiforme* Garay；Ⅴ

长帽隔距兰
●**Cleisostoma longioperculatum** Z. H. Tsi；Ⅴ

勐海隔距兰
▲**Cleisostoma menghaiense** Z. H. Tsi；Ⅴ

南贡隔距兰
Cleisostoma nangongense Z. H. Tsi；Ⅴ

大序隔距兰
Cleisostoma paniculatum (Ker Gawl.) Garay；Ⅲ

大叶隔距兰
Cleisostoma racemiferum (Lindl.) Garay；Ⅴ

毛柱隔距兰
Cleisostoma simondii (Gagnep.) Seidenf.；Ⅴ

红花隔距兰
Cleisostoma williamsonii (Rchb. f.) Garay；Ⅰ，Ⅱ，Ⅴ

髯毛贝母兰
Coelogyne barbata Lindl. ex Griff.；Ⅳ

眼斑贝母兰
Coelogyne corymbosa Lindl.; V

流苏贝母兰（报春贝母兰）
Coelogyne fimbriata Lindl.; *Coelogyne primulina* Barretto; V

栗鳞贝母兰
Coelogyne flaccida Lindl.; V

白花贝母兰
Coelogyne leucantha W. W. Sm.; V

长柄贝母兰
Coelogyne longipes Lindl.; V

密茎贝母兰
Coelogyne nitida (Wall. ex D. Don) Lindl.; IV

卵叶贝母兰
Coelogyne occultata Hook. f.; V

狭瓣贝母兰
Coelogyne punctulata Lindl.; VI, VII

大理铠兰
★**Corybas taliensis** Tang et F. T. Wang; V

杜鹃兰
Cremastra appendiculata (D. Don) Makino; I

铺叶沼兰
Crepidium mackinnonii (Duthie) Szlach.; *Malaxis mackinnonii* (Duthie) Ames; I

鹅白苹兰（鹅白毛兰）
Cryptochilus strictus (Lindl.) Schuit., Y. P. Ng et H. A. Pedersen; *Pinalia stricta* (Lindl.) Kuntze, *Eria stricta* Lindl.; V

纹瓣兰
Cymbidium aloifolium (L.) Sw.; V

硬叶兰
Cymbidium crassifolium Herb.; *Cymbidium mannii* Rchb. f., *Cymbidium bicolor* Lindl. subsp. *obtusum* Du Puy et Cribb; V, VI

独占春
Cymbidium eburneum Lindl.; VI

莎草兰
Cymbidium elegans Lindl.; V, VI

建兰
Cymbidium ensifolium (L.) Sw.; V

长叶兰
Cymbidium erythraeum Lindl.; I, IV, V, VI, VII

蕙兰*（云南美冠兰）
Cymbidium faberi Rolfe; *Eulophia yunnanensis* Rolfe

多花兰
Cymbidium floribundum Lindl.; V, VI

春兰
Cymbidium goeringii (Rchb. f.) Rchb. f.; I, II, V, VI, VII

虎头兰
Cymbidium hookerianum Rchb. f.; I, V, VI, VII

黄蝉兰
Cymbidium iridioides D. Don; V, VI

兔耳兰
Cymbidium lancifolium Hook.; I, II, V

大根兰（腐生兰）
Cymbidium macrorhizon Lindl.; I, II, V

豆瓣兰（线叶春兰）
★ **Cymbidium serratum** Schltr.; *Cymbidium goeringii* (Rchb. f.) Rchb. f. var. *serratum* (Schltr.) Y. S. Wu et S. C. Chen; I, II, V, VI, VII

莲瓣兰*（原变种）（菅草兰）
★**Cymbidium tortisepalum** Fukuy. var. **tortisepalum**; *Cymbidium goeringii* (Rchb. f.) Rchb. f. var. *tortisepalum* (Fukuyama) Y. S. Wu et S. C. Chen

春剑（变种）
★ **Cymbidium tortisepalum** Fukuy. var. **longibracteatum** (Y. S. Wu et S. C. Chen) S. C. Chen et Z. J. Liu; I

西藏虎头兰
Cymbidium tracyanum L. Castle; V

黄花杓兰
★**Cypripedium flavum** P. F. Hunt et Summerh.; VI, VII

丽江杓兰
Cypripedium lichiangense S. C. Chen et P. J. Cribb; I

斑叶杓兰
★**Cypripedium margaritaceum** Franch.; II

离萼杓兰
Cypripedium plectrochilum Franch.; I, II, IV, VI, VII

乌蒙杓兰
●**Cypripedium wumengense** S. C. Chen; II

毛萼山珊瑚
Cyrtosia lindleyana Hook. f. et Thomson; *Galeola lindleyana* (Hook. f. et Thomson) Rchb. f.; V

宽叶厚唇兰
Dendrobium amplum Lindl.; *Epigeneium amplum*

(Lindl.) Summerh; V

兜唇石斛
Dendrobium aphyllum (Roxb.) C. E. C. Fisch.; *Dendrobium cucullatum* R. Br. ex Lindl.; V

矮石斛
Dendrobium bellatulum Rolfe; V

束花石斛
Dendrobium chrysanthum Wall. ex Lindl.; V

鼓槌石斛
Dendrobium chrysotoxum Lindl.; V

兜唇石斛
Dendrobium cucullatum R. Br.; II

叠鞘石斛（紫斑金兰）
Dendrobium denneanum Kerr; *Dendrobium aurantiacum* Rchb. f. var. *denneanum* (Kerr) H. Tsi; VI

齿瓣石斛
Dendrobium devonianum Paxton; V

单叶厚唇兰
Dendrobium fargesii Finet; *Epigeneium fargesii* (Finet) Gagnep.; I

流苏石斛
Dendrobium fimbriatum Hook.; V, VI

景东厚唇兰
Dendrobium fuscescens Griff.; *Epigeneium fuscescens* (Griff.) Summerh.; V

细叶石斛
Dendrobium hancockii Rolfe; V

小黄花石斛
Dendrobium jenkinsii Wall. ex Lindl.; V

美花石斛
Dendrobium loddigesii Rolfe; V

细茎石斛
Dendrobium moniliforme (L.) Sw.; *Dendrobium catenatum* Lindl.; V

石斛
Dendrobium nobile Lindl.; I, II, V, VI

双叶厚唇兰
Dendrobium rotundatum (Lindl.) Hook. f.; *Epigeneium rotundatum* (Lindl.) Summerh.; V

梳唇石斛
Dendrobium strongylanthum Rchb. f.; V

球花石斛
Dendrobium thyrsiflorum B. S. Williams; *Dendrobium thyrsiflorum* Rchb.; I, V

大苞鞘石斛
Dendrobium wardianum R. Warner; V

无耳沼兰（阔叶沼兰）
Dienia ophrydis (J. Koenig) Seidenf.; *Malaxis latifolia* J. E. Sm.; I, V

火烧兰
Epipactis helleborine (L.) Crantz; I, II, IV, V, VI, VII; √

大叶火烧兰
Epipactis mairei Schltr.; I, III, VI, VII

疏花火烧兰
Epipactis veratrifolia Boiss. et Hohen.; *Epipactis consimilis* D. Don; II, III, IV, VI

足茎毛兰（墨脱毛兰）
Eria coronaria (Lindl.) Rchb. f.; *Eria medogensis* S. C. Chen et Z. H. Tsi; V

紫花美冠兰
Eulophia nuda Lindl.; *Eulophia spectabilis* (Dennst.) Suresh; VI, VII

二叶盔花兰（二叶红门兰）
Galearis spathulata (Lindl.) P. F. Hunt; *Orchis diantha* Schltr.; II

山珊瑚
Galeola faberi Rolfe; I

盆距兰
Gastrochilus calceolaris (Buch.-Ham. ex Sm.) D. Don; V

天麻（乌天麻、黄天麻、松天麻）
Gastrodia elata Blume; *Gastrodia elata* Blume f. *glauca* S. Chow, *Gastrodia elata* Blume f. *flavida* S. Chow, *Gastrodia elata* Blume f. *alba* S. Chow; V, VI, VII

疣天麻
★**Gastrodia tuberculata** F. Y. Liu et S. C. Chen; I, II, VII

地宝兰
Geodorum densiflorum (Lam.) Schltr.; II, V

贵州地宝兰
Geodorum eulophioides Schltr.; V

多花地宝兰
Geodorum recurvum (Roxb.) Alston; V

莲座叶斑叶兰（波密斑叶兰、短苞斑叶兰）
★**Goodyera brachystegia** Hand.-Mazz.; *Goodyera bomiensis* K. Y. Lang; I, IV, VI, VII

多叶斑叶兰
Goodyera foliosa (Lindl.) Benth. ex C. B. Clarke; V

高斑叶兰
Goodyera procera (Ker Gawl.) Hook.; Ⅴ

小斑叶兰
Goodyera repens (L.) R. Br.; Ⅰ, Ⅱ, Ⅳ, Ⅴ

斑叶兰
Goodyera schlechtendaliana Rchb. f.; Ⅱ; √

川滇斑叶兰
★**Goodyera yunnanensis** Schltr.; Ⅱ

西南手参
Gymnadenia orchidis Lindl.; Ⅱ

凸孔坡参
Habenaria acuifera Wall. ex Lindl.; Ⅴ, Ⅵ, Ⅶ

落地金钱
Habenaria aitchisonii Rchb. f.; Ⅰ, Ⅱ, Ⅴ; √

毛葶玉凤花
Habenaria ciliolaris Kraenzl.; Ⅰ, Ⅴ

长距玉凤花
Habenaria davidii Franch.; Ⅰ, Ⅱ, Ⅲ, Ⅴ, Ⅶ

厚瓣玉凤花
★**Habenaria delavayi** Finet; Ⅰ, Ⅱ, Ⅳ, Ⅴ, Ⅵ, Ⅶ; √

鹅毛玉凤花
Habenaria dentata (Sw.) Schltr.; Ⅰ, Ⅳ, Ⅴ, Ⅵ, Ⅶ; √

齿片玉凤花
★**Habenaria finetiana** Schltr.; Ⅰ, Ⅱ, Ⅶ

线瓣玉凤花
★**Habenaria fordii** Rolfe; Ⅳ

密花玉凤花
Habenaria furcifera Lindl.; Ⅴ

粉叶玉凤花
★**Habenaria glaucifolia** Bureau et Franch.; Ⅰ, Ⅱ

宽药隔玉凤花
Habenaria limprichtii Schltr.; Ⅰ, Ⅳ, Ⅴ, Ⅵ, Ⅶ; √

坡参
Habenaria linguella Lindl.; Ⅴ, Ⅶ

禄劝玉凤花
●**Habenaria luquanensis** G. W. Hu; Ⅱ, Ⅴ; √

棒距玉凤花
★**Habenaria mairei** Schltr.; Ⅱ

剑叶玉凤花
Habenaria pectinata D. Don; Ⅰ, Ⅱ

齿片坡参
Habenaria rostellifera Rchb. f.; Ⅰ, Ⅱ, Ⅳ, Ⅴ, Ⅵ

喙房坡参
Habenaria rostrata Wall. ex Lindl.; Ⅰ, Ⅱ

中缅玉凤花
Habenaria shweliensis W. W. Sm. et Banerji; Ⅶ

中泰玉凤花
Habenaria siamensis Schltr.; Ⅴ

心叶舌喙兰（舌喙兰）
Hemipilia cordifolia Lindl.; *Hemipilia cruciata* Finet; Ⅰ, Ⅱ

扇唇舌喙兰
★**Hemipilia flabellata** Bureau et Franch.; Ⅰ, Ⅱ, Ⅳ, Ⅵ; √

短距舌喙兰
★**Hemipilia limprichtii** Schltr.; Ⅰ, Ⅴ, Ⅵ

条叶阔蕊兰
★**Herminium bulleyi** (Rolfe) Tang et F. T. Wang; *Peristylus bulleyi* (Rolfe) K. Y. Lang; Ⅱ, Ⅶ

凸孔阔蕊兰
Herminium coeloceras (Finet) Schltr.; *Peristylus coeloceras* Finet; Ⅰ, Ⅱ, Ⅲ

条叶角盘兰
▲**Herminium coiloglossum** Schltr.; Ⅰ, Ⅱ, Ⅴ

无距角盘兰
★**Herminium ecalcaratum** (Finet) Schltr.; Ⅱ, Ⅴ, Ⅵ

盘腺阔蕊兰
Herminium fallax (Lindl.) Hook. f.; *Peristylus fallax* Lindl.; Ⅱ

一掌参
Herminium forceps (Finet) Schltr.; *Peristylus forceps* Finet; Ⅰ, Ⅱ; √

宽唇角盘兰
Herminium josephi Rchb. f.; Ⅱ, Ⅳ, Ⅶ

叉唇角盘兰
Herminium lanceum (Thunb. ex Sw.) Vuijk; Ⅰ, Ⅱ, Ⅳ, Ⅴ, Ⅵ, Ⅶ; √

白鹤参
Herminium latilabre (Lindl.) X. H. Jin, Schuit., Raskoti et Lu Q. Huang; *Platanthera latilabris* Lindl.; Ⅰ, Ⅱ, Ⅳ, Ⅴ

纤茎阔蕊兰
Herminium mannii (Rchb. f.) Tang et F. T. Wang; *Peristylus mannii* (Rchb. f.) Makerjee; Ⅰ, Ⅱ, Ⅴ

长瓣角盘兰（阔叶角盘兰）
★**Herminium ophioglossoides** Schltr.; Ⅰ, Ⅵ

宽萼角盘兰（川滇角盘兰）
★**Herminium souliei** (Finet) Rolfe；Ⅱ，Ⅵ

条唇阔蕊兰
★**Herminium suave** Tang et F. T. Wang；*Peristylus forrestii* (Schltr.) K. Y. Lang；Ⅰ，Ⅱ

宽叶角盘兰
★**Herminium tangianum** (S. Y. Hu) K. Y. Lang；*Herminium latifolia* Gagnep.；Ⅰ，Ⅱ

云南角盘兰
★**Herminium yunnanense** Rolfe；Ⅵ

大根槽舌兰
Holcoglossum amesianum (Rchb. f.) Christenson；Ⅴ

短距槽舌兰
Holcoglossum flavescens (Schltr.) Z. H. Tsi；Ⅵ，Ⅶ

小花槽舌兰（圆柱叶鸟舌兰）
Holcoglossum himalaicum (Deb, Sengupta et Malick) Aver.；*Ascocentrum himalaicum* (Deb, Sengupta et Malick) Christenson；Ⅴ

管叶槽舌兰
Holcoglossum kimballianum (Rchb. f.) Garay；Ⅴ

槽舌兰
★**Holcoglossum quasipinifolium** (Hayata) Schltr.；Ⅴ

中华槽舌兰
★**Holcoglossum sinicum** Christenson；Ⅱ，Ⅶ

羊耳蒜（齿唇羊耳蒜）
Liparis campylostalix Rchb. f.；Ⅰ，Ⅱ，Ⅲ，Ⅳ，Ⅴ，Ⅵ，Ⅶ；√

二褶羊耳蒜
Liparis cathcartii Hook. f.；Ⅰ，Ⅱ

小羊耳蒜
★**Liparis fargesii** Finet；Ⅰ

紫花羊耳蒜
Liparis gigantea C. L. Tso；*Liparis nigra* Seidenf.；Ⅰ

宽叶羊耳蒜
Liparis latifolia Lindl.；Ⅰ，Ⅴ

阔唇羊耳蒜
Liparis latilabris Rolfe；Ⅰ

见血青
Liparis nervosa (Thunb.) Lindl.；Ⅳ，Ⅴ，Ⅵ，Ⅶ

香花羊耳蒜
Liparis odorata (Willd.) Lindl.；Ⅰ，Ⅶ

长唇羊耳蒜
★**Liparis pauliana** Hand.-Mazz.；Ⅰ，Ⅳ

柄叶羊耳蒜
Liparis petiolata (D. Don) P. F. Hunt et Summerh.；Ⅴ

蕊丝羊耳蒜
Liparis resupinata Ridl.；Ⅱ，Ⅴ

折苞羊耳蒜
Liparis tschangii Schltr.；Ⅵ，Ⅶ

长茎羊耳蒜
Liparis viridiflora (Blume) Lindl.；Ⅰ，Ⅴ

小花钗子股
Luisia brachystachys (Lindl.) Blume；Ⅴ

大花钗子股
Luisia magniflora Z. H. Tsi et S. C. Chen；Ⅴ

钗子股
Luisia morsei Rolfe；Ⅳ，Ⅴ

长叶钗子股
Luisia zollingeri Rchb. f.；Ⅴ

沼兰
Malaxis monophyllos (L.) Sw.；*Liparis japonica* (Miq.) Maxim.；Ⅰ，Ⅱ，Ⅴ

矮全唇兰
Myrmechis pumila (Hook. f.) Tang et F. T. Wang；Ⅴ

新型兰
Neogyna gardneriana (Lindl.) Rchb. f.；Ⅴ

高山鸟巢兰
Neottia listeroides Lindl.；Ⅳ

短柱对叶兰
Neottia mucronata (Panigrahi et J. J. Wood) Szlach.；*Listera mucronata* Panigrahi et J. J. Wood；Ⅴ

耳唇鸟巢兰
Neottia tenii Schltr.；Ⅶ

广布芋兰（芋兰、西藏芋兰）
Nervilia concolor (Blume) Schltr.；*Nervilia aragoana* Gaudich.；Ⅱ，Ⅳ

毛唇芋兰
Nervilia fordii (Hance) Schltr.；Ⅱ

七角叶芋兰
Nervilia mackinnonii (Duthie) Schltr.；Ⅲ

毛叶芋兰（紫花芋兰）
Nervilia plicata (Andrews) Schltr.；*Nervilia plicata* (Andrews) Schltr. var. *purpurea* (Hayata) S. S. Ying；Ⅴ

狭叶鸢尾兰
Oberonia caulescens Lindl.；Ⅴ

鸢尾兰
Oberonia iridifolia Roxb. ex Lindl.；Ⅳ

条裂鸢尾兰
Oberonia jenkinsiana Griff. ex Lindl.；Ⅴ

广西鸢尾兰
Oberonia kwangsiensis Seidenf.; Ⅴ

阔瓣鸢尾兰
Oberonia latipetala L. O. Williams; Ⅴ

西南齿唇兰
Odontochilus elwesii C. B. Clarke ex Hook. f.; *Anoectochilus elwesii* (C. B. Clarke ex Hook. f.) King et Pantl.; Ⅴ

长叶山兰
★**Oreorchis fargesii** Finet; Ⅲ

山兰
Oreorchis patens (Lindl.) Lindl.; Ⅱ, Ⅲ

白花耳唇兰
Otochilus albus Lindl.; Ⅴ

狭叶耳唇兰
Otochilus fuscus Lindl.; Ⅴ

宽叶耳唇兰
Otochilus lancilabius Seidenf.; Ⅴ

平卧曲唇兰
★**Panisea cavaleriei** Schltr.; Ⅰ, Ⅴ

曲唇兰
Panisea tricallosa Rolfe; Ⅰ

文山兜兰
▲**Paphiopedilum wenshanense** Z. J. Liu et J. Yong Zhang; Ⅴ

龙头兰
Pecteilis susannae (L.) Raf.; Ⅰ, Ⅳ, Ⅴ, Ⅵ

钻柱兰
Pelatantheria rivesii (Guillaumin) Tang et F. T. Wang; Ⅴ

小花阔蕊兰
Peristylus affinis (D. Don) Seidenf.; Ⅱ, Ⅳ

大花阔蕊兰
Peristylus constrictus (Lindl.) Lindl.; Ⅰ

狭穗阔蕊兰（鞭须阔蕊兰）
Peristylus densus (Lindl.) Santapau et Kapadia; *Peristylus flagellifer* (Makino) Ohwi; Ⅰ, Ⅴ

阔蕊兰
Peristylus goodyeroides (D. Don) Lindl.; Ⅰ, Ⅱ, Ⅴ, Ⅶ

鹤顶兰
Phaius tankervilleae (Banks) Blume; Ⅴ

羽唇兰
Phalaenopsis difformis (Wall. ex Lindl.) Kocyan et Schuit.; *Ornithochilus difformis* (Wall. ex Lindl.)

Schltr.; Ⅰ, Ⅴ

华西蝴蝶兰
Phalaenopsis wilsonii Rolfe; Ⅴ, Ⅵ

节茎石仙桃
Pholidota articulata Lindl.; Ⅴ

石仙桃
Pholidota chinensis Lindl.; Ⅴ

宿苞石仙桃
Pholidota imbricata Hook.; *Pholidota bracteata* (D. Don) Seidenf.; Ⅴ

尖叶石仙桃（岩生石仙桃）
Pholidota missionariorum Gagnep.; *Pholidota rupestris* Hand.-Mazz.; Ⅱ

粗脉石仙桃（云南石仙桃）
Pholidota pallida Lindl.; *Pholidota yunnanensis* Rolfe; Ⅰ, Ⅱ, Ⅳ, Ⅴ

棒叶鸢尾兰
Phreatia inversa Schltr.; *Oberonia myosurus* (G. Forst.) Lindl.; Ⅴ

滇藏舌唇兰
Platanthera bakeriana (King et Pantl.) Kraenzl.; Ⅱ

对耳舌唇兰（滇西舌唇兰）
★**Platanthera finetiana** Schltr.; *Platanthera sinica* Tang et F. T. Wang; Ⅲ

舌唇兰
Platanthera japonica (Thunb.) Lindl.; Ⅱ

白花独蒜兰
Pleione albiflora P. J. Cribb et C. Z. Tang; Ⅱ

独蒜兰
★**Pleione bulbocodioides** (Franch.) Rolfe; Ⅰ, Ⅱ, Ⅴ, Ⅵ, Ⅶ

黄花独蒜兰
Pleione forrestii Schltr.; Ⅶ

大花独蒜兰
Pleione grandiflora (Rolfe) Rolfe; Ⅴ

云南独蒜兰
Pleione yunnanensis (Rolfe) Rolfe; Ⅰ, Ⅱ, Ⅲ, Ⅴ, Ⅵ, Ⅶ; √

四裂无柱兰
★**Ponerorchis basifoliata** (Finet) X. H. Jin, Schuit. et W. T. Jin; *Amitostigma basifoliatum* (Finet) Schltr.; Ⅱ

短距小红门兰（短距红门兰）
★**Ponerorchis brevicalcarata** (Finet) Soó; *Orchis brevicalcarata* (Finet) Schltr.; Ⅰ, Ⅱ, Ⅵ, Ⅶ

广布小红门兰（红门兰、广布红门兰、库莎红门兰）
Ponerorchis chusua (D. Don) Soó; *Orchis chusua* D. Don；Ⅰ，Ⅱ，Ⅶ

二叶兜被兰
Ponerorchis cucullata (L.) X. H. Jin, Schuit. et W. T. Jin; *Neottianthe cucullata* (L.) Schltr.；Ⅰ

细茎小红门兰（细茎红门兰）
Ponerorchis exilis (Ames et Schltr.) S. C. Chen, P. J. Cribb et S. W. Gale; *Orchis exilis* Ames et Schltr.；Ⅰ，Ⅱ

卵叶无柱兰
★ **Ponerorchis hemipilioides** (Finet) Soó; *Amitostigma hemipilioides* (Finet) Tang et F. T. Wang；Ⅰ，Ⅱ，Ⅶ

滇蜀无柱兰
★**Ponerorchis tetraloba** (Finet) X. H. Jin, Schuit. et W. T. Jin; *Amitostigma tetralobum* (Finet) Schltr.；Ⅶ

网鞘蛤兰（网鞘毛兰）
Porpax muscicola (Lindl.) Schuit., Y. P. Ng et H. A. Pedersen; *Conchidium muscicola* (Lindl.) Rauschert, *Eria muscicola* (Lindl.) Lindl.；Ⅴ

火焰兰
Renanthera coccinea Lour.；Ⅵ，Ⅶ

云南火焰兰
Renanthera imschootiana Rolfe；Ⅴ

艳丽菱兰（艳丽开唇兰、艳丽齿唇兰）
Rhomboda moulmeinensis (C. S. P. Parish et Rchb. f.) Ormerod; *Anoectochilus moulmeinensis* (Par. et Rchb. f.) Seidenf.；Ⅰ，Ⅴ

钻喙兰
Rhynchostylis retusa (L.) Blume；Ⅳ

鸟足兰（原变种）（长距鸟足兰）
Satyrium nepalense D. Don var. **nepalense**；Ⅰ，Ⅱ，Ⅳ；√

缘毛鸟足兰（变种）
Satyrium nepalense D. Don var. **ciliatum** (Lindl.) Hook. f.；Ⅰ，Ⅱ，Ⅴ，Ⅵ，Ⅶ

云南鸟足兰
★**Satyrium yunnanense** Rolfe；Ⅰ，Ⅱ，Ⅴ，Ⅵ，Ⅶ；√

毛轴小红门兰（毛轴红门兰）
Sirindhornia monophylla (Collett et Hemsl.) H. A. Pedersen et Suksathan; *Orchis monophylla* (Collett et Hemsl.) Rolfe, *Ponerorchis monophylla* (Collett et Hemsl.) Soó；Ⅰ，Ⅵ，Ⅶ

苞舌兰
Spathoglottis pubescens Lindl.；Ⅰ，Ⅱ，Ⅴ，Ⅵ，Ⅶ

绶草
Spiranthes sinensis (Pers.) Ames；Ⅰ，Ⅱ，Ⅲ，Ⅳ，Ⅴ，Ⅵ，Ⅶ；√

指叶拟毛兰（指叶毛兰）
Strongyleria pannea (Lindl.) Schuit., Y. P. Ng et H. A. Pedersen; *Eria pannea* Lindl.；Ⅴ，Ⅵ

带叶兰
Taeniophyllum glandulosum Blume；Ⅴ

阔叶带唇兰
Tainia latifolia (Lindl.) Rchb. f.；Ⅴ

笋兰
Thunia alba (Lindl.) Rchb. f.；Ⅴ

叉喙兰
Uncifera acuminata Lindl.；Ⅴ

鸟舌兰
Vanda ampullacea (Roxb.) L. M. Gardiner; *Ascocentrum ampullaceum* (Roxb.) Schltr.；Ⅴ

白柱万代兰
Vanda brunnea Rchb. f.；Ⅴ

小蓝万代兰
Vanda coerulescens Griff.；Ⅴ

矮万代兰（矮美万代兰）
Vanda pumila Hook. f.；Ⅴ

白花拟万代兰
Vandopsis undulata (Lindl.) J. J. Sm.；Ⅴ

宽叶线柱兰
Zeuxine affinis (Lindl.) Benth. ex Hook. f.；Ⅴ

白肋线柱兰
Zeuxine goodyeroides Lindl.；Ⅴ

白花线柱兰
Zeuxine parvifolia (Ridl.) K. Schum. et Fedde; *Zeuxine parviflora* (Ridl.) Seidenf.；Ⅴ

66 仙茅科 Hypoxidaceae
[2 属 4 种]

大叶仙茅
Curculigo capitulata (Lour.) Kuntze；Ⅳ，Ⅴ，Ⅵ，Ⅶ

绒叶仙茅
Curculigo crassifolia (Baker) Hook. f.；Ⅴ

仙茅
Curculigo orchioides Gaertn.；Ⅱ，Ⅴ，Ⅵ

小金梅草
Hypoxis aurea Lour.；Ⅰ，Ⅱ，Ⅲ，Ⅳ，Ⅴ，Ⅵ，Ⅶ；√

70 鸢尾科 Iridaceae
[8 属 21 种，含 14 栽培种]

雄黄兰*
Crocosmia × crocosmiiflora (Lemoine) N. E. Br.

番红花*
Crocus sativus L.

红葱*
Eleutherine bulbosa (Mill.) Urb.; *Eleutherine plicata* (Sw.) Herb.

香雪兰*
Freesia refracta (Jacq.) Klatt

唐菖蒲*
Gladiolus × gandavensis Van Houtte

西南鸢尾（白花西南鸢尾）
Iris bulleyana Dykes; *Iris bulleyana* Dykes f. *alba* Y. T. Zhao；Ⅰ，Ⅱ

高原鸢尾
Iris collettii Hook. f.；Ⅰ，Ⅱ，Ⅴ，Ⅵ，Ⅶ；√

扁竹兰
★**Iris confusa** Sealy；Ⅰ，Ⅴ；√

尼泊尔鸢尾
Iris decora Wall.；Ⅰ，Ⅱ，Ⅴ，Ⅵ，Ⅶ

射干*
Iris domestica (L.) Goldblatt et Mabb.; *Belamcanda chinensis* (L.) Redouté

花菖蒲*（变种）
Iris ensata Thunb. var. **hortensis** Makino et Nemoto

德国鸢尾*
Iris × germanica L.

蝴蝶花
Iris japonica Thunb.；Ⅰ，Ⅲ

燕子花
Iris laevigata Fisch.；Ⅰ

红花鸢尾
Iris milesii Baker ex Foster；Ⅴ，Ⅵ

香根鸢尾*
Iris pallida Lam.

黄菖蒲*
Iris pseudacorus L.

西伯利亚鸢尾*
Iris sibirica L.

鸢尾*
Iris tectorum Maxim.

庭菖蒲*
Sisyrinchium rosulatum E. P. Bicknell

观音兰*
Tritonia crocata (L.) Ker Gawl.

72 阿福花科 Asphodelaceae
[5 属 9 种，含 3 栽培种]

芦荟
Aloe vera (L.) Burm. f.; *Aloe vera* (L.) Burm. f. var. *chinensis* (Haw.) Berg.；Ⅴ

山菅（山菅兰）
Dianella ensifolia (L.) Redouté；Ⅰ，Ⅳ，Ⅴ

独尾草
★**Eremurus chinensis** O. Fedtsch.；Ⅶ

黄花菜*
Hemerocallis citrina Baroni

西南萱草
★**Hemerocallis forrestii** Diels；Ⅰ

萱草（重瓣萱草）
Hemerocallis fulva (L.) L.; *Hemerocallis fulva* (L.) L. var. *kwanso* Regel；Ⅰ，Ⅴ，Ⅶ

小黄花菜*
Hemerocallis minor Mill.

折叶萱草（摺叶萱草）
★**Hemerocallis plicata** Stapf；Ⅰ，Ⅱ，Ⅴ，Ⅵ，Ⅶ；√

新西兰剑麻*
Phormium colensoi Hook. f.

73 石蒜科 Amaryllidaceae
[14 属 30 种，含 18 栽培种]

百子莲*
Agapanthus africanus (L.) Hoffmanns.

晚香玉*
Agave amica (Medik.) Thiede et Govaerts; *Polianthes tuberosa* L.

针叶韭
★**Allium aciphyllum** J. M. Xu；Ⅱ

蓝花韭
★**Allium beesianum** W. W. Sm.；Ⅱ

洋葱*
Allium cepa L.

薤头
★**Allium chinense** G. Don

葱*
Allium fistulosum L.

宽叶韭
Allium hookeri Thwaites；Ⅰ，Ⅱ，Ⅵ，Ⅶ；√

大花韭
Allium macranthum Baker；Ⅰ，Ⅱ

薤白（小根蒜）
Allium macrostemon Bunge；Ⅰ，Ⅱ，Ⅳ，Ⅵ，Ⅶ

滇韭
Allium mairei H. Lév.；Ⅰ，Ⅱ，Ⅳ，Ⅴ，Ⅵ，Ⅶ；√

蒜*
Allium sativum L.

韭*（韭菜）
Allium tuberosum Rottler ex Sprengel

多星韭（柳叶韭）
Allium wallichii Kunth；*Allium tchongchanense* H. Lév., *Allium wallichii* Kunth var. *platyphyllum* (Diels) J. M. Xu；Ⅰ，Ⅱ，Ⅳ，Ⅵ，Ⅶ；√

君子兰*
Clivia miniata (Lindl.) Verschaff.

垂笑君子兰*
Clivia nobilis Lindl.

文殊兰*（变种）
★**Crinum asiaticum** L. var. **sinicum** (Roxb. ex Herb.) Baker

朱顶红*
Hippeastrum striatum (Lam.) H. E. Moore；*Hippeastrum rutilum* (Ker Gawl.) Herb.

花朱顶红*
Hippeastrum vittatum (L' Hér.) Herb.

水鬼蕉*（蜘蛛兰）
Hymenocallis littoralis (Jacq.) Salisb.

忽地笑
Lycoris aurea (L' Hér.) Herb.；Ⅰ，Ⅱ，Ⅳ，Ⅴ；√

石蒜*
Lycoris radiata (L' Hér.) Herb.

红花石蒜（红石蒜）
Lycoris sanguinea Maxim.；Ⅰ

水仙*（亚种）
Narcissus tazetta L. subsp. **chinensis** (M. Roem.) Masamura et Yanagih.；*Narcissus tazetta* L. var. *chinensis* M. Roem.

假韭#
Nothoscordum gracile (Aiton) Stearn

网球花*
Scadoxus multiflorus (Martyn) Raf.；*Haemanthus multiflorus* Martyn

云南守标蒜
▲**Shoubiaonia yunnanensis** W. H. Qin, W. Q.

Meng et K. Liu.；Ⅴ

紫娇花*
Tulbaghia violacea Harv.

葱莲*
Zephyranthes candida (Lindl.) Herb.

韭莲#
Zephyranthes carinata Herbert

74 天门冬科 Asparagaceae
[20 属 64 种，含 18 栽培种]

龙舌兰#
Agave americana L.

狭叶龙舌兰*
Agave angustifolia Haw.

剑麻#
Agave sisalana Perrine

虎眼万年青*
Albuca bracteata (Thunb.) J. C. Manning et Goldblatt

天门冬
Asparagus cochinchinensis (Lour.) Merr.；Ⅴ，Ⅵ，Ⅶ

非洲天门冬*
Asparagus densiflorus (Kunth) Jessop

羊齿天门冬
Asparagus filicinus Buch.-Ham. ex D. Don；Ⅰ，Ⅱ，Ⅲ，Ⅳ，Ⅴ，Ⅵ，Ⅶ；√

短梗天门冬
Asparagus lycopodineus (Baker) F. T. Wang et Tang；Ⅰ，Ⅳ，Ⅶ

昆明天门冬
★**Asparagus mairei** H. Lév.；Ⅰ，Ⅱ，Ⅳ

密齿天门冬（天门冬）
★**Asparagus meioclados** H. Lév.；Ⅰ，Ⅱ，Ⅲ，Ⅴ，Ⅶ；√

石刁柏*
Asparagus officinalis L.

文竹*
Asparagus setaceus (Kunth) Jessop

滇南天门冬
▲**Asparagus subscandens** F. T. Wang et S. C. Chen；Ⅴ

大理天门冬
▲**Asparagus taliensis** F. T. Wang et Tang ex S. C. Chen；Ⅰ，Ⅱ，Ⅴ，Ⅵ

细枝天门冬（曲枝天门冬）
▲**Asparagus trichoclados** (F. T. Wang et Tang) F.

T. Wang et S. C. Chen；Ⅰ，Ⅴ

蜘蛛抱蛋
Aspidistra elatior Blume；Ⅲ，Ⅳ，Ⅴ

大花蜘蛛抱蛋
Aspidistra tonkinensis (Gagnep.) F. T. Wang et K. Y. Lang；Ⅰ，Ⅴ

绵枣儿
Barnardia japonica (Thunb.) Schult. et Schult. f.; *Scilla scilloides* (Lindl.) Druce；Ⅱ，Ⅴ

南非吊兰[*]（宽叶吊兰、银边吊兰）
Chlorophytum capense Kuntze

吊兰[*]
Chlorophytum comosum (Thunb.) Baker

西南吊兰
Chlorophytum nepalense (Lindl.) Baker；Ⅱ，Ⅵ，Ⅶ

朱蕉[*]
Cordyline fruticosa (L.) A. Chev.

竹根七
Disporopsis fuscopicta Hance；Ⅳ，Ⅴ

长叶竹根七（长叶万寿竹）
Disporopsis longifolia Craib；Ⅴ

深裂竹根七（竹根假万寿竹）
★Disporopsis pernyi (Hua) Diels；Ⅰ，Ⅱ，Ⅲ，Ⅳ，Ⅴ

鹭鸶兰（鹭鸶草）
★Diuranthera major Hemsl.；Ⅰ，Ⅱ，Ⅴ；√

小鹭鸶兰（小鹭鸶草）
★Diuranthera minor (C. H. Wright) C. H. Wright ex Hemsl.；Ⅴ，Ⅵ，Ⅶ；√

虎尾兰[*]（原变种）
Dracaena trifasciata (Prain) Mabb. var. **trifasciata**; *Sansevieria trifasciata* Prain

金边虎尾兰[*]（变种）
Dracaena trifasciata (Prain) Mabb. var. **laurentii** (De Wildem.) Huan C. Wang et F. Yang **comb. nov.**; *Sansevieria trifasciata* Prain var. *laurentii* (De Wildem.) N. E. Brown

玉簪[*]
★Hosta plantaginea (Lam.) Asch.

紫萼[*]
★Hosta ventricosa Stearn

禾叶山麦冬（禾叶土麦冬）
Liriope graminifolia (L.) Baker；Ⅰ，Ⅱ

阔叶山麦冬[*]
Liriope muscari (Decne.) L. H. Bailey

山麦冬[*]
Liriope spicata Lour.

高大鹿药
★ Maianthemum atropurpureum (Franch.) LaFrankie; *Smilacina atropurpurea* (Franch.) F. T. Wang et Tang；Ⅱ

管花鹿药（竹节菜）
Maianthemum henryi (Baker) LaFrankie; *Smilacina henryi* (Baker) F. T. Wang et Tang；Ⅱ

窄瓣鹿药
Maianthemum tatsienense (Franch.) LaFrankie; *Smilacina paniculata* (Baker) F. T. Wang et Tang；Ⅱ，Ⅶ

短药沿阶草
★Ophiopogon angustifoliatus (F. T. Wang et Tang) S. C. Chen; *Ophiopogon bockianus* Diels var. *angustifoliatus* F. T. Wang et Tang；Ⅴ

连药沿阶草
Ophiopogon bockianus Diels；Ⅰ

沿阶草（铺散沿阶草、矮小沿阶草）
Ophiopogon bodinieri H. Lév.; *Ophiopogon bociinieri* H. Lév. var. *pygmaeus* F. T. Wang et Dai；Ⅰ，Ⅱ，Ⅳ，Ⅴ，Ⅵ，Ⅶ

间型沿阶草（紫花沿阶草、长葶沿阶草）
Ophiopogon intermedius D. Don；Ⅰ，Ⅱ，Ⅳ，Ⅴ，Ⅵ，Ⅶ；√

麦冬（麦门冬）
Ophiopogon japonicus (Thunb.) Ker Gawl.；Ⅱ，Ⅳ，Ⅴ，Ⅵ

西南沿阶草
★Ophiopogon mairei H. Lév.；Ⅱ，Ⅶ

大花沿阶草
▲Ophiopogon megalanthus F. T. Wang et L. K. Dai；Ⅳ

狭叶沿阶草
★Ophiopogon stenophyllus (Merr.) L. Rodr.；Ⅳ

大盖球子草
Peliosanthes macrostegia Hance；Ⅴ

卷叶黄精
Polygonatum cirrhifolium (Wall.) Royle；Ⅰ，Ⅱ，Ⅴ，Ⅵ，Ⅶ

滇黄精
Polygonatum kingianum Collett et Hemsl.；Ⅰ，Ⅱ，Ⅳ，Ⅴ，Ⅵ；√

节根黄精
★Polygonatum nodosum Hua；Ⅱ

康定玉竹
★**Polygonatum prattii** Baker; Ⅰ, Ⅱ, Ⅲ, Ⅳ, Ⅴ; √

点花黄精
Polygonatum punctatum Royle ex Kunth; Ⅰ, Ⅱ, Ⅳ, Ⅴ, Ⅵ, Ⅶ

轮叶黄精
Polygonatum verticillatum (L.) All.; Ⅰ, Ⅱ, Ⅴ

吉祥草
Reineckea carnea (Andrews) Kunth; Ⅰ, Ⅱ, Ⅲ, Ⅳ, Ⅴ, Ⅵ, Ⅶ; √

筒花开口箭
★**Rohdea delavayi** (Franch.) N. Tanaka; *Tupistra delavayi* Franch., *Campylandra delavayi* (Franch.) M. N. Tamura, S. Yun Liang et Turland; Ⅵ, Ⅶ

开口箭
Rohdea fargesii (Baill.) Y. F. Deng; *Tupistra chinensis* Baker, *Campylandra chinensis* (Baker) M. N. Tamura, S. Yun Liang et Turland, *Rohdea chinensis* (Baker) N. Tanaka; Ⅱ, Ⅳ, Ⅴ, Ⅵ, Ⅶ

万年青*
Rohdea japonica (Thunb.) Roth

李恒开口箭
★**Rohdea lihengiana** Q. Qiao et C. Q. Zhang; Ⅱ

长梗开口箭
Rohdea longipedunculata (F. T. Wang et S. Yun Liang) N. Tanaka; *Tupistra longipedunculata* Wang et Liang, *Campylandra longipedunculata* (F. T. Wang et S. Yun Liang) M. N. Tamuram, S. Yun Liang et Turland; Ⅴ; √

橙花开口箭
Rohdea nepalensis (Raf.) N. Tanaka; *Tupistra aurantiaca* Wall. ex Baker, *Campylandra aurantiaca* Baker; Ⅱ

弯蕊开口箭
Rohdea wattii (C. B. Clarke) Yamashita et M. N. Tamura; *Tupistra wattii* (C. B. Clarke) Hook. f., *Campylandra wattii* C. B. Clarke; Ⅴ

云南开口箭
Rohdea yunnanensis (F. T. Wang et S. Yun Liang) Yamashita et M. N. Tamura; *Tupistra yunnanensis* Wang et Liang, *Campylandra yunnanensis* (F. T. Wang et S. Yun Liang) M. N. Tamura, S. Yun Liang et Turland; Ⅱ, Ⅴ, Ⅶ

假叶树*
Ruscus aculeatus L.

细叶丝兰*（丝兰）
Yucca flaccida Haw.; *Yucca smalliana* Fernald

凤尾丝兰*
Yucca gloriosa L.

76 棕榈科 Palmae
[11 属 18 种，含 16 栽培种]

假槟榔*
Archontophoenix alexandrae (F. Muell.) H. Wendl. et Drude

槟榔*
Areca catechu L.

鱼尾葵*
Caryota maxima Blume

单穗鱼尾葵*
Caryota monostachya Becc.

董棕
Caryota obtusa Griff.; Ⅴ

散尾葵*
Dypsis lutescens (H. Wendl.) Beentje et J. Dransf.; *Chrysalidocarpus lutescens* H. Wendl.

油棕*
Elaeis guineensis Jacq.

蒲葵*
Livistona chinensis (Jacq.) R. Br. ex Mart.

无茎刺葵*
Phoenix acaulis Roxb.

长叶刺葵*
Phoenix canariensis H. Wildpret

海枣*
Phoenix dactylifera L.

江边刺葵*
Phoenix roebelenii O'Brien

棕竹*（裂叶棕竹）
Rhapis excelsa (Thunb.) A. Henry

矮棕竹*（多裂棕竹）
★**Rhapis humilis** Blume

矮菜棕*
Sabal minor (Jacq.) Pers.

金山葵*
Syagrus romanzoffiana (Cham.) Glassman

棕榈*（棕树）
Trachycarpus fortunei (Hook.) H. Wendl.; √

龙棕
★**Trachycarpus nanus** Becc.; Ⅳ, Ⅴ, Ⅵ, Ⅶ; √

78 鸭跖草科 Commelinaceae
[11 属 27 种，含 3 栽培种]

穿鞘花
Amischotolype hispida (A. Rich.) D. Y. Hong; Ⅴ

饭包草
Commelina benghalensis L.; Ⅰ, Ⅱ, Ⅴ; √

鸭跖草
Commelina communis L.; Ⅰ, Ⅱ, Ⅲ, Ⅳ, Ⅴ, Ⅵ, Ⅶ; √

节节草（竹节草）
Commelina diffusa Burm. f.; Ⅱ, Ⅳ, Ⅴ, Ⅵ, Ⅶ

地地藕
Commelina maculata Edgew.; Ⅰ, Ⅱ, Ⅵ, Ⅶ

大苞鸭跖草
Commelina paludosa Blume; Ⅲ, Ⅳ, Ⅴ, Ⅵ, Ⅶ

波缘鸭跖草
Commelina undulata R. Br.; Ⅱ

蛛丝毛蓝耳草（露水草）
Cyanotis arachnoidea C. B. Clarke; Ⅰ, Ⅱ, Ⅳ, Ⅴ, Ⅵ, Ⅶ

四孔草
Cyanotis cristata (L.) D. Don; Ⅱ, Ⅴ

蓝耳草
Cyanotis vaga (Lour.) Schult. et Schult. f.; Ⅰ, Ⅱ, Ⅳ, Ⅴ, Ⅵ, Ⅶ; √

聚花草
Floscopa scandens Lour.; Ⅴ

紫背鹿衔草
Murdannia divergens (C. B. Clarke) G. Brückn.; Ⅰ, Ⅱ, Ⅲ, Ⅳ, Ⅵ, Ⅶ; √

根茎水竹叶
Murdannia hookeri (C. B. Clarke) G. Brückn.; Ⅰ, Ⅴ

宽叶水竹叶（竹叶参）
Murdannia japonica (Thunb.) Faden; Ⅱ, Ⅳ

裸花水竹叶
Murdannia nudiflora (L.) Brenan; Ⅰ, Ⅴ

细竹篙草
Murdannia simplex (Vahl) Brenan; Ⅴ, Ⅵ, Ⅶ

树头花
★**Murdannia stenothyrsa** (Diels) Hand.-Mazz.; Ⅰ, Ⅴ, Ⅵ

水竹叶
Murdannia triquetra (Wall. ex C. B. Clarke) G.

Brückn.; Ⅴ

大杜若
Pollia hasskarlii R. S. Rao; Ⅴ

钩毛子草（毛果网籽草、大水竹叶）
Rhopalephora scaberrima (Blume) Faden; *Dictyospermum scaberrimum* (Blume) J. K. Morton ex Hong; Ⅴ, Ⅵ

竹叶吉祥草
Spatholirion longifolium (Gagnep.) Dunn; Ⅰ, Ⅱ, Ⅲ, Ⅳ, Ⅴ, Ⅵ, Ⅶ; √

竹叶子（原亚种）
Streptolirion volubile Edgew. subsp. **volubile**; Ⅰ, Ⅱ, Ⅲ, Ⅳ, Ⅴ, Ⅵ, Ⅶ; √

红毛竹叶子（亚种）
Streptolirion volubile Edgew. subsp. **khasianum** (C. B. Clarke) D. Y. Hong; Ⅴ

直立孀泪花*
Tinantia erecta (Jacq.) Fenzl

白花紫露草#
Tradescantia fluminensis Vell.

紫背万年青*
Tradescantia spathacea Sw.

吊竹梅*（紫吊竹草）
Tradescantia zebrina Bosse; *Zebrina pendula* Schnizl.

80 雨久花科 Pontederiaceae
[1 属 3 种]

凤眼蓝#（水葫芦、凤眼莲）
Pontederia crassipes Mart.; *Eichhornia crassipes* (Mart.) Solms; √

雨久花
Pontederia korsakowii (Regel et Maack) M. Pell. et C. N. Horn; *Monochoria korsakowii* Regel et Maack; √

鸭舌草
Pontederia vaginalis Burm. f.; *Monochoria vaginalis* (Burm. f.) C. Presl; Ⅰ, Ⅲ, Ⅴ, Ⅵ, Ⅶ

82 鹤望兰科 Strelitziaceae
[2 属 2 种，含 2 栽培种]

旅人蕉*
Ravenala madagascariensis Sonn.

鹤望兰*
Strelitzia reginae Banks

85 芭蕉科 Musaceae
[3 属 4 种，含 2 栽培种]

象头蕉（树头芭蕉、野芭蕉）
Ensete wilsonii (Tutcher) Cheesman; *Musa wilsonii* Tutch.; V

芭蕉*
Musa basjoo Siebold et Zucc. ex Iinuma

香蕉*
Musa nana Lour.

地涌金莲
Musella lasiocarpa (Franch.) C. Y. Wu ex H. W. Li; Ⅰ，Ⅱ，Ⅲ，Ⅳ，Ⅴ，Ⅵ，Ⅶ；√

86 美人蕉科 Cannaceae
[1 属 4 种，含 4 栽培种]

柔瓣美人蕉*
Canna flaccida Salisb.

大花美人蕉*
Canna × generalis L. H. Bailey

粉美人蕉*
Canna glauca L.

美人蕉*（紫叶美人蕉、蕉芋、芭蕉芋）
Canna indica L.; *Canna warscewiezii* A. Dietr., *Canna indica* L. var. *flava* (Roscoe) Baker, *Canna edulis* Ker

87 竹芋科 Marantaceae
[5 属 6 种，含 4 栽培种]

花叶竹芋*
Maranta cristata Nees et Mart.; *Maranta bicolor* Ker Gawl.

柊叶
Phrynium pubinerve Blume; *Phrynium capitatum* Willd., *Phrynium rheedei* Suresh et Nicolson; V

尖苞穗花柊叶（尖苞柊叶）
Stachyphrynium placentarium (Lour.) Clausager et Borchs.; *Phrynium placentarium* (Lour.) Merr.; V

紫背竹芋*
Stromanthe thalia (Vell.) J. M. A. Braga; *Stromanthe sanguinea* Sond.

再力花*（水竹芋）
Thalia dealbata Fraser

垂花再力花*
Thalia geniculata L.

89 姜科 Zingiberaceae
[13 属 38 种，含 7 栽培种]

山姜
Alpinia japonica (Thunber) Miq.; Ⅳ

华山姜
Alpinia oblongifolia Hayata; *Alpinia chinensis* (J. Koenig) Roscoe; Ⅳ，Ⅴ，Ⅵ

云南草蔻（绿苞山姜、光叶云南草蔻）
Alpinia roxburghii Sweet; *Alpinia bracteata* Roxb., *Alpinia blepharocalyx* K. Schum., *Alpinia blepharocalyx* K. Schum. var. *glabrior* (Hand.-Mazz.) T. L. Wu; Ⅴ，Ⅵ，Ⅶ

密苞山姜
★**Alpinia stachyodes** Hance; *Alpinia densibracteata* T. L. Wu et S. J. Chen; Ⅴ

艳山姜*（月桃）
Alpinia zerumbet (Pers.) B. L. Burtt et R. M. Sm.

紫红砂仁
▲**Amomum purpureorubrum** S. Q. Tong et Y. M. Xia; Ⅴ

大花凹唇姜
Boesenbergia maxwellii Mood, L. M. Prince et Triboun; Ⅴ，Ⅵ

距药姜
Cautleya gracilis (Sm.) Dandy; Ⅴ

红苞距药姜
Cautleya spicata (Sm.) Baker; Ⅴ

郁金*（温郁金）
Curcuma aromatica Salisb.; *Curcuma wenyujin* Y. H. Chen et C. Ling

土田七
Curcuma involucrata (King ex Baker) Škornič.; *Stahlianthus involucratus* (King ex Baker) Craib ex Loes.; Ⅴ

姜黄*
Curcuma longa L.

舞花姜
Globba racemosa Sm.; Ⅰ，Ⅱ，Ⅲ

红姜花
Hedychium coccineum Buch.-Ham ex Sm.; Ⅴ，Ⅵ

姜花
Hedychium coronarium J. Koenig; Ⅲ，Ⅴ，Ⅵ，Ⅶ

密花姜花*（小花姜花）
Hedychium densiflorum Wall.; *Hedychium sinoaureum* Stapf

黄姜花
Hedychium flavum Roxb.; Ⅳ

圆瓣姜花
Hedychium forrestii Diels; Ⅲ, Ⅴ, Ⅵ

草果药（原变种）
Hedychium spicatum Sm. var. **spicatum**; Ⅰ, Ⅱ, Ⅲ, Ⅳ, Ⅴ, Ⅵ, Ⅶ; √

疏花草果药（变种）
Hedychium spicatum Sm. var. **acuminatum** (Roscoe) Wall.; Ⅳ, Ⅵ, Ⅶ

狭瓣姜花
Hedychium stenopetalum G. Lodd.; Ⅳ

毛姜花
Hedychium villosum Wall.; *Hedychium sinoaureum* Stapf; Ⅴ

滇姜花
Hedychium yunnanense Gagnep.; Ⅰ, Ⅱ, Ⅳ, Ⅴ

莴笋花
Hellenia lacera (Gagnep.) Govaerts; *Costus lacerus* Gagnep., *Cheilocostus lacerus* (Gagnep.) C. D. Specht; Ⅳ, Ⅵ

闭鞘姜
Hellenia speciosa (J. Koenig) S. R. Dutta; *Costus speciosus* (J. König) Sm.; Ⅴ

草果*
Lanxangia tsao-ko (Crevost et Lemarié) M. F. Newman et Skornick.; *Amomum tsao-ko* Crevost et Lemarié

苞叶姜（大苞姜）
★**Pyrgophyllum yunnanense** (Gagnep.) T. L. Wu et Z. Y. Chen; *Caulokaempferia yunnanensis* (Gagnep.) R. M. Sm.; Ⅰ, Ⅱ, Ⅴ, Ⅶ; √

早花象牙参（华象牙参、滇象牙参、双唇象牙参）
★ **Roscoea cautleyoides** Gagnep.; *Roscoea sinopurpurea* Stapf, *Roscoea yunnanensis* Loes., *Roscoea chamaeleon* Gagnep.; Ⅰ, Ⅱ, Ⅳ, Ⅵ, Ⅶ

长柄象牙参
Roscoea debilis Gagnep.; Ⅰ, Ⅱ, Ⅳ, Ⅴ

昆明象牙参（延苞象牙参）
●**Roscoea kunmingensis** S. Q. Tong; *Roscoea kunmingensis* S. Q. Tong var. *elongatobractea* S. Q. Tong; Ⅰ, Ⅱ, Ⅶ

先花象牙参
▲**Roscoea praecox** K. Schum.; Ⅰ, Ⅱ, Ⅳ

藏象牙参
Roscoea tibetica Batalin; Ⅰ, Ⅱ, Ⅵ, Ⅶ; √

砂仁*
Wurfbainia villosa (Lour.) Skornick. et A. D. Poulsen; *Amomum villosum* Lour.

多毛姜
Zingiber densissimum S. Q. Tong et Y. M. Xia; Ⅴ

蘘荷
Zingiber mioga (Thunb.) Roscoe; Ⅰ, Ⅳ

姜*
Zingiber officinale Roscoe

阳荷
★**Zingiber striolatum** Diels; Ⅰ, Ⅱ, Ⅳ, Ⅴ, Ⅵ, Ⅶ; √

细叶姜（紫唇姜）
●**Zingiber tenuifolium** L. Bai, Škornič. et N. H. Xia; *Zingiber porphyrochilum* Y. H. Tan et H. B. Ding **syn. nov.**; Ⅴ

90 香蒲科 Typhaceae
[1 属 3 种，含 2 栽培种]

水烛*
Typha angustifolia L.

长苞香蒲*
Typha domingensis Pers.; *Typha angustata* Bory et Chaubard

香蒲
Typha orientalis C. Presl; Ⅰ, Ⅲ

91 凤梨科 Bromeliaceae
[2 属 3 种，含 3 栽培种]

凤梨*（菠萝）
Ananas comosus (L.) Merr.

垂花水塔花*
Billbergia nutans H. Wendl. ex Regel

水塔花*
Billbergia pyramidalis (Sims) Lindl.

93 黄眼草科 Xyridaceae
[1 属 1 种]

黄谷精（变种）（南非黄眼草）
Xyris capensis Thunb. var. **schoenoides** (Mart.) Nilsson; Ⅰ, Ⅵ, Ⅶ

94 谷精草科 Eriocaulaceae
[1 属 7 种]

高山谷精草
Eriocaulon alpestre Hook. f. et Thomson ex Körn.; Ⅰ

谷精草
Eriocaulon buergerianum Körn.; Ⅰ, Ⅴ, Ⅵ

白药谷精草（谷精草、华南谷精草）
Eriocaulon cinereum R. Br.; Ⅰ, Ⅵ

昆明谷精草（裂瓣谷精草）
Eriocaulon kunmingense Z. X. Zhang; *Eriocaulon bilobatum* W. L. Ma; Ⅰ

小瓣谷精草（变种）
●**Eriocaulon nantoense** Hayata var. **micropetalum** W. L. Ma; Ⅰ

尼泊尔谷精草（疏毛谷精草、老谷精草、褐色谷精草）
Eriocaulon nepalense Prescott ex Bong.; *Eriocaulon senile* Honda, *Eriocaulon nantoense* Hayata var. *parviceps* (Hand.-Mazz.) W. L. Ma, *Eriocaulon pullum* T. Koyama; Ⅰ

云贵谷精草（滇谷精草）
Eriocaulon schochianum Hand.-Mazz.; Ⅰ, Ⅱ, Ⅶ

97 灯心草科 Juncaceae
[2 属 21 种]

葱状灯心草（云南灯心草）
Juncus allioides Franch.; *Juncus yunnanensis* A. Camus; Ⅱ, Ⅴ, Ⅵ, Ⅶ

小花灯心草
Juncus articulatus L.; Ⅰ

孟加拉灯心草（楔蕊灯心草）
Juncus benghalensis Kunth; Ⅱ

小灯心草
Juncus bufonius L.; Ⅰ, Ⅱ, Ⅳ, Ⅴ, Ⅵ, Ⅶ

雅灯心草（淡白灯心草）
Juncus concinnus D. Don; *Juncus albescens* Satake, *Juncus glomeratus* K. F. Wu, *Juncus lanpinguensis* Novikov; Ⅰ, Ⅵ, Ⅶ; √

星花灯心草
Juncus diastrophanthus Buchenau; Ⅰ, Ⅱ, Ⅴ, Ⅵ

东川灯心草
▲**Juncus dongchuanensis** K. F. Wu; Ⅰ, Ⅱ

灯心草
Juncus effusus L.; Ⅰ, Ⅱ, Ⅳ, Ⅴ, Ⅵ, Ⅶ; √

细茎灯心草
Juncus gracilicaulis A. Camus; Ⅰ

片髓灯心草（西南灯心草）
Juncus inflexus L.; *Juncus inflexus* L. subsp. *austro-occidentalis* K. F. Wu; Ⅰ, Ⅱ, Ⅴ, Ⅵ, Ⅶ

金平灯心草
▲**Juncus jinpingensis** S. Y. Bao; Ⅰ

细子灯心草（细籽灯心草）
Juncus leptospermus Buchenau; Ⅰ

甘川灯心草
Juncus leucanthus Royle ex D. Don; Ⅱ

单枝灯心草
Juncus potaninii Buchenau; Ⅰ

笄石菖（水茅草、江南灯心草）
Juncus prismatocarpus R. Br.; Ⅰ, Ⅱ, Ⅳ, Ⅴ

野灯心草
Juncus setchuensis Buchenau; Ⅰ, Ⅱ, Ⅲ, Ⅳ, Ⅴ, Ⅵ, Ⅶ

针灯心草（球头灯心草）
Juncus wallichianus J. Gay ex Laharpe; *Juncus sphaerocephalus* K. F. Wu, *Juncus yanshanuensis* Novikov; Ⅰ, Ⅱ

散序地杨梅（原变种）
Luzula effusa Buchenau var. **effusa**; Ⅱ

中国地杨梅（变种）
Luzula effusa Buchenau var. **chinensis** (N. E. Brown) K. F. Wu; Ⅱ

多花地杨梅（西藏地杨梅）
Luzula multiflora (Ehrh.) Lej.; *Luzula jilongensis* K. F. Wu; Ⅰ, Ⅱ; √

羽毛地杨梅
Luzula plumosa E. Mey.; Ⅰ, Ⅱ, Ⅳ

98 莎草科 Cyperaceae
[14 属 132 种，含 4 栽培种]

丝叶球柱草
Bulbostylis densa (Wall.) Hand-Mazz.; Ⅰ, Ⅱ, Ⅴ

禾状薹草
Carex alopecuroides D. Don; Ⅰ, Ⅳ, Ⅶ

高秆薹草
Carex alta Boott; Ⅰ, Ⅳ

尖鳞薹草（亚种）
Carex atrata L. subsp. **pullata** (Boott) Kukenth.; Ⅱ

浆果薹草
Carex baccans Nees; Ⅰ, Ⅱ, Ⅳ, Ⅴ, Ⅵ, Ⅶ; √

囊状薹草（弯叶嵩草）
Carex bonatiana (Kük.) N. A. Ivanova; *Kobresia fragilis* C. B. Clarke, *Kobresia clarkeana* (Kukenth.) Kukenth., *Kobresia curvata* (Boott) Kukenth.; Ⅱ, Ⅶ

青绿薹草
Carex breviculmis R. Br.; Ⅰ, Ⅳ

褐果薹草
Carex brunnea Thunb.; Ⅰ, Ⅳ

丛生薹草
Carex caespititia Nees; Ⅵ, Ⅶ

发秆薹草
Carex capillacea Boott; Ⅱ, Ⅵ, Ⅶ

尾穗薹草（安宁薹草）
▲**Carex caudispicata** F. T. Wang et Tang ex P. C. Li; *Carex anningensis* F. T. Wang et Tang ex P. C. Li; Ⅰ, Ⅳ

绿头薹草
★**Carex chlorocephalula** F. T. Wang et Tang ex P. C. Li; Ⅰ

复序薹草
Carex composita Boott; Ⅰ, Ⅱ, Ⅳ, Ⅴ

隐穗柄薹草
Carex courtallensis Nees ex Boott; Ⅵ, Ⅶ

十字薹草
Carex cruciata Wahlenb.; Ⅰ, Ⅱ, Ⅲ, Ⅳ, Ⅴ, Ⅵ, Ⅶ; √

柱穗薹草
★**Carex cylindrostachys** Franch.; Ⅵ, Ⅶ

三脉嵩草
Carex esenbeckii Kunth; *Kobresia esenbeckii* (Kunth) Noltie, *Kobresia esanbeckii* (Kunth) F. T. Wang et Tang ex P. C. Li; Ⅱ

川东薹草
Carex fargesii Franch.; Ⅵ, Ⅶ

簇穗薹草
Carex fastigiata Franch.; Ⅱ

蕨状薹草
Carex filicina Nees; Ⅰ, Ⅱ, Ⅳ, Ⅴ, Ⅵ, Ⅶ

溪生薹草
Carex fluviatilis Boott; Ⅰ, Ⅱ, Ⅶ

刺喙薹草
★**Carex forrestii** Kük.; Ⅰ

宽叶亲族薹草（变种）
★**Carex gentilis** Franch. var. **intermedia** F. T. Wang et Tang ex Y. C. Tang; Ⅰ

印度型薹草
Carex indiciformis F. T. Wang et Tang ex P. C. Li; Ⅴ

膨囊薹草
Carex lehmannii Drejer; Ⅱ

鳞被嵩草（截形嵩草）
★**Carex lepidochlamys** (F. T. Wang et Tang ex P. C. Li) S. R. Zhang; *Kobresia cuneata* Kük., *Kobresia lepidochlamys* F. T. Wang et Tang ex P. C. Li; Ⅱ

舌叶薹草
Carex ligulata Nees; Ⅰ, Ⅲ, Ⅳ, Ⅵ, Ⅶ

长穗柄薹草
Carex longipes D. Don; Ⅰ, Ⅱ, Ⅳ, Ⅴ, Ⅵ, Ⅶ

套鞘薹草
Carex maubertiana Boott; Ⅰ, Ⅴ

宝兴薹草
★**Carex moupinensis** Franch.; Ⅴ

木里薹草
Carex muliensis Hand.-Mazz.; Ⅱ

新多穗薹草（原变种）
●**Carex neopolycephala** Tang et F. T. Wang ex L. K. Dai var. **neopolycephala**; Ⅰ

简序薹草（变种）
●**Carex neopolycephala** Tang et F. T. Wang ex L. K. Dai var. **simplex** Tang et F. T. Wang; Ⅰ

亮果薹草
Carex nitidiutriculata L. K. Dai; Ⅰ, Ⅳ

云雾薹草
Carex nubigena D. Don; Ⅱ, Ⅴ, Ⅵ, Ⅶ; √

圆坚果薹草
★**Carex orbicularinucis** L. K. Dai; Ⅰ

卵穗薹草
★**Carex ovatispiculata** F. T. Wang et Y. L. Chang ex S. Yun Liang; Ⅰ, Ⅶ

硕果薹草
Carex phaenocarpa Franch.; Ⅵ, Ⅶ

拟灰帽薹草
●**Carex pseudomitrata** X. F. Jin et J. M. Cen; Ⅳ

松叶薹草
Carex rara Boott; Ⅰ

丝引薹草
Carex remotiuscula Wahlenb.; Ⅳ, Ⅴ

大理薹草（变种）
Carex rubrobrunnea C. B. Clarke var. **taliensis** (Franch.) Kük.; Ⅰ, Ⅱ, Ⅳ, Ⅴ

蜈蚣薹草
Carex scolopendriformis F. T. Wang et Tang ex P. C. Li; Ⅰ

刺毛薹草
Carex setosa Boott; Ⅱ, Ⅳ, Ⅴ

四川嵩草（松林嵩草、长芒嵩草）

★ **Carex setschwanensis** (Hand.-Mazz.) S. R. Zhang; *Kobresia setschwanensis* Hand.-Mazz., *Kobresia pinetorum* F. T. Wang et Tang ex P. C. Li, *Kobresia longearistita* P. C. Li；Ⅱ，Ⅶ

华疏花薹草

★**Carex sinodissitiflora** Tang et F. T. Wang ex L. K. Dai；Ⅰ

近蕨薹草

★**Carex subfilicinoides** Kük.；Ⅴ

大坪子薹草

Carex tapintzensis Franch.；Ⅰ，Ⅱ，Ⅳ，Ⅴ，Ⅵ

长柱头薹草

Carex teinogyna Boott；Ⅰ

细序薹草

●**Carex tenuipaniculata** P. C. Li；Ⅰ，Ⅳ，Ⅴ

尼泊尔嵩草

Carex unciniiformis Boeckeler; *Kobresia nepalensis* (Nees) Kük.；Ⅱ

钩状嵩草

Carex uncinioides Boott; *Kobresia uncinoides* (Boott) C. B. Clarke, *Kobresia uncinioides* (Boott) C. B. Clarke；Ⅱ

单性薹草

Carex unisexualis C. B. Clarke; *Carex fluviatilis* Boott var. *unisexualis* (C. B. Clarke) Kukenth；Ⅵ，Ⅶ

类稗薹草

Carex wallichiana Spreng.; *Carex echinochloaeformis* Y. L. Chang et Y. L. Yang.；Ⅱ

云南薹草

★**Carex yunnanensis** Franch.；Ⅶ

克拉莎（华克拉莎）

Cladium mariscus (L.) Pohl; *Cladium chinense* Nees, *Cladium jamaicence* Crantz subsp. *chinense* (Nees) T. Koyama；Ⅰ，Ⅶ

翅鳞莎

Courtoisina cyperoides (Roxb.) Soják; *Courtoisia cyperoides* Nees；Ⅴ

华莎草（华湖瓜草、野葱草、银穗湖瓜草）

Cyperus albescens (Steud.) Larridon et Govaerts; *Lipocarpha senegalensis* (Lam.) Dandy, *Lipocarpha chinensis* (Osbeck) J. Kern；Ⅴ

风车草*

Cyperus alternifolius L.

阿穆尔莎草

Cyperus amuricus Maxim.；Ⅰ，Ⅱ，Ⅴ

短叶水蜈蚣（原变种）

Cyperus brevifolius (Rottb.) Hassk. var. **brevifolius**; *Kyllinga brevifolia* Rottb.；Ⅰ，Ⅱ，Ⅴ，Ⅵ，Ⅶ

小星穗水蜈蚣（变种）

Cyperus brevifolius (Rottb.) Hassk. var. **stellulata** (Suringar) Hassk.; *Kyllinga brevifolia* Rottb. var. *stellulata* (Suringar) Tang et Wang；Ⅱ

扁穗莎草

Cyperus compressus L.；Ⅴ，Ⅵ，Ⅶ

长尖莎草

Cyperus cuspidatus H. B. K.；Ⅰ，Ⅳ，Ⅴ

莎状砖子苗

Cyperus cyperinus (Retz.) Valck. Sur; *Mariscus cyperinus* (Retz.) Vahl；Ⅴ

砖子苗（复出穗砖子苗、小穗砖子苗、展穗砖子苗）

Cyperus cyperoides (L.) Kuntze; *Mariscus umbellatus* Vahl, *Mariscus sumatrensis* (Retz.) J. Raynal；Ⅰ，Ⅱ，Ⅳ，Ⅵ，Ⅶ；√

黑鳞莎草（黑鳞扁莎）

▲**Cyperus delavayi** (C. B. Clarke) Kük.; *Pycreus delavayi* C. B. Clarke；Ⅰ，Ⅱ

异型莎草

Cyperus difformis L.；Ⅰ，Ⅱ，Ⅵ，Ⅶ；√

疏穗莎草

Cyperus distans L. f.；Ⅳ

云南莎草

Cyperus duclouxii E. G. Camus；Ⅰ，Ⅱ，Ⅳ，Ⅴ，Ⅵ，Ⅶ；√

球穗莎草（球穗扁莎、小球穗扁莎、直球穗扁莎）

Cyperus flavidus Retz.; *Pycreus flavidus* (Retz.) T. Koyama var. *nilagiricus* (Hoschst. ex Steud.) C. Y. Wu, *Pycreus flavidus* (Retz.) T. Koyama, *Pycreus flavidus* (Retz.) T. Koyama var. *strictus* (C. B. Clarke) Karthik.；Ⅰ，Ⅱ，Ⅳ，Ⅴ，Ⅵ，Ⅶ

畦畔莎草

Cyperus haspan L.；Ⅴ

碎米莎草

Cyperus iria L.；Ⅰ，Ⅱ，Ⅳ，Ⅴ，Ⅵ，Ⅶ

丽江莎草（丽江扁莎）

Cyperus lijiangensis (L. K. Dai) Huan C. Wang et F. Yang **comb. nov.**; *Pycreus lijiangensis* L. K. Dai；Ⅱ，Ⅶ

黑籽水蜈蚣

Cyperus melanospermus (Nees) Valck. Sur.; *Kyllinga melanosperma* Nees；Ⅵ，Ⅶ

冠鳞水蜈蚣

Cyperus metzii (Hochst. ex Steud.) Mattf. et Kük.; *Kyllinga squamulata* Thonn. ex Vahl；Ⅰ，Ⅳ，Ⅴ

具芒碎米莎草

Cyperus microiria Steud.；Ⅳ，Ⅴ

南莎草

Cyperus niveus Retz.；Ⅰ，Ⅴ，Ⅶ

垂穗莎草（原变种）

Cyperus nutans Vahl var. **nutans**；Ⅴ

穗莎草（变种）

Cyperus nutans Vahl var. **eleusinoides** (Kunth) Haines; *Cyperus eleusinoides* Kunth；Ⅰ，Ⅴ，Ⅶ

纸莎草*

Cyperus papyrus L.

细秆莎草（细秆湖瓜草）

Cyperus persquarrosus T. Koyama; *Lipocarpha tenera* Bocklr.；Ⅰ，Ⅵ

毛轴莎草（紫穗毛轴莎草、少花毛轴莎草）

Cyperus pilosus Vahl; *Cyperus pilosus* Vahl var. *purpurascens* L. K. Dai, *Cyperus pilosus* Vahl var. *pauciflorus* L. K. Dai；Ⅴ，Ⅵ

香附子（假香附子）

Cyperus rotundus L.; *Cyperus tuberosus* Rottb.；Ⅰ，Ⅱ，Ⅴ，Ⅵ，Ⅶ；√

红鳞莎草（红鳞扁莎、黑扁莎、矮红鳞扁莎）

Cyperus sanguinolentus Vahl; *Pycreus sanguinolentus* (Vahl) Nees ex C. B. Clarke, *Pycreus sanguinolentus* (Vahl) Nees ex C. B. Clarke f. *melanocephalus* (Miq.) L. K. Dai, *Pycreus sanguinolentus* (Vahl) Nees ex C. B. Clarke f. *humilis* (Miq.) L. K. Dai；Ⅰ，Ⅱ，Ⅴ

水莎草

Cyperus serotinus Rottb; *Juncellus serotinus* (Rottb.) C. B. Clarke；Ⅰ，Ⅴ

圆筒穗水蜈蚣（亚种）

Cyperus sesquiflorus (Torr.) Mattf. et Kük. subsp. **cylindricus** (Nees) T. Koyama; *Kyllinga cylindrica* Nees；Ⅳ

具芒鳞砖子苗

Cyperus squarrosus L.; *Mariscus aristatus* (Rottb.) Tang et Wang；Ⅰ，Ⅴ

禾状莎草（禾状扁莎、浙江扁莎）

Cyperus unioloides R. Br.; *Pycreus unioloides* (R. Br.) Urb., *Pycreus chekiangensis* Tang et Wang；Ⅰ，Ⅱ，Ⅵ，Ⅶ

紫果蔺

Eleocharis atropurpurea (Retz.) J. Presl et C.

Presl; *Heleocharis atropurpurea* (Retz.) Presl；Ⅴ

密花荸荠

Eleocharis congesta D. Don; *Heleocharis congesta* D. Don；Ⅱ

荸荠*（木贼状荸荠、荸荠、马蹄）

Eleocharis dulcis (Burm. f.) Trin. ex Hensch.; *Heleocharis dulcis* (Burm. f.) Trin. ex Henschel

刘氏荸荠

Eleocharis liouana Tang et F. T. Wang; *Heleocharis liouana* Tang et F. T. Wang；Ⅰ，Ⅴ

卵穗荸荠

Eleocharis ovata (Roth) Roem. et Schult.; *Heleocharis soloniensis* (Dubois) Hara；Ⅶ

透明鳞荸荠（原变种）

Eleocharis pellucida J. Presl et C. Presl var. **pellucida**; *Heleocharis pellucida* Presl var. *Pellucida*；Ⅱ，Ⅵ，Ⅶ

稻田荸荠（变种）

Eleocharis pellucida J. Presl et C. Presl var. **japonica** (Miq.) Tang et F. T. Wang; *Heleocharis pellucida* Presl var. *japonica* (Miq.) Tang et F. T. Wang；Ⅰ

单鳞苞荸荠

Eleocharis uniglumis (Link) Schult.；Ⅳ，Ⅵ，Ⅶ

具槽秆荸荠（原变种）

Eleocharis valleculosa Ohwi var. **valleculosa**; *Heleocharis valleculosa* Ohwi；Ⅰ，Ⅱ，Ⅶ

具刚毛荸荠（变种）

Eleocharis valleculosa Ohwi var. **setosa** Ohwi; *Eleocharis valleculosa* Ohwi f. *setosa* (Ohwi) Kitag.；Ⅶ

牛毛毡

Eleocharis yokoscensis (Franch. et Sav.) Tang et F. T. Wang; *Heleocharis yokoscensis* (Franch. et Sav.) Tang et F. T. Wang；Ⅰ，Ⅲ，Ⅴ，Ⅵ，Ⅶ

云南荸荠

Eleocharis yunnanensis Svenson; *Heleocharis yunnanensis* Svenson；Ⅰ

丛毛羊胡子草

Erioscirpus comosus (Wall.) Palla; *Eriophorum comosum* Nees；Ⅰ，Ⅱ，Ⅳ，Ⅴ，Ⅵ；√

无叶飘拂草（小飘拂草）

Fimbristylis aphylla Steud.; *Fimbristylis aphylla* Steud. var. *gracilis* Tang et F. T. Wang；Ⅰ

复序飘拂草

Fimbristylis bisumbellata (Forsk.) Bubani；Ⅴ

扁鞘飘拂草
Fimbristylis complanata (Retz.) Link；Ⅰ，Ⅱ，Ⅵ，Ⅶ

两歧飘拂草（线叶两歧飘拂草）
Fimbristylis dichotoma (L.) Vahl；*Fimbristylis dichotoma* (L.) Vahl f. *annua* (All.) Ohwi；Ⅰ，Ⅳ，Ⅴ，Ⅵ

宜昌飘拂草
Fimbristylis henryi C. B. Clarke；Ⅴ

水虱草（日照飘拂草）
Fimbristylis littoralis Gaudich.；*Fimbristylis miliacea* (L.) Vahl；Ⅴ，Ⅵ，Ⅶ

独穗飘拂草
Fimbristylis ovata (Burm. f.) J. Kern；Ⅰ，Ⅳ，Ⅴ，Ⅶ

东南飘拂草
Fimbristylis pierotii Miq.；Ⅰ，Ⅱ，Ⅳ

五棱秆飘拂草（高五棱飘拂草、异五棱飘拂草）
Fimbristylis quinquangularis (Vahl) Kunth；*Fimbristylis quinquangularis* (Vahl) Kunth var. *elata* Tang et Wang，*Fimbristylis quinquangularis* (Vahl) Kunth var. *bistaminifera* Tang et Wang；Ⅰ

结壮飘拂草
Fimbristylis rigidula Nees；Ⅰ，Ⅶ

畦畔飘拂草
Fimbristylis squarrosa Vahl；Ⅴ

匍匐茎飘拂草
Fimbristylis stolonifera C. B. Clarke；Ⅰ，Ⅱ

西南飘拂草
Fimbristylis thomsonii Boeckeler；Ⅰ，Ⅱ，Ⅴ

白鹭莞*
Rhynchospora colorata (L.) H. Pfeiff.

三俭草
Rhynchospora corymbosa (L.) Britton；Ⅰ，Ⅱ，Ⅲ，Ⅳ，Ⅴ，Ⅵ，Ⅶ

刺子莞
Rhynchospora rubra (Lour.) Makino；Ⅳ

白喙刺子莞（亚种）
Rhynchospora rugosa (Vahl) Gale subsp. **brownii** (Roem. et Schult.) T. Koyama；*Rhynchospora brownii* Roem. et Schult.；Ⅱ，Ⅴ，Ⅵ

中间藨草
●**Schoenoplectiella × intermedia** Hayas.；*Schoenoplectus × intermedius* (Hayas.) S. R. Zhang et H. Y. Bi，*Scirpus × intermedius* Tang et Wang；Ⅱ

萤蔺
Schoenoplectiella juncoides (Roxb.) Lye；*Schoenoplectus juncoides* (Roxb.) Palla，*Scirpus juncoides* Roxb.；Ⅰ，Ⅴ，Ⅵ，Ⅶ

水毛花（台水毛花、三翅水毛花、红鳞水毛花）
Schoenoplectiella mucronata (L.) J. Jung et H. K. Choi；*Schoenoplectus mucronatus* (L.) Palla subsp. *robustus* (Miq.) T. Koyama，*Scirpus triangulatus* Roxb.，*Scirpus triangulatus* Roxb. var. *trialatus* Tang et F. T. Wang，*Scirpus triangulatus* Roxb. var. *tripteris* Tang et F. T. Wang，*Scirpus triangulatus* Roxb. var. *sanguineus* Tang et F. T. Wang；Ⅰ，Ⅱ，Ⅴ；√

滇水葱（滇藨草）
Schoenoplectiella schoofii (Beetle) Hayas.；*Schoenoplectus schoofii* (Beetle) Soják，*Scirpus schoofii* Beetle；Ⅱ

水葱（南水葱）
Schoenoplectus tabernaemontani (C. C. Gmel.) Palla；*Scirpus validus* Vahl，*Scirpus validus* Vahl var. *laeviglumis* Tang et F. T. Wang，*Schoenoplectus tabernaemontani* (C. C. Gmel.) Palla var. *laeviglumis* (Tang et F. T. Wang) S. Yun Liang；Ⅰ，Ⅱ，Ⅳ，Ⅵ，Ⅶ

三棱水葱（青岛藨草、藨草）
Schoenoplectus triqueter (L.) Palla；*Scirpus trisetosus* Tang et Wang，*Scirpus triqueter* L.；Ⅰ，Ⅳ，Ⅵ

无刚毛赤箭莎
Schoenus nudifructus C. Chen；Ⅰ，Ⅵ

庐山藨草
Scirpus lushanensis Ohwi；Ⅴ

百球藨草
Scirpus rosthornii Diels；Ⅰ，Ⅴ

毛果珍珠茅（柔毛果珍珠茅）
Scleria levis Retz.；*Scleria herbecarpa* Nees，*Scleria herbecarpa* Nees var. *pubescens* (Steud.) C. Z. Zheng；Ⅰ，Ⅳ

小型珍珠茅
Scleria parvula Steud.；Ⅰ

纤秆珍珠茅
Scleria pergracilis (Nees) Kunth；Ⅵ

高秆珍珠茅（陆生珍珠茅、宽叶珍珠茅）
Scleria terrestris (L.) Fassett；*Scleria elata* Thwaites，*Scleria elata* Thwaites var. *latior* C. B. Clarke；Ⅳ，Ⅴ，Ⅵ

103 禾本科 Poaceae
[124 属 408 种，含 48 栽培种]

京芒草（京羽茅、远东芨芨草、展穗芨芨草）
Achnatherum pekinense (Hance) Ohwi；*Achnatherum*

extremiorientale (Hara) Keng f. ex P. C. Kuo；Ⅱ

尖稃草
Acrachne racemosa (B. Heyne ex Roth) Ohwi；Ⅱ，Ⅴ

大锥剪股颖
Agrostis brachiata Munro ex Hook. f.；*Agrostis megathyrsa* Keng ex Keng f.；Ⅰ，Ⅱ，Ⅵ，Ⅶ

华北剪股颖（剪股颖）
Agrostis clavata Trin.；*Agrostis matsumurae* Hack. ex Honda；Ⅰ，Ⅱ，Ⅲ，Ⅳ，Ⅴ，Ⅵ，Ⅶ

巨序剪股颖*（小糠草）
Agrostis gigantea Roth

广序剪股颖（湖岸剪股颖、疏花剪股颖、长花剪股颖）
Agrostis hookeriana C. B. Clarke ex Hook. f.；*Agrostis pubicallis* Keng ex Y. C. Yang, *Agrostis perlaxa* Pilger, *Agrostis hookeriana* Clarke var. *longiflora* Y. C. Tong ex Y. C. Yang；Ⅰ，Ⅱ

玉山剪股颖（阿里山剪股颖）
Agrostis infirma Buse；*Agrostis arisan-montana* Ohwi；Ⅰ，Ⅱ，Ⅴ

昆明剪股颖
●**Agrostis kunmingensis** B. S. Sun et Y. Cai Wang；Ⅰ

小花剪股颖（多花剪股颖）
Agrostis micrantha Steud.；*Agrostis myriantha* Hook. f., *Agrostis micrandra* Keng, *Agrostis myriantha* Hook. f. var. *yangbiensis* B. S. Sun et Y. C. Wang；Ⅰ，Ⅱ，Ⅲ，Ⅳ，Ⅴ，Ⅵ，Ⅶ

泸水剪股颖（丽江剪股颖、短柄剪股颖）
Agrostis nervosa Nees ex Trin.；*Agrostis lushuiensis* B. S. Sun et Y. C. Wang, *Agrostis schneideri* Pilger, *Agrostis schneideri* Pilger var. *brevipes* Keng ex Y. C. Yang；Ⅱ，Ⅶ

岩生剪股颖
Agrostis rupestris All.；Ⅱ

毛颖草
Alloteropsis semialata (R. Br.) Hitchc.；Ⅰ，Ⅴ，Ⅶ

看麦娘
Alopecurus aequalis Sobol.；Ⅰ，Ⅱ，Ⅲ，Ⅳ，Ⅴ，Ⅵ，Ⅶ；√

日本看麦娘
Alopecurus japonicus Steud.；Ⅰ，Ⅳ

碟环竹（碟环慈竹、碟环慈）
Ampelocalamus patellaris (Gamble) Stapleton；*Dendrocalamus patellaris* Gamble；Ⅴ

华须芒草
Andropogon chinensis (Nees) Merr.；Ⅱ，Ⅴ，Ⅵ，Ⅶ

西藏须芒草（须芒草、藏香茅）
Andropogon munroi C. B. Clarke；*Andropogon yunnanensis* Hack., *Cymbopogon tibeticus* Bor；Ⅱ

藏黄花茅（西南黄花茅）
Anthoxanthum hookeri (Griseb.) Rendle；Ⅰ，Ⅱ，Ⅲ，Ⅳ，Ⅴ，Ⅵ，Ⅶ；√

茅香
Anthoxanthum nitens (Weber) Y. Schouten et Veldkamp；*Hierochloe odorata* (L.) P. Beauv., *Hierochloe odorata* (L.) P. Beauv. var. *pubescens* Krylov；Ⅱ

锡金黄花茅
Anthoxanthum sikkimense (Maxim.) Ohwi；Ⅰ，Ⅶ

水蔗草
Apluda mutica L.；Ⅰ，Ⅱ，Ⅲ，Ⅳ，Ⅴ，Ⅵ，Ⅶ；√

三芒草
Aristida adscensionis L.；Ⅱ，Ⅴ，Ⅶ

燕麦草*
Arrhenatherum elatius (L.) P. Beauv. ex J. Presl et C. Presl

粗刺荩草（多刺荩草）
Arthraxon echinatus (Nees) Hochst.；*Arthraxon lanceolatus* (Roxb.) Hochst. var. *echinatus* (Nees) Hack.；Ⅶ

光脊荩草（贵州荩草、西南荩草、疏序荩草）
Arthraxon epectinatus B. S. Sun et H. Peng；*Arthraxon guizhouensis* S. L. Chen et Y. X. Jin, *Arthraxon xinanensis* S. L. Chen et Y. X. Jin, *Arthraxon xinanensis* S. L. Chen et Y. X. Jin var. *laxiflorus* S. L. Chen et Y. X. Jin；Ⅲ

荩草（闪光荩草、光亮荩草、匿芒荩草）
Arthraxon hispidus (Thunb.) Makino；*Arthraxon micans* (Nees) Hochst., *Arthraxon hispidus* (Trin.) Makino var. *cryptatherus* (Hack.) Honda；Ⅰ，Ⅱ，Ⅲ，Ⅳ，Ⅴ，Ⅵ，Ⅶ

小叶荩草
Arthraxon lancifolius (Trin.) Hochst.；Ⅰ，Ⅱ，Ⅳ，Ⅴ，Ⅵ，Ⅶ

茅叶荩草（毛背荩草）
Arthraxon prionodes (Steud.) Dandy；*Arthraxon pilophorus* B. S. Sun；Ⅰ，Ⅱ，Ⅲ，Ⅳ，Ⅴ，Ⅵ，Ⅶ；√

洱源荩草（茅坪荩草）
Arthraxon typicus (Buse) Koord.；*Arthraxon maopingensis* S. L. Chen et Y. X. Jin, *Arthraxon breviaristatus* Hack.；Ⅰ

孟加拉野古草（密序野古草）
Arundinella bengalensis (Spreng.) Druce；Ⅰ，Ⅱ，

Ⅲ, Ⅳ, Ⅴ, Ⅵ, Ⅶ

大序野古草
Arundinella cochinchinensis Keng; Ⅰ, Ⅴ, Ⅵ

丈野古草
Arundinella decempedalis (Kuntze) Janowski; Ⅴ, Ⅵ

大花野古草
★**Arundinella grandiflora** Hack.; Ⅰ

毛秆野古草（野古草）
Arundinella hirta (Thunb.) Tanaka; *Arundinella anomala* Stend.; Ⅰ, Ⅲ

西南野古草
Arundinella hookeri Munro ex Keng; Ⅰ, Ⅱ, Ⅲ, Ⅳ, Ⅴ, Ⅵ, Ⅶ; √

滇西野古草
Arundinella khaseana Nees ex Steud.; Ⅴ

石芒草（毛轴野古草）
Arundinella nepalensis Trin.; *Arundinella pilaxilis* B. S. Sun et Z. H. Hu; Ⅰ, Ⅲ, Ⅳ, Ⅴ, Ⅵ, Ⅶ

刺芒野古草（无刺野古草）
Arundinella setosa Trin.; *Arundinella setosa* Trin. var. *esetosa* Bor ex S. M. Phillips et S. L. Chen; Ⅰ, Ⅱ, Ⅲ, Ⅳ, Ⅵ, Ⅶ; √

芦竹（荻芦竹、花叶芦竹、毛鞘芦竹）
Arundo donax L.; *Arundo donax* L. var. *coleotricha* Hack.; Ⅰ, Ⅱ, Ⅲ, Ⅳ, Ⅴ, Ⅵ, Ⅶ

野燕麦
Avena fatua L.; Ⅰ, Ⅱ, Ⅳ, Ⅴ, Ⅵ, Ⅶ; √

裸燕麦*（莜麦）
Avena nuda L.

燕麦*
Avena sativa L.

地毯草*
Axonopus compressus (Sw.) P. Beauv.

料慈竹（毛环单竹）
★**Bambusa distegia** (Keng et Keng f.) L. C. Chia et H. L. Fung; *Bambusa yunnanensis* N. H. Xia; Ⅲ

慈竹
Bambusa emeiensis L. C. Chia et H. L. Fung; Ⅰ, Ⅱ, Ⅲ, Ⅳ, Ⅴ, Ⅵ, Ⅶ

绵竹
★**Bambusa intermedia** Hsueh et T. P. Yi; *Lingnania intermedia* (Hsueh et T. P. Yi) T. P. Yi; Ⅰ

油簕竹（马蹄竹）
★**Bambusa lapidea** McClure; Ⅵ

孝顺竹*
Bambusa multiplex (Lour.) Raeusch. ex Schult. f.

硬头黄竹*
★**Bambusa rigida** Keng et Keng f.

龙丹竹*
★**Bambusa rongchengensis** (T. P. Yi et C. Y. Sia) D. Z. Li

簕竹（刺竹、筣竹）
Bambusa spinosa Roxb.; *Bambusa blumeana* Schult. f.; Ⅲ, Ⅴ, Ⅵ

中暗竹*（变型）（鼓节竹）
★**Bambusa tuldoides** Munro f. **swolleninternode** (N. H. Xia) T. P. Yi; *Bambusa tuldoides* Munro cv. 'Swolleninternode' N. H. Xia

佛肚竹*
Bambusa ventricosa McClure

龙头竹*（原变型）（泰山竹）
Bambusa vulgaris Schrad. ex J. C. Wendl. f. **vulgaris**

黄金间碧竹*（变型）
Bambusa vulgaris Schrad. ex J. C. Wendl. f. **vittata** (Rivière et C. Rivière) McClure

茵草
Beckmannia syzigachne (Steud.) Fernald; Ⅰ, Ⅱ, Ⅲ, Ⅳ, Ⅴ, Ⅵ, Ⅶ; √

臭根子草（孔颖臭根子草）
Bothriochloa bladhii (Retz.) S. T. Blake; *Bothriochloa bladhii* (Retz.) S. T. Blake var. *punctata* (Roxb.) R. R. Stewart, *Bothriochloa punctata* (Roxb.) L. Liou; Ⅰ, Ⅱ, Ⅲ, Ⅳ, Ⅴ, Ⅵ, Ⅶ

光孔颖草
Bothriochloa glabra (Roxb.) A. Camus; Ⅲ, Ⅶ

白羊草
Bothriochloa ischaemum (L.) Keng; Ⅰ, Ⅱ, Ⅲ, Ⅳ, Ⅴ, Ⅵ, Ⅶ

孔颖草（小孔颖草）
Bothriochloa pertusa (L.) A. Camus; *Bothriochloa nana* W. Z. Fang; Ⅱ, Ⅴ, Ⅶ

羽状短柄草
Brachypodium pinnatum (L.) P. Beauv.; Ⅱ

草地短柄草
Brachypodium pratense Keng ex P. C. Keng; Ⅰ, Ⅱ, Ⅲ, Ⅳ, Ⅴ, Ⅵ, Ⅶ

短柄草（细株短柄草、小颖短柄草）
Brachypodium sylvaticum (Huds.) P. Beauv.; *Brachypodium sylvaticum* (Huds.) Beauv. var. *gracile* (Weig.) Keng, *Brachypodium sylvaticum* (Huds.) Beauv. var. *breviglume* Keng; Ⅰ, Ⅱ, Ⅳ,

V、VI、VII；√

扁穗雀麦
Bromus catharticus Vahl；I、II、III、IV、V、VI、VII；√

喜马拉雅雀麦（雪山雀麦）
Bromus himalaicus Stapf；I、II

无芒雀麦*（普康雀麦）
Bromus inermis Leyss.；*Bromus pskemensis* N. Pavl.

梅氏雀麦（东川雀麦）
★**Bromus mairei** Hack. ex Hand.-Mazz.；I、II、VI、VII

假枝雀麦
★**Bromus pseudoramosus** Keng f. ex L. Liu；II

疏花雀麦
Bromus remotiflorus (Steud.) Ohwi；II、IV

异颖草（大陆剪股颖、不育野青茅）
Calamagrostis abnormis (Hook. f.) U. Shukla；*Agrostis continentalis* Hand.-Mazz.，*Anisachne gracilis* Keng，*Deyeuxia abnormis* Hook. f.，*Deyeuxia petelotii* (Hitchc.) S. M. Phillips et Wen L. Chen；I、II、IV、VII

野青茅（房县野青茅、湖北野青茅）
Calamagrostis arundinacea (L.) Roth；*Deyeuxia pyramidalis* (Host) Veldkamp，*Deyeuxia arundinacea* (L.) Beauv.，*Deyeuxia henryi* Rendle，*Deyeuxia hupehensis* Rendle；I、II、III、IV、V、VI、VII

散穗野青茅
Calamagrostis diffusa (Keng) Keng f.；*Deyeuxia diffusa* Keng；I、II、III、IV

疏穗野青茅（疏花野青茅）
Calamagrostis effusiflora (Rendle) P. C. Kuo et S. L. Lu ex J. L. Yang；*Deyeuxia effusiflora* Rendle，*Deyeuxia arundinacea* (L.) Beauv. var. *laxiflora* (Rendle) P. C. Kuo et S. L. Lu；I、II、VI

拂子茅
Calamagrostis epigeios (L.) Roth；I、IV、V、VI

细柄野青茅
★**Calamagrostis filipes** (Keng) P. C. Kuo et S. L. Lu ex J. L. Yang；*Deyeuxia filipes* Keng；I、II、VII

微药野青茅（光柄野青茅）
Calamagrostis nivicola (Hook. f.) Hand.-Mazz.；*Deyeuxia nivicola* Hook. f.，*Deyeuxia levipes* Keng；V、VII

假苇拂子茅
Calamagrostis pseudophragmites (Hall. f.) Koel.；I

糙野青茅（西康野青茅、小糙野青茅）
Calamagrostis scabrescens Griseb.；*Deyeuxia scabrescens* (Griseb.) Munro ex Duthie，*Deyeuxia sikangensis* Keng，*Deyeuxia scabrescens* (Griseb.) Munro var. *humilis* (Griseb.) Hook. f.；II、V；√

会理野青茅（川野青茅）
Calamagrostis stenophylla Hand.-Mazz.；*Deyeuxia mazzettii* Veldkamp，*Deyeuxia grata* Keng；II

硬秆子草
Capillipedium assimile (Steud.) A. Camus；I、II、III、IV、V、VI、VII；√

细柄草
Capillipedium parviflorum (R. Br.) Stapf.；I、II、III、IV、V、VI、VII；√

狼尾草
Cenchrus alopecuroides (L.) Thunb.；*Pennisetum alopecuroides* (L.) Spreng.；I、III、V、VI、VII

铺地狼尾草*
Cenchrus clandestinus (Hochst. ex Chiov.) Morrone；*Pennisetum clandestinum* Hochst. ex Chiov.

蒺藜草#
Cenchrus echinatus L.

白草（兰坪狼尾草、中亚白草）
Cenchrus flaccidus (Griseb.) Morrone；*Pennisetum flaccidum* Griseb.，*Pennisetum centrasiaticum* Tzvelev，*Pennisetum centrasiaticum* Tzvelev var. *lanpingense* S. L. Chen et Y. X. Jin；I、II、IV、V；√

羽绒狼尾草*
Cenchrus longisetus M. C. Johnst.

长序狼尾草
★**Cenchrus longissimus** (S. L. Chen et Y. X. Jin) Morrone；*Pennisetum longissimum* S. L. Chen et Y. X. Jin；I、II、III、IV、V、VI

乾宁狼尾草
★**Cenchrus qianningensis** (S. L. Zhong) Morrone；*Pennisetum qianningense* S. L. Zhong；I、IV

陕西狼尾草（中型狼尾草）
★**Cenchrus shaanxiensis** (S. L. Chen et Y. X. Jin) Morrone；*Pennisetum longissimum* S. L. Chen et Y. X. Jin var. *intermedium* S. L. Chen et Y. X. Jin；I、II、III、V

中华空竹（薄竹）
Cephalostachyum chinense (Rendle) D. Z. Li et H. Q. Yang；*Schizostachyum chinense* Rendle，*Leptocanna chinensis* (Rendle) L. C. Chia et H. L. Fung；V

宁南方竹（云南方竹、滇川方竹）
★**Chimonobambusa ningnanica** Hsueh f. et L. Z.

Gao; *Chimonobambusa yunnanensis* Hsueh et W. P. Zhang; V

刺竹子

★**Chimonobambusa pachystachys** Hsueh f. et T. P. Yi; Ⅰ, Ⅲ

方竹

Chimonobambusa quadrangularis (Franceschi) Makino; Ⅴ, Ⅵ

筇竹*

★**Chimonobambusa tumidissinoda** Ohrnb.

异序虎尾草

Chloris pycnothrix Trin.; *Chloris anomala* B. S. Sun et Z. H. Hu; Ⅴ

虎尾草

Chloris virgata Sw.; Ⅰ, Ⅱ, Ⅲ, Ⅳ, Ⅴ, Ⅵ, Ⅶ

竹节草

Chrysopogon aciculatus (Retz.) Trin.; Ⅲ, Ⅴ, Ⅵ

小丽草

Coelachne simpliciuscula (Wight et Arn. ex Steud.) Munro ex Benth.; Ⅰ, Ⅱ, Ⅲ

薏苡

Coix lacryma-jobi L.; *Coix lacryma-jobi* L. var. *maxima* Makino; Ⅰ, Ⅱ, Ⅲ, Ⅳ, Ⅴ, Ⅵ, Ⅶ

蒲苇*

Cortaderia selloana (Schult. et Schult. f.) Asch. et Graebn.

柠檬草（香茅、香茅草）

Cymbopogon citratus (DC.) Stapf; Ⅰ, Ⅱ, Ⅲ, Ⅳ, Ⅴ, Ⅵ, Ⅶ

芸香草

Cymbopogon distans (Nees ex Steud.) W. Watson; Ⅰ, Ⅱ, Ⅳ, Ⅴ, Ⅵ, Ⅶ

橘草（多脉香茅）

Cymbopogon goeringii (Steud.) A. Camus; *Cymbopogon nervosus* B. S. Sun; Ⅰ, Ⅱ, Ⅳ, Ⅴ, Ⅵ, Ⅶ

辣薄荷草（西亚香茅、隐穗香茅）

Cymbopogon iwarancusa (Jones ex Roxb.) Schult.; *Cymbopogon olivieri* (Boiss.) Bor, *Cymbopogon jwarancusa* (Jones) Schult. subsp. *olivieri* (Boiss.) Soenarko; Ⅶ

卡西香茅

Cymbopogon khasianus (Hack.) Stapf ex Bor; Ⅳ

鲁沙香茅（心叶香茅）

Cymbopogon martini (Roxb.) W. Watson; Ⅶ

亚香茅*

Cymbopogon nardus (L.) Rendle

扭鞘香茅

Cymbopogon tortilis (J. Presl) A. Camus; *Cymbopogon hamatulus* (Nees ex Hook. et Arn.) A. Camus; Ⅱ, Ⅲ, Ⅴ, Ⅵ, Ⅶ

狗牙根

Cynodon dactylon (L.) Pers.; *Cynodon dactylon* (L.) Pers. var. *biflorus* Merino; Ⅰ, Ⅱ, Ⅲ, Ⅳ, Ⅴ, Ⅵ, Ⅶ; √

散穗弓果黍

Cyrtococcum accrescens (Trin.) Stapf; *Cyrtococcum patens* (L.) A. Camus var. *latifolium* (Honda) Ohwi; Ⅳ

弓果黍（瘤穗弓果黍）

Cyrtococcum patens (L.) A. Camus; *Cyrtococcum patens* (L.) A. Camus var. *schmidtii* (Hack.) A. Camus; Ⅱ, Ⅲ, Ⅴ

鸭茅（喜马拉雅鸭茅）

Dactylis glomerata L.; *Dactylis glomerata* L. subsp. *himalayensis* Domin; Ⅰ, Ⅱ, Ⅲ, Ⅳ, Ⅴ, Ⅵ, Ⅶ; √

龙爪茅

Dactyloctenium aegyptium (L.) Willd.; Ⅱ, Ⅲ, Ⅴ, Ⅶ

椅子竹

▲**Dendrocalamus bambusoides** Hsueh et D. Z. Li; Ⅰ, Ⅱ, Ⅴ

勃氏甜龙竹（甜龙竹）

Dendrocalamus brandisii (Munro) Kurz; Ⅴ

大叶慈

Dendrocalamus farinosus (Keng et Keng f.) L. C. Chia et H. L. Fung; Ⅰ, Ⅱ, Ⅶ

龙竹*

Dendrocalamus giganteus Munro

麻竹*

Dendrocalamus latiflorus Munro

粗穗龙竹

▲**Dendrocalamus pachystachyus** Hsueh et D. Z. Li; Ⅰ

云南龙竹

Dendrocalamus yunnanicus Hsueh et D. Z. Li; Ⅰ, Ⅲ

发草（短枝发草）

Deschampsia cespitosa (L.) P. Beauvois; *Deschampsia caespitosa* (L.) Beauv., *Deschampsia cespitosa* (L.) Beauv. subsp. *ivanovae* (Tzvelev) S. M. Phillips et

Z. L. Wu；Ⅱ

双花草（瘤毛双花草）

Dichanthium annulatum (Forssk.) Stapf; *Dichanthium annulatum* (Forssk.) Stapf var. *bullisetosum* B. S. Sun et S. Wang；Ⅰ，Ⅳ，Ⅴ，Ⅵ

毛梗双花草

Dichanthium aristatum (Poir.) C. E. Hubb.；Ⅶ

单穗草

Dichanthium caricosum (L.) A. Camus；Ⅶ

粒状马唐

Digitaria abludens (Roem. et Schult.) Veldkamp；Ⅰ，Ⅴ，Ⅶ

异马唐

Digitaria bicornis (Lam.) Roem. et Schult.；Ⅱ，Ⅴ

升马唐（纤毛马唐、绢毛马唐）

Digitaria ciliaris (Retz.) Koel.; *Digitaria sericea* (Honda) Honda ex Ohwi；Ⅰ，Ⅱ，Ⅲ，Ⅳ，Ⅴ，Ⅵ，Ⅶ

十字马唐

Digitaria cruciata (Nees) A. Camus；Ⅰ，Ⅱ，Ⅲ，Ⅳ，Ⅴ，Ⅵ，Ⅶ

淡褐马唐

Digitaria fuscescens (J. Presl) Henrard；Ⅲ，Ⅳ

横断山马唐

★**Digitaria hengduanensis** L. Liou；Ⅰ，Ⅵ，Ⅶ

止血马唐

Digitaria ischaemum (Schreb.) Muhl.；Ⅰ

长花马唐

Digitaria longiflora (Retz.) Pers.；Ⅳ，Ⅴ

红尾翎

Digitaria radicosa (J. Presl) Miq.；Ⅲ，Ⅴ

马唐

Digitaria sanguinalis (L.) Scop.；Ⅴ，Ⅵ，Ⅶ

纤维马唐（云南马唐）

Digitaria setifolia Stapf; *Digitaria fibrosa* (Hack.) Stapf ex Craib, *Digitaria fibrosa* (Hackel) Stapf var. *yunnanensis* (Henr.) L. Liou, *Digitaria yunnanensis* Henr.；Ⅰ，Ⅱ，Ⅶ

海南马唐（短颖马唐、刚毛马唐）

Digitaria setigera Roth; *Digitaria microbachne* (Presl) Henr.；Ⅴ

竖毛马唐（露籽马唐）

Digitaria stricta Roth; *Digitaria stricta* Roth ex Roem. et Schult. var. *denudata* (Link) Henrard；Ⅰ，Ⅱ，Ⅲ，Ⅴ，Ⅵ

三数马唐

Digitaria ternata (A. Rich.) Stapf；Ⅰ，Ⅱ，Ⅲ，Ⅳ，Ⅴ，Ⅵ，Ⅶ

紫马唐

Digitaria violascens Link；Ⅰ，Ⅱ，Ⅲ，Ⅳ，Ⅴ，Ⅵ，Ⅶ；√

弯穗草

Dinebra retroflexa (vahl) Panz.；Ⅵ，Ⅶ

扫把竹

★**Drepanostachyum fractiflexum** (T. P. Yi) D. Z. Li; *Fargesia fractiflexa* Yi；Ⅰ，Ⅱ，Ⅲ，Ⅳ，Ⅴ，Ⅵ，Ⅶ

光头稗

Echinochloa colonum (L.) Link；Ⅰ，Ⅱ，Ⅲ，Ⅳ，Ⅴ，Ⅵ，Ⅶ；√

稗（原变种）（无芒稗、长芒稗、硬稃稗）

Echinochloa crus-galli (L.) P. Beauv. var. **crus-galli**; *Echinochloa crus-galli* (L.) P. Beauv. var. *mitis* (Pursh) Peterm., *Echinochloa hispidula* (Retz.) Nees, *Echinochloa caudata* Roshev., *Echinochloa glabrescens* Munro ex Hook. f.；Ⅰ，Ⅱ，Ⅲ，Ⅳ，Ⅴ，Ⅵ，Ⅶ；√

小旱稗（变种）

Echinochloa crus-galli (L.) P. Beauv. var. **austrojaponensis** Ohwi；Ⅰ，Ⅱ，Ⅲ，Ⅳ，Ⅴ，Ⅵ，Ⅶ

细叶旱稗（变种）

Echinochloa crus-galli (L.) P. Beauv. var. **praticola** Ohwi；Ⅰ，Ⅱ，Ⅲ，Ⅳ，Ⅴ，Ⅵ，Ⅶ

紫穗稗（食用稗）

Echinochloa esculenta (A. Braun) H. Scholz; *Echinochloa utilis* Ohwi et Yabuno；Ⅰ

水田稗（水稗、田栖稗）

Echinochloa oryzoides (Ard.) Fritsch; *Echinochloa phyllopogon* (Stapf) Stapf ex Kossenko；Ⅰ，Ⅵ，Ⅶ；√

穆*

Eleusine coracana (L.) Gaertn.

牛筋草

Eleusine indica (L.) Gaertn.；Ⅰ，Ⅱ，Ⅲ，Ⅳ，Ⅴ，Ⅵ，Ⅶ；√

短柄披碱草（短柄鹅观草）

★**Elymus brevipes** (Keng et S. L. Chen) S. L. Chen; *Roegneria brevipes* Keng et S. L. Chen；Ⅵ

短颖披碱草（垂穗鹅观草、短颖鹅观草）

Elymus burchan-buddae (Nevski) Tzvelev; *Roegneria nutans* (Keng) Keng, *Roegneria breviglumis* Keng；Ⅱ

钙生披碱草（钙生鹅观草）

★**Elymus calcicola** (Keng) S. L. Chen; *Roegneria*

calcicola Keng；Ⅰ，Ⅱ，Ⅵ，Ⅶ

纤毛披碱草（纤毛鹅观草、日本纤毛草、竖立鹅观草）
Elymus ciliaris (Trin. ex Bunge) Tzvelev；*Roegneria ciliaris* (Trin.) Nevski, *Elymus ciliaris* (Trin. ex Bunge) Tzvelev var. *hackelianus* (Honda) G. Zhu et S. L. Chen, *Roegneria japonica* B. S. Sun；Ⅰ，Ⅱ

披碱草（肥披碱草、圆柱披碱草）
Elymus dahuricus Turcz. ex Griseb.；*Elymus dahuricus* Turcz. var. *cylindricus* Franch., *Elymus excelsus* Turcz.；Ⅱ，Ⅴ

光脊披碱草（光脊鹅观草）
▲**Elymus leiotropis** (Keng) S. L. Chen；*Roegneria leiotropis* Keng；Ⅴ

光花披碱草（光花鹅观草、光花披碱草）
Elymus macrourus (Turcz. ex Steud.) Tzvelev；*Roegneria leiantha* Keng, *Elymus leianthus* (Keng) S. L. Chen；Ⅶ

紫穗披碱草（紫穗鹅观草）
★ **Elymus purpurascens** (Keng) S. L. Chen；*Roegneria purpurascens* Keng；Ⅱ，Ⅶ

日本披碱草（鹅观草、柯孟披碱草）
Elymus tsukushiensis Honda；*Roegneria kamoji* Ohwi, *Elymus kamoji* (Ohwi) S. L. Chen；Ⅰ，Ⅱ，Ⅲ，Ⅳ，Ⅴ，Ⅵ，Ⅶ；√

肠须草
Enteropogon dolichostachyus (Lag.) Keng；Ⅰ，Ⅴ

细画眉草
▲**Eragrostiella lolioides** (Hand.-Mazz.) Keng f.；Ⅰ，Ⅱ，Ⅶ

鼠妇草（长穗鼠妇草）
Eragrostis atrovirens (Desf.) Trin. ex Steud.；*Eragrostis longispicula* S. C. Sun et H. Q. Wang；Ⅰ，Ⅱ，Ⅲ，Ⅳ，Ⅴ，Ⅵ，Ⅶ

大画眉草
Eragrostis cilianensis (All.) Vignolo ex Janch.；Ⅱ，Ⅴ，Ⅶ

弯叶画眉草*
Eragrostis curvula (Schrad.) Nees

知风草（东川画眉草、无腺东川画眉草、梅氏画眉草）
Eragrostis ferruginea (Thunb.) P. Beauv.；*Eragrostis mairei* Hack., *Eragrostis mairei* Hack. var. *eglandis* B. S. Sun et S. Wang；Ⅰ，Ⅱ，Ⅲ，Ⅳ，Ⅴ，Ⅵ，Ⅶ

乱草
Eragrostis japonica (Thunb.) Trin.；Ⅴ，Ⅶ

小画眉草
Eragrostis minor Host；Ⅲ，Ⅵ，Ⅶ

山地画眉草（马来画眉草）
Eragrostis montana Balansa；*Eragrostis malayana* Stapf；Ⅶ

多秆画眉草（复秆画眉草、美丽画眉草）
Eragrostis multicaulis Steud.；*Eragrostis pulchra* S. C. Sun et H. Q. Wang；Ⅰ，Ⅲ

黑穗画眉草
Eragrostis nigra Nees ex Steud.；Ⅰ，Ⅱ，Ⅲ，Ⅳ，Ⅴ，Ⅵ，Ⅶ；√

细叶画眉草（广西画眉草）
Eragrostis nutans (Retz.) Nees ex Steud.；*Eragrostis guangxiensis* S. C. Sun et H. Q. Wang；Ⅰ，Ⅱ，Ⅲ，Ⅳ，Ⅴ，Ⅵ，Ⅶ

画眉草
Eragrostis pilosa (L.) Beauv.；Ⅰ，Ⅲ，Ⅳ，Ⅴ

鲫鱼草
Eragrostis tenella (L.) P. Beauv. ex Roem. et Schult.；Ⅱ，Ⅴ，Ⅶ

牛虱草
Eragrostis unioloides (Retz.) Nees ex Steud.；Ⅴ，Ⅵ

西南马陆草
Eremochloa bimaculata Hack.；Ⅰ，Ⅲ，Ⅴ

蜈蚣草
Eremochloa ciliaris (L.) Merr.；Ⅰ

马陆草
Eremochloa zeylanica (Hack. ex Trimen) Hack.；Ⅰ，Ⅱ，Ⅲ，Ⅳ，Ⅵ

野黍
Eriochloa villosa (Thunb.) Kunth；Ⅴ，Ⅵ，Ⅶ

短叶金茅
●**Eulalia brevifolia** Keng f.；Ⅰ，Ⅴ，Ⅵ

硬毛金茅
Eulalia hirtifolia (Hack.) Kuntze；*Eulalia quadrinervis* (Hack.) O. Ktze. var. *hirtifolia* (Hack.) B. S. Sun et S. Wang；Ⅰ，Ⅱ，Ⅲ，Ⅳ，Ⅴ，Ⅵ，Ⅶ

白健秆
Eulalia pallens (Hack.) Kuntze；Ⅰ，Ⅱ，Ⅲ，Ⅳ，Ⅴ，Ⅵ，Ⅶ

棕茅
Eulalia phaeothrix (Hack.) Kuntze；Ⅰ，Ⅴ，Ⅵ，Ⅶ

粉背金茅
●**Eulalia pruinosa** B. S. Sun et M. Y. Wang；Ⅰ，Ⅳ，Ⅴ

滇南金茅
Eulalia villosa (Spreng.) Nees; *Eulalia wiqhtii* (Hook. f.) Bor; Ⅰ, Ⅲ

云南金茅
▲**Eulalia yunnanensis** Keng f. et S. L. Chen; Ⅰ, Ⅲ, Ⅴ, Ⅵ

拟金茅
Eulaliopsis binata (Retz.) C. E. Hubb.; Ⅰ, Ⅱ, Ⅲ, Ⅴ, Ⅵ, Ⅶ; √

棉花竹（会泽箭竹）
★**Fargesia fungosa** T. P. Yi; *Fargesia huizensis* M. S. Sun, Y. M. Yang et H. Q. Yang; Ⅰ, Ⅱ, Ⅲ

喜湿箭竹
●**Fargesia hygrophila** Hsueh et T. P. Yi; Ⅶ

大姚箭竹
●**Fargesia mairei** (Hack. ex Hand.-Mazz.) T. P. Yi; Ⅴ, Ⅶ

华西箭竹（矮箭竹）
★**Fargesia nitida** (Mitford) Keng f. ex T. P. Yi; *Fargesia demissa* T. P. Yi; Ⅴ, Ⅵ, Ⅶ

超包箭竹
▲**Fargesia perlonga** Hsueh et T. P. Yi; Ⅰ, Ⅱ, Ⅲ, Ⅳ, Ⅴ, Ⅵ, Ⅶ

白竹（东川箭竹）
●**Fargesia semicoriacea** T. P. Yi; Ⅱ

伞把竹
●**Fargesia utilis** T. P. Yi; Ⅱ

元江箭竹（秀叶箭竹）
●**Fargesia yuanjiangensis** Hsueh et T. P. Yi; Ⅰ, Ⅴ

昆明实心竹（云南箭竹）
★**Fargesia yunnanensis** Hsueh et T. P. Yi; Ⅰ, Ⅶ

矮羊茅（天蓝羊茅）
Festuca coelestis (St.-Yves) V. I. Krecz. et Bobrov; Ⅱ

远东羊茅
Festuca extremiorientalis Ohwi; Ⅴ, Ⅵ

盅羊茅
★**Festuca fascinata** S. L. Lu; Ⅶ

玉龙羊茅（大理羊茅）
Festuca forrestii St.-Yves.; Ⅱ

弱须羊茅（高砂羊茅）
Festuca leptopogon Stapf; *Festuca takasagoensis* Ohwi; Ⅰ, Ⅱ

小颖羊茅（崂山小颖羊茅）
Festuca parvigluma Steud.; *Festuca parvigluma* Steud. var. *laoshanensis* F. Z. Li; Ⅱ

紫羊茅（克西羊茅）
Festuca rubra L.; *Festuca rubra* L. subsp. *clarkei* (Stapf) St.-Yves; Ⅱ

藏滇羊茅
★**Festuca vierhapperi** Hand.-Mazz.; Ⅰ, Ⅱ, Ⅳ, Ⅴ, Ⅶ

两蕊甜茅（水甜茅、东北甜茅）
Glyceria lithuanica (Gorski) Gorski; *Glyceria triflora* (Korsh.) Kom.; Ⅰ, Ⅵ, Ⅶ

卵花甜茅
Glyceria tonglensis C. B. Clarke; Ⅰ, Ⅴ, Ⅶ

球穗草
Hackelochloa granularis (L.) Kuntze; Ⅲ, Ⅳ, Ⅴ, Ⅵ; √

镰稃草
★**Harpachne harpachnoides** (Hack.) B. S. Sun et S. Wang; Ⅰ, Ⅱ, Ⅳ, Ⅴ, Ⅵ, Ⅶ

云南异燕麦（洱源异燕麦）
★**Helictotrichon delavayi** (Hack.) Henrard; Ⅳ, Ⅴ

粗糙异燕麦（小颖异燕麦、异燕麦）
Helictotrichon schmidii (Hook. f.) Henr.; *Helictotrichon schmidii* (Hook. f.) Henr. var. *parviglumum* Keng ex Z. L. Wu; Ⅰ

牛鞭草（大牛鞭草）
Hemarthria altissima (Poir.) Stapf et C. E. Hubb.; Ⅴ

扁穗牛鞭草
Hemarthria compressa (L. f.) R. Br.; Ⅰ, Ⅲ, Ⅳ, Ⅴ, Ⅵ

黄茅
Heteropogon contortus (L.) P. Beauv. ex Roem. et Schult.; Ⅰ, Ⅱ, Ⅲ, Ⅳ, Ⅴ, Ⅵ, Ⅶ; √

黑果黄茅
Heteropogon melanocarpus (Elliott) Benth.; Ⅶ

绒毛草#
Holcus lanatus L.

大麦*
Hordeum vulgare L.

毛穗苞茅（变种）
Hyparrhenia filipendula (Hochst.) Stapf var. **pilosa** (Hochst.) Stapf; Ⅴ, Ⅶ

白茅
Imperata cylindrica (L.) P. Beauv.; *Imperata cylindrica* (L.) P. Beauv. var. *major* (Nees) C. E. Hubbard; Ⅰ, Ⅱ, Ⅲ, Ⅳ, Ⅴ, Ⅵ, Ⅶ; √

白花柳叶箬（窄花柳叶箬、永修柳叶箬）
Isachne albens Trin.; *Isachne hirsuta* (Hook. f.)

Keng f. var. *angusta* W. Z. Fang, *Isachne hirsuta* (Hook. f.) Keng f. var. *yongxiouensis* W. Z. Fang; Ⅰ，Ⅱ，Ⅴ

小柳叶箬（小花柳叶箬、细弱柳叶箬）
Isachne clarkei Hook. f.; *Isachne tenuis* Keng f.; Ⅰ，Ⅴ，Ⅵ

柳叶箬（类黍柳叶箬、二型柳叶箬）
Isachne globosa (Thunb.) Kuntze; *Isachne miliacea* Roth, *Isachne dispar* Trin.; Ⅰ，Ⅱ，Ⅳ，Ⅴ，Ⅵ；√

刺毛柳叶箬
Isachne sylvestris Ridl.; *Isachne hirsuta* (Hook. f.) Keng f.; Ⅰ，Ⅴ

平颖柳叶箬（硕大柳叶箬、皱叶柳叶箬、心叶柳叶箬）
Isachne truncata A. Camus; *Isachne truncata* A. Camus var. *maxima* Keng f., *Isachne truncata* A. Camus var. *crispa* Keng f., *Isachne truncata* A. Camus var. *cordata* A. Camus; Ⅰ，Ⅴ

田间鸭嘴草
Ischaemum rugosum Salisb.; Ⅴ，Ⅵ，Ⅶ

李氏禾（假稻）
Leersia hexandra Sw.; Ⅰ，Ⅱ，Ⅲ，Ⅳ，Ⅴ，Ⅵ，Ⅶ；√

虮子草
Leptochloa panicea (Retz.) Ohwi; Ⅴ，Ⅶ

苇状黑麦草*（苇状羊茅）
Lolium arundinaceum (Schreb.) Darbysh.; *Festuca arundinacea* Schreb.; √

硬序黑麦草（硬穗羊茅、硬序羊茅）
★**Lolium duratum** (B. S. Sun et H. Peng) Banfi, Galasso, Foggi, Kopecký et Ardenghi; *Festuca durata* B. X. Sun et H. Peng; Ⅱ

大黑麦草（大羊茅）
Lolium giganteum (L.) Darbysh.; *Festuca gigantea* (L.) Vill.; Ⅰ，Ⅳ

昆明黑麦草（昆明羊茅）
★**Lolium mazzettianum** (E. B. Alexeev) Darbysh.; *Festuca mazzettiana* E. B. Alexeev; Ⅰ，Ⅱ

多花黑麦草*
Lolium multiflorum Lam.

黑麦草*
Lolium perenne L.

毒麦#
Lolium temulentum L.

广序臭草
Melica onoei Franch. et Sav.; Ⅰ

糖蜜草*
Melinis minutiflora P. Beauv.

小草
Microchloa indica (L. f.) P. Beauv.; Ⅰ，Ⅱ，Ⅶ

长穗小草
Microchloa kunthii Desv.; *Microchloa indica* (L. f.) Beauv. var. *kunthii* (Desv.) B. S. Sun et Z. H. Hu; Ⅰ，Ⅴ，Ⅵ，Ⅶ

蔓生莠竹（大种假莠竹、刚莠竹、单花莠竹）
Microstegium fasciculatum (L.) Henrard; *Microstegium ciliatum* (Trin.) A. Camus, *Microstegium Vagans* (Nees ex Steud.) A. Camus, *Microstegium monanthum* (Nees ex Steud.) A. Camus; Ⅰ，Ⅲ，Ⅳ，Ⅴ，Ⅵ，Ⅶ

竹叶茅
Microstegium nudum (Trin.) A. Camus; Ⅰ，Ⅱ，Ⅲ，Ⅳ，Ⅴ，Ⅵ，Ⅶ

柄莠竹（云南莠竹）
Microstegium petiolare (Trinius) Bor; *Microstegium yunnanense* R. J. Yang; Ⅰ，Ⅴ，Ⅶ

柔枝莠竹（大穗莠竹、莠竹、网脉莠竹）
Microstegium vimineum (Trin.) A. Camus; *Microstegium dilatatum* Koidz., *Microstegium nodosum* (Kom.) Tzvel., *Microstegium reticulatum* B. S. Sun ex H. Peng et X. Yang; Ⅰ，Ⅱ，Ⅴ，Ⅶ

五节芒
Miscanthus floridulus (Labill.) Warb. ex K. Schum. et Lauterb.; Ⅲ，Ⅳ，Ⅴ

尼泊尔芒（尼泊尔双药芒）
Miscanthus nepalensis (Trin.) Hack.; *Diandranthus nepalensis* (Trin.) L. Liu; Ⅰ，Ⅴ

双药芒（原亚种）（光柄芒、短颖芒）
Miscanthus nudipes (Griseb.) Hackel subsp. **nudipes**; *Diandranthus nudipes* (Griseb.) L. Liu, *Diandranthus eulalioides* (Keng) L. Liu, *Diandranthus brevipilus* (Hand.-Mazz.) L. Liu, *Miscanthus wardii* Bor; Ⅰ，Ⅱ，Ⅲ，Ⅳ，Ⅴ，Ⅵ，Ⅶ

滇芒（亚种）
★**Miscanthus nudipes** (Griseb.) Hackel subsp. **yunnanensis** A. Camus; *Miscanthus yunnanensis* (A. Camus) Keng, *Diandranthus yunnanensis* (A. Camus) L. Liu; Ⅰ，Ⅱ，Ⅲ，Ⅴ

芒（紫芒、黄金芒）
Miscanthus sinensis Andersson; *Miscanthus transmorrisonensis* Hayata, *Miscanthus purpurascens* Andersson, *Miscanthus flavidus* Honda; Ⅰ，Ⅲ，Ⅳ，Ⅴ

臂形草
Moorochloa eruciformis (Sm.) Veldkamp;
Brachiaria eruciformis (J. E. Sm.) Griseb.; Ⅰ, Ⅱ, Ⅲ, Ⅳ, Ⅶ

南亚乱子草
Muhlenbergia duthieana Hack.; Ⅰ

乱子草
Muhlenbergia huegelii Trin.; Ⅰ, Ⅵ, Ⅶ; √

日本乱子草
Muhlenbergia japonica Steud.; Ⅰ, Ⅱ, Ⅴ, Ⅶ

多枝乱子草
Muhlenbergia ramosa (Hack.) Makino; Ⅰ

类芦
Neyraudia reynaudiana (Kunth) Keng ex Hitchc.; Ⅰ, Ⅱ, Ⅲ, Ⅳ, Ⅴ, Ⅵ, Ⅶ

竹叶草
Oplismenus compositus (L.) P. Beauv.; Ⅰ, Ⅱ, Ⅲ, Ⅳ, Ⅴ, Ⅵ, Ⅶ

小糙毛求米草（小叶求米草）
Oplismenus hirtellus (L.) P. Beauv.; *Oplismenus undulatifolius* (Arduino) Beauv. var. *imbecillis* (R. Br.) Hack., *Oplismenus undulatifolius* (Arduino) Beauv. var. *microphgllus* (Honda) Ohwi; Ⅰ, Ⅵ

求米草（光叶求米草）
Oplismenus undulatifolius (Ard.) P. Beauv.; *Oplismenus undulatifolius* var. *binatus* S. L. Chen et Y. X. Jin, *Oplismenus undulatifolius* (Arduino) Beauv. var. *glaber* S. L. Chen et Y. X. Jin; Ⅰ, Ⅳ, Ⅴ, Ⅵ; √

直芒草
Orthoraphium roylei Nees; *Stipa roylei* (Nees) Duthie; Ⅶ

疣粒稻（亚种）（瘤粒野生、野稻、鬼稻）
Oryza meyeriana (Zoll. et Moritzi) Baill. subsp. **granulata** (Nees et Arn. ex Watt) Tateoka; *Oryza granulata* Nees et Arn. ex Hook. f.; Ⅴ

野生稻（普通野生稻）
Oryza rufipogon Griff.; Ⅴ

稻*
Oryza sativa L.

糠稷
Panicum bisulcatum Thunb.; Ⅴ

弯花黍
Panicum curviflorum Hornem.; *Panicum trypheron* Schult.; Ⅶ

旱黍草
Panicum elegantissimum Hook. f.; Ⅶ

稷*
Panicum miliaceum L.

心叶稷
Panicum notatum Retz.; Ⅰ, Ⅲ, Ⅴ, Ⅵ

水生黍
Panicum paludosum Roxb.; Ⅰ, Ⅵ

铺地黍
Panicum repens L.; Ⅰ, Ⅴ

细柄黍（无稃细柄黍）
Panicum sumatrense Roth; *Panicum psilopodium* Trin., *Panicum psilopodium* Trin. var. *epaleatum* Keng f. ex S. L. Chen, T. D. Zhuang et X. L. Yang; Ⅰ, Ⅱ, Ⅲ, Ⅳ, Ⅴ, Ⅵ, Ⅶ

两耳草
Paspalum conjugatum P. J. Bergius; Ⅴ

云南雀稗
▲**Paspalum delavayi** Henrard; Ⅰ, Ⅳ

毛花雀稗
Paspalum dilatatum Poir.; Ⅰ, Ⅴ; √

双穗雀稗
Paspalum distichum L.; *Paspalum paspaloides* (Michx.) Scribn.; Ⅰ, Ⅱ, Ⅲ, Ⅳ, Ⅴ, Ⅵ, Ⅶ; √

鸭嘴草（圆果雀稗）
Paspalum scrobiculatum L.; *Paspalum orbiculare* G. Forst. *Paspalum scrobiculatum* L. var. *orbiculare* (G. Forst.) Hack.; Ⅰ, Ⅱ, Ⅲ, Ⅳ, Ⅴ, Ⅵ, Ⅶ

长叶雀稗
Paspalum sumatrense Roth; *Paspalum longifolium* Roxb.; Ⅰ, Ⅲ, Ⅳ, Ⅴ

雀稗
Paspalum thunbergii Kunth ex Steud.; Ⅱ, Ⅳ, Ⅴ

海雀稗
Paspalum vaginatum Sw.; Ⅲ

麦穗茅根
Perotis hordeiformis Nees; Ⅴ, Ⅶ

茅根
Perotis indica (L.) Kuntze; Ⅱ, Ⅶ

束尾草（狭叶束尾草）
Phacelurus latifolius (Steud.) Ohwi; *Phacelurus latifolius* (Steud.) Ohwi var. *angustifolius* (Debeaux) Keng; Ⅰ

毛叶束尾草
★ **Phacelurus trichophyllus** S. L. Zhong; *Phacelurus latifolius* (Steud.) Ohwi var. *trichophyllus* (S. L. Zhong) B. S. Sun et Z. H. Hu; Ⅰ

显子草
Phaenosperma globosum Munro ex Benth.; Ⅵ

球茎虉草*
Phalaris aquatica L.

虉草（丝带草）
Phalaris arundinacea L.; *Phalaris arundinacea* L. var. *picta* L.; Ⅰ, Ⅲ, Ⅶ

细虉草#（小虉草）
Phalaris minor Retzius

奇虉草（变形虉草）
Phalaris paradoxa L.; Ⅰ, Ⅴ, Ⅵ

高山梯牧草
Phleum alpinum L.; Ⅱ, Ⅶ

梯牧草*
Phleum pratense L.

芦苇
Phragmites australis (Cav.) Trin. ex Steud.; Ⅱ

围裙芦苇（丝毛芦）
Phragmites cinctus (Hook. f.) B. S. Sun; *Phragmites karka* (Retz.) Trin. ex Steud. var. *cinctus* Hook. f.; Ⅰ, Ⅲ

卡开芦（大芦苇）
Phragmites karka (Retz.) Trin. ex Steud.; Ⅰ, Ⅱ, Ⅲ, Ⅳ, Ⅴ, Ⅵ, Ⅶ

石绿竹
Phyllostachys arcana McClure; Ⅰ, Ⅱ

人面竹
Phyllostachys aurea (André) Rivière et C. Rivière; Ⅰ, Ⅲ, Ⅵ

毛竹*（龟甲竹）
Phyllostachys edulis (Carrière) J. Houz.; *Phyllostachys heterocycla* (Carr.) Mitford

淡竹
Phyllostachys glauca McClure; Ⅰ

美竹
Phyllostachys mannii Gamble; Ⅰ, Ⅱ, Ⅲ, Ⅳ, Ⅴ, Ⅵ, Ⅶ

毛环竹
Phyllostachys meyeri McClure; Ⅰ

紫竹（原变种）
Phyllostachys nigra (Lodd. ex Lindl.) Munro var. **nigra**; Ⅰ, Ⅵ, Ⅶ

灰金竹（变种）
Phyllostachys nigra (Lodd. ex Lindl.) Munro var. **henonis** (Mitford) Rendle; Ⅰ, Ⅱ, Ⅲ, Ⅳ, Ⅴ, Ⅵ, Ⅶ

桂竹
Phyllostachys reticulata (Rupr.) K. Koch; *Phyllostachys bambusoides* Siebold et Zucc.; Ⅰ

早竹*
Phyllostachys violascens Rivière et C. Rivière; *Phyllostachys praecox* C. D. Chu et C. S. Chao

等颖落芒草（长舌落芒草）
Piptatherum aequiglume (Duthie ex Hook. f.) Roshev.; *Oryzopsis aequiglumis* Duthie ex Hook. f., *Oryzopsis aequiglumis* Duthie ex Hook. f. var. *ligulata* P. C. Kuo et Z. L. Wu; Ⅰ, Ⅱ

苦竹
★ **Pleioblastus amarus** (Keng) Keng f.; *Arundinaria amara* Keng; Ⅰ, Ⅱ, Ⅴ, Ⅵ, Ⅶ

仙居苦竹（光箨苦竹、胶南竹）
★**Pleioblastus hsienchuensis** T. H. Wen; *Pleioblastus hsienchuensis* T. H. Wen var. *subglabratus* (S. Y. Chen) C. S. Chao et G. Y. Yang; Ⅲ

斑苦竹*（油苦竹）
★**Pleioblastus maculatus** (McClure) C. D. Chu et C. S. Chao; *Arundinaria chinensis* C. S. Chao et G. Y. Yang, *Pleioblastus oleosus* T. H. Wen

白顶早熟禾
Poa acroleuca Steud.; *Poa acroleuca* Steud. var. *ryukyuensis* Koba et Tateoka; Ⅰ, Ⅱ, Ⅴ, Ⅶ

早熟禾（爬地早熟禾）
Poa annua L.; Ⅰ, Ⅱ, Ⅲ, Ⅳ, Ⅴ, Ⅵ, Ⅶ; √

法氏早熟禾（毛颖早熟禾、细长早熟禾、少叶早熟禾）
★ **Poa faberi** Rendle; *Poa faberi* Rendle var. *longifolia* (Keng) Olonova et G. Zhu, *Poa prolixior* Rendle, *Poa paucifolia* Keng; Ⅱ

喜马拉雅早熟禾（荏弱早熟禾）
Poa himalayana Nees ex Steud.; *Poa gracilior* Keng; Ⅴ

喀斯早熟禾（喀西早熟禾、台湾早熟禾）
Poa khasiana Stapf; *Poa formosae* Ohwi; Ⅰ, Ⅱ

东川早熟禾（开展早熟禾、毛稃早熟禾）
Poa mairei Hack.; *Poa patens* Keng, *Poa ludens* Stew.; Ⅱ

林地早熟禾
Poa nemoralis L.; Ⅴ, Ⅵ, Ⅶ

尼泊尔早熟禾（原变种）（小药早熟禾）
Poa nepalensis (G. C. Wall. ex Griseb.) Duthie var. **nepalensis**; *Poa micrandra* Keng, *Poa nephelophila* Bor; Ⅱ

日本早熟禾（变种）

Poa nepalensis (G. C. Wall. ex Griseb.) Duthie var. **nipponica** (Koidz.) Soreng et G. Zhu；Ⅰ

云生早熟禾

★**Poa nubigena** Keng f. ex L. Liu；Ⅱ

宿生早熟禾

★**Poa perennis** Keng ex Keng f.；Ⅶ

草地早熟禾（狭颖早熟禾、多花早熟禾、扁杆早熟禾）

Poa pratensis L.；*Poa pratensis* L. subsp. *alpigena* (Lindm.) Hiitonen, *Poa angustiglumis* Roshev., *Poa florida* N. R. Cui, *Poa pratensis* L. var. *anceps* Gaud. ex Griseb.；Ⅰ，Ⅴ，Ⅵ

锡金早熟禾（画眉草状早熟禾、套鞘早熟禾）

Poa sikkimensis (Stapf) Bor；*Poa eragrostioides* L. Liu, *Poa tunicata* Keng ex C. Ling；Ⅰ，Ⅱ

四川早熟禾（藏南早熟禾）

Poa szechuensis Rendle；*Poa tibeticola* Bor；Ⅴ

变色早熟禾（多叶早熟禾）

Poa versicolor Besser；*Poa sphondylodes* Trin. var. *erikssonii* Melderis；Ⅱ

金丝草

Pogonatherum crinitum (Thunb.) Kunth；Ⅱ，Ⅲ，Ⅳ，Ⅴ，Ⅵ，Ⅶ

金发草

Pogonatherum paniceum (Lam.) Hack.；Ⅰ，Ⅴ，Ⅵ，Ⅶ；√

棒头草

Polypogon fugax Nees ex Steud.；Ⅰ，Ⅱ，Ⅲ，Ⅳ，Ⅴ，Ⅵ，Ⅶ；√

多裔草

Polytoca digitata (L. f.) Druce；Ⅴ，Ⅶ

四脉美丽茅（四脉金茅）

Pseudopogonatherum quadrinerve (Hack.) Ohwi；*Eulalia quadrinervis* (Hack.) Kuntze；Ⅰ，Ⅱ，Ⅲ，Ⅳ，Ⅴ，Ⅵ，Ⅶ

美丽茅

Pseudopogonatherum speciosum (Debeaux) Ohwi；*Eulalia speciosa* (Debeaux) Kuntze；Ⅰ，Ⅲ，Ⅵ，Ⅶ

瘦瘠伪针茅

Pseudoraphis sordida (Thwaites) S. M. Phillips et S. L. Chen；*Pseudoraphis spinescens* (R. Br.) Vickery var. *depauperata* (Nees) Bor；Ⅵ，Ⅶ

泡竹

Pseudostachyum polymorphum Munro；Ⅲ

筒轴茅

Rottboellia cochinchinensis (Lour.) Clayton；*Ophiuros exaltatus* (L.) Kuntze, *Rottboellia exaltata* (L.) L. f.；Ⅱ，Ⅲ，Ⅳ，Ⅴ，Ⅵ，Ⅶ

红山茅

★**Rubimons paniculatus** B. S. Sun；*Miscanthus paniculatus* (B. S. Sun) Renvoize et S. L. Chen；Ⅴ

斑茅（原变种）

Saccharum arundinaceum Retz. var. **arundinaceum**；Ⅰ，Ⅱ，Ⅳ，Ⅴ

毛颖斑茅（变种）（毛叶蔗茅）

Saccharum arundinaceum Retz. var. **trichophyllum** (Hand.-Mazz.) S. M. Phillips et S. L. Chen；*Erianthus trichophyllus* (Hand.-Mazz.) Hand.-Mazz.；Ⅰ，Ⅴ，Ⅶ

台蔗茅

★ **Saccharum formosanum** (Stapf) Ohwi；*Erianthus formosanus* Stapf；Ⅲ

长齿蔗茅（滇蔗茅、西南蔗茅）

Saccharum longesetosum (Andersson) V. Naray. ex Bor；*Erianthus longisetosus* Andersson, *Saccharum longesetosum* (Andersson) V. Naray., *Erianthus rockii* Keng, *Erianthus hookeri* Hack.；Ⅰ，Ⅳ，Ⅴ，Ⅵ，Ⅶ

甘蔗*

Saccharum officinarum L.

狭叶斑茅

Saccharum procerum Roxb.；Ⅶ

蔗茅

Saccharum rufipilum Steud.；*Erianthus rufipilus* (Steud.) Griseb.；Ⅰ，Ⅱ，Ⅲ，Ⅳ，Ⅴ，Ⅵ，Ⅶ；√

竹蔗*

Saccharum × sinense Roxb.

甜根子草（罗氏甜根子草、灯心叶甜根子草）

Saccharum spontaneum L.；*Saccharum spontaneum* L. var. *roxburghii* Honda, *Saccharum spontaneum* L. var. *juncifolium* Hack.；Ⅰ，Ⅱ，Ⅲ，Ⅳ，Ⅴ，Ⅵ，Ⅶ

囊颖草

Sacciolepis indica (L.) Chase；Ⅰ，Ⅲ，Ⅳ，Ⅴ，Ⅵ，Ⅶ

鼠尾囊颖草（矮小囊颖草）

Sacciolepis myosuroides (R. Br.) Chase ex E. G. Camus et A. Camus；*Sacciolepis myosuroides* (R. Br.) A. Chase ex E. G. Camus et A. Camus var. *nana* S. L. Chen et T. D. Zhuang；Ⅶ

冷箭竹（峨热竹）

Sarocalamus faberi (Rendle) Stapleton；*Arundinaria*

faberi Rendle；Ⅱ

裂稃草
Schizachyrium brevifolium (Sw.) Nees ex Buse；Ⅱ，Ⅲ，Ⅳ，Ⅵ

旱茅
Schizachyrium delavayi (Hack.) Bor；*Eramopogon delavayi* (Hack.) A. Camus；Ⅰ，Ⅱ，Ⅳ，Ⅴ，Ⅵ，Ⅶ；√

斜须裂稃草
Schizachyrium fragile (R. Br.) A. Camus；*Schizachyrium obliquiberbe* (Hack.) A. Camus；Ⅴ，Ⅵ

红裂稃草
Schizachyrium sanguineum (Retz.) Alston；Ⅰ，Ⅱ，Ⅳ，Ⅴ，Ⅵ，Ⅶ

黑麦*
Secale cereale L.

沟颖草
Sehima nervosa (Rottler) Stapf；Ⅴ，Ⅵ

莩草
Setaria chondrachne (Steud.) Honda；Ⅰ，Ⅳ

疏穗狗尾草（类雀稗）
Setaria flavida (Retz.) Veldkamp；*Paspalidium flavidum* (Retz.) A. Camus；Ⅴ，Ⅶ

西南莩草（福勃狗尾草、短刺西南莩草）
Setaria forbesiana (Nees ex Steud.) Hook. f.；*Setaria forbesiana* (Nees ex Steud.) Hook. f. var. *breviseta* S. L. Chen et G. Y. Sheng；Ⅰ，Ⅱ，Ⅳ，Ⅴ，Ⅵ，Ⅶ

粟*
Setaria italica (L.) P. Beauv.

棕叶狗尾草
Setaria palmifolia (J. Koenig) Stapf；Ⅴ，Ⅵ，Ⅶ

幽狗尾草（莠狗尾草）
Setaria parviflora (Poir.) M. Kerguelen；*Setaria geniculata* P. Beauv.；Ⅰ，Ⅳ，Ⅴ

皱叶狗尾草（光花狗尾草）
Setaria plicata (Lam.) T. Cooke；*Setaria plicata* (Lam.) T. Cooke var. *leviflora* (Keng ex S. L. Chen) S. L. Chen et S. M. Phillips；Ⅰ，Ⅱ，Ⅲ，Ⅳ，Ⅴ，Ⅵ，Ⅶ；√

金色狗尾草（恍莠莠、硬稃狗尾草）
Setaria pumila (Poir.) Roem. et Schult.；Ⅰ，Ⅱ，Ⅲ，Ⅳ，Ⅴ，Ⅵ，Ⅶ

非洲狗尾草#
Setaria sphacelata (Schumach.) Stapf et C. E. Hubb. ex M. B. Moss

倒刺狗尾草
Setaria verticillata (L.) P. Beauv.；Ⅱ

狗尾草（谷莠子、莠）
Setaria viridis (L.) P. Beauv.；Ⅰ，Ⅱ，Ⅲ，Ⅳ，Ⅴ，Ⅵ，Ⅶ；√

云南狗尾草
★**Setaria yunnanensis** Keng f. et K. D. Yu；Ⅴ

高粱*（蜀黍、甜高粱）
Sorghum bicolor (L.) Moench；*Sorghum dochna* (Forssk.) Snowden

苏丹草*
Sorghum × drummondii (Nees ex Steud.) Millsp. et Chase；*Sorghum × sudanense* (Piper) Stapf

石茅*
Sorghum halepense (L.) Pers.

光高粱
Sorghum nitidum (Vahl) Pers.；Ⅰ，Ⅱ，Ⅳ，Ⅴ，Ⅵ，Ⅶ

油芒
Spodiopogon cotulifer (Thunb.) Hack.；*Eccoilopus cotulifer* (Thunb.) A. Camus；Ⅱ

滇大油芒（云南大油芒）
★**Spodiopogon duclouxii** A. Camus.；Ⅰ，Ⅳ，Ⅵ

箭叶大油芒
▲**Spodiopogon sagittifolius** Rendle；Ⅰ，Ⅱ，Ⅳ，Ⅴ，Ⅵ，Ⅶ；√

隐花草
Sporobolus aculeatus (L.) P. M. Peterson；*Crypsis aculeata* (L.) Ait.；Ⅶ

小鼠尾粟（卡鲁满德鼠尾粟）
Sporobolus coromandelianus (Retz.) Kunth；Ⅶ

鼠尾粟
Sporobolus fertilis (Steud.) Clayton；Ⅰ，Ⅱ，Ⅲ，Ⅳ，Ⅴ，Ⅵ，Ⅶ

长叶鼠尾粟（瓦丽鼠尾粟）
Sporobolus wallichii Munro ex Thwaites；Ⅴ

细叶芨芨草
★**Stipa chingii** Hitchc.；*Achnatherum chingii* (Hitchc.) Keng ex P. C. Kuo；Ⅱ

湖北芨芨草（湖北落芒草）
★**Stipa henryi** Rendle；*Achnatherum henryi* (Rendle) S. M. Phillips et Z. L. Wu；Ⅴ

狭穗针茅
Stipa regeliana Hack.；Ⅱ

羽毛针禾（针剪草、羽毛三芒草）
Stipagrostis pennata (Trin.) De Winter；*Aristida*

pennata Trin.; Ⅱ, Ⅶ

苇菅（连苇菅）

Themeda arundinacea (Roxb.) A. Camus; *Themeda subsericans* (Nees ex Steud.) Ridl.; Ⅰ, Ⅴ, Ⅶ

苞子草（苞子菅）

Themeda caudata (Nees ex Hook. et Arn.) A. Camus; Ⅰ, Ⅲ, Ⅵ, Ⅶ

大菅

Themeda gigantea (Cav.) Hack. ex Duthie; Ⅰ, Ⅱ

无茎菅

Themeda helferi Hack.; *Themeda acaulis* B. S. Sun et S. Wang; Ⅶ

西南菅草

Themeda hookeri (Griseb.) A. Camus; Ⅰ, Ⅱ, Ⅲ, Ⅶ

中华菅

Themeda quadrivalvis (L.) Kuntze; *Themeda chinensis* (A. Camus) S. L. Chen et T. D. Zhuang; Ⅶ

阿拉伯黄背草（东亚黄背草、黄麦秆、黄背草）

Themeda triandra Forssk.; *Themeda japonica* (Willd.) Tanaka; Ⅰ, Ⅱ, Ⅲ, Ⅳ, Ⅴ, Ⅵ, Ⅶ; √

菅

Themeda villosa (Lam.) A. Camus; Ⅰ, Ⅱ, Ⅲ, Ⅳ, Ⅵ

泰竹*

Thyrsostachys siamensis Gamble

粽叶芦

Thysanolaena latifolia (Roxb. ex Hornem.) Honda; *Thysanolaena maxima* (Roxb.) Kuntze; Ⅴ

虱子草

Tragus berteronianus Schult.; Ⅱ, Ⅶ

锋芒草

Tragus mongolorum Ohwi; Ⅴ, Ⅶ

草沙蚕

Tripogon bromoides Roem. et Schult.; Ⅰ, Ⅱ, Ⅲ, Ⅳ, Ⅴ, Ⅶ

线形草沙蚕（小草沙蚕、细穗草沙蚕）

Tripogon filiformis Nees ex Steud.; *Tripogon nanus* Keng, *Tripogon filiformis* Nees ex Steud. var. *tenuispicus* Hook. f.; Ⅱ, Ⅴ, Ⅵ, Ⅶ

云南草沙蚕

Tripogon yunnanensis J. L. Yang ex S. M. Phillips et S. L. Chen; *Tripogon bromoides* var. *yunnanensis* (Keng ex J. L. Yang) S. L. Chen et X. L. Yang; Ⅰ, Ⅱ

变绿异燕麦（罗氏异燕麦）

Trisetopsis virescens (Nees ex Steud.) Röser et A.

Wölk; *Helictotrichon virescens* (Nees) Henrard; Ⅰ, Ⅱ, Ⅲ, Ⅳ, Ⅴ, Ⅵ, Ⅶ

三毛草

Trisetum bifidum (Thunb.) Ohwi; Ⅰ, Ⅱ, Ⅵ

优雅三毛草

Trisetum scitulum Bor; Ⅱ

西伯利亚三毛草（北亚三毛草）

Trisetum sibiricum Rupr.; Ⅱ

普通小麦*

Triticum aestivum L.

四生尾稃草（四生臂形草）

Urochloa distachya (L.) T. Q. Nguyen; *Brachiaria subquadripara* (Trin.) Hitchc.; Ⅰ, Ⅶ

绢毛尾稃草

Urochloa holosericea (R. Br.) R. D. Webster; *Brachiaria holosericea* (R. Br.) Hughes; Ⅶ

类黍尾稃草（元谋尾稃草、长叶尾稃草、金沙尾稃草）

Urochloa panicoides P. Beauv.; *Urochloa yuanmouensis* B. S. Sun et Z. H. Hu, *Urochloa longifolia* B. S. Sun et Z. H. Hu, *Urochloa jinshaicola* B. S. Sun et Z. H. Hu; Ⅴ, Ⅶ

多枝尾稃草（多枝臂形草）

Urochloa ramosa (L.) T. Q. Nguyen; *Brachiaria ramosa* (L.) Stapf; Ⅴ, Ⅶ

尾稃草

Urochloa reptans (L.) Stapf; *Brachiaria reptans* (L.) C. A. Gardner et C. E. Hubb.; Ⅳ, Ⅴ

短颖尾稃草

Urochloa semiundulata (Hochst. ex A. Rich.) Ashal. et V. J. Nair; *Brachiaria semiundulata* (Hochst. ex A. Rich.) Stapf; Ⅰ

毛尾稃草（毛臂形草、髯毛臂形草、无毛臂形草）

Urochloa villosa (Lam.) T. Q. Nguyen; *Brachiaria villosa* (Lam.) A. Camus, *Brachiaria villosa* (Lam.) A. Camus var. *barbata* Bor, *Brachiaria villosa* (Lam.) A. Camus var. *glabrata* S. L. Chen et Y. X. Jin; Ⅰ, Ⅳ, Ⅴ, Ⅵ, Ⅶ

草丝竹

●**Yushania andropogonoides** (Hand.-Mazz.) T. P. Yi; Ⅲ

粗柄玉山竹

★**Yushania crassicollis** T. P. Yi; Ⅴ

斑壳玉山竹（斑鞘玉山竹）

★**Yushania maculata** T. P. Yi; Ⅱ, Ⅲ

多枝玉山竹

●**Yushania multiramea** T. P. Yi; Ⅴ

滑竹
★**Yushania polytricha** Hsueh et T. P. Yi；Ⅰ，Ⅶ

紫花玉山竹（紫秆玉山竹）
★**Yushania violascens** (Keng) T. P. Yi；Ⅱ；√

玉蜀黍*
Zea mays L.

菰*（茭白）
Zizania latifolia (Griseb.) Turcz. ex Stapf

结缕草*
Zoysia japonica Steud.

沟叶结缕草*
Zoysia matrella (L.) Merr.; *Zoysia tenuifolia* Thiele

中华结缕草*
Zoysia sinica Hance

104 金鱼藻科 Ceratophyllaceae
[1 属 2 种]

金鱼藻
Ceratophyllum demersum L.；Ⅰ，Ⅱ，Ⅲ，Ⅳ，Ⅴ，Ⅵ，Ⅶ

细金鱼藻
Ceratophyllum submersum L.；Ⅰ，Ⅱ，Ⅲ，Ⅳ，Ⅴ，Ⅵ，Ⅶ

105 领春木科 Eupteleaceae
[1 属 1 种]

领春木
Euptelea pleiosperma Hook. f. et Thomson；Ⅱ，Ⅴ，Ⅵ

106 罂粟科 Papaveraceae
[8 属 38 种，含 4 栽培种]

蓟罂粟#
Argemone mexicana L.；Ⅱ，Ⅴ，Ⅶ

小距紫堇
★**Corydalis appendiculata** Hand.-Mazz.；Ⅴ

南黄堇
Corydalis davidii Franch.；Ⅱ，Ⅲ，Ⅴ，Ⅶ

东川紫堇
●**Corydalis dongchuanensis** Z. Y. Su et Lidén；Ⅰ，Ⅱ，Ⅴ

师宗紫堇
★**Corydalis duclouxii** H. Lév. et Vaniot；Ⅳ，Ⅴ

大海黄堇
★**Corydalis feddeana** H. Lév.；Ⅱ

裂冠紫堇
Corydalis flaccida Hook. f. et Thomson；Ⅱ

纤细黄堇（原变种）
Corydalis gracillima C. Y. Wu ex Govaerts var. **gracillima**；Ⅰ，Ⅱ，Ⅶ；√

小距纤细黄堇（变种）
▲**Corydalis gracillima** C. Y. Wu ex Govaerts var. **microcalcarata** H. Chuang；Ⅱ

药山紫堇
Corydalis iochanensis H. Lév.；Ⅱ

乌蒙宽裂黄堇（变种）（乌蒙黄堇）
▲**Corydalis latiloba** (Franch.) Hand.-Mazz. var. **wumungensis** C. Y. Wu et Z. Y. Su；Ⅱ，Ⅵ

禄劝黄堇
▲**Corydalis luquanensis** H. Chuang；Ⅱ

会泽紫堇
★**Corydalis mairei** H. Lév.；Ⅱ

中国紫堇
▲**Corydalis mediterranea** Z. Y. Su et Lidén；Ⅱ

远志黄堇
Corydalis polygalina Hook. f. et Thomson；Ⅱ

假川西紫堇
★**Corydalis pseudoweigoldii** Z. Y. Su；Ⅱ

扇苞黄堇
★**Corydalis rheinbabeniana** Fedde；Ⅱ

地锦苗
Corydalis sheareri S. Moore；Ⅴ

洱源紫堇
★**Corydalis stenantha** Franch.；Ⅰ，Ⅱ

茎节生根紫堇
●**Corydalis suzhiyunii** Lidén；Ⅱ

金钩如意草
★**Corydalis taliensis** Franch.；Ⅰ，Ⅱ，Ⅲ，Ⅳ，Ⅴ，Ⅵ，Ⅶ；√

重三出黄堇
Corydalis triternatifolia C. Y. Wu；Ⅱ，Ⅴ，Ⅵ，Ⅶ

滇黄堇
★**Corydalis yunnanensis** Franch.；Ⅱ

丽江紫金龙
Dactylicapnos lichiangensis (Fedde) Hand.-Mazz.；Ⅰ，Ⅱ，Ⅳ，Ⅶ

宽果紫金龙
Dactylicapnos roylei (Hook. f. et Thomson) Hutch.；Ⅰ，Ⅱ，Ⅲ，Ⅳ，Ⅴ，Ⅵ，Ⅶ

紫金龙
Dactylicapnos scandens (D. Don) Hutch.; Ⅰ，Ⅱ，Ⅵ

扭果紫金龙
Dactylicapnos torulosa (Hook. f. et Thomson) Hutch.; Ⅰ，Ⅱ，Ⅳ，Ⅴ，Ⅵ，Ⅶ；√

花菱草*
Eschscholzia californica Cham.

荷包牡丹*
Lamprocapnos spectabilis (L.) Fukuhara; *Dicentra spectabilis* (L.) Lem.

博落回*
Macleaya cordata (Willd.) R. Br.

多刺绿绒蒿（喜马拉雅蓝罂粟）
Meconopsis horridula Hook. f. et Thomson; *Papaver horridulum* (Hook. f. et Thomson) Christenh. et Byng; Ⅱ

全缘叶绿绒蒿
Meconopsis integrifolia (Maxim.) Franch.; *Papaver przewalskii* Christenh. et Byng; Ⅱ

长叶绿绒蒿
Meconopsis lancifolia (Franch.) Franch. ex Prain; *Papaver lancifolium* (Franch.) Christenh. et Byng; Ⅱ

锥花绿绒蒿
Meconopsis paniculata (D. Don) Prain; *Papaver paniculatum* D. Don; Ⅱ，Ⅶ

总状绿绒蒿
★ **Meconopsis racemosa** Maxim.; *Papaver racemosum* (Maxim.) Christenh. et Byng; Ⅱ

东部威氏绿绒蒿（亚种）
★**Meconopsis wilsonii** Grey-Wilson subsp. **orientalis** Grey-Wilson, D. W. H. Rankin et Z. K. Wu; Ⅱ

乌蒙绿绒蒿
●**Meconopsis wumungensis** K. M. Feng ex C. Y. Wu et H. Chuang; *Papaver wumungense* (K. M. feng) Christenh. et Byng; Ⅱ；√

虞美人*
Papaver rhoeas L.

108 木通科 Lardizabalaceae
[4 属 9 种，含 1 栽培种]

木通*
Akebia quinata (Thunb. ex Houtt.) Decne.

白木通（亚种）
★ **Akebia trifoliata** (Thunb.) Koidz. subsp. **australis** (Diels) T. Shimizu; Ⅰ，Ⅲ，Ⅳ，Ⅴ，Ⅵ

猫儿屎
Decaisnea insignis (Griff.) Hook. f. et Thomson; Ⅰ，Ⅱ，Ⅲ，Ⅳ，Ⅴ，Ⅵ，Ⅶ；√

大血藤
Sargentodoxa cuneata (Oliv.) Rehder et E. H. Wilson; Ⅴ

五月瓜藤（五叶瓜藤）
Stauntonia angustifolia (Wall.) R. Br. ex Wall.; *Holboellia angustifolia* Wall.; Ⅰ，Ⅱ，Ⅴ，Ⅵ；√

翅野木瓜
★**Stauntonia decora** (Dunn) C. Y. Wu; Ⅴ

牛姆瓜（大花牛姆瓜）
Stauntonia grandiflora (Réaub.) Christenh.; *Holboellia grandiflora* Reaub.; Ⅴ

八月瓜（五风藤、昆明鹰爪枫）
Stauntonia latifolia (Wall.) R. Br. ex Wall.; *Holboellia latifolia* Wall., *Holboellia ovatifoliolata* C. Y. Wu et T. Chen; Ⅰ，Ⅱ，Ⅲ，Ⅳ，Ⅴ，Ⅵ，Ⅶ；√

小花鹰爪枫
Stauntonia parviflora Hemsl.; *Holboellia parviflora* (Hemsl.) Gagnep.; Ⅳ

109 防己科 Menispermaceae
[7 属 21 种]

球果藤
Aspidocarya uvifera Hook. f. et Thomson; Ⅳ，Ⅴ

木防己（毛木防己）
Cocculus orbiculatus (L.) DC.; *Cocculus orbiculatus* (L.) DC. var. *mollis* (Wall. ex Hook. f. et Thomson) H. Hara; Ⅰ，Ⅱ，Ⅲ，Ⅳ，Ⅴ，Ⅵ，Ⅶ；√

粉叶轮环藤
Cyclea hypoglauca (Schauer) Diels; Ⅴ

四川轮环藤
Cyclea sutchuenensis Gagnep.; Ⅴ

西南轮环藤
Cyclea wattii Diels; Ⅰ，Ⅱ，Ⅲ，Ⅳ，Ⅴ，Ⅵ，Ⅶ

藤枣
Eleutharrhena macrocarpa (Diels) Ecrman; Ⅴ

风龙（汉防己）
Sinomenium acutum (Thunb.) Rehder et E. H. Wilson; Ⅱ

白线薯
Stephania brachyandra Diels; Ⅳ

一文钱
Stephania delavayi Diels; Ⅰ，Ⅱ，Ⅲ

荷包地不容
▲**Stephania dicentrinifera** H. S. Lo et M. Yang；Ⅴ

大叶地不容
Stephania dolichopoda Diels；Ⅳ

地不容
★**Stephania epigaea** H. S. Lo；Ⅰ，Ⅱ，Ⅳ，Ⅴ，Ⅵ，Ⅶ；√

光叶千金藤（变种）
Stephania japonica (Thunb.) Miers var. **timoriensis** (DC) Forman；Ⅳ

广西地不容
Stephania kwangsiensis H. S. Lo；Ⅳ

粪箕笃
Stephania longa Lour.；Ⅴ

长柄地不容
▲**Stephania longipes** H. S. Lo；Ⅵ

西南千金藤
Stephania subpeltata H. S. Lo；Ⅰ，Ⅳ，Ⅴ

黄叶地不容
★**Stephania viridiflavens** H. S. Lo et M. Yang；Ⅴ

青牛胆（原变种）
Tinospora sagittata (Oliv.) Gagnep. var. **sagittata**；Ⅴ

云南青牛胆（变种）
Tinospora sagittata (Oliv.) Gagnep. var. **yunnanensis** (S. Y. Hu) H. S. Lo；Ⅴ

中华青牛胆
Tinospora sinensis (Lour.) Merr.；Ⅴ

110 小檗科 Berberidaceae
[5 属 48 种，含 1 栽培种]

堆花小檗（全缘锥花小檗）
Berberis aggregata C. K. Schneid.；*Berberis aggregata* C. K. Schneid. var. *integrifolia* Ahrendt；Ⅰ，Ⅱ，Ⅳ

美丽小檗
★**Berberis amoena** Dunn；Ⅰ

黑果小檗
★**Berberis atrocarpa** C. K. Schneid.；Ⅱ

贵州小檗
★**Berberis cavaleriei** H. Lév.；Ⅰ，Ⅱ

多花大黄连刺
▲**Berberis centiflora** Diels；Ⅰ，Ⅱ，Ⅳ，Ⅴ，Ⅵ；√

密叶小檗
▲**Berberis davidii** Ahrendt；Ⅰ，Ⅱ

壮刺小檗
★**Berberis deinacantha** C. K. Schneid.；Ⅰ，Ⅱ

刺红珠
Berberis dictyophylla Franch.；Ⅱ，Ⅴ，Ⅶ

东川小檗
●**Berberis dongchuanensis** T. S. Ying；Ⅱ

假小檗
▲**Berberis fallax** C. K. Schneid.；Ⅴ

大叶小檗（柳叶小檗）
Berberis ferdinandi-coburgii C. K. Schneid.；*Berberis iteophylla* C. Y. Wu ex S. Y. Bao；Ⅰ，Ⅲ，Ⅴ，Ⅵ，Ⅶ；√

安宁小檗（小瓣小檗）
★**Berberis grodtmanniana** C. K. Schneid.；*Berberis micropetala* T. S. Ying，*Berberis jinshajiangensis* X. H. Li；Ⅰ，Ⅱ

风庆小檗
▲**Berberis holocraspedon** Ahrendt；Ⅴ

川滇小檗
★**Berberis jamesiana** Forrest et W. W. Sm.；Ⅰ，Ⅱ，Ⅳ

豪猪刺
★**Berberis julianae** C. K. Schneid.；Ⅰ，Ⅲ

昆明小檗
★**Berberis kunmingensis** C. Y. Wu ex S. Y. Bao；Ⅰ，Ⅱ，Ⅵ，Ⅶ

光叶小檗
★**Berberis lecomtei** C. K. Schneid.；Ⅱ

平滑小檗（洱源小檗）
★**Berberis levis** Franch.；*Berberis willeana* C. K. Schneid.；Ⅶ

丽江小檗
▲**Berberis lijiangensis** C. Y. Wu ex S. Y. Bao；Ⅰ，Ⅴ

滑叶小檗
★**Berberis liophylla** C. K. Schneid.；Ⅴ

小花小檗（玉龙山小檗）
★**Berberis minutiflora** C. K. Schneid.；*Berberis minutiflora* C. K. Schneid. var. *yulungshanensis* S. Y. Bao；Ⅱ

淡色小檗
★**Berberis pallens** Franch.；Ⅱ

粉叶小檗（易门小檗、细柄小檗）
Berberis pruinosa Franch.；*Berberis pruinosa* Franch. var. *barresiana* Ahrendt，*Berberis pruinosa*

Franch. var. *tenuipes* Ahrendt; Ⅰ, Ⅱ, Ⅲ, Ⅳ, Ⅴ, Ⅵ, Ⅶ

巧家小檗
★**Berberis qiaojiaensis** S. Y. Bao; Ⅰ, Ⅴ

刺黑珠
★**Berberis sargentiana** C. K. Schneid.; Ⅰ

华西小檗
★**Berberis silva-taroucana** C. K. Schneid.; Ⅴ, Ⅵ

亚尖叶小檗
Berberis subacuminata C. K. Schneid.; Ⅰ, Ⅱ

大理小檗
▲**Berberis taliensis** C. K. Schneid.; Ⅵ, Ⅶ

春小檗
★**Berberis vernalis** (C. K. Schneid.) D. F. Chamb. et C. M. Hu; *Berberis ferdinandi-coburgii* C. K. Schneid. var. *vernalis* C. K. Schneid.; Ⅰ, Ⅳ, Ⅴ

西山小檗
●**Berberis wangii** C. K. Schneid.; *Berberis mairei* C. K. Schneid.; Ⅰ, Ⅱ, Ⅳ, Ⅴ, Ⅵ, Ⅶ

金花小檗
Berberis wilsoniae Hemsl.; Ⅰ, Ⅱ, Ⅳ, Ⅴ, Ⅵ, Ⅶ; √

乌蒙小檗
★**Berberis woomungensis** C. Y. Wu ex S. Y. Bao; Ⅰ, Ⅱ, Ⅲ

无量山小檗
▲**Berberis wuliangshanensis** C. Y. Wu ex S. Y. Bao; Ⅱ

鄂西小檗
★**Berberis zanlanscianensis** Pamp.; Ⅱ, Ⅴ

宝兴淫羊藿
★**Epimedium davidii** Franch.; Ⅱ

阔叶十大功劳
Mahonia bealei (Fort.) Carr.; Ⅴ

密叶十大功劳
▲**Mahonia conferta** Takeda; Ⅴ, Ⅵ

长柱十大功劳
Mahonia duclouxiana Gagnep.; Ⅰ, Ⅱ, Ⅲ, Ⅴ, Ⅵ, Ⅶ; √

鸭脚黄连
Mahonia flavida C. K. Schneid.; Ⅰ, Ⅱ, Ⅳ, Ⅴ, Ⅶ

十大功劳
★**Mahonia fortunei** (Lindl.) Fedde; Ⅳ, Ⅴ

细柄十大功劳
★**Mahonia gracilipes** (Oliv.) Fedde; Ⅴ

遵义十大功劳
★**Mahonia imbricata** T. S. Ying et Boufford; Ⅴ

长苞十大功劳
★**Mahonia longibracteata** Takeda; Ⅱ, Ⅴ, Ⅵ

尼泊尔十大功劳（缘叶十大功劳）
Mahonia napaulensis DC.; *Mahonia flavida* C. K. Schneid. var. *integrifoliola* Hand.-Mazz.; Ⅰ

阿里山十大功劳（长小叶十大功劳、无柱十大功劳）
Mahonia oiwakensis Hayata; *Mahonia lomariifolia* Takeda, *Mahonia lomariifolia* Takeda var. *estylis* C. Y. Wu ex S. Y. Bao; Ⅰ, Ⅱ, Ⅴ, Ⅳ

峨眉十大功劳
Mahonia polyodonta Fedde; Ⅱ, Ⅳ

南天竹*
Nandina domestica Thunb.

川八角莲
★ **Podophyllum delavayi** Franch.; *Dysosma delavayi* (Franch.) Hu; Ⅰ, Ⅴ, Ⅵ; √

111 毛茛科 Ranunculaceae
[15 属 138 种，含 3 栽培种]

短柄乌头（原变种）
★ **Aconitum brachypodum** Diels var. **brachypodum**; Ⅰ, Ⅶ; √

展毛短柄乌头（变种）
★**Aconitum brachypodum** Diels var. **laxiflorum** Fletcher et Lauener; Ⅱ

乌头
Aconitum carmichaelii Debeaux ex F. H. Chen et Y. Liu; Ⅳ

粗花乌头（滇川乌头）
★**Aconitum crassiflorum** Hand.-Mazz.; *Aconitum wardii* Fletcher et Lauener; Ⅱ

马耳山乌头（紫乌头）
★**Aconitum delavayi** Franch.; *Aconitum episcopale* H. Lév. var. *villosulipes* W. T. Wang; Ⅱ

宾川乌头
★**Aconitum duclouxii** H. Lév.; Ⅴ, Ⅶ

西南乌头（深裂黄草乌）
★ **Aconitum episcopale** H. Lév.; *Aconitum vilmorinianum* Kom. var. *altifidum* W. T. Wang; Ⅰ, Ⅱ, Ⅳ

膝瓣乌头（普格乌头）
★ **Aconitum geniculatum** H. R. Fletcher et Lauener; *Aconitum pukeense* W. T. Wang; Ⅱ

瓜叶乌头（拳距瓜叶乌头、滇南草乌）
Aconitum hemsleyanum E. Pritz.; *Aconitum hemsleyanum* E. Pritz. ex Diels var. *circinatum* W. T. Wang, *Aconitum austroyunnanense* W. T. Wang; Ⅴ，Ⅵ

滇北乌头
▲**Aconitum iochanicum** Ulbr.; Ⅱ

小白撑（变种）（光果小白撑、无距小白撑）
Aconitum nagarum Stapf var. **heterotrichum** H. R. Fletcher et Lauener; *Aconitum nagarum* Stapf f. *leiocarpum* (Airy-Shaw) W. T. Wang, *Aconitum nagarum* Stapf f. *dielsianum* (Airy-Shaw) W. T. Wang; Ⅴ，Ⅶ

宣威乌头（变种）
●**Aconitum nagarum** Stapf var. **lasiandrum** W. T. Wang; Ⅲ，Ⅳ

岩乌头
★**Aconitum racemulosum** Franch.; Ⅱ

花葶乌头（等叶花葶乌头）
Aconitum scaposum Franch.; *Aconitum scaposum* Franch. var. *hupehanum* Rapaics; Ⅵ，Ⅶ

黄草乌（原变种）
★**Aconitum vilmorinianum** Kom. var. **vilmorinianum**; Ⅰ，Ⅱ，Ⅲ，Ⅳ，Ⅴ，Ⅵ，Ⅶ；√

展毛黄草乌（变种）
★**Aconitum vilmorinianum** Kom. var. **patentipilum** W. T. Wang; Ⅰ，Ⅱ

乌蒙乌头
●**Aconitum wumengense** J. He et E. D. Liu; Ⅱ

类叶升麻
Actaea asiatica H. Hara; Ⅱ；√

短果升麻
★**Actaea brachycarpa** (P. K. Hsiao) J. Compton; *Cimicifuga brachycarpa* Hsiao; Ⅱ

升麻
Actaea cimicifuga L.; *Cimicifuga foetida* L., *Cimicifuga foetida* L. var. *velutina* Franch. ex Finet et Gagnep.; Ⅰ，Ⅱ，Ⅴ，Ⅵ

黄三七
Actaea vaginata (Maxim.) J. Compton; *Souliea vaginata* (Maxim.) Franch.; Ⅱ

云南升麻
★**Actaea yunnanensis** (P. K. Hsiao) J. Compton; *Cimicifuga yunnanensis* P. K. Hsiao; Ⅱ，Ⅵ

卵叶银莲花
★**Anemone begoniifolia** H. Lév. et Vaniot; Ⅳ

西南银莲花（滇川银莲花）
★**Anemone davidii** Franch.; *Anemonoides davidii*

(Franch.) Starod., *Anemone delavayi* Franch.; Ⅰ，Ⅳ

展毛银莲花
Anemone demissa Hook. f. et Thomson; *Anemonastrum demissum* (Hook. f. et Thomson) Holub, *Anemone demissa* Hook. f. et Thomson subsp. *villosissima* (Brühl) Chaudkhari; Ⅰ，Ⅱ

云南银莲花（变种）
Anemone demissa (Hook. f. et Thomson) Holub var. **yunnanensis** Franch.; Ⅱ

疏齿银莲花（亚种）
Anemone geum H. Lév. subsp. **ovalifolia** (Bruhl) R. P. Chaudhary; Ⅱ

钝裂银莲花
Anemone obtusiloba D. Don; *Anemonastrum obtusilobum* (D. Don) Mosyakin; Ⅴ，Ⅵ

直距耧斗菜
★**Aquilegia rockii** Munz; Ⅱ

驴蹄草（原变种）
Caltha palustris L. var. **palustris**; Ⅵ，Ⅶ

掌裂驴蹄草（变种）
★**Caltha palustris** L. var. **umbrosa** Diels; Ⅰ，Ⅱ，Ⅶ

钝齿铁线莲（变种）
Clematis apiifolia DC. var. **obtusidentata** Rehd. et Wils.; Ⅳ

小木通
Clematis armandii Franch.; Ⅰ，Ⅱ，Ⅲ，Ⅳ，Ⅴ，Ⅵ

毛木通
Clematis buchananiana DC.; Ⅰ，Ⅱ，Ⅳ，Ⅴ，Ⅶ；√

威灵仙
Clematis chinensis Osbeck; Ⅰ，Ⅲ，Ⅳ，Ⅴ，Ⅵ

两广铁线莲
★**Clematis chingii** W. T. Wang; Ⅳ

丘北铁线莲
▲**Clematis chiupehensis** M. Y. Fang; Ⅴ

金毛铁线莲
★**Clematis chrysocoma** Franch.; Ⅰ，Ⅱ，Ⅲ，Ⅳ，Ⅴ，Ⅵ，Ⅶ；√

平坝铁线莲
★**Clematis clarkeana** H. Lév. et Vaniot; Ⅰ，Ⅱ，Ⅶ

合柄铁线莲（原变种）
Clematis connata DC. var. **connata**; Ⅱ，Ⅶ

杯柄铁线莲（变种）（东川铁线莲）
★**Clematis connata** DC. var. **trullifera** (Franch.) W. T. Wang; *Clematis trullifera* (Franch.) Finet et Gagnep., *Clematis dongchuanensis* W. T. Wang; Ⅰ，Ⅱ

疏毛银叶铁线莲（变种）

★**Clematis delavayi** Franch. var. **calvescens** C. K. Schneid.; Ⅱ

裂银叶铁线莲

★ **Clematis delavayi** Franch. var. **limprichtii** (Ulbr.) M. C. Chang; Ⅶ

滑叶藤

Clematis fasciculiflora Franch.; Ⅰ, Ⅱ, Ⅳ, Ⅴ, Ⅵ, Ⅶ; √

铁线莲*（原变种）

★**Clematis florida** Thunb. var. **florida**

重瓣铁线莲*（变种）

★**Clematis florida** Thunb. var. **plena** D. Don

滇南铁线莲

Clematis fulvicoma Rehder et E. H. Wilson; Ⅴ

小蓑衣藤

Clematis gouriana Roxb. ex DC.; Ⅰ, Ⅱ, Ⅲ, Ⅳ, Ⅴ, Ⅵ

粗齿铁线莲（原变种）

★ **Clematis grandidentata** (Rehder et E. H. Wilson) W. T. Wang var. **grandidentata**; *Clematis argentilucida* (Lévl. et Vant.) W. T. Wang; Ⅰ, Ⅱ, Ⅳ, Ⅴ, Ⅵ, Ⅶ

丽江铁线莲（变种）

★ **Clematis grandidentata** (Rehder et E. H. Wilson) W. T. Wang var. **likiangensis** (Rehder) W. T. Wang; Ⅰ, Ⅱ

单叶铁线莲

★**Clematis henryi** Oliv.; Ⅱ, Ⅳ, Ⅴ

滇川铁线莲

★**Clematis kockiana** C. K. Schneid.; Ⅰ, Ⅱ, Ⅶ

披针叶铁线莲

★**Clematis lancifolia** Bureau et Franch.; Ⅶ

毛蕊铁线莲

Clematis lasiandra Maxim.; Ⅱ, Ⅶ

锈毛铁线莲

Clematis leschenaultiana DC.; Ⅰ

菝葜叶铁线莲（丝铁线莲）

Clematis loureiroana DC.; *Clematis filamentosa* Dunn; Ⅴ, Ⅵ

毛柱铁线莲

Clematis meyeniana Walp.; Ⅳ, Ⅴ

绣球藤（原变种）

Clematis montana Buch.-Ham. ex DC. var. **montana**; Ⅰ, Ⅱ, Ⅳ, Ⅴ, Ⅵ, Ⅶ; √

毛果绣球藤（变种）

Clematis montana Buch.-Ham. ex DC. var. **glabrescens** (H. F. Comber) W. T. Wang et M. C. Chang; Ⅴ

裂叶铁线莲

★**Clematis parviloba** Gardner et Champ.; Ⅰ, Ⅱ, Ⅳ, Ⅴ, Ⅵ, Ⅶ

钝萼铁线莲（原变种）

★**Clematis peterae** Hand.-Mazz. var. **peterae**; Ⅰ, Ⅱ, Ⅲ, Ⅳ, Ⅴ, Ⅵ, Ⅶ; √

毛果铁线莲（变种）

★**Clematis peterae** Hand.-Mazz. var. **trichocarpa** W. T. Wang; Ⅰ, Ⅴ

短毛铁线莲（原变种）

Clematis puberula Hook. f. et Thomson var. **puberula**; Ⅰ, Ⅱ, Ⅴ

扬子铁线莲（变种）

Clematis puberula Hook. f. et Thomson var. **ganpiniana** (H. Lév. et Vaniot) W. T. Wang; Ⅰ, Ⅱ, Ⅴ

五叶铁线莲

★**Clematis quinquefoliolata** Hutch.; Ⅰ, Ⅴ

毛茛铁线莲

★**Clematis ranunculoides** Franch.; Ⅰ, Ⅱ, Ⅶ; √

莓叶铁线莲

★**Clematis rubifolia** C. H. Wright; Ⅴ

盾叶铁线莲（变种）

Clematis smilacifolia Wall. var. **peltata** (W. T. Wang) W. T. Wang; Ⅳ

细木通

Clematis subumbellata Kurz; Ⅴ

尾叶铁线莲（小齿铁线莲）

★**Clematis urophylla** Franch.; *Clematis urophylla* Franch. var. *obtusiuscula* C. K. Schneid.; Ⅴ

厚萼铁线莲

▲**Clematis wissmanniana** Hand.-Mazz.; Ⅴ

元江铁线莲

★**Clematis yuanjiangensis** W. T. Wang; Ⅴ

云南铁线莲

★ **Clematis yunnanensis** Franch.; *Clematis clarkeana* H. Lév. et Vaniot var. *stenophylla* Hand.-Mazz.; Ⅱ, Ⅴ, Ⅶ

角萼翠雀花

★**Delphinium ceratophorum** Franch.; Ⅶ

滇川翠雀花（原变种）

★**Delphinium delavayi** Franch. var. **delavayi**; Ⅰ, Ⅱ, Ⅶ

须花翠雀花（变种）
★ Delphinium delavayi Franch. var. **pogonanthum** (Hand.-Mazz.) W. T. Wang; Ⅰ, Ⅱ

短距翠雀花
★Delphinium forrestii Diels; Ⅰ

翠雀（原变种）
Delphinium grandiflorum L. var. **grandiflorum**; Ⅵ, Ⅶ

裂瓣翠雀（变种）（长柔毛翠雀）
▲Delphinium grandiflorum L. var. **mosoynense** (Franch.) Huth; *Delphinium grandiflorum* L. var. *villosum* W. T. Wang; Ⅰ, Ⅶ

会泽翠雀花
●Delphinium hueizeense W. T. Wang; Ⅱ

淡紫翠雀花
▲ Delphinium lilacinum Hand.-Mazz.; *Delphinium handelianum* W. T. Wang; Ⅵ, Ⅶ

峨眉翠雀花
★Delphinium omeiense W. T. Wang; Ⅱ

大理翠雀花
★Delphinium taliense Franch.; Ⅰ, Ⅱ, Ⅶ; √

康定翠雀花
★Delphinium tatsienense Franch.; Ⅰ, Ⅱ; √

长距翠雀花
★Delphinium tenii H. Lév.; Ⅶ

川西翠雀花
★Delphinium tongolense Franch.; Ⅰ, Ⅱ

展毛阴地翠雀花（变种）
★ Delphinium umbrosum Hand.-Mazz. var. **hispidum** W. T. Wang; Ⅱ, Ⅴ, Ⅶ

云南翠雀花
★Delphinium yunnanense (Franch.) Franch.; Ⅰ, Ⅱ, Ⅳ, Ⅴ, Ⅵ, Ⅶ; √

小花人字果
★Dichocarpum franchetii (Finet et Gagnep.) W. T. Wang et P. K. Hsiao; Ⅴ

打破碗花花（野棉花、水棉花）
Eriocapitella hupehensis (É. Lemoine) Christenh. et Byng; *Anemone hupehensis* (É. Lem.) É. Lem., *Anemone hupehensis* (É. Lem.) É. Lem. f. *alba* W. T. Wang; Ⅰ, Ⅱ, Ⅳ, Ⅴ, Ⅵ, Ⅶ

秋牡丹*
Eriocapitella japonica (Thunb.) Nakai; *Anemone hupehensis* (Lemoine) Lemoine var. *japonica* (Thunb.) Bowles et Stearn

草玉梅（虎掌草、小花草玉梅）
Eriocapitella rivularis (Buch.-Ham. ex DC.) Christenh. et Byng; *Anemone rivularis* Buch.-Ham., *Anemone rivularis* Buch.-Ham. var. *flore-minore* Maxim.; Ⅰ, Ⅱ, Ⅳ, Ⅴ, Ⅵ, Ⅶ; √

大火草
Eriocapitella tomentosa (Maxim.) Christenh. et Byng; *Anemone tomentosa* (Maxim.) Pei; Ⅶ

野棉花（野牡丹）
Eriocapitella vitifolia (Buch.-Ham. ex DC.) Nakai; *Anemone vitifolia* Buch.-Ham.; Ⅰ, Ⅱ, Ⅳ, Ⅴ, Ⅵ, Ⅶ; √

鸦跖花
Oxygraphis kamchatica (DC.) R. R. Stewart; *Oxygraphis glacialis* (Fisch. ex DC.) Bunge; Ⅱ

拟耧斗菜
Paraquilegia microphylla (Royle) J. R. Drumm. et Hutch.; Ⅱ

西南白头翁
★Pulsatilla millefolium (Hemsl. et E. H. Wilson) Ulbr.; Ⅱ

高原毛茛（变种）
Ranunculus brotherusii Freyn var. **tanguticus** (Maxim.) Tamura; *Ranunculus tanguticus* (Maxim.) Ovcz.; Ⅱ

水毛茛
★Ranunculus bungei Steud.; *Batrachium bungei* (Steud.) L. Liou; Ⅶ

禺毛茛
Ranunculus cantoniensis DC.; Ⅰ, Ⅵ, Ⅶ

茴茴蒜
Ranunculus chinensis Bunge; Ⅰ, Ⅱ, Ⅳ, Ⅴ; √

小水毛茛
Ranunculus confervoides (Fr.) Fr.; *Batrachium eradicatum* (Laest.) Fr.; Ⅱ, Ⅳ

康定毛茛
★Ranunculus dielsianus Ulbr.; Ⅱ

铺散毛茛
Ranunculus diffusus DC.; Ⅰ, Ⅱ, Ⅳ

洱源毛茛（展毛昆明毛茛）
Ranunculus eryuanensis Erst; *Ranunculus kunmingensis* W. T. Wang var. *hispidus* W. T. Wang; Ⅰ, Ⅱ, Ⅵ

扇叶毛茛
Ranunculus felixii H. Lév.; Ⅱ

三裂毛茛（变种）
Ranunculus hirtellus Royle var. **orientalis** W. T. Wang; Ⅱ

毛茛
Ranunculus japonicus Thunb.; Ⅰ，Ⅱ，Ⅴ

昆明毛茛
★**Ranunculus kunmingensis** W. T. Wang; Ⅰ，Ⅱ，Ⅲ，Ⅳ，Ⅵ

小叶毛茛（西南毛茛）
Ranunculus microphyllus Hand.-Mazz.; *Ranunculus ficariifolius* H. Lév. et Vaniot; Ⅰ

石龙芮
Ranunculus sceleratus L.; Ⅰ，Ⅱ，Ⅳ，Ⅴ，Ⅵ，Ⅶ；√

扬子毛茛
Ranunculus sieboldii Miq.; Ⅰ，Ⅱ，Ⅴ；√

钩柱毛茛
Ranunculus silerifolius H. Lév.; Ⅰ，Ⅱ，Ⅲ，Ⅳ，Ⅴ

棱喙毛茛
★**Ranunculus trigonus** Hand.-Mazz.; Ⅰ，Ⅱ，Ⅳ，Ⅴ

云南毛茛
★**Ranunculus yunnanensis** Franch.; Ⅱ，Ⅶ；√

高山唐松草（原变种）（柄果高山唐松草）
Thalictrum alpinum L. var. **alpinum**; *Thalictrum alpinum* L. var. *microphyllum* (Royle) Hand.-Mazz.; Ⅶ

直梗高山唐松草（变种）（毛叶高山唐松草）
Thalictrum alpinum L. var. **elatum** Ulbr.; *Thalictrum alpinum* L. var. *elatum* Ulbr. f. *puberulum* W. T. Wang et S. H. Wang; Ⅱ

狭序唐松草
★**Thalictrum atriplex** Finet et Gagnep.; Ⅱ，Ⅳ

星毛唐松草
★**Thalictrum cirrhosum** H. Lév.; Ⅰ，Ⅱ，Ⅴ；√

高原唐松草
Thalictrum cultratum Wall.; Ⅵ，Ⅶ

偏翅唐松草（原变种）
★**Thalictrum delavayi** Franch. var. **delavayi**; Ⅰ，Ⅱ，Ⅲ，Ⅳ，Ⅴ，Ⅵ，Ⅶ；√

角药偏翅唐松草（变种）
★**Thalictrum delavayi** Franch. var. **mucronatum** (Finet et Gagnep.) W. T. Wang et S. H. Wang; Ⅳ

滇川唐松草
★**Thalictrum finetii** B. Boivin; Ⅱ

多叶唐松草
Thalictrum foliolosum DC.; Ⅳ，Ⅴ

金丝马尾连
▲**Thalictrum glandulosissimum** (Finet et Gagnep.) W. T. Wang et S. H. Wang; Ⅱ，Ⅶ

盾叶唐松草
Thalictrum ichangense Lecoy. ex Oliv.; Ⅳ，Ⅵ

爪哇唐松草
Thalictrum javanicum Blume; Ⅰ，Ⅱ，Ⅳ，Ⅴ；√

微毛唐松草（微毛爪哇唐松草）
★ **Thalictrum lecoyeri** Franch.; *Thalictrum javanicum* Blume var. *puberulum* W. T. Wang; Ⅱ

白茎唐松草
Thalictrum leuconotum Franch.; Ⅱ

小果唐松草
Thalictrum microgynum Lecoy. ex Oliv.; Ⅱ

矮唐松草
▲**Thalictrum pumilum** Ulbr.; Ⅱ

芸香叶唐松草
Thalictrum rutifolium Hook. f. et Thomson; Ⅳ

糙叶唐松草
▲**Thalictrum scabrifolium** Franch.; Ⅰ，Ⅳ

鞭柱唐松草
★**Thalictrum smithii** B. Boivin; Ⅱ，Ⅳ

毛发唐松草
★**Thalictrum trichopus** Franch.; Ⅴ，Ⅵ，Ⅶ

帚枝唐松草
Thalictrum virgatum Hook. f. et Thomson; Ⅱ

云南唐松草
▲**Thalictrum yunnanense** W. T. Wang; Ⅰ，Ⅳ，Ⅴ

云南金莲花
Trollius yunnanensis (Franch.) Ulbr.; Ⅱ

112 清风藤科 Sabiaceae
[2 属 13 种]

南亚泡花树
Meliosma arnottiana (Wight) Walp.; Ⅳ，Ⅴ，Ⅵ

泡花树（原变种）
★**Meliosma cuneifolia** Franch. var. **cuneifolia**; Ⅱ，Ⅴ，Ⅵ

光叶泡花树（变种）
▲**Meliosma cuneifolia** Franch. var. **glabriuscula** Cufod.; Ⅱ，Ⅵ，Ⅶ

樟叶泡花树（绿樟）
Meliosma squamulata Hance; Ⅴ

云南泡花树
Meliosma yunnanensis Franch.; Ⅰ，Ⅱ，Ⅳ，Ⅴ，Ⅵ，Ⅶ；√

钟花清风藤（龙陵清风藤）
Sabia campanulata Wall.; *Sabia campanulata*

Wall. subsp. *metcalfiana* (L. Chen) Y. F. Wu；Ⅴ

平伐清风藤（长叶清风藤）
★**Sabia dielsii** H. Lév.；Ⅴ，Ⅵ，Ⅶ

簇花清风藤
Sabia fasciculata Lecomte ex L. Chen；Ⅴ

小花清风藤
Sabia parviflora Wall.；Ⅳ，Ⅴ

四川清风藤（原亚种）
★**Sabia schumanniana** Diels subsp. **schumanniana**；
Ⅰ，Ⅱ，Ⅲ，Ⅴ

多花清风藤（亚种）
★**Sabia schumanniana** Diels subsp. **pluriflora**
(Rehder et E. H. Wilson) Y. F. Wu；Ⅴ

云南清风藤（原亚种）（二色清风藤）
★**Sabia yunnanensis** Franch. subsp. **yunnanensis**；
Sabia yunnanensis Franch. var. *mairei* (H. Lév.) L.
Chen；Ⅰ，Ⅱ，Ⅲ，Ⅳ，Ⅴ，Ⅵ，Ⅶ；√

阔叶清风藤（亚种）
★**Sabia yunnanensis** Franch. subsp. **latifolia**
(Rehder et E. H. Wilson) Y. F. Wu；Ⅴ

113 莲科 Nelumbonaceae
[1 属 1 种，含 1 栽培种]

莲*
Nelumbo nucifera Gaertn.

114 悬铃木科 Platanaceae
[1 属 3 种，含 3 栽培种]

二球悬铃木*（英国梧桐）
Platanus × hispanica Mill. ex Münchh.；*Platanus ×
acerifolia* (Aiton) Willd.

一球悬铃木*（美国梧桐）
Platanus occidentalis L.

三球悬铃木*（法国梧桐）
Platanus orientalis L.

115 山龙眼科 Proteaceae
[3 属 6 种，含 2 栽培种]

银桦*
Grevillea robusta A. Cunn. ex R. Br.

山地山龙眼
▲**Helicia clivicola** W. W. Sm.；Ⅴ

深绿山龙眼（母猪果）
Helicia nilagirica Bedd.；Ⅴ，Ⅵ

网脉山龙眼
★**Helicia reticulata** W. T. Wang；Ⅴ，Ⅵ

林地山龙眼
▲**Helicia silvicola** W. W. Sm.；Ⅴ

澳洲坚果*
Macadamia ternifolia F. Muell.

116 昆栏树科 Trochodendraceae
[1 属 1 种]

水青树
Tetracentron sinense Oliv.；Ⅰ，Ⅴ，Ⅵ

117 黄杨科 Buxaceae
[3 属 16 种，含 3 栽培种]

雀舌黄杨
★**Buxus bodinieri** H. Lév.；Ⅳ，Ⅴ

大花黄杨
★**Buxus henryi** Mayr；Ⅴ

日本黄杨*
Buxus microphylla Siebold et Zucc.

软毛黄杨（毛黄杨）
★**Buxus mollicula** W. W. Sm.；Ⅴ，Ⅶ

杨梅黄杨（狭叶杨梅黄杨）
Buxus myrica H. Lév.；*Buxus myrica* H. Lév. var.
angustifolia Gagnep.；Ⅰ，Ⅳ

高山黄杨（原变种）
Buxus rugulosa Hatus. var. **rugulosa**；Ⅰ；√

平卧皱叶黄杨（变种）
★**Buxus rugulosa** Hatus. var. **prostrata** (W. W.
Sm.) M. Cheng；Ⅳ

锦熟黄杨*
Buxus sempervirens L.

黄杨*
★**Buxus sinica** (Rehder et E. H. Wilson) M. Cheng

板凳果（原变种）（光叶板凳果）
★**Pachysandra axillaris** Franch. var. **axillaris**；
Pachysandra axillaris Franch. var. *glaberrima*
(Hand.-Mazz.) C. Y. Wu；Ⅰ，Ⅱ，Ⅳ，Ⅴ，Ⅵ，Ⅶ；√

多毛板凳果（变种）（毛叶板凳果）
★**Pachysandra axillaris** Franch. var. **stylosa** (Dunn)
M. Cheng；*Pachysandra bodinieri* H. Lév.；Ⅳ

聚花野扇花（聚花清香桂）
▲**Sarcococca confertiflora** Sealy；Ⅴ，Ⅵ

双蕊野扇花（变种）（树八爪龙）
Sarcococca hookeriana Baill. var. **digyna** Franch.；
Ⅱ，Ⅳ，Ⅴ，Ⅵ，Ⅶ

少花清香桂
★**Sarcococca pauciflora** C. Y. Wu；Ⅴ

野扇花（原变种）（清香桂）
★**Sarcococca ruscifolia** Stapf var. **ruscifolia**; Ⅰ，Ⅱ，Ⅲ，Ⅳ，Ⅴ，Ⅵ，Ⅶ；√

狭叶清香桂（变种）
★ **Sarcococca ruscifolia** Stapf var. **chinensis** (Franch.) Rehd. et Wils.; Ⅰ，Ⅳ

122 芍药科 Paeoniaceae
[1 属 5 种，含 3 栽培种]

川赤芍*（亚种）
★**Paeonia anomala** L. subsp. **veitchii** (Lynch) D. Y. Hong et K. Y. Pan

滇牡丹（紫牡丹、黄牡丹、野牡丹）
★ **Paeonia delavayi** Franch.; *Paeonia delavayi* Franch. var. *lutea* (Delavay ex Franch.) Finet et Gagnep., *Paeonia delavayi* Franch. var. *angustiloba* Rehd. Et Wils.; Ⅰ，Ⅱ，Ⅳ，Ⅶ；√

芍药*（毛果芍药）
Paeonia lactiflora Pall.; *Paeonia lactiflora* Pall. var. *trichocarpa* (Bunge) Stern

美丽芍药
★**Paeonia mairei** H. Lév.; Ⅱ

牡丹*
★**Paeonia × suffruticosa** Andrews

123 蕈树科 Altingiaceae
[1 属 2 种，含 1 栽培种]

细青皮（青皮树）
Liquidambar excelsa (Noronha) Oken; *Altingia excelsa* Noronha.; Ⅴ

枫香树*
Liquidambar formosana Hance

124 金缕梅科 Hamamelidaceae
[5 属 8 种，含 1 栽培种]

西域蜡瓣花
Corylopsis himalayana Griff.; Ⅱ，Ⅶ

滇蜡瓣花
▲**Corylopsis yunnanensis** Diels; Ⅴ，Ⅶ

樟叶假蚊母树
★**Distyliopsis laurifolia** (Hemsl.) Endress; Ⅳ

窄叶蚊母树（狭叶蚊母树）
★**Distylium dunnianum** H. Lév.; Ⅲ

屏边蚊母树
★**Distylium pingpienense** (Hu) E. Walk.; Ⅳ

马蹄荷
Exbucklandia populnea (R. Br. ex Griff.) R. W. Br.; Ⅰ，Ⅴ

檵木（原变种）
Loropetalum chinense (R. Br.) Oliv. var. **chinense**; Ⅰ，Ⅳ，Ⅴ

红花檵木*（变种）
★ **Loropetalum chinense** (R. Br.) Oliv. var. **rubrum** Yieh

126 虎皮楠科 Daphniphyllaceae
[1 属 3 种]

交让木
Daphniphyllum macropodum Miq.; Ⅴ，Ⅵ

大叶虎皮楠
Daphniphyllum majus Müll. Arg.; *Daphniphyllum yunnanense* C. C. Huang; Ⅳ

脉叶虎皮楠（显脉虎皮楠）
★**Daphniphyllum paxianum** K. Rosenthal; Ⅴ

127 鼠刺科 Iteaceae
[1 属 2 种]

鼠刺
Itea chinensis Hook. et Arn.; Ⅴ，Ⅵ

滇鼠刺
★**Itea yunnanensis** Franch.; Ⅰ，Ⅱ，Ⅲ，Ⅳ，Ⅴ，Ⅵ；√

128 茶藨子科 Grossulariaceae
[1 属 4 种]

簇花茶藨子
Ribes fasciculatum Siebold et Zucc.; Ⅰ，Ⅱ，Ⅴ

冰川茶藨子
Ribes glaciale Wall.; Ⅰ，Ⅴ，Ⅵ

糖茶藨子
Ribes himalense Royle ex Decne.; Ⅱ

宝兴茶藨子
★**Ribes moupinense** Franch.; Ⅰ，Ⅱ

129 虎耳草科 Saxifragaceae
[6 属 42 种]

溪畔落新妇
Astilbe rivularis Buch.-Ham ex D. Don; Ⅰ，Ⅱ，Ⅲ，Ⅳ，Ⅴ，Ⅵ，Ⅶ；√

腺萼落新妇
Astilbe rubra Hook. f. et Thomson; Ⅰ

岩白菜
Bergenia purpurascens (Hook. f. et Thomson) Engl.; Ⅱ, Ⅲ, Ⅶ

锈毛金腰
★ **Chrysosplenium davidianum** Decne. ex Maxim.; Ⅱ

肾萼金腰
Chrysosplenium delavayi Franch.; Ⅰ

肾叶金腰
Chrysosplenium griffithii Hook. f. et Thomson; Ⅱ; √

山溪金腰
Chrysosplenium nepalense D. Don; Ⅱ, Ⅴ

七叶鬼灯檠
Rodgersia aesculifolia Batalin; Ⅰ, Ⅱ, Ⅴ

羽叶鬼灯檠
Rodgersia pinnata Franch.; Ⅰ, Ⅱ, Ⅲ; √

西南鬼灯檠（原变种）
★**Rodgersia sambucifolia** Hemsl. var. **sambucifolia**; Ⅰ, Ⅱ, Ⅲ, Ⅳ, Ⅵ, Ⅶ

光腹鬼灯檠（变种）
★**Rodgersia sambucifolia** Hemsl. var. **estrigosa** J. T. Pan; Ⅱ, Ⅲ

小芒虎耳草（原变种）（大柱头虎耳草）
Saxifraga aristulata Hook. f. et Thomson var. **aristulata**; Ⅱ

长毛虎耳草（变种）
★**Saxifraga aristulata** Hook. f. et Thomson var. **longipila** (Engl. et Irmsch.) J. T. Pan; Ⅱ

短叶虎耳草
▲**Saxifraga brachyphylla** Franch.; Ⅱ

灯架虎耳草
★**Saxifraga candelabrum** Franch.; Ⅱ, Ⅶ; √

棒蕊虎耳草
★**Saxifraga clavistaminea** Engl. et Irmsch.; Ⅱ

大海虎耳草
●**Saxifraga dahaiensis** H. Chuang; Ⅱ

十字虎耳草
★**Saxifraga decussata** J. Anthony; Ⅱ

异叶虎耳草
Saxifraga diversifolia Wall. ex Ser.; Ⅱ

东川虎耳草
●**Saxifraga dongchuanensis** H. Chuang; Ⅱ

线茎虎耳草
Saxifraga filicaulis Wall. ex Ser.; Ⅱ; √

芽生虎耳草
Saxifraga gemmipara Franch.; Ⅰ, Ⅱ, Ⅴ, Ⅵ, Ⅶ; √

灰叶虎耳草
★**Saxifraga glaucophylla** Franch.; Ⅰ, Ⅱ, Ⅶ

珠芽虎耳草
Saxifraga granulifera Harry Sm.; Ⅱ

有戟虎耳草
▲**Saxifraga hastigera** H. Lév.; Ⅱ

齿叶虎耳草
Saxifraga hispidula D. Don; Ⅱ

大字虎耳草
▲**Saxifraga imparilis** Balf. f.; Ⅰ, Ⅴ

蒙自虎耳草
★**Saxifraga mengtzeana** Engl. et Irmsch.; Ⅵ, Ⅶ

刚毛虎耳草
▲**Saxifraga oreophila** Franch.; Ⅴ

多叶虎耳草（平顶虎耳草）
Saxifraga pallida Wall. ex Ser.; *Saxifraga pallida* Wall. ex Ser. var. *corymbiflora* (Engl. et Irmsch.) H. Chuang; Ⅱ

洱源虎耳草
Saxifraga peplidifolia Franch.; Ⅱ

红毛虎耳草（原变种）
Saxifraga rufescens Balf. f. var. **rufescens**; Ⅱ, Ⅴ, Ⅵ, Ⅶ

扇叶虎耳草（变种）
★**Saxifraga rufescens** Balf. f. var. **flabellifolia** C. Y. Wu et J. T. Pan; Ⅱ

崖生虎耳草（石生虎耳草）
▲**Saxifraga rupicola** Franch.; Ⅴ

景天虎耳草
★**Saxifraga sediformis** Engl. et Irmsch.; Ⅱ

金星虎耳草
Saxifraga stella-aurea Hook. f. et Thomson; Ⅱ

虎耳草
Saxifraga stolonifera Curtis; Ⅴ, Ⅵ, Ⅶ

伏毛虎耳草（原变种）
Saxifraga strigosa Wall. ex Ser. var. **strigosa**; Ⅱ, Ⅴ, Ⅵ, Ⅶ

分枝伏毛虎耳草（变种）
★**Saxifraga strigosa** Wall. ex Ser. var. **ramosa** (Engl. et Irmsch.) H. Chuang; Ⅱ

苍山虎耳草
Saxifraga tsangchanensis Franch.; Ⅱ

流苏虎耳草
Saxifraga wallichiana Sternb.; II

黄水枝
Tiarella polyphylla D. Don; I, II, III, IV, V, VI, VII; √

130 景天科 Crassulaceae
[6 属 42 种，含 1 栽培种]

八宝*
Hylotelephium erythrostictum (Miq.) H. Ohba

大叶落地生根#

Kalanchoe daigremontiana Raym.-Hamet et H. Perrier

棒叶落地生根#
Kalanchoe delagoensis Eckl. et Zeyh.

匙叶伽蓝菜
Kalanchoe integra (Medik.) Kuntze; V

落地生根#
Kalanchoe pinnata (Lam.) Pers.; *Bryophyllum pinnatum* (L. f.) Oken; √

费菜
Phedimus aizoon (L.) 't Hart; II

柴胡红景天
Rhodiola bupleuroides (Wall. ex Hook. f. et Thomson) S. H. Fu; II

菊叶红景天
Rhodiola chrysanthemifolia (H. Lév.) S. H. Fu; I, II, VII; √

异色红景天
Rhodiola discolor (Franch.) S. H. Fu; II

长鞭红景天
Rhodiola fastigiata (Hook. f. et Thomson) S. H. Fu; II

长圆红景天（肿果红景天）
★**Rhodiola forrestii** (Raym.-Hamet) S. H. Fu; *Rhodiola papillocarpa* (Fröd.) S. H. Fu; II

昆明红景天
●**Rhodiola liciae** (Raym.-Hamet) S. H. Fu; I, II

优秀红景天
Rhodiola nobilis (Franch.) S. H. Fu; II

线萼红景天（变种）
★**Rhodiola ovatisepala** (H. Lév.) S. H. Fu var. chingii S. H. Fu; II

报春红景天
★**Rhodiola primuloides** (Franch.) S. H. Fu; II

云南红景天（圆叶红景天、菱叶红景天）
Rhodiola yunnanensis (Franch.) S. H. Fu; *Rhodiola rotundifolia* (Fröd.) S. H. Fu, *Rhodiola henryi* (Diels) S. H. Fu; I, II, III, IV, V, VI, VII; √

东南景天
Sedum alfredii Hance; IV

短尖景天
★**Sedum beauverdii** Raym.-Hamet; II; √

长丝景天
●**Sedum bergeri** Raym.-Hamet; I, II, VII; √

镰座景天
★**Sedum celiae** Raym.-Hamet; I, II

轮叶景天
Sedum chauveaudii Raym.-Hamet; I, II, IV

合果景天
★**Sedum concarpum** Fröd.; II

凹叶景天
★**Sedum emarginatum** Migo; I, II

粗壮景天（滇边景天）
★**Sedum engleri** Hamet; II, VII

钝萼景天
★**Sedum leblancae** Raym.-Hamet; I, II, IV

白果景天
★**Sedum leucocarpum** Franch.; I, II, VII

佛甲草
Sedum lineare Thunb.; II

禄劝景天
▲**Sedum luchuanicum** K. T. Fu; II

多茎景天
Sedum multicaule Wall. ex Lindl.; I, II, III, IV, V, VI, VII; √

钝瓣景天
Sedum obtusipetalum Franch.; VI, VII

大苞景天（凹叶大苞景天）
Sedum oligospermum Maire; *Sedum amplibracteatum* K. T. Fu var. *emarginatum* (S. H. Fu) S. H. Fu, *Sedum amplibracteatum* K. T. Fu; VI, VII

山景天
Sedum oreades (Decne.) Raym.-Hamet; II

宽萼景天
★**Sedum platysepalum** Franch.; I

垂盆草
Sedum sarmentosum Bunge; IV

东川景天
▲**Sedum somenii** Raym.-Hamet ex H. Lév.; II; √

火焰草（繁缕景天）
★**Sedum stellariifolium** Franch.；Ⅰ

三芒景天
Sedum triactina A. Berger；Ⅱ

密叶石莲
★**Sinocrassula densirosulata** (Praeger) A. Berger；Ⅳ

石莲
Sinocrassula indica (Decne.) A. Berger；Ⅰ，Ⅱ，Ⅳ

轿子山石莲
●**Sinocrassula jiaozishanensis** Chao Chen, J. G. Wang et Z. R. He；Ⅱ

褐斑石莲
★**Sinocrassula luteorubra** (Praeger) H. Chuang var. **maculosa** H. Chuang；Ⅰ，Ⅳ；√

云南石莲
★**Sinocrassula yunnanensis** (Franch.) A. Berger；Ⅱ

134 小二仙草科 Haloragaceae
[2 属 4 种]

小二仙草
Gonocarpus micranthus Thunb.; *Haloragis micrantha* (Thunb.) R. Br. ex Sieb. et Zucc.；Ⅱ，Ⅳ，Ⅴ

粉绿狐尾藻#
Myriophyllum aquaticum (Vell.) Verdc.；√

穗状狐尾藻#
Myriophyllum spicatum L.；√

狐尾藻（轮叶狐尾藻）
Myriophyllum verticillatum L.；Ⅰ，Ⅳ

136 葡萄科 Vitaceae
[10 属 46 种，含 2 栽培种]

酸蔹藤
★**Ampelocissus artemisiifolia** Planch.；Ⅱ，Ⅶ

掌裂草葡萄（变种）
Ampelopsis aconitifolia Bunge var. **palmiloba** (Carrière) Rehder；Ⅴ

三裂蛇葡萄（原变种）
★**Ampelopsis delavayana** Planch. ex Franch. var. **delavayana**；Ⅰ，Ⅱ，Ⅲ，Ⅳ，Ⅴ，Ⅵ，Ⅶ；√

毛三裂蛇葡萄（变种）
★**Ampelopsis delavayana** Planch. ex Franch. var. **setulosa** (Diels et Gilg) C. L. Li；Ⅰ，Ⅱ，Ⅴ，Ⅶ

蛇葡萄
Ampelopsis glandulosa (Wall.) Momiy.；Ⅴ

白毛乌蔹莓
★**Cayratia albifolia** C. L. Li；Ⅰ，Ⅳ

短柄乌蔹莓
★**Cayratia cardiospermoides** (Planch. ex Franch.) Gagnep.；Ⅰ，Ⅶ

角花乌蔹莓
Cayratia corniculata (Benth.) Gagnep.；Ⅳ

乌蔹莓（毛乌蔹莓）
Cayratia japonica (Thunb.) Gagnep.; *Causonis japonica* (Thunb.) Raf., *Causonis japonica* (Thunb.) Raf. var. *mollis* (Wall.) Momiy.；Ⅱ，Ⅳ，Ⅴ；√

鸟足乌蔹莓
Cayratia pedata (Lam.) Gagnep.；Ⅴ

苦郎藤
Cissus assamica (M. A. Lawson) Craib；Ⅴ，Ⅵ

滇南青紫葛
▲**Cissus austroyunnanensis** Y. H. Li et Y. Zhang；Ⅰ，Ⅱ，Ⅴ

青紫葛
Cissus discolor Blume; *Cissus javana* DC.；Ⅱ，Ⅴ

光叶白粉藤（粉藤果）
Cissus nodosa Blume; *Cissus glaberrima* Planch.；Ⅵ，Ⅶ

大叶白粉藤
Cissus repanda (Wight et Arn.) Vahl；Ⅴ

白粉藤
Cissus repens Lam.；Ⅳ，Ⅴ

单羽火筒树
Leea asiatica (L.) Ridsdale；Ⅵ

火筒树
Leea indica (Burm. f.) Merr.；Ⅴ

三叶地锦（毛脉地锦）
Parthenocissus semicordata (Wall.) Planch.; *Parthenocissus cuspidifera* (Miq.) Planch. var. *pubifolia* C. L. Li；Ⅰ，Ⅱ，Ⅳ，Ⅴ，Ⅶ；√

地锦
Parthenocissus tricuspidata (Siebold et Zucc.) Planch.；Ⅴ

华中拟乌蔹莓（华中乌蔹莓）
Pseudocayratia oligocarpa (H. Lév. et Vaniot) J. Wen et L. M. Lu; *Cayratia oligocarpa* (H. Lév. et Vant.) Gagnep.；Ⅳ，Ⅵ

多花崖爬藤
Tetrastigma campylocarpum (Kurz) Planch.；Ⅳ

角花崖爬藤
★**Tetrastigma ceratopetalum** C. Y. Wu；Ⅴ

七小叶崖爬藤
Tetrastigma delavayi Gagnep.；Ⅴ

长果三叶崖爬藤（蒙自崖爬藤、柔毛崖爬藤）
Tetrastigma dubium (M. A. Lawson) Planch.;
Tetrastigma henryi Gagnep., *Tetrastigma henryi*
Gagnep. var. *mollifolium* W. T. Wang；Ⅳ

三叶崖爬藤
★**Tetrastigma hemsleyanum** Diels et Gilg；Ⅶ

叉须崖爬藤
★**Tetrastigma hypoglaucum** Planch.；Ⅰ，Ⅱ，Ⅴ，
Ⅵ，Ⅶ；√

毛枝崖爬藤
Tetrastigma obovatum Gagnep.；Ⅴ

崖爬藤（毛叶崖爬藤）
Tetrastigma obtectum (Wall. ex M. A. Lawson)
Planch. ex Franch.; *Tetrastigma obtectum* (Wall. ex
M. A. Lawson) Planch. ex Franch. var. *pilosum*
Gagnep.；Ⅰ，Ⅱ，Ⅴ，Ⅵ，Ⅶ

柔毛网脉崖爬藤（变种）
★**Tetrastigma retinervium** Planch. var. **pubescens** C.
L. Li；Ⅳ

喜马拉雅崖爬藤
Tetrastigma rumicispermum (M. A. Lawson)
Planch.；Ⅳ，Ⅴ

狭叶崖爬藤（原变种）
Tetrastigma serrulatum (Roxb.) Planch. var.
serrulatum；Ⅰ，Ⅱ，Ⅳ，Ⅴ，Ⅶ

毛细齿崖爬藤（变种）
★**Tetrastigma serrulatum** (Roxb.) Planch. var.
puberulum W. T. Wang；Ⅴ

菱叶崖爬藤（原变种）
Tetrastigma triphyllum (Gagnep.) W. T. Wang var.
triphyllum；Ⅰ，Ⅳ，Ⅴ

毛菱叶崖爬藤（变种）
▲**Tetrastigma triphyllum** (Gagnep.) W. T. Wang
var. **hirtum** (Gagnep.) W. T. Wang；Ⅰ，Ⅱ，Ⅳ，Ⅴ，
Ⅵ，Ⅶ

云南崖爬藤
Tetrastigma yunnanense Gagnep.；Ⅰ，Ⅶ；√

桦叶葡萄
Vitis betulifolia Diels et Gilg；Ⅰ，Ⅱ，Ⅳ，Ⅶ

蘡薁
★**Vitis bryoniifolia** Bunge；Ⅰ，Ⅱ，Ⅲ，Ⅳ，Ⅴ，
Ⅶ；√

刺葡萄
★**Vitis davidii** (Roman. Du Caill.) Foex.；Ⅰ，Ⅳ，Ⅴ

葛藟葡萄
Vitis flexuosa Thunb.；Ⅲ，Ⅳ，Ⅴ，Ⅵ，Ⅶ；√

毛葡萄
Vitis heyneana Schult.；Ⅰ，Ⅱ，Ⅳ，Ⅴ，Ⅶ

酒葡萄*
Vitis labrusca L.

绵毛葡萄
Vitis retordii Rom. Caill. ex Planch.；Ⅴ

小叶葡萄
★**Vitis sinocinerea** W. T. Wang；Ⅰ，Ⅱ，Ⅳ，Ⅵ

葡萄*
Vitis vinifera L.

俞藤（华西俞藤）
Yua thomsonii (M. A. Lawson) C. L. Li; *Yua
thomsonii* (M. A. Lawson) C. L. Li var. *glaucescens*
(Diels et Gilg) C. L. Li；Ⅳ，Ⅴ，Ⅵ

138 蒺藜科 Zygophyllaceae
[1 属 2 种]

大花蒺藜
Tribulus cistoides L.；Ⅴ

蒺藜
Tribulus terrestris L.；Ⅱ，Ⅴ，Ⅶ

140 豆科 Fabaceae
[120 属 381 种，含 36 栽培种]

相思子（相思豆）
Abrus precatorius L.；Ⅴ，Ⅶ

美丽相思子
Abrus pulchellus Wall. ex Thwaites；Ⅴ

台湾相思*
Acacia confusa Merr.

银荆#
Acacia dealbata Link；√

线叶金合欢*
Acacia decurrens (J. C. Wendl.) Willd.

黑荆#
Acacia mearnsii De Wild.

顶果树
Acrocarpus fraxinifolius Wight et Arn.；Ⅴ

光海红豆
Adenanthera pavonina L.；Ⅳ

合萌
Aeschynomene indica L.；Ⅱ，Ⅴ，Ⅶ

楹树
Albizia chinensis (Osbeck) Merr.；Ⅴ，Ⅵ

巧家合欢
★Albizia duclouxii Gagnep.; Ⅵ, Ⅶ

黄毛合欢
Albizia garrettii I. C. Nielsen; Ⅴ

合欢
Albizia julibrissin Durazz.; Ⅴ, Ⅶ

山槐（山合欢、滇合欢）
Albizia kalkora (Roxb.) Prain; *Albizia simeonis* Harms; Ⅰ, Ⅱ, Ⅴ, Ⅵ, Ⅶ; √

阔荚合欢
Albizia lebbeck (L.) Benth.; Ⅳ, Ⅴ

光叶合欢（蒙自合欢）
Albizia lucidior (Steud.) I. C. Nielsen ex H. Hara; *Albizia bracteata* Dunn.; Ⅱ, Ⅳ, Ⅴ, Ⅵ; √

毛叶合欢
Albizia mollis (Wall.) Boiv.; Ⅰ, Ⅱ, Ⅳ, Ⅴ, Ⅵ, Ⅶ; √

香合欢
Albizia odoratissima (L. f.) Benth.; Ⅰ, Ⅱ, Ⅳ, Ⅴ

黄豆树
Albizia procera (Roxb.) Benth.; Ⅱ

皱缩链荚豆
Alysicarpus rugosus (Willd.) DC.; Ⅴ

链荚豆
Alysicarpus vaginalis (L.) DC.; Ⅱ, Ⅴ

云南链荚豆
▲Alysicarpus yunnanensis Y. C. Yang et P. H. Huang; Ⅴ

紫穗槐*
Amorpha fruticosa L.

两型豆
Amphicarpaea edgeworthii Benth.; Ⅰ, Ⅳ, Ⅴ, Ⅵ; √

锈毛两型豆
Amphicarpaea ferruginea Benth.; Ⅰ, Ⅱ, Ⅳ, Ⅴ, Ⅶ; √

肉色土圞儿
Apios carnea (Wall.) Benth. ex Baker; Ⅰ, Ⅱ, Ⅳ, Ⅴ, Ⅵ, Ⅶ; √

云南土圞儿
★Apios delavayi Franch.; Ⅰ, Ⅱ, Ⅳ

纤细土圞儿
▲Apios gracillima Dunn; Ⅵ

落花生*
Arachis hypogaea L.

猴耳环（围涎树）
Archidendron clypearia (Jack) I. C. Nielsen; *Pithecellobium clypearia* (Jack) Benth.; Ⅴ, Ⅵ

地八角
Astragalus bhotanensis Baker; Ⅰ, Ⅱ, Ⅳ, Ⅴ, Ⅵ, Ⅶ; √

梭果黄耆（小金黄耆）
★Astragalus ernestii H. F. Comber; *Astragalus xiaojinensis* Y. C. Ho; Ⅱ

烈香黄耆
Astragalus graveolens Benth.; Ⅵ, Ⅶ

长果颈黄耆
Astragalus khasianus Benth. ex Bunge; *Astragalus englerianus* Ulbr.; Ⅰ, Ⅱ, Ⅴ; √

异长齿黄耆
★Astragalus monbeigii N. D. Simpson; Ⅱ

蒙古黄耆*
Astragalus mongholicus Bunge

多枝黄耆（原变种）
★Astragalus polycladus Bureau et Franch. var. **polycladus**; Ⅵ, Ⅶ

黑毛多枝黄耆（变种）
Astragalus polycladus Bureau et Franch. var. **nigrescens** (Franch.) Pet.-Stib.; Ⅱ

紫云英
Astragalus sinicus L.; Ⅰ, Ⅱ, Ⅲ, Ⅳ, Ⅴ, Ⅵ, Ⅶ; √

白花羊蹄甲（渐尖羊蹄甲）
Bauhinia acuminata L.; Ⅴ

鞍叶羊蹄甲
Bauhinia brachycarpa Wall. ex Benth.; Ⅰ, Ⅱ, Ⅲ, Ⅳ, Ⅴ, Ⅵ, Ⅶ; √

褐毛羊蹄甲
Bauhinia ornata Kurz var. **kerrii** (Gagnep.) K. et S. S. Larsen; Ⅴ

总状花羊蹄甲
Bauhinia racemosa Lam.; Ⅴ

洋紫荆*
Bauhinia variegata L.

云实
Biancaea decapetala (Roth) O. Deg.; *Caesalpinia decapetala* (Roth) Alston; Ⅰ, Ⅱ, Ⅲ, Ⅳ, Ⅴ, Ⅵ, Ⅶ; √

苏木
Biancaea sappan (L.) Tod.; *Caesalpinia sappan* L.; Ⅴ, Ⅵ, Ⅶ

二歧山蚂蝗

Bouffordia dichotoma (Willd.) H. Ohashi et K. Ohashi; *Desmodium dichotomum* (Willd.) DC.; IV, V

紫矿*

Butea monosperma (Lam.) Kuntze

洋金凤*（金凤花）

Caesalpinia pulcherrima (L.) Sw.

木豆

Cajanus cajan (L.) Huth; I, II, III, IV, V, VI, VII

大花虫豆

Cajanus grandiflorus (Benth. ex Baker) Maesen; IV

长叶虫豆

Cajanus mollis (Benth.) Maesen; V

白虫豆

Cajanus niveus (Benth.) Maesen; V

蔓草虫豆

Cajanus scarabaeoides (L.) Thouars; II, IV; √

滇桂鸡血藤（滇桂崖豆藤）

Callerya bonatiana (Pamp.) L. K. Phan; I, II, IV

灰毛鸡血藤（灰毛崖豆藤）

Callerya cinerea (Benth.) Schot.; I, II, III, IV, V, VI, VII; √

香花鸡血藤（香花崖豆藤）

★**Callerya dielsiana** (Harms ex Diels) L. K. Phan ex Z. Wei et Pedley; I, II, III

亮叶鸡血藤（亮叶崖豆藤）

★**Callerya nitida** (Benth.) R. Geesink; *Millettia nitida* Benth.; IV

喙果鸡血藤（喙果崖豆藤）

★**Callerya tsui** (F. P. Metcalf) Z. Wei et Pedley; V

白毛菊子梢

▲**Campylotropis albopubescens** (Iokawa et H. Ohashi) M. Liao et Bo Xu; *Campylotropis pinetorum* (Kurz) Schindl. var. *albopubescens* Iokawa et H. Ohashi; V, VI

银叶菊子梢

★**Campylotropis argentea** Schindl.; V

细花梗菊子梢

Campylotropis capillipes (Franch.) Schindl.; II, IV, V, VI, VII

西南菊子梢

★**Campylotropis delavayi** (Franch.) Schindl.; II, V, VII

异叶菊子梢

▲**Campylotropis diversifolia** (Hemsl.) Schindl.; IV, V

大叶菊子梢

★**Campylotropis grandifolia** Schindl.; IV

元江菊子梢

Campylotropis henryi (Schindl.) Schindl.; II, III, IV, V

毛菊子梢（大红袍）

Campylotropis hirtella (Franch.) Schindl.; I, II, IV, V, VI, VII; √

阔叶菊子梢

▲**Campylotropis latifolia** (Dunn) Schindl.; IV, V, VI

菊子梢

Campylotropis macrocarpa (Bge.) Rehd.; II, VI, VII

小花菊子梢

Campylotropis parviflora (Kurz) Schindl.; *Campylotropis cytisoides* Miq.; V

缅南菊子梢（原亚种）

Campylotropis pinetorum (Kurz) Schindl. subsp. **pinetorum**; V

绒毛叶菊子梢（亚种）（绒毛菊子梢）

★**Campylotropis pinetorum** (Kurz) Schindl. subsp. **velutina** (Dunn) H. Ohashi; IV, V, VI, VII

小雀花（多花菊子梢、光果小雀花、绒柄菊子梢）

★**Campylotropis polyantha** (Franch.) Schindl.; *Campylotropis polyantha* (Franch.) Schindl. var. *leiocarpa* (Pampan.) Peter-Stibal, *Campylotropis tomentosipetiolata* P. Y. Fu; I, II, IV, V, VI, VII; √

细枝菊子梢

●**Campylotropis tenuiramea** P. Y. Fu; II

三棱枝菊子梢（原变种）（三棱菊子梢）

★**Campylotropis trigonoclada** (Franch.) Schindl. var. **trigonoclada**; I, II, IV, V, VI, VII; √

马尿藤（变种）

▲**Campylotropis trigonoclada** (Franch.) Schindl. var. **bonatiana** (Pamp.) Iokawa et H. Ohashi; *Campylotropis bonatiana* (Pampan.) Schindl.; I, II, V, VI, VII; √

滇菊子梢

★**Campylotropis yunnanensis** (Franch.) Schindl.; II, V, VII; √

直生刀豆*（洋刀豆）

Canavalia ensiformis (L.) DC.

云南锦鸡儿

Caragana franchetiana Kom.; II

锦鸡儿
Caragana sinica (Buc'hoz) Rehd.; Ⅰ, Ⅶ

腊肠树*
Cassia fistula L.

神黄豆*（亚种）
Cassia javanica L. subsp. **agnes** (de Wit) K. Larsen; *Cassia agnes* (de Wit) Brenan

紫荆（短毛紫荆）
★**Cercis chinensis** Bunge; *Cercis chinensis* Bunge f. *pubescens* Wei; Ⅰ

湖北紫荆
★**Cercis glabra** Pampan.; Ⅰ, Ⅱ

大叶山扁豆
Chamaecrista leschenaultiana (DC.) O. Deg.; Ⅰ, Ⅵ, Ⅶ; √

山扁豆（含羞草决明）
Chamaecrista mimosoides (L.) Greene; *Cassia mimosoides* L.; Ⅰ, Ⅱ, Ⅲ, Ⅳ, Ⅴ, Ⅵ, Ⅶ

粉叶首冠藤（粉叶羊蹄甲）
Cheniella glauca (Benth.) R. Clark et Mackinder; *Bauhinia glauca* (Wall. ex Benth.) Benth.; Ⅴ

薄叶首冠藤（薄叶羊蹄甲）
Cheniella tenuiflora (Watt ex C. B. Clarke) R. Clark et Mackinder; *Bauhinia glauca* (Wall. ex Benth.) Benth. subsp. *tenuiflora* (Watt ex C. B. Clarke) K. et S. S. Larsen; Ⅰ

铺地蝙蝠草
Christia obcordata (Poir.) Bahn. f.; Ⅴ

小花香槐
Cladrastis delavayi (Franch.) Prain; *Cladrastis sinensis* Hemsl.; Ⅰ, Ⅱ, Ⅳ

细茎旋花豆
Cochlianthus gracilis Benth.; Ⅰ, Ⅴ

圆叶舞草
Codariocalyx gyroides (Roxb. ex Link) Hassk.; Ⅲ

舞草
Codariocalyx motorius (Houtt.) H. Ohashi; Ⅰ, Ⅳ, Ⅴ

膀胱豆
★**Colutea delavayi** Franch.; Ⅱ, Ⅶ

巴豆藤
Craspedolobium unijugum (Gagnep.) Z. Wei et Pedley; *Craspedolobium schochii* Harms; Ⅰ, Ⅱ, Ⅲ, Ⅳ, Ⅴ, Ⅵ, Ⅶ; √

针状猪屎豆
Crotalaria acicularis Buch.-Ham. ex Benth.; Ⅰ, Ⅳ, Ⅴ

翅托叶猪屎豆
Crotalaria alata Buch.-Ham. ex D. Don; Ⅴ

响铃豆
Crotalaria albida Heyne ex Roth; Ⅰ, Ⅳ, Ⅴ, Ⅵ, Ⅶ

安宁猪屎豆
●**Crotalaria anningensis** X. Y. Zhu et Y. F. Du; Ⅰ

大猪屎豆
Crotalaria assamica Benth.; Ⅱ, Ⅴ, Ⅵ

长萼猪屎豆
Crotalaria calycina Schrank; Ⅱ, Ⅴ, Ⅶ

黄雀儿
Crotalaria cytisoides Roxb. ex DC.; *Priotropis cytisoides* (Roxb. ex DC.) Wight et Arn., *Crotalaria psoralioides* D. Don; Ⅴ, Ⅵ

假地蓝（大响铃豆）
Crotalaria ferruginea Grah. ex Benth.; Ⅰ, Ⅴ, Ⅵ, Ⅶ

菽麻
Crotalaria juncea L.; Ⅰ, Ⅴ

线叶猪屎豆
Crotalaria linifolia L. f.; Ⅲ, Ⅴ

头花猪屎豆
★**Crotalaria mairei** H. Lév.; *Crotalaria mairei* H. Lév. var. *pubescens* C. Chen et J. Q. Li; Ⅱ, Ⅳ, Ⅴ; √

假苜蓿
Crotalaria medicaginea Lamk.; Ⅰ, Ⅱ, Ⅳ, Ⅴ

猪屎豆#
Crotalaria pallida Aiton

俯伏猪屎豆（金平猪屎豆）
Crotalaria prostrata Rottler ex Willd.; *Crotalaria prostrata* Rottler ex Willd. var. *jinpingensis* (C. Y. Yang) C. Y. Yang; Ⅴ

农吉利（野百合、紫花野百合）
Crotalaria sessiliflora L.; Ⅳ, Ⅴ, Ⅶ

四棱猪屎豆
Crotalaria tetragona Roxb. ex Andrews; Ⅳ, Ⅴ

光萼猪屎豆#
Crotalaria trichotoma Bojer; *Crotalaria zanzibarica* Benth.

云南猪屎豆
★**Crotalaria yunnanensis** Franch.; Ⅰ, Ⅱ, Ⅳ, Ⅶ; √

补骨脂
Cullen corylifolium (L.) Medik.; *Psoralea*

corylifolia L.; II, IV, V, VII; √

秧青（南岭黄檀）
Dalbergia assamica Benth.; *Dalbergia balansae* Prain; IV, V, VI

黑黄檀
Dalbergia cultrata T. S. Ralph; *Dalbergia fusca* Pierre; V

大金刚藤
★**Dalbergia dyeriana** Prain ex Harms; I, V, VI

黄檀
Dalbergia hupeana Hance; V

象鼻藤
Dalbergia mimosoides Franch.; I, II, III, IV, V, VI, VII

钝叶黄檀
★**Dalbergia obtusifolia** (Baker) Prain; IV, V, VI

斜叶黄檀
Dalbergia pinnata (Lour.) Prain; V

多体蕊黄檀
★**Dalbergia polyadelpha** Prain; V

多裂黄檀
Dalbergia rimosa Roxb.; V

托叶黄檀
Dalbergia stipulacea Roxb.; V

滇黔黄檀（高原黄檀、云南黄檀）
Dalbergia yunnanensis Franch.; *Dalbergia yunnanensis* Franch. var. *collettii* (Prain) Thoth.; II, IV, V, VI, VII; √

凤凰木*（凤凰花）
Delonix regia (Boj.) Raf.

假木豆
Dendrolobium triangulare (Retz.) Schindl.; III, IV, V, VI

尾叶鱼藤
★**Derris caudatilimba** How; V

中南鱼藤（原变种）
★**Derris fordii** Oliv. var. **fordii**; V

亮叶中南鱼藤（变种）
★**Derris fordii** Oliv. var. **lucida** How; IV, V

边荚鱼藤
Derris marginata (Roxb.) Benth.; V

粗茎鱼藤
★**Derris scabricaulis** (Franch.) Gagnep. ex F. C. How; IV, V, VI

滇南镰扁豆
Dolichos junghuhnianus Benth.; V

丽江镰扁豆
Dolichos tenuicaulis (Baker) Craib; *Dolichos appendiculatus* Hand.-Mazz.; II, V

心叶山黑豆
Dumasia cordifolia Benth. ex Baker; I, II, III, IV, V, VI, VII; √

小鸡藤
★**Dumasia forrestii** Diels; I, III, IV, V, VII

硬毛山黑豆
★**Dumasia hirsuta** Craib; IV

山黑豆
Dumasia truncata Siebold et Zucc.; I, V

柔毛山黑豆
Dumasia villosa DC.; I, II, IV, V; √

云南山黑豆
Dumasia yunnanensis Y. T. Wei et S. Lee; I, II, V; √

卷圈野扁豆
Dunbaria circinalis (Benth.) Baker; II, V

长柄野扁豆
Dunbaria podocarpa Kurz; VII

镰瓣豆
Dysolobium grande (Wall. ex Benth.) Prain; VII

象耳豆*
Enterolobium cyclocarpum (Jacq.) Griseb.

鸡头薯
Eriosema chinense Vog.; I, IV, V, VII

绵三七
Eriosema himalaicum H. Ohashi; I, VII

鹦哥花*
Erythrina arborescens Roxb.

鸡冠刺桐*
Erythrina crista-galli L.

劲直刺桐
Erythrina stricta Roxb.; II, V

刺桐
Erythrina variegata L.; IV

南洋楹*
Falcataria falcata (L.) Greuter et R. Rankin; *Albizia falcataria* (L.) Fosberg, *Falcataria moluccana* (Miq.) Barneby et J. W. Grimes

锈毛千斤拔
Flemingia ferruginea Wall. ex Benth.; V

河边千斤拔
Flemingia fluminalis C. B. Clarke ex Prain; I,

II, III, IV

绒毛千斤拔
Flemingia grahamiana Wight et Arn.; V, VII

宽叶千斤拔
Flemingia latifolia Benth.; I, II, V, VII

腺毛千斤拔 (变种)
Flemingia lineata (L.) Boxb. ex Ait. var. **glutinosa** Prain; *Flemingia glutinosa* (Prain) Y. T. Wei et S. Lee; V, VII

大叶千斤拔
Flemingia macrophylla (Willd.) Kuntze ex Merr.; I, II, III, IV, V, VI, VII; √

千斤拔
Flemingia prostrata Roxb. Junior ex Roxb.; V

球穗千斤拔
Flemingia strobilifera (L.) W. T. Aiton; I, III, V

云南千斤拔
Flemingia wallichii Wight et Arn.; I, IV

乳豆
Galactia tenuiflora (Klein ex Willd.) Wight et Arn.; I, II, V

滇皂荚 (变种) (云南皂荚)
Gleditsia japonica Miq. var. **delavayi** (Franch.) L. C. Li; I, II, IV, VI, VII

大豆* (毛豆、黄豆)
★**Glycine max** (L.) Merr.

野大豆
Glycine soja Sieb. et Zucc.; VII

疏果山蚂蝗 (无毛疏果山蚂蝗)
Grona griffithiana (Benth.) H. Ohashi et K. Ohashi; *Desmodium griffithianum* Benth., *Desmodium griffithianum* Benth. var. *leiocarpum* X. F. Gao et C. Chen; I, II, IV, V, VI, VII; √

假地豆
Grona heterocarpa (L.) H. Ohashi et K. Ohashi; *Desmodium heterocarpon* (L.) DC.; I, II, IV, V, VI, VII

赤山蚂蝗 (绢毛山蚂蝗)
Grona rubra (Lour.) H. Ohashi et K. Ohashi; *Desmodium rubrum* (Lour.) DC.; IV

三点金
Grona triflora (L.) H. Ohashi et K. Ohashi; *Desmodium triflorum* (L.) DC.; I, V; √

喙荚鹰叶刺 (喙荚云实)
Guilandina minax (Hance) G. P. Lewis; *Caesalpinia minax* Hance; V

硬毛宿苞豆
Harashuteria hirsuta (Baker) K. Ohashi et H. Ohashi; *Shuteria hirsuta* Baker, *Amphicarpaea linearis* Chun et H. Y. Chen, *Shuteria lancangensis* Y. Y. Qian; I, IV, V

须弥葛
Haymondia wallichii (DC.) A. N. Egan et B. Pan; *Pueraria wallichii* DC.; I, II, V, VII

圆节山蚂蝗
Huangtcia oblata (Baker ex Kurz) H. Ohashi et K. Ohashi; *Desmodium oblatum* Baker ex Kurz; V

肾叶山蚂蝗
Huangtcia renifolia (L.) H. Ohashi et K. Ohashi; *Desmodium renifolium* (L.) Schindl; II, V

含羞云实
Hultholia mimosoides (Lam.) Gagnon et G. P. Lewis; *Caesalpinia mimosoides* Lam.; V

鹤庆饿蚂蝗 (鹤庆山蚂蝗)
Hylodesmum duclouxii (Pamp.) Y. F. Deng; *Desmodium duxlouxii* Pamp., *Podocarpium duclouxii* (Pampan.) Yen C. Yang et P. H. Huang; IV

云南长柄山蚂蝗
▲**Hylodesmum longipes** (Franch.) H. Ohashi et R. R. Mill; II, IV, V, VI

长柄山蚂蝗 (原亚种)
Hylodesmum podocarpum (DC.) H. Ohashi et R. R. Mill subsp. **podocarpum**; *Podocarpium podocarpum* (DC.) Yen C. Yang et P. H. Huang; I, II, V

尖叶长柄山蚂蝗 (亚种)
Hylodesmum podocarpum (DC.) H. Ohashi et R. R. Mill subsp. **oxyphyllum** (DC.) H. Ohashi et R. R. Mill; *Podocarpium podocarpum* (DC.) Yen C. Yang et P. H. Huang var. *oxyphyllum* (DC.) Yen C. Yang et P. H. Huang; I, II, III, IV, V, VI, VII

浅波叶长柄山蚂蝗 (浅波叶山蚂蝗)
Hylodesmum repandum (Vahl) H. Ohashi et R. R. Mill; *Podocarpium repandum* (Vahl) Yen C. Yang et P. H. Huang; VII

大苞长柄山蚂蝗
Hylodesmum williamsii (H. Ohashi) H. Ohashi et R. R. Mill; *Posocarpium williamsii* (H. Ohashi) Yen C. Yang et P. H. Huang; II, IV

尖齿木蓝 (毛萼木蓝)
▲**Indigofera argutidens** Craib; *Indigofera canocalyx* Gagnep.; V

深紫木蓝
Indigofera atropurpurea Buch.-Ham. ex Hornem.;

Ⅰ，Ⅳ，Ⅴ

丽江木蓝

★**Indigofera balfouriana** Craib；Ⅱ，Ⅶ

河北木蓝（马棘）

Indigofera bungeana Walp.；*Indigofera pseudotinctoria* Matsum.；Ⅰ，Ⅱ，Ⅳ，Ⅴ

椭圆叶木蓝

Indigofera cassioides Rottler ex DC.；*Indigofera cassoides* Rottl. ex DC.；Ⅱ，Ⅳ，Ⅴ；√

尾叶木蓝

Indigofera caudata Dunn；Ⅲ

刺齿木蓝

▲**Indigofera chaetodonta** Franch.；Ⅱ，Ⅴ

滇木蓝（稻城木蓝）

★ **Indigofera delavayi** Franch.；*Indigofera daochengensis* Y. Y. Fang et C. Z. Zheng；Ⅶ

川西木蓝

★**Indigofera dichroa** Craib；Ⅱ，Ⅶ

长齿木蓝

★**Indigofera dolichochaete** Craib；Ⅴ

黄花木蓝

★**Indigofera dumetorum** Craib；Ⅱ

黔南木蓝

★**Indigofera esquirolii** H. Lév.；Ⅰ，Ⅳ，Ⅴ，Ⅵ

灰色木蓝

★ **Indigofera franchetii** X. F. Gao et Schrire；*Indigofera cinerascens* Franch.；Ⅳ，Ⅶ

苍山木蓝

★**Indigofera hancockii** Craib；*Indigofera forrestii* Craib；Ⅱ

穗序木蓝

Indigofera hendecaphylla Jacq.；Ⅰ，Ⅱ，Ⅳ，Ⅴ

亨利木蓝（康定木蓝、侧花木蓝）

★**Indigofera henryi** Craib；*Indigofera souliei* Craib，*Indigofera subsecunda* Gagnep.；Ⅰ，Ⅱ，Ⅳ，Ⅶ

岷谷木蓝

★**Indigofera lenticellata** Craib；Ⅰ

单叶木蓝

Indigofera linifolia (L. f.) Retz.；Ⅱ，Ⅴ，Ⅶ

九叶木蓝

Indigofera linnaei Ali；Ⅱ，Ⅴ，Ⅶ

西南木蓝

★**Indigofera mairei** Pamp.；*Indigofera monbeigii* Craib；Ⅰ，Ⅱ；√

蒙自木蓝

★**Indigofera mengtzeana** Craib；Ⅰ，Ⅱ；√

绢毛木蓝

★**Indigofera neosericopetala** P. C. Li；Ⅰ，Ⅱ，Ⅳ

黑叶木蓝（湄公木蓝）

Indigofera nigrescens Kurz ex King et Prain；*Indigofera mekongensis* Jess.；Ⅱ，Ⅴ，Ⅵ，Ⅶ

昆明木蓝

▲**Indigofera pampaniniana** Craib；Ⅰ，Ⅵ，Ⅶ

垂序木蓝

★**Indigofera pendula** Franch.；Ⅱ

网叶木蓝

Indigofera reticulata Franch.；Ⅰ，Ⅱ，Ⅳ，Ⅴ，Ⅵ，Ⅶ；√

腺毛木蓝

Indigofera scabrida Dunn；Ⅰ，Ⅱ，Ⅴ

敏感木蓝

★**Indigofera sensitiva** Franch.；Ⅰ，Ⅱ

远志木蓝

Indigofera squalida Prain；Ⅳ，Ⅴ

茸毛木蓝

Indigofera stachyodes Lindl.；Ⅱ，Ⅳ，Ⅴ，Ⅵ

矮木蓝

▲**Indigofera sticta** Craib；Ⅱ，Ⅴ

四川木蓝

★**Indigofera szechuensis** Craib；Ⅰ，Ⅱ，Ⅳ

木蓝

Indigofera tinctoria L.；Ⅴ

三叶木蓝

Indigofera trifoliata L.；Ⅰ

元江木蓝

●**Indigofera yuanjiangensis** X. F. Gao et Xue Li Zhao；Ⅴ

长萼鸡眼草

Kummerowia stipulacea (Maxim.) Makino；Ⅱ，Ⅶ

鸡眼草

Kummerowia striata (Thunb.) Schindl.；Ⅰ，Ⅱ，Ⅳ

薄荚羊蹄甲

▲**Lasiobema delavayi** (Franch.) A. Schmitz；*Bauhinia delavayi* Franch.；Ⅱ，Ⅳ

元江羊蹄甲

★**Lasiobema esquirolii** (Gagnep.) de Wit；*Bauhinia esquirolii* Gagnep.；Ⅳ，Ⅴ

豌豆*

Lathyrus oleraceus Lam.；*Pisum sativum* L.

线叶山黧豆（变种）

Lathyrus palustris L. var. **linearifolius** Ser.；

Lathyrus palustris L. subsp. *pilosus* (Cham.) Hulten var. *linearifolius* Ser.; Ⅰ

山黧豆
Lathyrus quinquenervius (Miq.) Litv.; Ⅱ

兵豆*
Lens culinaris Medic.

小叶三点金
Leptodesmia microphylla (Thunb.) H. Ohashi et K. Ohashi; *Desmodium microphyllum* (Thunb.) DC.; Ⅰ，Ⅱ，Ⅲ，Ⅳ，Ⅴ，Ⅵ，Ⅶ；√

胡枝子
Lespedeza bicolor Turcz.; Ⅴ

截叶铁扫帚
Lespedeza cuneata (Dum. Cours.) G. Don; Ⅰ，Ⅱ，Ⅲ，Ⅳ，Ⅴ，Ⅵ，Ⅶ；√

束花铁马鞭
★**Lespedeza fasciculiflora** Franch.; Ⅱ，Ⅳ，Ⅵ

美丽胡枝子
Lespedeza formosa (Vog.) Koehne; Ⅰ，Ⅱ，Ⅳ，Ⅴ，Ⅶ

矮生胡枝子
★**Lespedeza forrestii** Schindl.; Ⅱ

绒毛胡枝子
Lespedeza tomentosa (Thunb.) Sieb. ex Maxim.; Ⅱ，Ⅳ

银合欢#（白合欢）
Leucaena leucocephala (Lam.) de Wit; √

百脉根
Lotus corniculatus L.; √

仪花
Lysidice rhodostegia Hance; Ⅳ

大翼豆#
Macroptilium lathyroides (L.) Urb.

天蓝苜蓿#
Medicago lupulina L.; √

紫苜蓿#
Medicago sativa L.; √

白花草木犀#
Melilotus albus Medic. ex Desr.; √

印度草木犀
Melilotus indicus (L.) All.; Ⅰ，Ⅱ，Ⅳ，Ⅴ，Ⅵ

草木犀#（黄花草木犀）
Melilotus officinalis (L.) Pall.; √

九羽见血飞
Mezoneuron enneaphyllum (Roxb.) Wight et Arn. ex Voigt; *Caesalpinia enneaphylla* Roxb.; Ⅴ

闹鱼崖豆（闹鱼鸡血藤）
Millettia ichthyochtona Drake; Ⅰ

厚果崖豆藤（厚果鸡血藤）
Millettia pachycarpa Benth.; Ⅳ，Ⅴ

华南小叶崖豆（变种）（华南小叶鸡血藤）
★**Millettia pulchra** (Benth.) Kurz var. **chinensis** Dunn; Ⅰ，Ⅳ

绒毛崖豆（绒毛鸡血藤、绒毛岩豆藤）
★**Millettia velutina** Dunn; Ⅰ，Ⅱ，Ⅳ，Ⅴ，Ⅶ；√

含羞草#
Mimosa pudica L.

白花油麻藤
★**Mucuna birdwoodiana** Tutch.; Ⅴ

美叶油麻藤
▲**Mucuna calophylla** W. W. Sm.; Ⅴ，Ⅵ，Ⅶ

大球油麻藤
★**Mucuna macrobotrys** Hance; Ⅵ

刺毛黧豆
Mucuna pruriens (L.) DC.; Ⅳ

常春油麻藤
Mucuna sempervirens Hemsl.; Ⅰ，Ⅱ，Ⅴ

三裂叶野葛
Neustanthus phaseoloides (Roxb.) Benth.; *Pueraria phaseoloides* (Roxb.) Benth.; Ⅴ

花榈木
Ormosia henryi Prain; Ⅴ

圆锥饿蚂蝗（狭叶山蚂蝗、美花山蚂蝗、圆锥山蚂蝗）
Ototropis elegans (DC.) H. Ohashi et K. Ohashi; *Desmodium elegans* DC., *Desmodium stenophyllum* Pamp., *Desmodium callianthum* Franch.; Ⅰ，Ⅱ，Ⅳ，Ⅶ

滇南饿蚂蝗（滇南山蚂蝗）
Ototropis megaphylla (Zoll. et Moritzi) H. Ohashi et K. Ohashi; *Desmodium megaphyllum* Zoll.; Ⅴ

饿蚂蝗
Ototropis multiflora (DC.) H. Ohashi et K. Ohashi; *Desmodium multiflorum* DC.; Ⅰ，Ⅱ，Ⅳ，Ⅴ，Ⅵ，Ⅶ；√

长波叶饿蚂蝗（长波叶山蚂蝗）
Ototropis sequax (Wall.) H. Ohashi et K. Ohashi; *Desmodium sequax* Wall.; Ⅰ，Ⅱ，Ⅲ，Ⅳ，Ⅴ，Ⅶ；√

云南饿蚂蝗（云南山蚂蝗）
★**Ototropis yunnanensis** (Franch.) H. Ohashi et K.

Ohashi; *Desmodium yunnanense* Franch.; Ⅱ, Ⅶ

云南棘豆
★**Oxytropis yunnanensis** Franch.; Ⅱ

豆薯*
Pachyrhizus erosus (L.) Urb.

大叶球花豆*
Parkia leiophylla Kurz

紫雀花
Parochetus communis Buch.-Ham. ex D. Don; Ⅰ, Ⅱ, Ⅲ, Ⅳ, Ⅴ, Ⅵ, Ⅶ; √

火索藤（金毛羊蹄甲、牛蹄藤）
★**Phanera aurea** (H. Lév.) Mackinder et R. Clark; *Bauhinia aurea* Lévl.; Ⅴ

多花火索藤（多花羊蹄甲）
▲**Phanera chalcophylla** (H. Y. Chen) Mackinder et R. Clark; *Bauhinia chalcophylla* L. Chen; Ⅴ

龙须藤
Phanera championii Benth.; *Bauhinia championii* (Benth.) Benth.; Ⅱ, Ⅴ

川滇火索藤（川滇羊蹄甲）
★**Phanera comosa** (Craib) Bandyop. et Ghoshal; *Bauhinia comosa* Craib; Ⅱ, Ⅴ, Ⅶ

囊托火索藤（囊托羊蹄甲）
Phanera touranensis (Gagnep.) A. Schmitz; *Bauhinia touranensis* Gagnep.; Ⅰ, Ⅴ

云南火索藤（云南羊蹄甲）
Phanera yunnanensis (Franch.) Wunderlin; *Bauhinia yunnanensis* Franch.; Ⅱ, Ⅳ, Ⅴ, Ⅶ; √

荷包豆*
Phaseolus coccineus L.

棉豆*
Phaseolus lunatus L.

菜豆*
Phaseolus vulgaris L.

排钱树
Phyllodium pulchellum (L.) Desv.; Ⅳ

真毛膨果豆（真毛黄耆）
★**Phyllolobium eutrichus** (Hand.-Mazz.) M. L. Zhang et Podlech; *Astragalus complanatus* Bunge var. *eutrichus* Hand.-Mazz.; Ⅵ, Ⅶ

黄花木
Piptanthus concolor W. Harrow ex Craib; Ⅴ, Ⅵ

尼泊尔黄花木
Piptanthus nepalensis (Hook.) D. Don; *Piptanthus concolor* Harrow ex Craib; Ⅰ, Ⅱ, Ⅴ; √

绒叶黄花木
★**Piptanthus tomentosus** Franch.; Ⅱ, Ⅶ

大叶山蚂蝗
Pleurolobus gangeticus (L.) J. St.-Hil. ex H. Ohashi et K. Ohashi; *Desmodium gangeticum* (L.) DC.; Ⅱ, Ⅳ, Ⅴ

绒毛山蚂蝗
Polhillides velutina (Willd.) H. Ohashi et K. Ohashi; *Desmodium velutinum* (Willd.) DC.; Ⅴ

大翅老虎刺
Pterolobium macropterum Kurz; Ⅰ, Ⅳ, Ⅴ

老虎刺
Pterolobium punctatum Hemsl.; Ⅰ, Ⅱ, Ⅲ, Ⅳ, Ⅴ, Ⅵ, Ⅶ; √

密花葛
Pueraria alopecuroides Craib; Ⅴ

食用葛
Pueraria edulis Pamp.; Ⅰ, Ⅴ, Ⅵ, Ⅶ

大花葛
★**Pueraria grandiflora** Bo Pan et Bing Liu; Ⅱ, Ⅶ

葛（原变种）（野葛）
Pueraria montana (Lour.) Merr. var. **montana**; *Pueraria lobata* (Willd.) Ohwi; Ⅰ, Ⅱ, Ⅲ, Ⅳ, Ⅴ, Ⅵ, Ⅶ

葛麻姆（变种）（北越葛、葛根）
Pueraria montana (Lour.) Merr. var. **lobata** (Willdenow) Maesen et S. M. Almeida ex Sanjappa et Predeep; Ⅱ, Ⅲ, Ⅳ; √

粉葛（变种）
Pueraria montana (Lour.) Merr. var. **thomsonii** (Benth.) Wiersema ex D. B. Ward; *Pueraria lobata* (Willd.) Ohwi var. *thomsonii* (Benth.) Maesen; Ⅰ, Ⅱ, Ⅴ, Ⅶ

菱叶鹿藿
★**Rhynchosia dielsii** Harms ex Diels; Ⅰ, Ⅳ, Ⅴ

紫脉花鹿藿（变种）
★**Rhynchosia himalensis** Benth. ex Baker var. **craibiana** (Rehd.) Peter-Stibal; Ⅰ, Ⅱ, Ⅳ, Ⅴ, Ⅵ

昆明鹿藿
●**Rhynchosia kunmingensis** Y. T. Wei et S. Lee; Ⅰ, Ⅱ

黄花鹿藿
▲**Rhynchosia lutea** Dunn; Ⅰ, Ⅳ

小鹿藿
Rhynchosia minima (L.) DC.; Ⅰ, Ⅱ, Ⅴ, Ⅵ, Ⅶ

淡红鹿藿
Rhynchosia rufescens (Willd.) DC.; Ⅴ

鹿藿
Rhynchosia volubilis Lour.; Ⅴ

刺槐*
Robinia pseudoacacia L.

中国无忧花
Saraca dives Pierre; Ⅰ

玉溪儿茶（玉溪金合欢）
●**Senegalia clandestina** Maslin, B. C. Ho, H. Sun et L. Bai; Ⅲ

光叶儿茶（光叶金合欢、丽江金合欢）
★**Senegalia delavayi** (Franch.) Maslin, Seigler et Ebinger; *Acacia delavayi* Franch. var. *delavayi* Franch.; Ⅰ

盘腺儿茶（盘腺金合欢）
Senegalia garrettii (I. C. Nielsen) Maslin, B. C. Ho, H. Sun et L. Bai; *Acacia megaladena* Desv. var. *garrettii* I. C. Nielsen; Ⅲ, Ⅳ, Ⅴ

昆明儿茶（昆明金合欢）
Senegalia kunmingensis (C. Chen et H. Sun) Maslin, B. C. Ho, H. Sun et L. Bai; *Acacia delavayi* Franch. var. *kunmingensis* C. Chen et H. Sun, *Senegalia delavayi* (Franch.) Maslin, Seigler et Ebinger var. *kunmingensis* C. Chen et H. Sun; Ⅰ, Ⅴ, Ⅶ

钝叶儿茶（钝叶金合欢）
Senegalia megaladena (Desv.) Maslin, Seigler et Ebinger; *Acacia megaladena* Desv.; Ⅴ

羽叶儿茶（羽叶金合欢）
Senegalia pennata (L.) Maslin; *Acacia pennata* (L.) Willd.; Ⅱ, Ⅴ

藤儿茶（藤金合欢）
Senegalia rugata (Lam.) Britton et Rose; *Acacia concinna* (Willd.) DC.; Ⅶ

阿拉伯胶树*
Senegalia senegal (L.) Britton; *Acacia nilotica* (L.) Delile, *Acacia senegal* (L.) Willd.

无刺儿茶（无刺金合欢、盐丰金合欢）
★**Senegalia teniana** (Harms) Maslin, Seigler et Ebinger; *Acacia teniana* Harms; Ⅱ, Ⅶ

云南儿茶（云南金合欢、滇金合欢、云南相思树）
★**Senegalia yunnanensis** (Franch.) Maslin, Seigler et Ebinger; *Acacia yunnanensis* Franch.; Ⅰ, Ⅱ, Ⅶ

望江南#
Senna occidentalis (L.) Link; *Cassia occidentalis* L.; √

光叶决明#
Senna septemtrionalis (Viv.) H. S. Irwin et Barneby; *Cassia floribunda* Cav.

铁刀木*
Senna siamea (Lam.) H. S. Irwin et Barneby; *Cassia siamea* Lam.

槐叶决明#
Senna sophera (L.) Roxb.; *Cassia sophera* L.

黄槐决明*
Senna surattensis (N. L. Burman) H. S. Irwin et Barneby; *Cassia surattensis* Burm. f.

决明#
Senna tora (L.) Roxb.; *Cassia tora* L.

刺田菁（多刺田菁）
Sesbania aculeata (Schreb.) Pers.; *Sesbania bispinosa* (Jacq.) W. F. Wight; Ⅰ, Ⅱ, Ⅴ, Ⅶ

田菁
Sesbania cannabina (Retz.) Poir.; Ⅴ, Ⅵ

元江田菁（变种）
Sesbania sesban (L.) Merr. var. **bicolor** (Wight et Arn.) F. W. Andrew; Ⅴ

宿苞豆
Shuteria involucrata (Wall.) Wight et Arn. ex Walp.; Ⅰ, Ⅳ, Ⅴ, Ⅵ

西南宿苞豆（毛宿苞豆、光宿苞豆）
Shuteria vestita Wight et Arnott; *Shuteria involucrata* (Wall.) Wight et Arn. var. *glabrata* (Wight et Arn.) H. Ohashi, *Shuteria involucrata* (Wall.) Wight et Arn. var. *villosa* (Pampan.) H. Ohashi; Ⅰ, Ⅱ, Ⅴ

华扁豆
Sinodolichos lagopus (Dunn) Verdc.; Ⅰ

黄花合叶豆
Smithia blanda Wall. ex Wight et Arn.; Ⅰ, Ⅳ, Ⅶ

缘毛合叶豆
Smithia ciliata Royle; Ⅰ, Ⅱ, Ⅳ, Ⅴ, Ⅵ, Ⅶ

坡油甘
Smithia sensitiva Aiton; Ⅲ, Ⅴ

粗硬毛山蚂蝗（硬粗毛山蚂蝗）
Sohmaea hispida (Franch.) H. Ohashi et K. Ohashi; *Desmodium hispidum* Franch.; Ⅴ

大叶拿身草（山豆根）
Sohmaea laxiflora (DC.) H. Ohashi et K. Ohashi; *Desmodium laxiflorum* DC.; Ⅴ

圆柱拿身草
Sohmaea teres (Wall. ex Benth.) H. Ohashi et K. Ohashi; *Desmodium teres* Wall. ex Benth.; Ⅱ

单叶拿身草（单叶山蚂蟥）
Sohmaea zonata (Miq.) H. Ohashi et K. Ohashi; *Desmodium zonatum* Miq.; Ⅱ，Ⅴ

毛果鱼藤
Solori eriocarpa (F. C. How) Sirich. et Adema; *Derris eriocarpa* F. C. How; Ⅲ

大鱼藤树（乔木鱼藤）
Solori robusta (Roxb. ex DC.) Sirich. et Adema; *Derris robusta* (Roxb. ex DC.) Benth.; Ⅳ

白花槐
★**Sophora albescens** (Rehd.) C. Y. Ma; Ⅴ

白刺花（苦刺花）
★**Sophora davidii** (Franch.) Skeels; Ⅰ，Ⅱ，Ⅲ，Ⅳ，Ⅴ，Ⅵ，Ⅶ；√

柳叶槐
Sophora dunnii Prain; Ⅰ，Ⅴ

苦参
Sophora flavescens Aiton; Ⅰ，Ⅱ，Ⅲ，Ⅳ，Ⅴ，Ⅵ

越南槐
Sophora tonkinensis Gagnep.; Ⅴ

短绒槐（原变种）
Sophora velutina Lindl. var. **velutina**; Ⅰ，Ⅱ，Ⅳ，Ⅴ，Ⅵ，Ⅶ

长颈槐（变种）
★**Sophora velutina** Lindl. var. **dolichopoda** C. Y. Ma; Ⅴ

攀缘槐（变种）
★**Sophora velutina** Lindl. var. **scandens** C. Y. Ma; Ⅰ

锈毛槐（西南槐）
Sophora wightii Baker; *Sophora prazeri* Prain; Ⅰ，Ⅴ，Ⅵ；√

黄花槐
●**Sophora xanthoantha** C. Y. Ma; Ⅴ

云南槐
▲**Sophora yunnanensis** C. Y. Ma; Ⅴ

密花豆
Spatholobus suberectus Dunn; Ⅰ，Ⅴ

槐（中国槐）
★**Styphnolobium japonicum** (L.) Schott; *Sophora japonica* L.; Ⅰ，Ⅱ，Ⅲ，Ⅳ，Ⅴ，Ⅵ，Ⅶ

蔓茎葫芦茶
Tadehagi pseudotriquetrum (DC.) H. Ohashi; Ⅴ

葫芦茶
Tadehagi triquetrum (L.) H. Ohashi; Ⅴ，Ⅵ

酸豆[*]（酸角、罗望子）
Tamarindus indica L.

凹叶山蚂蝗
Tateishia concinna (DC.) H. Ohashi et K. Ohashi; *Desmodium concinnum* DC.; Ⅲ，Ⅳ，Ⅴ

白灰毛豆
Tephrosia candida DC.; Ⅴ

灰毛豆（原变种）
Tephrosia purpurea (L.) Pers. var. **purpurea**; Ⅱ，Ⅴ，Ⅵ，Ⅶ

云南灰毛豆（变种）
★**Tephrosia purpurea** (L.) Pers. var. **yunnanensis** Z. Wei; Ⅱ，Ⅶ

小花野葛
Teyleria stricta (Kurz) A. N. Egan et B. Pan; *Pueraria stricta* Kurz; Ⅰ，Ⅱ

黄花高山豆
★**Tibetia tongolensis** (Ulbr.) H. P. Tsui; Ⅱ

云南高山豆
★**Tibetia yunnanensis** (Franch.) H. P. Tsui; Ⅰ，Ⅱ，Ⅳ，Ⅴ，Ⅵ；√

苦葛（云南葛藤）
Toxicopueraria peduncularis (Benth.) A. N. Egan et B. Pan; *Pueraria peduncularis* (Grah. ex Benth.) Benth.; Ⅰ，Ⅱ，Ⅳ，Ⅴ，Ⅵ，Ⅶ

云南苦葛
★**Toxicopueraria yunnanensis** (Franch.) A. N. Egan et B. Pan; Ⅰ，Ⅱ，Ⅳ，Ⅴ，Ⅵ，Ⅶ

红车轴草[#]
Trifolium pratense L.; √

白车轴草[#]
Trifolium repens L.; √

滇南狸尾豆
Uraria lacei Craib; *Uraria clarkei* (Clarke) Gagnep.; Ⅰ，Ⅱ，Ⅲ，Ⅳ，Ⅴ，Ⅵ，Ⅶ

狸尾豆
Uraria lagopodioides (L.) Desv. ex DC.; Ⅳ

美花狸尾豆
Uraria picta (Jacq.) Desv. ex DC.; Ⅱ，Ⅴ

中华狸尾豆
Uraria sinensis (Hemsl.) Franch.; Ⅰ，Ⅱ，Ⅲ，Ⅳ，Ⅴ，Ⅶ；√

金合欢[#]
Vachellia farnesiana (L.) Wight et Arn.; *Acacia*

farnesiana (L.) Willd.

山野豌豆
Vicia amoena Fisch. ex Ser.; Ⅰ，Ⅶ

大花野豌豆
Vicia bungei Ohwi; Ⅰ，Ⅴ

广布野豌豆
Vicia cracca L.; Ⅱ，Ⅲ，Ⅳ，Ⅶ；√

蚕豆[*]
Vicia faba L.

小巢菜
Vicia hirsuta (L.) Gray; Ⅰ，Ⅱ，Ⅴ

大叶野豌豆
Vicia pseudo-orobus Fisch. et C. A. Meyer; Ⅱ

救荒野豌豆
Vicia sativa L.; Ⅰ，Ⅱ，Ⅴ，Ⅵ；√

野豌豆
Vicia sepium L.; Ⅰ，Ⅱ，Ⅶ；√

四籽野豌豆
Vicia tetrasperma (L.) Schreb.; Ⅰ，Ⅴ，Ⅵ，Ⅶ

歪头菜
Vicia unijuga A. Braun; Ⅰ，Ⅱ，Ⅳ，Ⅴ，Ⅵ，Ⅶ；√

长柔毛野豌豆[#]
Vicia villosa Roth

乌头叶豇豆
Vigna aconitifolia (Jacq.) Marechal; Ⅱ，Ⅶ

赤豆[*]
Vigna angularis (Willd.) Ohwi et H. Ohashi

贼小豆
Vigna minima (Roxb.) Ohwi et H. Ohashi; Ⅰ，Ⅱ，Ⅲ，Ⅳ，Ⅴ，Ⅵ，Ⅶ

黑吉豆[*]
Vigna mungo (L.) Hepper

绿豆[*]
Vigna radiata (L.) Wilczek

赤小豆[*]
Vigna umbellata (Thunb.) Ohwi et H. Ohashi

豇豆[*]
Vigna unguiculata (L.) Walp.; *Vigna unguiculata* (L.) Walp. subsp. *cylindrica* (L.) Verdc.

野豇豆
Vigna vexillata (L.) Rich.; Ⅰ，Ⅱ，Ⅲ，Ⅳ，Ⅴ，Ⅵ，Ⅶ；√

短梗紫藤
★**Wisteria brevidentata** Rehder; Ⅰ

紫藤[*]
Wisteria sinensis (Sims) DC.

绿花夏藤（绿花崖豆藤、绿花鸡血藤）
★**Wisteriopsis championii** (Benth.) J. Compton et Schrire; *Callerya championii* (Benth.) X. Y. Zhu; Ⅴ

网络夏藤（昆明鸡血藤、网络崖豆藤、网络鸡血藤）
Wisteriopsis reticulata (Benth.) J. Compton et Schrire; *Millettia reticulata* Benth.; Ⅰ，Ⅱ，Ⅲ，Ⅳ，Ⅴ，Ⅵ，Ⅶ

丁癸草
Zornia gibbosa Span.; Ⅱ，Ⅴ，Ⅶ；√

142 远志科 Polygalaceae
[1 属 18 种]

荷包山桂花
Polygala arillata Buch.-Ham. ex D. Don; Ⅰ，Ⅱ，Ⅲ，Ⅳ，Ⅴ，Ⅵ，Ⅶ；√

尾叶远志
★**Polygala caudata** Rehder et E. H. Wilson; Ⅳ

华南远志（原变种）
Polygala chinensis L. var. **chinensis**; *Polygala glomerata* Lour.; Ⅴ

矮华南远志（变种）
●**Polygala chinensis** L. var. **pygmaea** (C. Y. Wu et S. K. Chen) S. K. Chen et J. Parnell; *Polygala glomerata* Lour. var. *pygmaea* C. Y. Wu et S. K. Chen; Ⅴ

西南远志（西藏远志）
Polygala crotalarioides Buch.-Ham. ex DC.; Ⅶ

贵州远志
★**Polygala dunniana** H. Lév.; Ⅴ

黄花倒水莲
Polygala fallax Hemsl.; Ⅱ，Ⅴ

肾果小扁豆
Polygala furcata Royle; Ⅳ

心果小扁豆
★**Polygala isocarpa** Chodat; Ⅲ，Ⅴ；√

瓜子金
Polygala japonica Houtt.; Ⅰ，Ⅱ，Ⅳ，Ⅴ，Ⅶ

密花远志
Polygala karensium Kurz; *Polygala tricornis* Gagnep.; Ⅳ，Ⅴ

长叶远志
Polygala longifolia Poir.; Ⅰ，Ⅴ

蓼叶远志
Polygala persicariifolia DC.; Ⅰ, Ⅱ, Ⅲ, Ⅳ, Ⅴ, Ⅵ, Ⅶ; √

岩生远志
Polygala saxicola Dunn; Ⅱ

西伯利亚远志（原变种）
Polygala sibirica L. var. **sibirica**; Ⅰ, Ⅱ, Ⅴ, Ⅶ; √

苦远志（变种）
★**Polygala sibirica** L. var. **megalopha** Franch.; Ⅰ, Ⅴ

合叶草
★**Polygala subopposita** S. K. Chen; Ⅴ

小扁豆
Polygala tatarinowii Regel; Ⅰ, Ⅱ, Ⅳ, Ⅴ, Ⅵ; √

143 蔷薇科 Rosaceae
[33 属 292 种，含 34 栽培种]

羽叶花
Acomastylis elata (Royle) F. Bolle; *Geum elatum* Wall. ex G. Don, *Sieversia elata* (Wall. ex G. Don) Royle; Ⅱ

龙芽草（原变种）（仙鹤草）
Agrimonia pilosa Ldb. var. **pilosa**; Ⅰ, Ⅱ, Ⅳ, Ⅴ, Ⅵ, Ⅶ; √

黄龙尾（变种）
Agrimonia pilosa Ldb. var. **nepalensis** (D. Don) Nakai; Ⅰ, Ⅱ, Ⅳ, Ⅵ

假升麻
Aruncus sylvester Kostel. ex Maxim.; Ⅱ

毛叶木瓜*
★ **Chaenomeles cathayensis** (Hemsl.) C. K. Schneid.; *Pyrus cathayensis* Hemsl.

皱皮木瓜*（贴梗海棠）
Chaenomeles speciosa (Sweet) Nakai

灰栒子
Cotoneaster acutifolius Turcz.; Ⅴ, Ⅵ

匍匐栒子
Cotoneaster adpressus Bois; Ⅰ, Ⅱ, Ⅲ

细尖栒子
★**Cotoneaster apiculatus** Rehder et E. H. Wilson; Ⅰ

泡叶栒子
★**Cotoneaster bullatus** Bois; Ⅱ

黄杨叶栒子
Cotoneaster buxifolius Wall. ex Lindl.; Ⅰ, Ⅱ, Ⅲ, Ⅳ, Ⅴ, Ⅵ, Ⅶ; √

厚叶栒子
★**Cotoneaster coriaceus** Franch.; Ⅰ, Ⅱ, Ⅳ, Ⅴ, Ⅶ

矮生栒子（原亚种）（短生栒子）
★**Cotoneaster dammeri** C. K. Schneid. subsp. **dammeri**; *Cotoneaster dammerii* C. K. Schneid. var. *radicans* C. K. Schneid.; Ⅰ, Ⅱ, Ⅴ, Ⅶ

滇中匍枝栒子（亚种）
●**Cotoneaster dammeri** C. K. Schneid. subsp. **songmingensis** C. Y. Wu et Li H. Zhou; Ⅰ, Ⅱ; √

木帚栒子
★**Cotoneaster dielsianus** Pritz. ex Diels; Ⅰ, Ⅱ, Ⅲ, Ⅳ, Ⅶ

散生栒子
★**Cotoneaster divaricatus** Rehder et E. H. Wilson; Ⅰ, Ⅱ

西南栒子
Cotoneaster franchetii Bois; Ⅰ, Ⅱ, Ⅲ, Ⅳ, Ⅴ, Ⅵ, Ⅶ; √

光叶栒子
★**Cotoneaster glabratus** Rehder et E. H. Wilson; Ⅳ

粉叶栒子（原变种）
★ **Cotoneaster glaucophyllus** Franch. var. **glaucophyllus**; Ⅰ, Ⅱ, Ⅲ, Ⅳ, Ⅴ, Ⅵ, Ⅶ

小叶粉叶栒子（变种）
▲ **Cotoneaster glaucophyllus** Franch. var. **meiophyllus** W. W. Sm.; Ⅰ, Ⅵ

钝叶栒子（原变种）
Cotoneaster hebephyllus Diels var. **hebephyllus**; Ⅴ

大果钝叶栒子（变种）
▲**Cotoneaster hebephyllus** Diels var. **majuscula** W. W. Sm.; Ⅴ, Ⅵ; √

平枝栒子（小叶平枝栒子）
Cotoneaster horizontalis Decne.; *Cotoneaster horizontalis* Decne. var. *perpusillus* C. K. Schneid.; Ⅰ, Ⅱ

小叶栒子（原变种）
Cotoneaster microphyllus Wall. ex Lindl. var. **microphyllus**; Ⅰ, Ⅱ, Ⅲ, Ⅳ, Ⅴ, Ⅵ, Ⅶ; √

白毛小叶栒子（变种）
Cotoneaster microphyllus Wall. ex Lindl. var. **cochleatus** (Franch.) Rehder et E. H. Wilson; Ⅱ, Ⅶ

宝兴栒子
★**Cotoneaster moupinensis** Franch.; Ⅱ

两列栒子
Cotoneaster nitidus Jacq.; Ⅰ

暗红栒子
★**Cotoneaster obscurus** Rehder et E. H. Wilson; Ⅵ, Ⅶ

毡毛栒子
★**Cotoneaster pannosus** Franch.；Ⅰ，Ⅱ，Ⅵ，Ⅶ

麻叶栒子
★**Cotoneaster rhytidophyllus** Rehder et Wils.；Ⅳ

圆叶栒子
Cotoneaster rotundifolius Wall. ex Lindl.；Ⅰ

柳叶栒子
★**Cotoneaster salicifolius** Franch.；Ⅱ，Ⅴ

高山栒子
★**Cotoneaster subadpressus** T. T. Yu；Ⅱ，Ⅳ

细枝栒子
★**Cotoneaster tenuipes** Rehd. et Wils.；Ⅰ

陀螺果栒子
★**Cotoneaster turbinatus** Craib；Ⅰ，Ⅱ

疣枝栒子
Cotoneaster verruculosus Diels；Ⅱ

野山楂
Crataegus cuneata Sieb. et Zucc.；Ⅴ

湖北山楂（猴楂子）
★**Crataegus hupehensis** Sarg.；Ⅰ，Ⅲ

山楂*
Crataegus pinnatifida Bunge

云南山楂
★**Crataegus scabrifolia** (Franch.) Rehd.；Ⅰ，Ⅱ，Ⅲ，Ⅳ，Ⅴ，Ⅵ，Ⅶ；√

榅桲*
Cydonia oblonga Mill.

牛筋条
★**Dichotomanthes tristaniicarpa** Kurz；Ⅰ，Ⅱ，Ⅲ，Ⅳ，Ⅴ，Ⅵ，Ⅶ；√

云南移㰍
★**Docynia delavayi** (Franch.) C. K. Schneid.；Ⅰ，Ⅱ，Ⅴ，Ⅵ，Ⅶ；√

移㰍
Docynia indica (Wall.) Dcne.；Ⅰ，Ⅱ，Ⅲ，Ⅳ，Ⅴ，Ⅵ，Ⅶ

蛇莓
Duchesnea indica (Andr.) Focke；*Potentilla indica* (Andrews) Th. Wolf；Ⅰ，Ⅱ，Ⅲ，Ⅳ，Ⅴ，Ⅵ，Ⅶ；√

窄叶南亚枇杷（变型）
★**Eriobotrya bengalensis** (Roxb.) Hook. f. **angustifolia** (Card.) Vidal；Ⅰ，Ⅳ，Ⅴ，Ⅶ

窄叶枇杷
Eriobotrya henryi Nakai；*Rhaphiolepis henryi* (Nakai) B. B. Liu et J. Wen；Ⅰ，Ⅳ，Ⅴ；√

枇杷*
Eriobotrya japonica (Thunb.) Lindl.；*Rhaphiolepis bibas* (Lour.) Galasso et Banfi

倒卵叶枇杷
●**Eriobotrya obovata** W. W. Sm.；*Rhaphiolepis obovata* (W. W. Sm.) B. B. Liu et J. Wen；Ⅰ，Ⅱ，Ⅴ

栎叶枇杷
Eriobotrya prinoides Rehd. et Wils.；*Rhaphiolepis prinoides* (Rehder et E. H. Wilson) B. B. Liu et J. Wen；Ⅱ，Ⅴ，Ⅶ

齿叶枇杷
Eriobotrya serrata Vidal；*Rhaphiolepis serrata* (J. E. Vidal) B. B. Liu et J. Wen；Ⅰ，Ⅴ

草莓*
Fragaria × ananassa (Duch. ex Weston) Duch. ex Rozier

西南草莓
★**Fragaria moupinensis** (Franch.) Card.；Ⅱ

黄毛草莓（原变种）
Fragaria nilgerrensis Schlecht. ex Gay var. **nilgerrensis**；Ⅰ，Ⅱ，Ⅳ，Ⅴ，Ⅵ，Ⅶ；√

粉叶黄毛草莓（变种）
★**Fragaria nilgerrensis** Schlecht. ex Gay var. **mairei** (H. Lév.) Hand.-Mazz.；Ⅰ，Ⅱ，Ⅶ

路边青
Geum aleppicum Jacq.；Ⅰ，Ⅱ，Ⅳ，Ⅴ；√

日本路边青（原变种）
Geum japonicum Thunb. var. **japonicum**；Ⅳ

柔毛路边青（变种）
★**Geum japonicum** Thunb. var. **chinense** F. Bolle；Ⅲ

棣棠花（原变型）
Kerria japonica (L.) DC. f. **japonica**；Ⅰ，Ⅱ，Ⅵ，Ⅶ

重瓣棣棠花*（变型）
Kerria japonica (L.) DC. f. **pleniflora** (Witte) Rehd.；*Kerria japonica* (L.) DC. var. *pleniflora* Witte

花红*
Malus asiatica Nakai

苹果*
Malus domestica (Suckow) Borkh.；*Malus pumila* Mill.

垂丝海棠*
★**Malus halliana** Koehne

湖北海棠
★**Malus hupehensis** (Pamp.) Rehd.；Ⅰ，Ⅶ

川康绣线梅（原变种）
★**Neillia affinis** Hemsl. var. **affinis**; Ⅰ，Ⅱ，Ⅴ

少花川康绣线梅（变种）
▲**Neillia affinis** Hemsl. var. **pauciflora** (Rehd.) Vidal; Ⅰ

矮生绣线梅
★**Neillia gracilis** Franch.; Ⅰ，Ⅱ，Ⅳ；√

中华绣线梅（原变种）（毛叶绣线梅）
★**Neillia sinensis** Oliv. var. **sinensis**; *Neillia ribesioides* Rehd.; Ⅰ，Ⅲ，Ⅶ

尾尖叶中华绣线梅（变种）
▲**Neillia sinensis** Oliv. var. **caudata** Rehd.; Ⅱ，Ⅳ

疏花绣线梅
●**Neillia sparsiflora** Rehd.; Ⅶ

绣线梅
Neillia thyrsiflora D. Don; Ⅱ，Ⅴ

华西小石积
★**Osteomeles schwerinae** C. K. Schneid.; Ⅰ，Ⅱ，Ⅲ，Ⅳ，Ⅴ，Ⅵ，Ⅶ；√

贵州石楠（椤木石楠）
Photinia bodinieri H. Lév.; *Photinia davidsoniae* Rehd. et Wils.; Ⅰ，Ⅱ，Ⅲ

厚叶石楠
★**Photinia crassifolia** H. Lév.; Ⅲ，Ⅴ

红果树
Photinia davidiana (Decne.) Card.; *Stranvaesia davidiana* Dcne., *Stranvaesia davidiana* Dcne. var. *salicifolia* (Hutch.) Rehd.; Ⅰ，Ⅴ

光叶石楠
Photinia glabra (Thunb.) Maxim.; *Crataegus glabra* Thunb.; Ⅴ，Ⅶ

球花石楠*
★**Photinia griffithii** Decne.; *Photinia glomerata* Rehd. et Wils.; √

全缘石楠（黄花全缘石楠）
Photinia integrifolia Lindl.; *Photinia flavidiflora* W. W. Sm., *Photinia integrifolia* Lindl. var. *flavidiflora* (W. W. Sm.) Vidal; Ⅰ，Ⅱ，Ⅲ，Ⅳ，Ⅴ，Ⅵ，Ⅶ

倒卵叶石楠
★**Photinia lasiogyna** (Franch.) C. K. Schneid.; Ⅰ，Ⅴ

带叶石楠
★**Photinia loriformis** W. W. Sm.; Ⅰ，Ⅱ，Ⅶ；√

刺叶石楠
▲**Photinia prionophylla** (Franch.) C. K. Schneid.; *Eriobotrya prionophylla* Franch.; Ⅰ，Ⅳ，Ⅶ

石楠
Photinia serratifolia (Desf.) Kalkman; *Photinia serrulata* Lindl.; Ⅰ，Ⅱ，Ⅳ，Ⅴ，Ⅵ，Ⅶ

蛇莓委陵菜
Potentilla centigrana Maxim.; Ⅰ，Ⅱ，Ⅶ；√

委陵菜
Potentilla chinensis Ser.; Ⅶ

丛生萎叶委陵菜（变种）
Potentilla coriandrifolia D. Don var. **dumosa** Franch.; *Potentilla salwinensis* (Soják) Soják; Ⅱ

楔叶委陵菜
Potentilla cuneata Wall. ex Lehm.; Ⅱ

滇西委陵菜
▲**Potentilla delavayi** Franch.; Ⅰ，Ⅱ

毛果委陵菜（原变种）
Potentilla eriocarpa Wall. ex Lehm. var. **eriocarpa**; Ⅱ

裂叶毛果委陵菜（变种）
★**Potentilla eriocarpa** Wall. ex Lehm. var. **tsarongensis** W. E. Evans; Ⅱ

川滇委陵菜
★**Potentilla fallens** Card.; *Argentina fallens* (Card.) Soják; Ⅱ，Ⅶ

莓叶委陵菜
Potentilla fragarioides L.; Ⅰ，Ⅱ，Ⅴ，Ⅵ，Ⅶ

金露梅（原变种）
Potentilla fruticosa L. var. **fruticosa**; *Dasiplora fruncosa* (L.) Rydb. var. *fruncosa* (L.) Rydb.; Ⅱ

伏毛金露梅（变种）
Potentilla fruticosa L. var. **arbuscula** (D. Don) Maxim.; *Dasiphora arbuscula* (D. Don) Soják, *Potentilla arbuscula* D. Don; Ⅶ

银露梅
Potentilla gabra Lodd.; *Dasiphora glabra* (Lodd.) Soják; Ⅱ；√

柔毛委陵菜（原变种）
Potentilla griffithii Hook. f. var. **griffithii**; Ⅰ，Ⅱ，Ⅳ，Ⅴ，Ⅵ，Ⅶ；√

长柔毛委陵菜（变种）
★**Potentilla griffithii** Hook. f. var. **velutina** Card.; Ⅰ，Ⅱ，Ⅵ

轿子山委陵菜
●**Potentilla jiaozishanensis** Huan C. Wang et Z. R. He; Ⅱ；√

条裂委陵菜
★**Potentilla lancinata** Card.; Ⅱ

银叶委陵菜（原变种）
Potentilla leuconota D. Don var. **leuconota**; *Argentina leuconota* (D. Don) Soják; Ⅱ

脱毛银叶委陵菜（变种）
Potentilla leuconota D. Don var. **brachyphyllaria** Card.; *Argentina leuconota* (D. Don) Soják var. *brachyphyllaria* (Card.) Tong et Xia; Ⅱ

西南委陵菜
Potentilla lineata Trevir.; *Argentina lineata* (Trevir.) Soják, *Potentilla fulgens* Wall. ex Hook.; Ⅰ, Ⅱ, Ⅲ, Ⅳ, Ⅴ, Ⅵ, Ⅶ; √

多裂委陵菜
Potentilla multifida L.; Ⅱ

总梗委陵菜
Potentilla peduncularis D. Don; *Argentina peduncularis* (D. Don) Soják; Ⅱ, Ⅶ

多叶委陵菜
Potentilla polyphylla Wall. ex Lehm.; *Argentina polyphylla* (Wall. ex Lehm.) Soják; Ⅱ

绢毛匍匐委陵菜（变种）
★**Potentilla reptans** L. var. **sericophylla** Franch.; Ⅰ, Ⅳ

丛生钉柱委陵菜
★**Potentilla saundersiana** Royle var. **caespitosa** (Lehm.) Wolf; Ⅱ

裂萼钉柱委陵菜
★**Potentilla saundersiana** Royle var. **jacquemontii** Franch.; Ⅱ

蛇含委陵菜
Potentilla sundaica (Blume) W. Theob.; *Potentilla kleiniana* Wight et Arn.; Ⅰ, Ⅱ, Ⅳ, Ⅴ, Ⅵ, Ⅶ; √

朝天委陵菜（原变种）
Potentilla supina L. var. **supina**; *Potentilla paradoxa* Nutt. ex Torr.; Ⅰ

三叶朝天委陵菜（变种）
Potentilla supina L. var. **ternata** Peterm.; Ⅰ

中华落叶石楠（中华石楠、锐齿石楠、厚叶中华石楠）
Pourthiaea arguta (Wall. ex Lindl.) Decne.; *Photinia arguta* Lindl., *Photinia beauverdiana* C. K. Schneid., *Photinia beauverdiana* C. K. Schneid. var. *notabilis* (C. K. Schneid.) Rehd. et Wils.; Ⅴ

扁核木（青刺尖）
Prinsepia utilis Royle; Ⅰ, Ⅱ, Ⅳ, Ⅴ, Ⅵ, Ⅶ; √

杏*
Prunus armeniaca L.; *Armeniaca vulgaris* Lam.

短梗稠李
★**Prunus brachypoda** Batal.; *Padus brachypoda* (Batal.) C. K. Schneid., *Prunus brachypoda* Batal var. *pseudossiori* Koehne; Ⅰ, Ⅴ, Ⅶ

橉木
Prunus buergeriana Miq.; *Padus buergeriana* (Miq.) T. T. Yu et T. C. Ku; Ⅰ

钟花樱桃
★**Prunus campanulata** Maxim.; *Cerasus campanulata* (Maxim.) T. T. Yu et C. L. Li; Ⅴ

樱桃李*（原变型）
Prunus cerasifera Ehrh. f. **cerasifera**

紫叶李*（变型）
Prunus cerasifera Ehrh. f. **atropurpurea** (Jacq.) Rehd.

高盆樱桃
Prunus cerasoides Buch.-Ham. ex D. Don; *Cerasus cerasoides* (D. Don) Sok.; Ⅰ, Ⅱ, Ⅲ, Ⅳ, Ⅴ, Ⅵ, Ⅶ; √

微毛樱桃
★**Prunus clarofolia** C. K. Schneid.; *Cerasus clarofolia* (C. K. Schneid.) T. T. Yu et C. L. Li; Ⅱ, Ⅳ

锥腺樱桃
★**Prunus conadenia** Koehne; *Cerasus conadenia* (Koehne) T. T. Yu et C. L. Li; Ⅰ

华中樱桃
★**Prunus conradinae** Koehne; *Cerasus conradinae* (Koehne) T. T. Yu et C. L. Li; Ⅰ, Ⅱ, Ⅴ, Ⅵ, Ⅶ

须鳞樱
Prunus crossotolepis Cardot; Ⅵ, Ⅶ

山桃
Prunus davidiana (Carr.) Franch.; *Amygdalus davidiana* (Carr.) C. de Vos ex Henry; Ⅰ, Ⅴ, Ⅶ

盘腺樱桃
★**Prunus discadenia** Koehne; *Cerasus discadenia* (Koehne) S. Y. Jiang et C. L. Li; Ⅶ

欧洲李*
Prunus domestica L.

麦李
Prunus glandulosa Thunb.; *Cerasus glandulosa* (Thunb.) Lois.; Ⅰ, Ⅱ

蒙自樱桃
▲ **Prunus henryi** (C. K. Schneid.) Koehne; *Cerasus henryi* (C. K. Schneid.) T. T. Yu et C. L. Li; Ⅰ, Ⅴ

日本晚樱[*]
Prunus × lannesiana (Carri.) E. H. Wilson; *Cerasus serrulata* G. Don var. *lannesiana* (Carri.) Makino

光核桃
Prunus mira Koehne; *Amygdalus mira* (Koehne) Yü et Lu; Ⅶ

梅[*]（原变种）
★**Prunus mume** (Sieb.) Sieb. et Zucc. var. **mume**; *Armeniaca mume* Sieb.

长梗梅（变种）
Prunus mume (Sieb.) Sieb. et Zucc. var. **cernua** Franch.; *Armeniaca mume* Sieb. var. *cernua* (Franch.) T. T. Yu et L. T. Lu; Ⅰ

厚叶梅（变种）
★ **Prunus mume** (Sieb.) Sieb. et Zucc. var. **pallescens** Franch.; *Armeniaca mume* Sieb. var. *pallescens* (Franch.) Yü et Lu; Ⅱ

粗梗稠李
Prunus napaulensis (Ser.) Steud.; *Padus napaulensis* (Ser.) C. K. Schneid., *Cerasus napaulensis* Ser.; Ⅰ, Ⅴ

桃[*]
★**Prunus persica** (L.) Batsch; *Amygdalus persica* L.

宿鳞稠李
★**Prunus perulata** Koehne; *Padus perulata* (Koehne) T. T. Yu et T. C. Ku; Ⅱ

腺叶桂樱
Prunus phaeosticta (Hance) Maxim.; *Pygeum phaeosticta* Hance, *Laurocerasus phaeosticta* (Hance) C. K. Schneid.; Ⅰ, Ⅴ, Ⅵ

樱桃[*]
★ **Prunus pseudocerasus** Lindl.; *Cerasus pseudocerasus* (Lindl.) G. Don

细花樱桃
▲**Prunus pusilliflora** Cardot; *Cerasus pusilliflora* (Card.) T. T. Yu et C. L. Li; Ⅰ, Ⅵ

李[*]（原变种）
Prunus salicina Lindl. var. **salicina**

毛柄李[*]（变种）
★**Prunus salicina** Lindl. var. **pubipes** (Koehne) Bailey

细齿樱桃
★**Prunus serrula** Franch.; *Cerasus serrula* (Franch.) T. T. Yu et C. L. Li; Ⅱ, Ⅴ

山樱花[*]
Prunus serrulata Lindl.; *Cerasus serrulata* (Lindl.) G. Don ex London

杏李[*]（玉皇李）
★**Prunus simonii** (Decne.) Carrière

榆叶梅[*]
Prunus triloba Lindl.; *Amygdalus triloba* (Lindl.) Ricker

尖叶桂樱（原变型）
Prunus undulata Buch.-Ham. ex D. Don f. **undulata**; *Laurocerasus undulata* (D. Don) Rocm.; Ⅰ, Ⅴ

毛序尖叶桂樱（变型）
Prunus undulata Buch.-Ham. ex D. Don f. **pubigera** T. T. Yu et L. T. Lu; *Laurocerasus undulata* (D. Don) Roem. f. *pubigera* T. T. Yu et L. T. Lu; Ⅴ

细齿稠李
★**Prunus vaniotii** H. Lév.; *Padus obtusata* (Koehne) T. T. Yu et T. C. Ku, *Prunus pubigera* Koehne var. *obovata* Koehne; Ⅱ, Ⅶ

绢毛稠李
★**Prunus wilsonii** (C. K. Schneid.) Koehne; *Padus wilsonii* C. K. Schneid.; Ⅱ

云南樱桃（原变种）
★**Prunus yunnanensis** Franch. var. **yunnanensis**; *Cerasus yunnanensis* (Franch.) T. T. Yu et L. T. Li; Ⅰ, Ⅱ, Ⅴ, Ⅵ, Ⅶ; √

多花云南樱桃（变种）
▲**Prunus yunnanensis** Franch. var. **polybotrys** Koehne; *Cerasus yunnanensis* (Franch.) T. T. Yu et L. T. Li var. *polybotrys* (Koehne) T. T. Yu et L. T. Li; Ⅱ

大叶桂樱
Prunus zippeliana Miq.; *Laurocerasus zippeliana* (Miq.) T. T. Yu et L. T. Lu; Ⅱ, Ⅴ, Ⅶ

木瓜[*]
★**Pseudocydonia sinensis** (Dum. Cours.) C. K. Schneid.; *Chaenomeles sinensis* (Thouin) Koehne

窄叶火棘
★**Pyracantha angustifolia** (Franch.) C. K. Schneid.; Ⅰ, Ⅱ, Ⅴ, Ⅵ, Ⅶ; √

细圆齿火棘
Pyracantha crenulata (D. Don) Roem.; *Mespilus crenulata* D. Don; Ⅰ, Ⅱ, Ⅳ

火棘
★**Pyracantha fortuneana** (Maxim.) H. L. Li; Ⅰ, Ⅱ, Ⅲ, Ⅳ, Ⅴ, Ⅵ, Ⅶ; √

豆梨
Pyrus calleryana Dcne.; Ⅱ, Ⅴ

西洋梨[*]
Pyrus communis L.

川梨（原变种）
Pyrus pashia Buch.-Ham. ex D. Don var. **pashia**;
Ⅰ, Ⅱ, Ⅲ, Ⅳ, Ⅴ, Ⅵ, Ⅶ; √

大花川梨（变种）
★**Pyrus pashia** Buch.-Ham. ex D. Don var.
grandiflora Card.; Ⅰ

钝叶川梨（变种）
★**Pyrus pashia** Buch.-Ham. ex D. Don var.
obtusata Card.; Ⅰ, Ⅵ

沙梨
Pyrus pyrifolia (Burm. f.) Nakai; *Pyrus serotina*
Rehder; Ⅰ, Ⅱ, Ⅴ

石斑木
Rhaphiolepis indica (L.) Lindl.; *Crataegus indica*
L.; Ⅰ, Ⅴ

厚叶石斑木
Rhaphiolepis umbellata (Thunb.) Makino; Ⅴ

木香花（原变种）
★**Rosa banksiae** R. Br. var. **banksiae**; Ⅰ, Ⅱ, Ⅴ,
Ⅵ, Ⅶ; √

单瓣白木香（变种）
★**Rosa banksiae** R. Br. var. **normalis** Regel; Ⅰ,
Ⅴ, Ⅵ, Ⅶ

百叶蔷薇[*]
Rosa × centifolia L.

月季花[*]
Rosa chinensis Jacq.

腺梗蔷薇
★**Rosa filipes** Rehd. et Wils.; Ⅰ

卵果蔷薇
Rosa helenae Rehd. et Wils.; Ⅰ, Ⅶ

软条七蔷薇[*]
★**Rosa henryi** Bouleng.

小果蔷薇
Rosa indica L.; *Rosa cymosa* Tratt.; Ⅰ, Ⅱ, Ⅳ,
Ⅴ, Ⅵ, Ⅶ

金樱子（刺梨子）
Rosa laevigata Michx.; Ⅴ

丽江蔷薇
▲**Rosa lichiangensis** T. T. Yu et T. C. Ku; Ⅰ, Ⅲ

长尖叶蔷薇
Rosa longicuspis Bertal.; Ⅰ, Ⅱ, Ⅴ, Ⅵ, Ⅶ; √

毛叶蔷薇
★**Rosa mairei** H. Lév.; Ⅱ, Ⅶ; √

华西蔷薇
★**Rosa moyesii** Hemsl. et Wils.; Ⅴ, Ⅵ

野蔷薇（原变种）
Rosa multiflora Thunb. var. **multiflora**; Ⅳ, Ⅴ, Ⅵ

七姊妹[*]（变种）
Rosa multiflora Thunb. var. **carnea** Thory

粉团蔷薇[*]（变种）
★**Rosa multiflora** Thunb. var. **cathayensis** Rehder
et E. H. Wilson

西南蔷薇
★**Rosa murielae** Rehder et Wils.; Ⅰ

香水月季（原变种）
Rosa odorata (Andr.) Sweet var. **odorata**; Ⅰ, Ⅱ,
Ⅳ, Ⅴ, Ⅶ

粉红香水月季（变种）
▲**Rosa odorata** (Andr.) Sweet var. **erubescens**
(Focke) Yü et Ku; Ⅰ

大花香水月季（变种）
Rosa odorata (Andr.) Sweet var. **gigantea** (Crep.)
Rehd. et Wils.; Ⅰ, Ⅱ, Ⅲ, Ⅴ, Ⅵ, Ⅶ; √

峨眉蔷薇
★**Rosa omeiensis** Rolfe; Ⅰ, Ⅱ, Ⅴ, Ⅵ; √

铁杆蔷薇
★**Rosa prattii** Hemsl.; Ⅰ, Ⅱ

缫丝花（原变型）
Rosa roxburghii Tratt. f. **roxburghii**; Ⅰ, Ⅱ, Ⅴ, Ⅵ

单瓣缫丝花（变型）
★**Rosa roxburghii** Tratt. f. **normalis** Rehder et
Wils.; Ⅴ

悬钩子蔷薇
★**Rosa rubus** H. Lév. et Vaniot; Ⅲ

玫瑰[*]
Rosa rugosa Thunb.

绢毛蔷薇
Rosa sericea Lindl.; Ⅱ

钝叶蔷薇
★**Rosa sertata** Rolfe; Ⅰ, Ⅱ

粗叶悬钩子
Rubus alceifolius Poir.; *Rubus alceaefolius* Poir.; Ⅴ

刺萼悬钩子（原变种）
Rubus alexeterius Focke var. **alexeterius**; Ⅰ, Ⅱ; √

腺毛针刺萼悬钩子（变种）
Rubus alexeterius Focke var. **acaenocalyx** (Hara)
T. T. Yu et L. T. Lu; Ⅱ

西南悬钩子
Rubus assamensis Focke; Ⅱ, Ⅴ

粉枝莓

Rubus biflorus Buch.-Ham. ex Sm.; I, II, V, VI, VII; √

滇北悬钩子

★**Rubus bonatianus** Focke; II

齿萼悬钩子

Rubus calycinus Wall. ex D. Don; I, II, V, VI

大乌泡

Rubus clinocephalus Focke; *Rubus multibracteatus* H. Lév. et Vant., *Rubus pluribracteatus* L. T. Lu et Boufford *nom. illeg.*; I, III, V; √

山莓

Rubus corchorifolius L. f.; II, V, VI; √

三叶悬钩子

★**Rubus delavayi** Franch.; I, II, III, IV, V, VI, VII; √

椭圆悬钩子（栽秧泡）

Rubus ellipticus Sm.; *Rubus ellipticus* Sm. var. *obcordatus* (Franch.) Focke; I, II, III, IV, V, VI, VII; √

凉山悬钩子

Rubus fockeanus Kurz; II, V, VI; √

黑锁莓

Rubus foliolosus D. Don; *Rubus aurantiacus* Focke ex Sarg. var. *obtusifolius* T. T. Yu et L. T. Lu; I, II, III, IV, V, VI, VII; √

滇藏悬钩子

★**Rubus hypopitys** Focke; I, II, VII; √

拟覆盆子

★**Rubus idaeopsis** Focke; II, V

高粱泡（原变种）

Rubus lambertianus Ser. var. **lambertianus**; V

腺毛高粱泡（变种）

Rubus lambertianus Ser. var. **glandulosus** Cardot; I, II, III, V

毛叶高粱泡（变种）

Rubus lambertianus Ser. var. **paykouangensis** (H. Lév.) Hand.-Mazz.; I, II, III, V

多毛悬钩子

Rubus lasiotrichos Focke; V

绢毛悬钩子

Rubus lineatus Reinw.; *Rubus lineatus* Reinw. var. *angustifolius* Hook. f.; V

刺毛悬钩子

▲**Rubus luae** V. V. Byalt; *Rubus multisetosus* T. T. Yu et L. T. Lu *nom. illeg.*, *Rubus polytrichus* Franch.

nom. illeg.; IV, VI

细瘦悬钩子

Rubus macilentus Camb.; II, III; √

狭叶悬钩子（狭叶早花悬钩子）

★**Rubus mairei** H. Lév.; *Rubus preptanthus* Focke var. *mairei* (H. Lév.) T. T. Yu et L. T. Lu; I, II, VII

喜阴悬钩子（原变种）

Rubus mesogaeus Focke var. **mesogaeus**; I, II, III, IV, V

腺毛喜阴悬钩子（变种）

★**Rubus mesogaeus** Focke var. **oxycomus** Focke; IV

红泡刺藤

Rubus niveus Thunb.; I, II, III, IV, V, VI, VII; √

圆锥悬钩子

Rubus paniculatus Sm.; I, V

盾叶莓

Rubus peltatus Maxim.; II

掌叶悬钩子

Rubus pentagonus Wall. ex Focke; *Rubus pentagonus* Wall. ex Focke var. *modestus* (Focke) T. T. Yu et L. T. Lu; I, II, V, VI, VII

羽萼悬钩子（原变种）

★**Rubus pinnatisepalus** Hemsl. var. **pinnatisepalus**; II

密腺羽萼悬钩子（变种）

★**Rubus pinnatisepalus** Hemsl. var. **glandulosus** Yü et Lu; II

毛叶悬钩子

Rubus poliophyllus Ktze.; I, V

早花悬钩子

Rubus preptanthus Focke; I, II, V, VI; √

拟木莓

●**Rubus pseudoswinhoei** Huan C. Wang et Z. R. He; II

针刺悬钩子

Rubus pungens Camb.; I, II, V, VI; √

深裂锈毛莓（变种）

★**Rubus reflexus** Ker var. **lanceolobus** Metc.; V

棕红悬钩子

Rubus rufus Focke; II, III, V

川莓

Rubus setchuenensis Bureau et Franch.; II, IV, VI; √

直立悬钩子

★**Rubus stans** Focke; II

华西悬钩子
★**Rubus stimulans** Focke；Ⅱ

美饰悬钩子（黑腺美饰悬钩子）
Rubus subornatus Focke；*Rubus subornatus* Focke var. *melanadenus* Focke；Ⅰ，Ⅱ，Ⅲ，Ⅴ，Ⅵ，Ⅶ

红腺悬钩子
Rubus sumatranus Miq.；Ⅱ，Ⅲ

红毛悬钩子（黄刺泡）
Rubus wallichianus Wight et Arnott；*Rubus pinfaensis* H. Lév. et Vant.；Ⅰ，Ⅱ，Ⅲ，Ⅳ，Ⅴ，Ⅵ，Ⅶ

紫溪山悬钩子
●**Rubus zixishanensis** Huan C. Wang et Q. P. Wang；Ⅵ，Ⅶ

矮地榆
Sanguisorba filiformis (Hook. f.) Hand.-Mazz.；Ⅰ，Ⅱ

地榆（原变种）
Sanguisorba officinalis L. var. **officinalis**；Ⅰ，Ⅱ，Ⅲ，Ⅴ

长叶地榆（变种）
Sanguisorba officinalis L. var. **longifolia** (Bertol.) Yü et Li；Ⅰ

白叶山莓草（小瓣五蕊草）
Sibbaldia micropetala (D. Don) Hand.-Mazz.；*Argentina micropetala* (D. Don) Soják；Ⅱ，Ⅶ

显脉山莓草
★**Sibbaldia phanerophlebia** T. T. Yu et C. L. Li；*Argentina phanerophlebia* (T. T. Yu et C. L. Li) T. Feng et Heng C. Wang；Ⅱ

大瓣紫花山莓草（变种）（紫花五蕊梅、紫花吐脸梅）
Sibbaldia purpurea Royle var. **macropetala** (Muraj.) T. T. Yu et C. L. Li；*Potentilla purpurea* (Royle) Hook. f. var. *macropetala* (Muraj.) T. T. Yu et C. L. Li；Ⅱ

高丛珍珠梅（原变种）
★**Sorbaria arborea** C. K. Schneid. var. **arborea**；Ⅱ，Ⅶ

光叶高丛珍珠梅（变种）
★**Sorbaria kirilowii** (Regel) Maxim. var. **glabrata** Rehd.；Ⅱ

锐齿花楸
★**Sorbus arguta** T. T. Yu；*Aria yuarguta* H. Ohashi et Iketani；Ⅱ

美脉花楸[*]
Sorbus caloneura (Stapf) Rehd.

冠萼花楸
Sorbus coronata (Card.) T. T. Yu et H. T. Tsai；*Micromeles coronata* (Cardot) Mezhenskyj；Ⅱ，Ⅴ

疣果花楸
Sorbus corymbifera (Miq.) Nguyên et Yakov.；*Sorbus granulose* (Bertol.) Rehd., *Micromeles corymbifera* (Miq.) Kalkman；Ⅰ，Ⅴ

锈色花楸
Sorbus ferruginea (Wenz.) Rehd.；*Micromeles ferruginea* (Wenz.) Koehne；Ⅰ，Ⅱ，Ⅲ

石灰花楸
★**Sorbus folgneri** (C. K. Schneid.) Rehd.；Ⅰ，Ⅱ，Ⅳ，Ⅴ，Ⅵ，Ⅶ

尼泊尔花楸
Sorbus foliolosa (Wall.) Spach；*Sorbus wallichii* (Hook. f.) Yu.；Ⅱ，Ⅴ

圆果花楸
Sorbus globosa T. T. Yu et H. T. Tsai；Ⅴ

球穗花楸
★**Sorbus glomerulata** Koehne；Ⅱ

江南花楸
★**Sorbus hemsleyi** (C. K. Schneid.) Rehd.；Ⅱ

湖北花楸
★**Sorbus hupehensis** C. K. Schneid.；Ⅶ

毛序花楸
★**Sorbus keissleri** (C. K. Schneid.) Rehder；Ⅴ，Ⅵ

陕甘花楸
★**Sorbus koehneana** C. K. Schneid.；Ⅴ，Ⅵ

大果花楸
★**Sorbus megalocarpa** Rehd.；Ⅴ

褐毛花楸
★**Sorbus ochracea** (Hand.-Mazz.) Vidal；Ⅰ，Ⅴ，Ⅵ

少齿花楸
Sorbus oligodonta (Card.) Hand.-Mazz.；Ⅶ

灰叶花楸
★**Sorbus pallescens** Rehd.；Ⅱ，Ⅶ

多对西康花楸（变种）
★**Sorbus prattii** Koehne var. **aestivalis** (Koehne) Yu；Ⅱ

西南花楸
Sorbus rehderiana Koehne；Ⅱ

鼠李叶花楸
Sorbus rhamnoides (Dcne.) Rehd.；Ⅰ，Ⅴ，Ⅶ

红毛花楸
Sorbus rufopilosa C. K. Schneid.；Ⅱ

晚绣花楸
★**Sorbus sargentiana** Koehne；Ⅰ，Ⅱ，Ⅲ，Ⅳ，Ⅴ，Ⅵ，Ⅶ

滇缅花楸
Sorbus thomsonii (King ex Hook. f.) Rehd.；Ⅶ

川滇花楸
★**Sorbus vilmorinii** C. K. Schneid.；Ⅱ

楔叶绣线菊（窄叶楔叶绣线菊）
Spiraea canescens D. Don；*Spiraea canescens* D. Don var. *oblanceolata* Rehd.；Ⅳ

麻叶绣线菊*
Spiraea cantoniensis Lour.

中华绣线菊
Spiraea chinensis Maxim.；Ⅰ，Ⅱ，Ⅲ，Ⅳ，Ⅴ，Ⅵ，Ⅶ

粉叶绣线菊
▲**Spiraea compsophylla** Hand.-Mazz.；Ⅰ

粉花绣线菊（原变种）
Spiraea japonica L. f. var. **japonica**；Ⅰ，Ⅱ，Ⅲ，Ⅳ，Ⅴ，Ⅵ，Ⅶ

渐尖叶粉花绣线菊（变种）
★**Spiraea japonica** L. f. var. **acuminata** Franch.；Ⅰ，Ⅱ；√

急尖叶粉花绣线菊（变种）
★**Spiraea japonica** L. f. var. **acuta** T. T. Yu；Ⅱ

光叶粉花绣线菊（变种）
★**Spiraea japonica** L. f. var. **fortunei** (Planchon) Rehder；Ⅱ，Ⅴ

椭圆叶粉花绣线菊（变种）
★**Spiraea japonica** L. f. var. **ovalifolia** Franch.；Ⅰ，Ⅱ，Ⅶ

毛枝绣线菊（原变种）
★**Spiraea martini** H. Lév. var. **martini**；Ⅰ，Ⅱ，Ⅲ，Ⅳ，Ⅴ，Ⅶ；√

长梗毛枝绣线菊（变种）
Spiraea martini H. Lév. var. **pubescens** T. T. Yu；Ⅰ，Ⅴ

毛叶毛枝绣线菊（变种）
▲**Spiraea martini** H. Lév. var. **tomentosa** T. T. Yu；Ⅴ

毛叶绣线菊
★**Spiraea mollifolia** Rehder；Ⅰ

细枝绣线菊
★**Spiraea myrtilloides** Rehder；Ⅱ

紫花绣线菊
★**Spiraea purpurea** Hand.-Mazz.；Ⅰ，Ⅴ

南川绣线菊
★**Spiraea rosthornii** Pritz.；Ⅰ

茂汶绣线菊
★**Spiraea sargentiana** Rehder；Ⅰ，Ⅳ

川滇绣线菊
★**Spiraea schneideriana** Rehder；Ⅴ

滇中绣线菊
●**Spiraea schochiana** Rehd.；Ⅰ，Ⅶ

干地绣线菊
▲**Spiraea siccanea** (W. W. Sm.) Rehder；Ⅴ

浅裂绣线菊
★**Spiraea sublobata** Hand.-Mazz.；Ⅱ

伏毛绣线菊（毛绣线菊）
★**Spiraea teniana** Rehder；Ⅰ，Ⅱ，Ⅶ

鄂西绣线菊
★**Spiraea veitchii** Hemsl.；Ⅰ，Ⅱ，Ⅳ，Ⅴ

绒毛绣线菊
★**Spiraea velutina** Franch.；Ⅴ

146 胡颓子科 Elaeagnaceae
[1 属 17 种]

嵩明木半夏（变种）
●**Elaeagnus angustata** (Rehder) C. Y. Chang var. **songmingensis** W. K. Hu et H. F. Chow；Ⅰ，Ⅱ

长叶胡颓子
★**Elaeagnus bockii** Diels；Ⅰ，Ⅳ，Ⅵ，Ⅶ

密花胡颓子
Elaeagnus conferta Roxb.；Ⅴ，Ⅵ

长柄胡颓子
Elaeagnus delavayi Lecomte；Ⅰ，Ⅱ，Ⅶ；√

短柱胡颓子（变种）
★**Elaeagnus difficilis** Servett. var. **brevistyla** W. K. Hu et H. F. Chow；Ⅱ

角花胡颓子
Elaeagnus gonyanthes Benth.；Ⅴ，Ⅵ

宜昌胡颓子
★**Elaeagnus henryi** Warb. ex Diels；Ⅴ

景东羊奶子
▲**Elaeagnus jingdonensis** C. Y. Chang；Ⅴ

披针叶胡颓子（大披针叶胡颓子、红枝胡颓子）
★**Elaeagnus lanceolata** Warb.；*Elaeagnus lanceolata* Warb. subsp. *grandifolia* Serv.，*Elaeagnus lanceolata* Warb. subsp. *rubescens* Lecomte；Ⅰ，Ⅱ

鸡柏紫藤
Elaeagnus loureiroi Champ.; V

银果牛奶子
★**Elaeagnus magna** (Servett.) Rehder; I, II

小花羊奶子
▲**Elaeagnus micrantha** C. Y. Chang; I

木半夏
Elaeagnus multiflora Thunb.; I, II

胡颓子（羊奶子）
Elaeagnus pungens Thunb.; I, V

越南胡颓子
Elaeagnus tonkinensis Servett.; VII

牛奶子
Elaeagnus umbellata Thunb.; *Elaeagnus umbellata* Thunb. var. *parvifolia* (Wall.) C. K. Schneid.; I, II, III, IV, V, VI, VII; √

绿叶胡颓子（白绿叶）
★**Elaeagnus viridis** Servett.; *Elaeagnus pallidiflora* C. Y. Chang, *Elaeagnus taliensis* C. Y. Chang, *Elaeagnus wenshanensis* C. Y. Chang, *Elaeagnus viridis* Servett. var. *delavayi* Lecomte; I, II, IV, V

147 鼠李科 Rhamnaceae
[11 属 50 种, 含 2 栽培种]

黄背勾儿茶
Berchemia flavescens (Wall.) Wall. ex Brongn.; I, IV, VII

多花勾儿茶
Berchemia floribunda (Wall.) Brongn.; I, II, III, IV, V, VI, VII; √

峨眉勾儿茶
★**Berchemia omeiensis** Fang ex Y. L. Chen; V

多叶勾儿茶（原变种）
Berchemia polyphylla Wall. ex Laws var. **polyphylla**; I, III, V

光枝勾儿茶（变种）
★**Berchemia polyphylla** Wall. ex Laws var. **leioclada** Hand.-Mazz; I, V

毛叶勾儿茶（变种）
★**Berchemia polyphylla** Wall. ex Laws var. **trichophylla** Hand.-Mazz.; III

勾儿茶
★**Berchemia sinica** C. K. Schneid.; III, IV, VII

云南勾儿茶
★**Berchemia yunnanensis** Franch.; I, II, IV, V, VI, VII

毛蛇藤
Colubrina javanica Miq.; *Colubrina pubescens* Kurz; II, III, IV, V; √

毛叶裸芽鼠李（毛叶鼠李）
Frangula henryi (C. K. Schneid.) Grubov; *Rhamnus henryi* C. K. Schneid.; V

毛咀签
Gouania javanica Miq.; V

越南咀签（变种）（北越下果藤）
Gouania leptostachya DC. var. **tonkinensis** Pitard; V, VI

枳椇（拐枣、鸡爪子）
Hovenia acerba Lindl.; I, V, VI, VII

铜钱树
★**Paliurus hemsleyanus** Rehder; II, V

短柄铜钱树
★**Paliurus orientalis** (Franch.) Hemal.; II, V, VI, VII; √

马甲子（铜钱树）
Paliurus ramosissimus (Lour.) Poir.; III, V

毛背猫乳
★**Rhamnella julianae** C. K. Schneid.; I, VII

多脉猫乳
Rhamnella martini (H. Lév.) C. K. Schneid.; I, II, III, IV, V, VI; √

苞叶木（红脉麦果）
Rhamnella rubrinervis (H. Lév.) Rehder; *Chaydaia rubrinervis* (H. Lév.) C. Y. Wu ex Y. L. Chen; III, V

铁马鞭（云南鼠李）
▲**Rhamnus aurea** Heppl.; I, II, IV, VI, VII; √

陷脉鼠李
Rhamnus bodinieri H. Lév.; IV

淡黄鼠李
★**Rhamnus flavescens** Y. L. Chen et P. K. Chou; IV

川滇鼠李
★**Rhamnus gilgiana** Heppl.; IV, V

亮叶鼠李
★**Rhamnus hemsleyana** C. K. Schneid; II

异叶鼠李
★**Rhamnus heterophylla** Oliv.; V, VI

薄叶鼠李
★**Rhamnus leptophylla** C. K. Schneid.; I, II, IV, V

尼泊尔鼠李
Rhamnus napalensis (Wall.) Laws.; V

黑背鼠李
Rhamnus nigricans Hand.-Mazz.; Ⅴ, Ⅵ, Ⅶ; √

小冻绿树
★Rhamnus rosthornii Pritz.; *Rhamnus serpyllifolia* H. Lév.; Ⅰ, Ⅱ, Ⅳ, Ⅴ

皱叶鼠李
Rhamnus rugulosa Hemsl.; Ⅲ

多脉鼠李
Rhamnus sargentiana C. K. Schneid.; Ⅱ

冻绿
Rhamnus utilis Decne.; Ⅳ

帚枝鼠李（原变种）（小叶冻绿）
Rhamnus virgata Roxb. var. **virgata**; *Rhamnus leptophylla* C. K. Schneid. var *milensis* C. K. Schneid.; Ⅰ, Ⅱ, Ⅳ, Ⅴ, Ⅵ, Ⅶ; √

糙毛帚枝鼠李（变种）
Rhamnus virgata Roxb. var. **hirsuta** (Wight et Arn.) Y. L. Chen et P. K. Chou; Ⅶ

西藏鼠李
★Rhamnus xizangensis Y. L. Chen et P. K. Chou; Ⅴ

纤细雀梅藤
★Sageretia gracilis Drumm. et Sprague; *Sageretia compacta* Drumm. et Sprague; Ⅰ, Ⅱ, Ⅲ, Ⅳ, Ⅴ, Ⅵ, Ⅶ; √

梗花雀梅藤
Sageretia henryi Drumm. et Sprague; Ⅰ, Ⅴ

峨眉雀梅藤
★Sageretia omeiensis C. K. Schneid.; Ⅱ

少脉雀梅藤
★Sageretia paucicostata Maxim.; Ⅱ, Ⅴ

对节刺（铁勒鞭棵棵）
★Sageretia pycnophylla C. K. Schneid.; Ⅱ

雀梅藤
Sageretia thea (Osbeck) Johnst.; *Sageretia theezans* (L.) Brongn.; Ⅱ, Ⅳ

毛果翼核果
Ventilago calyculata Tul.; Ⅴ

海南翼核果
★Ventilago inaequilateralis Merr. et Chun; Ⅴ

褐果枣
★Ziziphus fungii Merr.; Ⅴ, Ⅵ

印度枣（滇枣）
Ziziphus incurva Roxb.; *Ziziphus yunnanensis* C. K. Schneid.; Ⅴ

枣*（原变种）
Ziziphus jujuba Mill. var. **jujuba**; *Ziziphus sativa* Gaertn.

无刺枣*（变种）
★Ziziphus jujuba Mill. var. **inermis** (Bunge) Rehd.

大果枣
●Ziziphus mairei Dode; Ⅰ

滇刺枣
Ziziphus mauritiana Lam.; Ⅱ, Ⅴ, Ⅶ

皱枣
Ziziphus rugosa Lam.; Ⅴ

148 榆科 Ulmaceae
[2 属 8 种，含 1 栽培种]

毛枝榆
Ulmus chumlia Melville et Heybroek; *Ulmus androssowii* Litw. var. *subhirsuta* (C. K. Schneid.) P. H. Huang, F. Y. Gao et L. H. Zhuo, *Ulmus androssowii* Litw. var. *virgata* (Planch.) Grudz.; Ⅰ, Ⅱ, Ⅳ, Ⅴ, Ⅵ

春榆（变种）
Ulmus davidiana Planch. var. **japonica** (Rehder) Nakai; Ⅳ, Ⅶ

昆明榆
★ Ulmus kunmingensis W. C. Cheng; *Ulmus changii* Cheng var. *kunmingensis* (W. C. Cheng) W. C. Cheng et L. K. Fu; Ⅰ, Ⅱ, Ⅳ, Ⅶ

常绿榆（越南榆、常绿滇榆）
Ulmus lanceifolia Roxb.; *Ulmus tonkinensis* Gagnep., *Ulmus lanceaefolia* Roxb. ex Wall; Ⅴ

大果榆
Ulmus macrocarpa Hance.; Ⅳ

榆树*
Ulmus pumila L.

昆明榉
●Zelkova kunmingensis X. W. Li et H. B. Wang; Ⅰ, Ⅳ, Ⅴ

大叶榉树
★Zelkova schneideriana Hand.-Mazz.; Ⅰ, Ⅴ, Ⅶ; √

149 大麻科 Cannabaceae
[5 属 17 种，含 2 栽培种]

糙叶树
Aphananthe aspera (Thunb.) Planch.; Ⅴ

大麻*（火麻）
Cannabis sativa L.; √

紫弹树
Celtis biondii Pamp.; Ⅰ, Ⅱ, Ⅴ

黑弹树
Celtis bungeana Blume; Ⅰ, Ⅴ, Ⅵ, Ⅶ

小果朴（大黑果朴）
Celtis cerasifera C. K. Schneid.; Ⅰ, Ⅲ

珊瑚朴
★**Celtis julianae** C. K. Schneid.; Ⅰ, Ⅱ

四蕊朴（昆明朴）
Celtis tetrandra Roxb.; *Celtis kunmingensis* W. C. Cheng et T. Hong; Ⅰ, Ⅳ, Ⅴ; √

假玉桂
Celtis timorensis Span.; Ⅴ

西川朴
★**Celtis vandervoetiana** C. K. Schneid.; Ⅴ

啤酒花*
Humulus lupulus L.

葎草
Humulus scandens (Lour.) Merr.; Ⅰ, Ⅱ

滇葎草
▲**Humulus yunnanensis** Hu; Ⅰ, Ⅱ

狭叶山黄麻
Trema angustifolium (Planch.) Blume; Ⅲ, Ⅳ, Ⅴ, Ⅵ

羽脉山黄麻
★**Trema levigatum** Hand.-Mazz.; Ⅰ, Ⅱ, Ⅴ, Ⅵ, Ⅶ; √

银毛叶山黄麻
Trema nitidum C. J. Chen; Ⅳ, Ⅴ, Ⅵ

异色山黄麻
Trema orientale (L.) Blume; Ⅴ

山黄麻
Trema tomentosum (Roxb.) H. Hara; Ⅴ

150 桑科 Moraceae
[5 属 58 种，含 9 栽培种]

波罗蜜*
Artocarpus heterophyllus Lam.

藤构（变种）（蔓构）
★**Broussonetia kaempferi** Sieb. var. **australis** Suzuki; Ⅰ, Ⅱ, Ⅲ, Ⅳ, Ⅵ, Ⅶ

楮
Broussonetia kazinoki Sieb.; Ⅰ, Ⅱ, Ⅲ, Ⅳ, Ⅴ, Ⅵ, Ⅶ

构树
Broussonetia papyrifera (L.) L'Hér. ex Vent.; Ⅰ, Ⅱ, Ⅲ, Ⅳ, Ⅴ, Ⅵ, Ⅶ; √

石榕树
Ficus abelii Miq.; Ⅴ

高山榕
Ficus altissima Blume; Ⅴ

大果榕（苹果榕、木瓜榕）
Ficus auriculata Lour.; *Ficus oligodon* Miq.; Ⅱ, Ⅲ, Ⅴ

垂叶榕
Ficus benjamina L.; Ⅴ, Ⅵ

无花果*
Ficus carica L.

沙坝榕
Ficus chapaensis Gagnep.; Ⅰ, Ⅱ, Ⅴ

无柄纸叶榕（变种）
Ficus chartacea Wall. ex King var. **torulosa** King; Ⅳ, Ⅴ

雅榕（小叶榕、近无柄雅榕）
Ficus concinna (Miq.) Miq.; *Ficus concinna* (Miq.) Miq. var. *subsessilis* Corner; Ⅰ, Ⅳ, Ⅴ

钝叶榕
Ficus curtipes Corner; Ⅴ, Ⅵ

歪叶榕
Ficus cyrtophylla Wall. ex Miq.; Ⅴ, Ⅵ

印度榕*（橡皮树）
Ficus elastica Roxb. ex Hornem.

水同木
Ficus fistulosa Reinw. ex Blume; Ⅳ

曲枝榕
Ficus geniculata Kurz; Ⅳ, Ⅵ, Ⅶ

大叶水榕
Ficus glaberrima Blume; Ⅴ

尖叶榕
Ficus henryi Warb. ex Diels; Ⅴ

异叶榕（异叶天仙果）
Ficus heteromorpha Hemsl.; Ⅴ, Ⅵ; √

对叶榕（扁果榕、红果对叶榕）
Ficus hispida L. f.; *Ficus hispida* L. f. var. *badiostrigosa* Corner, *Ficus hispida* L. f. var. *badiostrigosa* Corner; Ⅴ

大青树*
Ficus hookeriana Corner

壶托榕（瘦柄榕）
Ficus ischnopoda Miq.; Ⅰ, Ⅴ; √

瘤枝榕（疣枝榕）
Ficus maclellandii King；Ⅴ

榕树（万年青）
Ficus microcarpa L. f.；Ⅰ，Ⅱ，Ⅴ

森林榕（原变种）（冠毛榕）
Ficus neriifolia Sm. var. **neriifolia**；*Ficus neriifolia* Sm. var. *trilepis* (Miq.) Corner，*Ficus neriifolia* Sm. var. *nemoralis* (Wall. ex Miq.) Corner，*Ficus neriifolia* Sm. var. *fieldingii* (Miq.) Corner；Ⅰ，Ⅱ，Ⅳ，Ⅴ

长叶冠毛榕（变种）
★**Ficus neriifolia** Sm. var. **esquirolii** (H. Lév. et Vant.) Corner；*Ficus gasparriniana* Miq. var. *esquirolii* (Levl. Et Vant.) Corner；Ⅴ

菱叶冠毛榕（变种）（撕裂榕）
★**Ficus neriifolia** Sm. var. **laceratifolia** (H. Lév. et Vant.) Corner；*Ficus gasparriniana* Miq. var. *laceratifolia* (Levl. et Vant.) Corner；Ⅴ

直脉榕
Ficus orthoneura H. Lév. et Vant.；Ⅰ，Ⅱ，Ⅴ；√

琴叶榕*（条叶榕、全缘琴叶榕）
Ficus pandurata Hance

豆果榕
Ficus pisocarpa Blume；Ⅴ

褐叶榕
Ficus pubigera (Wall. ex Miq.) Brandis；Ⅳ，Ⅴ

舶梨榕（毛脉舶梨榕）
Ficus pyriformis Hook. et Arn.；*Ficus pyriformis* Hook. et Arn. var. *hirtinervis* S. S. Chang；Ⅴ，Ⅵ

聚果榕（原变种）
Ficus racemosa L. var. **racemosa**；Ⅱ，Ⅴ

柔毛聚果榕（变种）
Ficus racemosa L. var. **miquelli** (King) Corner；Ⅱ，Ⅴ

菩提树*
Ficus religiosa L.

匍茎榕（原变种）
Ficus sarmentosa Buch.-Ham. ex J. E. Sm. var. **sarmentosa**；Ⅵ，Ⅶ

大果爬藤榕（变种）
★**Ficus sarmentosa** Buch.-Ham. ex J. E. Sm. var. **duclouxii** (H. Lév. et Oliv.)；Ⅰ，Ⅱ，Ⅳ，Ⅴ，Ⅶ

珍珠榕（变种）（珍珠莲、凉粉树）
★**Ficus sarmentosa** Buch.-Ham. ex J. E. Sm. var. **henryi** (King ex Oliv.) Corner；Ⅰ，Ⅱ，Ⅲ，Ⅴ，Ⅵ，Ⅶ；√

爬藤榕（变种）
Ficus sarmentosa Buch.-Ham. ex J. E. Sm. var.

impressa (Champ.) Corner；Ⅳ

薄叶匍茎榕（变种）
Ficus sarmentosa Buch.-Ham. ex J. E. Sm. var. **lacrymans** (H. Lév. et Vant.) Corner；Ⅴ

鸡嗉子榕
Ficus semicordata Buch.-Ham. ex J. E. Sm.；Ⅱ，Ⅴ

极简榕（粗叶榕）
Ficus simplicissima Lour.；*Ficus hirta* Vahl；Ⅲ，Ⅴ

棒果榕
Ficus subincisa Buch.-Ham. ex Sm.；Ⅱ，Ⅴ

地果（地石榴、地瓜）
Ficus tikoua Bur.；Ⅰ，Ⅱ，Ⅳ，Ⅴ，Ⅵ，Ⅶ；√

斜叶榕（亚种）
Ficus tinctoria Forst subsp. **gibbosa** (Blume) Corner；Ⅱ，Ⅲ，Ⅴ，Ⅵ

黄毛榕
Ficus triloba Buch.-Ham. ex Voigt；*Ficus esquiroliana* Lévl.；Ⅴ

岩木瓜
★**Ficus tsiangii** Merr. ex Corner；Ⅴ

杂色榕*
Ficus variegata Blume

绿黄葛树*（黄葛榕、黄葛树）
Ficus virens Ait.

构棘
Maclura cochinchinensis (Lour.) Corner；*Cudrania cochinchinensis* (Lour.) Kudo et Masam.；Ⅴ

柘藤
Maclura fruticosa (Roxb.) Corner；*Cudrania fruticosa* (Roxb.) Wight ex Kurz；Ⅴ

柘
Maclura tricuspidata Carrière；*Cudrania tricuspidata* (Carr.) Bur. ex Lavallée；Ⅰ，Ⅴ，Ⅵ，Ⅶ；√

桑*
Morus alba L.

鸡桑
Morus indica L.；Ⅰ，Ⅱ，Ⅳ，Ⅴ，Ⅵ，Ⅶ

奶桑（光叶桑、毛叶奶桑）
Morus macroura Miq.；*Morus macroura* Miq. var. *mawu* (Koidz.) C. Y. Wu et Cao；Ⅴ

蒙桑（云南桑、山桑）
Morus mongolica (Bur.) C. K. Schneid.；Ⅰ，Ⅳ，Ⅵ，Ⅶ

裂叶桑（三裂叶鸡桑）
★**Morus trilobata** (S. S. Chang) Z. Y. Cao；*Morus*

australis Poir. var. *trilobata* S. S. Chang；Ⅰ

151 荨麻科 Urticaceae
[16 属 82 种，含 3 栽培种]

白面苎麻（茎花苎麻）
Boehmeria clidemioides Miq.；Ⅰ，Ⅱ，Ⅳ，Ⅶ

序叶苎麻
Boehmeria diffusa Wedd.；*Boehmeria clidemioides* Miq. var. *diffusa* (Wedd.) Hand.-Mazz.；Ⅰ，Ⅱ，Ⅲ，Ⅳ，Ⅴ，Ⅵ，Ⅶ

水苎麻（原变种）
Boehmeria macrophylla Hornem. var. **macrophylla**；*Boehmeria virgata* (Forst.) Guill. subsp. *macrophylla* (Hornem.) Friis et Wilmot-Dear，*Boehmeria platyphylla* Buch.-Ham. ex D. Don；Ⅴ

糙叶水苎麻（变种）
Boehmeria macrophylla Hornem. var. **scabrella** (Roxb.) Long；*Boehmeria virgata* (Forst.) Guill. var. *scabrella* (Dalzell et Gibson) Friis et Wilmot-Dear；Ⅰ，Ⅶ

苎麻*
Boehmeria nivea (L.) Gaudich.

长叶苎麻
Boehmeria penduliflora Wedd. ex Long；Ⅳ，Ⅴ

束序苎麻
Boehmeria siamensis Craib；Ⅳ，Ⅴ，Ⅶ

阴地苎麻
★**Boehmeria umbrosa** (Hand.-Mazz.) W. T. Wang；*Boehmeria clidemioides* Miq. var. *umbrosa* Hand.-Mazz.；Ⅰ，Ⅳ；√

微柱麻
Chamabainia cuspidata Wight；Ⅱ，Ⅴ

长叶水麻
Debregeasia longifolia (Burm. f.) Wedd.；Ⅰ，Ⅱ，Ⅲ，Ⅳ，Ⅴ，Ⅵ，Ⅶ

水麻（水麻柳）
Debregeasia orientalis C. J. Chen；*Debregeasia edulis* (Sieb. et Zucc.) Wedd.；Ⅰ，Ⅱ，Ⅲ，Ⅳ，Ⅴ，Ⅵ，Ⅶ；√

单蕊麻（亚种）
Droguetia iners (Forssk.) Schweinf. subsp. **urticoides** (Wight) Friis et Wilmot-Dear；*Droguetia pauciflora* (Rich.) Wedd.；Ⅴ；√

渐尖楼梯草
Elatostema acuminatum (Poir.) Brongn.；Ⅴ；√

深绿楼梯草（光序楼梯草）
Elatostema atroviride W. T. Wang；*Elatostema*

leiocephalum W. T. Wang；Ⅱ，Ⅳ

华南楼梯草
Elatostema balansae Gagnep.；Ⅰ，Ⅱ，Ⅴ

骤尖楼梯草
Elatostema cuspidatum Wight；Ⅴ；√

锐齿楼梯草（原变种）
Elatostema cyrtandrifolium (Zoll. et Moritzi) Miq. var. **cyrtandrifolium**；Ⅴ，Ⅶ

粗毛锐齿楼梯草（变种）
▲**Elatostema cyrtandrifolium** (Zoll. et Moritzi) Miq. var. **hirsutum** W. T. Wang et Zeng Y. Wu；Ⅰ

梨序楼梯草
Elatostema ficoides Wedd.；Ⅱ

异被楼梯草（异被赤车）
Elatostema heterolobum (Wedd.) Hallier f.；*Pellionia heteroloba* Wedd.；Ⅴ

全缘楼梯草
Elatostema integrifolium (D. Don) Wedd.；Ⅴ

楼梯草
Elatostema involucratum Franch. et Savat.；Ⅰ，Ⅱ，Ⅴ

宽被楼梯草
●**Elatostema latitepalum** W. T. Wang；Ⅱ

多序楼梯草
Elatostema macintyrei Dunn；Ⅰ，Ⅱ，Ⅲ，Ⅳ

巨序楼梯草（毛叶楼梯草）
Elatostema megacephalum W. T. Wang；*Elatostema mollifolium* W. T. Wang；Ⅴ

异叶楼梯草（锈毛楼梯草、羽裂楼梯草）
Elatostema monandrum (Buch.-Ham. ex D. Don) H. Hara；*Elatostema monandrum* (Buch.-Ham. ex D. Don) H. Hara f. *pinnatifidum* (Hook. f.) H. Hara，*Elatostema monandrum* (Buch.-Ham. ex D. Don) H. Hara f. *ciliatum* (Hook. f.) Hara；Ⅰ，Ⅱ，Ⅴ，Ⅵ，Ⅶ；√

托叶楼梯草
Elatostema nasutum Hook. f.；Ⅱ

钝叶楼梯草
Elatostema obtusum Wedd.；Ⅰ，Ⅱ，Ⅴ，Ⅵ，Ⅶ；√

小叶楼梯草（滇黔楼梯草）
Elatostema parvum (Blume) Miq.；*Elatostema backeri* H. Schörter；Ⅰ，Ⅱ

密齿楼梯草
★**Elatostema pycnodontum** W. T. Wang；Ⅴ

赤车
Elatostema radicans (Siebold et Zucc.) Wedd.；

Pellionia radicans (Siebold et Zucc.) Wedd.; Ⅴ

石生楼梯草
Elatostema rupestre (Buch.-Ham.) Wedd.; Ⅴ

对叶楼梯草
Elatostema sinense H. Schroet.; Ⅱ, Ⅴ

细尾楼梯草
Elatostema tenuicaudatum W. T. Wang; Ⅴ

大蝎子草（原亚种）（棱果蝎子草）
Girardinia diversifolia (Link) Friis subsp. **diversifolia**; *Girardinia suborbiculata* C. J. Chen subsp. *grammata* (C. J. Chen) C. J. Chen; Ⅰ, Ⅱ, Ⅲ, Ⅴ, Ⅵ; √

红火麻（亚种）
★ **Girardinia diversifolia** (Link) Friis subsp. **triloba** (C. J. Chen) C. J. Chen et Friis; Ⅱ; √

糯米团
Gonostegia hirta (Blume) Miq.; Ⅰ, Ⅱ, Ⅲ, Ⅳ, Ⅴ, Ⅵ, Ⅶ; √

五蕊糯米团（狭叶糯米团）
Gonostegia pentandra (Roxb.) Miq.; *Memorialis pentandra* (Roxb.) Wedd. var. *hypericifolia* (Blume) Wedd.; Ⅴ

珠芽艾麻（皱果艾麻、心叶艾麻）
Laportea bulbifera (Sieb. et Zucc.) Wedd.; *Laportea bulbifera* (Sieb. et Zucc.) Wedd. subsp. *rugosa* C. J. Chen, *Laportea bulbifera* (Siebold et Zucc.) Wedd. subsp. *latiuscula* C. J. Chen; Ⅰ, Ⅱ, Ⅴ, Ⅶ; √

艾麻
Laportea cuspidata (Wedd.) Friis; Ⅱ

假楼梯草
Lecanthus peduncularis (Wall. ex Royle) Wedd.; Ⅰ, Ⅱ, Ⅳ, Ⅵ, Ⅶ

角被假楼梯草（变种）
★**Lecanthus petelotii** (Gagnep.) C. J. Chen var. **corniculata** C. J. Chen; *Lecanthus corniculatus* (C. J. Chen) H. W. Li; Ⅰ, Ⅴ

冷水花假楼梯草
★**Lecanthus pileoides** S. S. Chien et C. J. Chen; Ⅵ, Ⅶ

水丝麻
Leucosyke puya (Hook.) den Baaker et Mabb.; *Maoutia puya* (Hook.) Wedd.; Ⅴ, Ⅵ

紫麻
Oreocnide frutescens (Thunb.) Miq.; Ⅰ, Ⅱ, Ⅳ,

Ⅴ, Ⅵ

倒卵叶紫麻
Oreocnide obovata (C. H. Wright) Merr.; Ⅴ

墙草
Parietaria debilis G. Forst.; *Parietaria micrantha* Ledeb.; Ⅰ, Ⅱ, Ⅴ

圆瓣冷水花（原亚种）
Pilea angulata (Blume) Blume subsp. **angulata**; Ⅰ, Ⅱ, Ⅳ, Ⅴ, Ⅵ

华中冷水花（亚种）
★**Pilea angulata** (Blume) Blume subsp. **latiuscula** C. J. Chen; Ⅱ

异叶冷水花
Pilea anisophylla Wedd.; Ⅴ

五萼冷水花
Pilea boniana Gagnep.; Ⅴ

花叶冷水花*
Pilea cadierei Gagnep. et Guill.

石林冷水花
Pilea elegantissima C. J. Chen; Ⅳ; √

纤细冷水花
Pilea gracilis Hand.-Mazz.; *Pilea verrucosa* Hand.-Mazz.; Ⅰ, Ⅳ, Ⅴ, Ⅵ

翠茎冷水花
Pilea hilliana Hand.-Mazz.; Ⅰ, Ⅳ

须弥冷水花
Pilea hookeriana Wedd.; Ⅵ, Ⅶ

山冷水花
Pilea japonica (Maxim.) Hand.-Mazz.; Ⅰ, Ⅱ; √

鱼眼果冷水花（近全缘叶冷水花）
Pilea longipedunculata S. S. Chien et C. J. Chen; *Pilea howelliana* Hand.-Mazz. var. *longipedunculata* (S. S. Chien et C. J. Chen) H. W. Li; Ⅴ

大叶冷水花
Pilea martinii (H. Lév.) Hand.-Mazz.; Ⅰ, Ⅱ, Ⅳ, Ⅴ, Ⅵ, Ⅶ; √

长序冷水花
Pilea melastomoides (Poir.) Wedd.; Ⅰ, Ⅴ

小叶冷水花#
Pilea microphylla (L.) Liebm.

念珠冷水花
★**Pilea monilifera** Hand.-Mazz.; Ⅱ, Ⅳ

冷水花
Pilea notata C. H. Wright; Ⅱ, Ⅴ

镜面草*
Pilea peperomioides Diels

石筋草
Pilea plataniflora C. H. Wright; Ⅰ，Ⅱ，Ⅲ，Ⅳ，Ⅴ，Ⅵ，Ⅶ；√

透茎冷水花
Pilea pumila A. Gray; Ⅱ，Ⅳ，Ⅴ，Ⅶ

红花冷水花
★**Pilea rubriflora** C. H. Wright; Ⅲ

细齿冷水花
Pilea scripta (Buch.-Ham. ex D. Don) Wedd.; Ⅱ

镰叶冷水花
Pilea semisessilis Hand.-Mazz.; Ⅳ

师宗冷水花
●**Pilea shizongensis** A. K. Monro; Ⅳ

粗齿冷水花
Pilea sinofasciata C. J. Chen; Ⅰ，Ⅱ，Ⅳ，Ⅴ，Ⅵ，Ⅶ；√

荫生冷水花
Pilea umbrosa Blume; Ⅵ，Ⅶ

滇中冷水花（维明冷水花）
●**Pilea weimingii** Huan C. Wang; Ⅳ，Ⅴ；√

雪毡雾水葛
★**Pouzolzia niveotomentosa** W. T. Wang; Ⅱ

红雾水葛（原变种）
Pouzolzia sanguinea (Blume) Merr. var. **sanguinea**; Ⅰ，Ⅱ，Ⅲ，Ⅳ，Ⅴ，Ⅵ，Ⅶ；√

雅致雾水葛（变种）（菱叶雾水葛）
★**Pouzolzia sanguinea** (Blume) Merr. var. **elegans** (Wedd.) Friis; *Pouzolzia elegans* Wedd., *Pouzolzia elegantula* W. W. Sm. et J. E. Jeffr.; Ⅱ，Ⅴ，Ⅶ

雾水葛
Pouzolzia zeylanica (L.) Benn. et Br.; Ⅰ，Ⅱ，Ⅴ

藤麻
Procris crenata C. B. Rob.; *Procris wightiana* Wall. ex Wedd.; Ⅰ，Ⅴ

小果荨麻
★**Urtica atrichocaulis** (Hand.-Mazz.) C. J. Chen; Ⅰ，Ⅱ，Ⅴ，Ⅶ；√

荨麻
Urtica fissa E. Pritz.; Ⅰ，Ⅵ

滇藏荨麻
Urtica mairei H. Lév.; Ⅰ，Ⅱ，Ⅳ，Ⅴ，Ⅵ，Ⅶ；√

咬人荨麻（粗根荨麻、宽叶荨麻、齿叶荨麻）
Urtica thunbergiana Siebold et Zucc.; *Urtica macrorrhiza* Hand.-Mazz., *Urtica laetevirens* Maxim., *Urtica laetevirens* Maxim. subsp. *dentata* (Hand.-Mazz.) C. J. Chen; Ⅰ，Ⅱ，Ⅳ，Ⅵ，Ⅶ

153 壳斗科 Fagaceae
[5 属 67 种，含 1 栽培种]

栗*（板栗）
Castanea mollissima Blum

茅栗（毛板栗）
★**Castanea seguinii** Dode; Ⅲ，Ⅳ，Ⅴ

银叶栲（银叶锥）
Castanopsis argyrophylla King ex Hook. f.; Ⅴ

杯状栲（枹丝锥）
Castanopsis calathiformis (Skan) Rehder et E. H. Wilson; Ⅴ，Ⅵ

瓦山栲（瓦山锥）
Castanopsis ceratacantha Rehder et E. H. Wilson; Ⅴ

高山栲（高山锥）
★**Castanopsis delavayi** Franch.; Ⅰ，Ⅱ，Ⅲ，Ⅳ，Ⅴ，Ⅵ，Ⅶ；√

短刺栲（短刺锥）
Castanopsis echinocarpa Miq.; Ⅴ，Ⅵ

栲
★**Castanopsis fargesii** Franch.; Ⅴ，Ⅵ

思茅栲（思茅锥）
Castanopsis ferox (Roxb.) Spach; Ⅴ

小果栲（小果锥）
Castanopsis fleuryi Hickel et A. Camus; Ⅴ，Ⅵ

矩叶栲（矩叶锥）
▲**Castanopsis oblonga** Y. C. Hsu et H. W. Jen; Ⅴ

元江栲（元江锥）
★**Castanopsis orthacantha** Franch.; Ⅰ，Ⅱ，Ⅲ，Ⅳ，Ⅴ，Ⅵ，Ⅶ；√

刺栲（红锥）
Castanopsis purpurella (Miq.) N. P. Balakr.; *Castanopsis hystrix* Hook. f. et Thomson ex A. DC; Ⅴ，Ⅵ

疏齿栲（疏齿锥）
★**Castanopsis remotidenticulata** Hu; Ⅴ，Ⅵ

腾冲栲（变色锥）
Castanopsis wattii (King ex Hook. f.) A. Camus; *Castanopsis rufescens* (A. Camus) C. C. Huang et Y. T. Chang; Ⅴ

窄叶青冈
Cyclobalanopsis augustinii (Skan) Schottky; Ⅰ，

II, III, IV, V, VI, VII

黄毛青冈

★**Cyclobalanopsis delavayi** (Franch.) Schottky; I, II, IV, V, VI, VII; √

滇青冈

★**Cyclobalanopsis glaucoides** Schottky; I, II, III, IV, V, VI, VII; √

向阳柯

▲**Lithocarpus apricus** C. C. Huang et Y. T. Chang; V

包槲柯 (峨眉石栎、包果柯)

★**Lithocarpus cleistocarpus** (Seemen) Rehder et E. H. Wilson; I, II

窄叶石栎 (窄叶柯、长叶栎)

Lithocarpus confinis S. H. Huang ex Y. C. Hsu et H. W. Jen; I, II, V, VI, VII; √

硬叶柯

Lithocarpus crassifolius A. Camus; V

滇石栎 (原亚种) (白柯)

Lithocarpus dealbatus (Hook. f. et Thomson ex Miq.) Rehder subsp. **dealbatus**; I, II, III, IV, V, VI, VII; √

白穗石栎 (亚种) (白穗柯)

Lithocarpus dealbatus (Hook. f. et Thomson ex Miq.) Rehder subsp. **leucostachyus** (A. Camus) A. Camus; *Lithocarpus leucostachyus* A. Camus; I, II, IV, V, VI, VII; √

壶斗石栎 (壶壳柯)

Lithocarpus echinophorus (Hickel et A. Camus) A. Camus; V, VI

粗穗石栎 (耳叶柯、粗穗柯)

Lithocarpus elegans (Blume) Hatus. ex Soepadmo; *Lithocarpus grandifolius* (D. Don) S. N. Biswas; V

华南石栎 (短柄石栎、短穗泥柯、泥柯)

Lithocarpus fenestratus (Roxb.) Rehder; *Lithocarpus fenestratus* (Roxb.) Rehder var. *brachycarpus* A. Camus; V, VI

密脉石栎 (密脉柯)

Lithocarpus fordianus (Hemsl.) Chun; V

硬斗石栎 (硬壳柯、硬斗柯)

★**Lithocarpus hancei** (Benth.) Rehder; V, VI

粉背石栎 (灰背叶柯)

★**Lithocarpus hypoglaucus** (Hu) C. C. Huang ex Y. C. Hsu et H. W. Jen; I, V, VI, VII; √

甜叶子树 (木姜叶柯)

Lithocarpus litseifolius (Hance) Chun; V

光叶石栎 (光叶柯)

★**Lithocarpus mairei** (Schottky) Rehder; I, II,

V, VI, VII; √

水仙柯

Lithocarpus naiadarum (Hance) Chun; VI, VII

厚鳞石栎 (厚鳞柯)

Lithocarpus pachylepis A. Camus; V, VI

沙坝石栎 (星毛柯、星毛石栎)

Lithocarpus petelotii A. Camus; V

多穗石栎 (多穗柯、甜茶)

Lithocarpus polystachyus (Wall. ex A. DC.) Rehder; I, II, V, VI

犁耙石栎 (犁耙柯)

Lithocarpus silvicolarum (Hance) Chun; VI

平头石栎 (平头柯)

★**Lithocarpus tabularis** Y. C. Hsu et H. W. Jen; V, VI

截头石栎 (截果柯、截头柯)

Lithocarpus truncatus (King ex Hook. f.) Rehder; V

多变石栎 (多变柯、麻子壳柯)

Lithocarpus variolosus (Franch.) Chun; II; √

茸果石栎 (小果柯、小果石栎)

Lithocarpus vestitus (Hickel et A. Camus) A. Camus; *Lithocarpus microspermus* A. Camus; V

木果石栎 (木果柯)

Lithocarpus xylocarpus (Kurz) Markgr; V, VI

岩栎

★**Quercus acrodonta** Seemen; I

麻栎 (扁果麻栎、北方麻栎)

Quercus acutissima Carruth.; *Quercus acutissima* Carruth. var. *depressinucata* H. W. Jen et R. Q. Gao, *Quercus acutissima* Carruth. var. *septentrionalis* Liou; I, II, III, IV, V, VI, VII

槲栎 (原变种)

Quercus aliena Blume var. **aliena**; I, II, III, V, VI, VII

锐齿槲栎 (变种)

Quercus aliena Blume var. **acutiserrata** Maximowicz ex Wenzig; I, II, III, IV, V, VI, VII; √

铁橡栎 (大理栎)

★**Quercus cocciferoides** Hand.-Mazz.; *Quercus cocciferoides* Hand.-Mazz. var. *taliensis* (A. Camus) Y. C. Hsu et H. W. Jen; I, II, III, IV, V, VI, VII; √

槲树 (原亚种) (柞栎)

Quercus dentata Thunb. subsp. **dentata**; I, II, III, IV, V, VI, VII

云南波罗栎（亚种）（云南柞栎、毛叶槲栎）
★**Quercus dentata** Thunb. subsp. **yunnanensis** (Franch.); *Quercus yunnanensis* Franch., *Quercus dentata* Thunb. var. *oxyloba* Franch., *Quercus malacotricha* A. Camus；Ⅰ，Ⅱ，Ⅲ，Ⅳ，Ⅴ，Ⅵ，Ⅶ

匙叶栎（丽江栎）
★**Quercus dolicholepis** A. Camus; *Quercus dolicholepis* A. Camus var. *elliptica* Y. C. Hsu et H. W. Jen, *Quercus spathulata* Seem. var. *elliptica* Y. C. Hsu et H. W. Jen, *Quercus spathulata* Seem.；Ⅱ，Ⅳ；√

锥连栎
Quercus franchetii Skan；Ⅰ，Ⅱ，Ⅳ，Ⅴ，Ⅵ，Ⅶ；√

川西栎
Quercus gilliana Rehder et E. H. Wilson；Ⅳ，Ⅴ，Ⅵ，Ⅶ

大叶栎
Quercus griffithii Hook. f. et Thomson ex Miq.；Ⅰ，Ⅳ，Ⅴ，Ⅵ，Ⅶ

帽斗栎
★**Quercus guyavifolia** H. Lév.；Ⅰ，Ⅱ，Ⅶ；√

平脉椆（毛叶青冈）
Quercus kerrii Craib; *Cyclobalanopsis kerrii* (Craib) Hu；Ⅱ，Ⅴ，Ⅵ

长穗高山栎
★**Quercus longispica** (Hand.-Mazz.) A. Camus；Ⅰ，Ⅱ，Ⅶ；√

矮高山栎（矮山栎）
Quercus monimotricha (Hand.-Mazz.) Hand.-Mazz.; *Quercus monimotricha* Hand.-Mazz.；Ⅱ

长叶枹栎
★**Quercus monnula** Y. C. Hsu et H. Wei Jen；Ⅱ

黄背栎
★**Quercus pannosa** Hand.-Mazz.；Ⅰ，Ⅱ，Ⅶ；√

乌冈栎
Quercus phillyreoides A. Gray；Ⅳ

毛脉高山栎（光叶高山栎）
Quercus rehderiana Hand.-Mazz.; *Quercus pseudosemecarpifolia* A. Camus；Ⅰ，Ⅱ，Ⅲ，Ⅳ，Ⅴ，Ⅵ，Ⅶ；√

高山栎
Quercus semecarpifolia Sm.；Ⅴ

灰背栎
Quercus senescens Hand.-Mazz.；Ⅰ，Ⅱ，Ⅲ，Ⅳ，Ⅴ，Ⅵ，Ⅶ

枹栎（绒毛枹栎、短柄枹栎）
Quercus serrata Murray; *Quercus serrata* Murray var. *tomentosa* (B. C. Ding et T. B. Chao) Y. C. Hsu et H. W. Jen, *Quercus serrata* Murray var. *brevipetiolata* (A. DC.) Nakai；Ⅴ，Ⅶ

刺叶高山栎（川西栎）
Quercus spinosa David; *Quercus gilliana* Rehd. et Wils.；Ⅰ，Ⅱ，Ⅲ，Ⅳ，Ⅴ，Ⅵ，Ⅶ

褐叶栎（褐叶青冈、长尾青冈）
★**Quercus stewardiana** A. Camus; *Cyclobalanopsis stewardiana* (A. Camus) Y. C. Hsu et H. W. Jen, *Cyclobalanopsis stewardiana* (A. Camus) Y. C. Hsu et H. W. Jen var. *longicaudata* Y. C. Hsu；Ⅴ

栓皮栎（塔形栓皮栎）
Quercus variabilis Blume; *Quercus variabilis* Blume var. *pyramidalis* T. B. Chao, Z. I. Chang et W. C. Li；Ⅰ，Ⅱ，Ⅲ，Ⅳ，Ⅴ，Ⅵ，Ⅶ；√

154 杨梅科 Myricaceae
[1 属 3 种，含 1 栽培种]

毛杨梅
Myrica esculenta Buch.-Ham. ex D. Don；Ⅴ，Ⅵ，Ⅶ；√

云南杨梅（矮杨梅）
★**Myrica nana** A. Chev.；Ⅰ，Ⅱ，Ⅲ，Ⅳ，Ⅴ，Ⅵ，Ⅶ；√

杨梅*
Myrica rubra (Lour.) Sieb et Zucc.

155 胡桃科 Juglandaceae
[4 属 14 种，含 4 栽培种]

山核桃*
★**Carya cathayensis** Sarg.

美国山核桃*（薄壳山核桃）
Carya illinoinensis (Wangenh.) K. Koch

越南山核桃
Carya tonkinensis Lecomte；Ⅴ

黄杞
Engelhardia roxburghiana Lindl.；Ⅴ，Ⅵ

齿叶黄杞
Engelhardia serrata Blume；Ⅴ

云南黄杞（原变种）
Engelhardia spicata Leschen ex Blume var. **spicata**；Ⅴ，Ⅵ，Ⅶ

毛叶黄杞（变种）
Engelhardia spicata Lechen ex Blume var. **colebrookeana** (Lindl. ex Wall.) Koord. et Valeton; *Engelhardia colebrookiana* Lindl.；Ⅰ，Ⅱ，Ⅴ，Ⅵ，Ⅶ；√

胡桃楸（核桃楸、野核桃）
Juglans mandshurica Maxim.; *Juglans cathayensis* Dode; Ⅰ, Ⅱ, Ⅳ, Ⅴ, Ⅵ, Ⅶ

胡桃*（核桃）
Juglans regia L.

泡核桃*
Juglans sigillata Dode; √

化香树（圆果化香树）
Platycarya strobilacea Siebold et Zucc.; *Platycarya longipes* Y. C. Wu; Ⅰ, Ⅱ, Ⅲ, Ⅳ, Ⅴ, Ⅵ, Ⅶ; √

云南枫杨（变种）
★**Pterocarya macroptera** Batalin var. **delavayi** (Franch.) W. E. Manning; *Pterocarya delavayi* Franch.; Ⅴ, Ⅵ

枫杨
Pterocarya stenoptera C. DC.; Ⅰ, Ⅱ, Ⅲ, Ⅳ

越南枫杨
Pterocarya tonkinensis (Franch.) Dode; Ⅴ

156 木麻黄科 Casuarinaceae
[1 属 1 种，含 1 栽培种]

木麻黄*
Casuarina equisetifolia L.

158 桦木科 Betulaceae
[6 属 19 种，含 1 栽培种]

桤木*
★**Alnus cremastogyne** Burkill

川滇桤木
★**Alnus ferdinandi-coburgii** C. K. Schneid.; Ⅰ, Ⅱ, Ⅲ, Ⅵ

尼泊尔桤木（旱冬瓜）
Alnus nepalensis D. Don; Ⅰ, Ⅱ, Ⅲ, Ⅳ, Ⅴ, Ⅵ, Ⅶ; √

西桦（西南桦）
Betula alnoides Buch.-Ham. ex D. Don; Ⅴ, Ⅵ

亮叶桦（光皮桦）
★**Betula luminifera** H. J. P. Winkl.; Ⅱ, Ⅴ, Ⅵ

矮桦
★**Betula potaninii** Batal; Ⅱ

红桦（亚种）
Betula utilis D. Don subsp. **albosinensis** (Burkill) Ashburner et McAll.; *Betula albosinensis* Burk., *Betula utilis* D. Don var. *sinensis* (Franch.) H. J. P. Winkl.; Ⅱ

贵州鹅耳枥
★**Carpinus kweichowensis** Hu; Ⅳ, Ⅴ

短尾鹅耳枥
Carpinus londoniana H. J. P. Winkl.; Ⅰ, Ⅳ, Ⅴ

云南鹅耳枥（滇鹅耳枥）
★**Carpinus monbeigiana** Hand.-Mazz.; Ⅰ, Ⅱ

多脉鹅耳枥
★**Carpinus polyneura** Franch.; Ⅱ

云贵鹅耳枥（小鹅耳枥）
Carpinus pubescens Burkill; *Carpinus parva* Hu; Ⅰ, Ⅳ

昌化鹅耳枥（镰苞鹅耳枥）
Carpinus tschonoskii Maxim.; *Carpinus tschonoskii* Maxim. var. *falcatibracteata* (Hu) P. C. Li; Ⅲ

华榛
★**Corylus chinensis** Franch.; Ⅰ

刺榛（原变种）（滇刺榛）
Corylus ferox Wall. var. **ferox**; Ⅰ, Ⅱ, Ⅴ, Ⅵ

藏刺榛（变种）
★**Corylus ferox** Wall. var. **tibetica** (Batalin) Franch.; Ⅱ

滇榛（榛子）
★**Corylus yunnanensis** (Franch.) A. Camus; Ⅰ, Ⅱ, Ⅲ, Ⅳ, Ⅴ, Ⅵ, Ⅶ; √

云南铁木
●**Ostrya yunnanensis** Hu ex P. C. Li; Ⅱ

滇虎榛
★**Ostryopsis nobilis** Balf. f. et W. W. Sm.; Ⅱ, Ⅶ

162 马桑科 Coriariaceae
[1 属 1 种]

马桑
Coriaria nepalensis Wall.; Ⅰ, Ⅱ, Ⅲ, Ⅳ, Ⅴ, Ⅵ, Ⅶ; √

163 葫芦科 Cucurbitaceae
[18 属 52 种，含 17 栽培种]

冬瓜*
Benincasa hispida (Thunb.) Cogn.; *Benincasa cerifera* Savi

刺儿瓜（原变种）
★**Bolbostemma biglandulosum** (Hemsl.) Franquet var. **biglandulosum**; Ⅴ; √

波裂叶刺儿瓜（变种）
▲**Bolbostemma biglandulosum** (Hemsl.) Franquet

var. **sinuatolobulatum** C. Y. Wu; Ⅱ

西瓜[*]

Citrullus lanatus (Thunb.) Matsum. et Nakai

野黄瓜[*]

Cucumis hystrix Chakrav.

甜瓜[*]

Cucumis melo L.; *Cucumis melo* L. var. *conomon* (Thunb.) Makino, *Cucumis melo* L. var. *agrestis* Naud., *Cucumis melo* L. subsp. *agrestis* (Naudin) Pangalo

黄瓜[*]

Cucumis sativus L.

黑籽南瓜[*]

Cucurbita ficifolia Bouché

笋瓜[*]

Cucurbita maxima Duchesne

南瓜[*]

Cucurbita moschata Duchesne; *Cucurbita moschata* (Duch. ex Lam.) Duch. ex Poiret

西葫芦[*]

Cucurbita pepo L.

小雀瓜[*]

Cyclanthera pedata (L.) Schrad.; *Cyclanthera pedata* (L.) Schrad. var. *edulis* (Naudin ex C. Huber) Cogn.

长梗绞股蓝

★**Gynostemma longipes** C. Y. Wu; Ⅰ, Ⅱ, Ⅳ, Ⅶ

绞股蓝

Gynostemma pentaphyllum (Thunb.) Makino; Ⅰ, Ⅱ, Ⅲ, Ⅳ, Ⅴ, Ⅵ, Ⅶ; √

毛绞股蓝

Gynostemma pubescens (Gagnep.) C. Y. Wu; Ⅵ

曲莲

★**Hemsleya amabilis** Diels; Ⅰ, Ⅱ, Ⅴ, Ⅶ; √

肉花雪胆

★**Hemsleya carnosiflora** C. Y. Wu et C. L. Chen; Ⅰ, Ⅲ

雪胆（原变种）

Hemsleya chinensis Cogn. ex F. B. Forbes et Hemsl. var. **chinensis**; Ⅱ

长毛雪胆（变种）

●**Hemsleya chinensis** Cogn. ex F. B. Forbes et Hemsl. var. **longevillosa** (C. Y. Wu et Z. L. Chen) D. Z. Li; Ⅱ, Ⅲ

短柄雪胆

★**Hemsleya delavayi** (Gagnep.) C. Jeffrey ex C. Y.

Wu et C. L. Chen; Ⅰ, Ⅱ, Ⅴ, Ⅶ

翼蛇莲（滇南雪胆）

Hemsleya dipterygia Kuang et A. M. Lu; *Hemsleya cissiformis* C. Y. Wu ex C. Y. Wu et C. L. Chen; Ⅴ

昆明雪胆

●**Hemsleya kunmingensis** H. T. Li et D. Z. Li; Ⅰ

罗锅底（原变种）

★**Hemsleya macrosperma** C. Y. Wu ex C. Y. Wu et C. L. Chen var. **macrosperma**; Ⅰ, Ⅱ, Ⅲ, Ⅴ, Ⅵ; √

长果罗锅底（变种）

★**Hemsleya macrosperma** C. Y. Wu ex C. Y. Wu et C. L. Chen var. **oblongicarpa** C. Y. Wu et Z. L. Chen; Ⅰ, Ⅱ

藤三七雪胆

▲**Hemsleya panacis-scandens** C. Y. Wu et Z. L. Chen; Ⅰ

蛇莲（原亚种）

★**Hemsleya sphaerocarpa** Kuang et A. M. Lu subsp. **sphaerocarpa**; Ⅴ

文山雪胆（亚种）

★**Hemsleya sphaerocarpa** Kuang et A. M. Lu subsp. **wenshanensis** (A. M. Lu ex C. Y. Wu et Z. L. Chen) D. Z. Li; Ⅱ, Ⅴ

葫芦[*]

Lagenaria siceraria (Molina) Standley

丝瓜[*]

Luffa aegyptiaca Mill.; *Luffa aegyptiaca* Miller Gard. Dict., *Luffa cylindrica* (L.) Roem.

苦瓜[*]

Momordica charantia L.

木鳖子[*]

Momordica cochinchinensis (Lour.) Spreng.

爪哇帽儿瓜

Mukia javanica (Miq.) C. Jeffrey; Ⅴ

帽儿瓜

Mukia maderaspatana (L.) M. J. Roem.; Ⅰ, Ⅱ, Ⅲ, Ⅳ, Ⅴ, Ⅵ, Ⅶ

刺果瓜[#]（刺瓜藤）

Sicyos angulatus L.

佛手瓜[*]（洋丝瓜）

Sicyos edulis Jacq.; *Sechium edule* (Jacq.) Swartz

云南白兼果（云南罗汉果）

Sinobaijiania yunnanensis (A. M. Lu et Zhi Y. Zhang) C. Jeffrey et W. J. de Wilde; *Siraitia*

borneensis (Merr.) C. Jeffrey ex Lu et Z. Y. Zhang var. *yunnanensis* A. M. Lu et Z. Y. Zhang; Ⅴ

茅瓜（滇藏茅瓜、牛奶子、波瓜公）
Solena heterophylla Lour.; Ⅰ，Ⅱ，Ⅳ，Ⅴ，Ⅵ，Ⅶ; √

大苞赤瓟（球果赤瓟、越南赤瓟、茸毛赤瓟）
Thladiantha cordifolia (Blume) Cogn.; *Thladiantha globicarpa* A. M. Lu et Z. Y. Zhang, *Thladiantha cordifolia* (Blume) Cogn. var. *tonkinensis* (Cogn.) A. M. Lu et Z. Y. Zhang; Ⅴ

赤瓟
Thladiantha dubia Bunge; Ⅴ

大萼赤瓟
▲**Thladiantha grandisepala** A. M. Lu et Z. Y. Zhang; Ⅳ

异叶赤瓟（五叶赤瓟、三叶赤瓟、七叶赤瓟）
Thladiantha hookeri C. B. Clarke; *Thladiantha hookeri* C. B. Clarke var. *pentadactyla* (Cogn.) A. M. Lu et Z. Y. Zhang, *Thladiantha hookeri* C. B. Clarke var. *palmatifolia* Chark.; Ⅰ，Ⅱ，Ⅲ，Ⅳ，Ⅴ，Ⅵ，Ⅶ; √

云南赤瓟
★**Thladiantha pustulata** (H. Lév.) C. Jeffrey ex A. M. Lu et Z. Y. Zhang; Ⅰ，Ⅱ，Ⅲ

长毛赤瓟（黑子赤瓟）
★ **Thladiantha villosula** Cogn.; *Thladiantha villosula* Cogn. var. *nigrita* A. M. Lu et Z. Y. Zhang; Ⅰ，Ⅱ，Ⅲ，Ⅶ

瓜叶栝楼
Trichosanthes cucumerina L.; Ⅴ

王瓜[*]
Trichosanthes cucumeroides (Ser.) Maxim.

糙点栝楼
Trichosanthes dunniana H. Lév.; Ⅰ，Ⅴ，Ⅵ，Ⅶ

栝楼[*]
Trichosanthes kirilowii Maxim.

全缘栝楼
Trichosanthes pilosa Lour.; Ⅰ，Ⅱ，Ⅳ，Ⅴ

红花栝楼
Trichosanthes rubriflos Thorel ex Cayla; Ⅱ，Ⅳ，Ⅴ，Ⅵ

杏籽栝楼
▲**Trichosanthes trichocarpa** C. Y. Wu ex C. Y. Cheng at Yueh; Ⅴ

钮子瓜
Zehneria bodinieri (H. Lév.) W. J. de Wilde et

Duyfjes; Ⅰ，Ⅱ，Ⅳ，Ⅵ，Ⅶ; √

马㼎儿（马交儿、老鼠拉冬瓜）
Zehneria japonica (Thunb.) H. Y. Liu; Ⅱ，Ⅲ

166 秋海棠科 Begoniaceae
[1 属 18 种，含 5 栽培种]

银星秋海棠[*]
Begonia × **albopicta** W. Bull; *Begonia argenteo-guttata* M. Lemoine

糙叶秋海棠
★**Begonia asperifolia** Irmsch.; Ⅰ，Ⅱ

四季海棠[*]
Begonia cucullata Willd.

川边秋海棠
★**Begonia duclouxii** Gagnep.; Ⅱ

食用秋海棠
Begonia edulis H. Lév.; Ⅲ

秋海棠[*]（原亚种）
Begonia grandis Dryand. subsp. **grandis**

全柱秋海棠（亚种）
★ **Begonia grandis** Dryand. subsp. **holostyla** Irmsch.; Ⅰ，Ⅱ，Ⅳ，Ⅴ，Ⅵ，Ⅶ; √

中华秋海棠[*]（亚种）
★**Begonia grandis** Dryand. subsp. **sinensis** (A. DC.) Irmsch.

圭山秋海棠（红叶秋海棠）
★**Begonia guishanensis** S. H. Huang et Y. M. Shui; *Begonia rhodophylla* C. Y. Wu; Ⅳ

独牛
★**Begonia henryi** Hemsl.; Ⅰ，Ⅱ，Ⅳ，Ⅵ，Ⅶ; √

心叶秋海棠（丽江秋海棠）
Begonia labordei H. Lév.; Ⅰ，Ⅱ，Ⅳ，Ⅴ，Ⅵ，Ⅶ; √

撕裂秋海棠
▲**Begonia lacerata** Irmsch.; Ⅴ

石生秋海棠
▲**Begonia lithophila** C. Y. Wu; Ⅳ，Ⅴ

竹节秋海棠[*]
Begonia maculata Raddi

木里秋海棠
★**Begonia muliensis** T. T. Yu; Ⅱ，Ⅶ

红孩儿（变种）
★**Begonia palmata** D. Don var. **bowringiana** (Champ. ex Benth.) J. Golding et C. Kareg; Ⅴ

小叶秋海棠（小秋海棠）
★**Begonia parvula** H. Lév. et Vaniot；Ⅱ，Ⅴ，Ⅵ

大理秋海棠
▲**Begonia taliensis** Gagnep.；Ⅴ

168 卫矛科 Celastraceae
[8 属 53 种，含 2 栽培种]

风车果
Arnicratea cambodiana (Pierre) N. Hallé；*Pristimera cambodiana* (Pierre) A. C. Sm.；Ⅴ

苦皮藤
★**Celastrus angulatus** Maxim.；Ⅰ，Ⅱ，Ⅴ，Ⅵ

大芽南蛇藤（哥兰叶）
Celastrus gemmatus Loes.；Ⅰ，Ⅱ，Ⅲ，Ⅳ，Ⅴ，Ⅵ，Ⅶ

灰叶南蛇藤
Celastrus glaucophyllus Rehder et E. H. Wilson；Ⅰ，Ⅳ，Ⅴ；√

滇边南蛇藤
Celastrus hookeri Prain；Ⅴ

灯油藤
Celastrus paniculatus Willd.；Ⅴ

短梗南蛇藤（少果南蛇藤）
Celastrus rosthornianus Loes.；Ⅰ，Ⅱ，Ⅲ，Ⅳ，Ⅴ

显柱南蛇藤
Celastrus stylosus Wall.；Ⅰ，Ⅱ，Ⅴ

绿独子藤
★**Celastrus virens** (F. T. Wang et T. Tang) C. Y. Cheng et T. C. Kao；Ⅴ

刺果卫矛（腾冲卫矛、长梗刺果卫矛）
Euonymus acanthocarpus Franch.；*Euonymus tengyuehensis* W. W. Sm., *Euonymus acanthocarpus* Franch. var. *laxus* (C. H. Wang) C. Y. Cheng.；Ⅰ，Ⅱ，Ⅶ

软刺卫矛（小千金）
★**Euonymus aculeatus** Hemsl.；Ⅱ

百齿卫矛
★**Euonymus centidens** H. Lév.；Ⅱ

岩波卫矛
Euonymus clivicola W. W. Sm.；Ⅱ，Ⅶ

角翅卫矛（窄叶冷地卫矛）
Euonymus cornutus Hemsl.；*Euonymus frigidus* Wall. var. *cornutoides* (Loes.) C. Y. Cheng.；Ⅱ，Ⅶ

裂果卫矛（全育卫矛、宽蕊卫矛）
★**Euonymus dielsianus** Loes.；*Euonymus fertilis* (Loes.) C. Y. Cheng ex C. Y. Chang, *Euonymus fertilis* (Loes.) C. Y. Cheng ex C. Y. Chang var. *euryanthus* (Hand.-Mazz.) C. Y. Chang；Ⅰ，Ⅴ

棘刺卫矛（无柄卫矛、爬藤卫矛、卵叶刺果卫矛）
Euonymus echinatus Wall.；*Euonymus subsessilis* Sprague, *Euonymus scandens* Graham, *Euonymus trichocarpus* Hayata；Ⅰ，Ⅱ，Ⅲ，Ⅴ，Ⅵ

扶芳藤（文县卫矛、胶州卫矛、常春卫矛）
Euonymus fortunei (Turcz.) Hand.-Mazz.；*Euonymus wensiensis* J. W. Ren et D. S. Yao, *Euonymus kiautschovicus* Loes., *Euonymus hederaceus* Champ. ex Benth.；Ⅰ，Ⅱ，Ⅲ，Ⅳ，Ⅴ，Ⅵ，Ⅶ；√

冷地卫矛（紫花卫矛、大理卫矛）
Euonymus frigidus Wall.；*Euonymus porphyreus* Loes., *Euonymus amygdalifolius* Franch.；Ⅲ，Ⅳ，Ⅴ，Ⅵ

大花卫矛（柳叶大花卫矛）
Euonymus grandiflorus Wall.；*Euonymus grandiflorus* Wall. f. *salicifolius* Stapf et Ball.；Ⅰ，Ⅱ，Ⅲ，Ⅳ，Ⅴ，Ⅵ，Ⅶ；√

西南卫矛（毛脉西南卫矛）
Euonymus hamiltonianus Wall.；*Euonymus hamiltonianus* Wall. f. *lanceifolius* (Loes) C. Y. Cheng.；Ⅰ，Ⅳ，Ⅵ；√

湖北卫矛
★**Euonymus hupehensis** (Loes.) Loes.；Ⅱ

冬青卫矛*（大叶黄杨）
Euonymus japonicus Thunb.

金阳卫矛
★**Euonymus jinyangensis** C. Y. Chang；Ⅵ

疏花卫矛（喙果卫矛）
Euonymus laxiflorus Champ. ex Benth.；*Euonymus rostratus* W. W. Sm.；Ⅰ，Ⅴ，Ⅵ

白杜*
Euonymus maackii Rupr.

柳叶卫矛（柳叶中缅卫矛）
Euonymus salicifolius Loes.；*Euonymus lawsonii* C. B. Clarke ex Prain f. *salicifolius* (Loes.) C. Y. Cheng；Ⅴ，Ⅵ

茶色卫矛
Euonymus theacola C. Y. Cheng ex T. L. Xu et Q. H. Chen.；Ⅰ，Ⅴ，Ⅵ

茶叶卫矛（滇西卫矛）
Euonymus theifolius Wall. ex M. A. Lawsen；*Euonymus paravagans* Z. M. Gu et C. Y. Cheng.；Ⅰ，Ⅱ，Ⅵ

染用卫矛
Euonymus tingens Wall.; Ⅰ, Ⅱ, Ⅴ, Ⅵ

游藤卫矛（井冈山卫矛、金佛山卫矛）
Euonymus vagans Wall.; *Euonymus jinggangshanensis* M. X. Nie, *Euonymus jinfoshanensis* Z. M. Gu; Ⅰ, Ⅴ, Ⅵ, Ⅶ

荚蒾卫矛（灵兰卫矛）
Euonymus viburnoides Prain; *Euonymus crenatus* C. H. Wang; Ⅰ, Ⅱ, Ⅲ, Ⅵ

长刺卫矛
★**Euonymus wilsonii** Sprague; Ⅲ

云南卫矛（线叶卫矛）
★**Euonymus yunnanensis** Franch.; *Euonymus linearifolius* Franch.; Ⅰ, Ⅴ, Ⅵ; √

刺叶沟瓣
★**Glyptopetalum ilicifolium** (Franch.) C. Y. Cheng et Q. S. Ma; Ⅱ

轮叶沟瓣木
★**Glyptopetalum verticillatum** Q. R. Liu et S. Y. Meng; Ⅴ

裸实（美登木、云南美登木）
Gymnosporia acuminata Hook. f. ex M. A. Lawson; *Maytenus hookeri* Loes., *Maytenus hookeri* Loes. var. *longiradiata* S. J. Pei et Y. H. Li; Ⅴ

小檗裸实（檗状美登木、小檗美登木）
★**Gymnosporia berberoides** W. W. Sm.; *Maytenus berberoides* (W. W. Sm.) S. J. Pei et Y. H. Li; Ⅱ, Ⅶ; √

贵州裸实（贵州美登木）
★**Gymnosporia esquirolii** H. Lév.; *Maytenus esquirolii* (H. Lév.) C. Y. Cheng; Ⅴ

金阳裸实（金阳美登木）
★**Gymnosporia jinyangensis** (C. Y. Chang) Q. R. Liu et Funston; *Maytenus jinyangensis* C. Y. Chang; Ⅱ

圆叶裸实（厚叶美登木、圆叶美登木）
▲**Gymnosporia orbiculata** (C. Y. Wu ex S. J. Pei et Y. H. Li) Q. R. Liu et Funston; *Maytenus orbiculatus* C. Y. Wu ex S. J. Pei et Y. H. Li; Ⅰ, Ⅱ, Ⅴ

被子裸实（被子美登木）
Gymnosporia royleana Wall. ex M. A. Lawson; *Maytenus royleana* (Wall. ex M. A. Lawson) Cufod.; Ⅱ, Ⅴ

细梗裸实（细梗美登木、隆林美登木、疏花美登木）
★**Gymnosporia thyrsiflora** (S. J. Pei et Y. H. Li) W. B. Yu et D. Z. Li; *Maytenus graciliramula* S. J. Pei et Y. H. Li, *Gymnosporia graciliramula* (S. J. Pei et Y. H. Li) Q. R. Liu et Funston; Ⅴ

翅子藤
Loeseneriella merrilliana A. C. Sm.; Ⅴ

中国梅花草
Parnassia chinensis Franch.; Ⅱ

鸡心梅花草（鸡心草）
★**Parnassia crassifolia** Franch.; Ⅰ, Ⅱ, Ⅶ

突隔梅花草
Parnassia delavayi Franch.; Ⅱ, Ⅵ

无斑梅花草
▲**Parnassia epunctulata** J. T. Pan; Ⅱ

凹瓣梅花草（原变种）
Parnassia mysorensis B. Heyne ex Wight et Arn. var. **mysorensis**; Ⅰ, Ⅱ, Ⅵ, Ⅶ; √

锐尖凹瓣梅花草（变种）
Parnassia mysorensis B. Heyne ex Wight et Arn. var. **aucta** Diels; Ⅵ

梅花草
Parnassia palustris L.; Ⅴ

类三脉梅花草
Parnassia pusilla Wall.; Ⅶ

鸡肫梅花草（鸡眼梅花草、鸡肫草）
Parnassia wightiana Wall. ex Wight et Arn.; Ⅰ, Ⅱ, Ⅲ, Ⅴ, Ⅵ, Ⅶ; √

昆明山海棠
Tripterygium hypoglaucum (H. Lév.) Hutch.; Ⅰ, Ⅱ, Ⅲ, Ⅳ, Ⅴ, Ⅵ, Ⅶ; √

170 牛栓藤科 Connaraceae
[1 属 1 种]

长尾红叶藤
Rourea caudata Planch.; Ⅴ

171 酢浆草科 Oxalidaceae
[3 属 10 种, 含 3 栽培种]

阳桃*（杨桃）
Averrhoa carambola L.

分枝感应草
Biophytum fruticosum Blume; Ⅴ; √

感应草
Biophytum sensitivum (L.) DC.; Ⅴ

关节酢浆草*
Oxalis articulata Savigny

酢浆草
Oxalis corniculata L.; Ⅰ, Ⅱ, Ⅲ, Ⅳ, Ⅴ, Ⅵ,

VII；√

红花酢浆草[#]
Oxalis debilis Kunth；*Oxalis corymbosa* DC.

山酢浆草
Oxalis griffithii Edgew. et Hook. f.；Ⅱ

宽叶酢浆草[*]
Oxalis latifolia Kunth

白鳞酢浆草
Oxalis leucolepis Diels；Ⅰ，Ⅱ；√

石碑山酢浆草
●**Oxalis shibeishanensis** Huan C. Wang et Y. Tian；Ⅴ

173 杜英科 Elaeocarpaceae
[2 属 2 种]

滇藏杜英
Elaeocarpus braceanus Watt ex C. B. Clarke；Ⅴ，Ⅵ

仿栗（猴欢喜）
Sloanea hemsleyana (Ito) Rehder et E. H. Wilson；Ⅰ，Ⅱ，Ⅲ，Ⅳ，Ⅴ，Ⅵ，Ⅶ

180 古柯科 Erythroxylaceae
[1 属 1 种]

东方古柯
Erythroxylum sinense Y. C. Wu；Ⅴ

183 藤黄科 Guttiferae
[2 属 3 种，含 1 栽培种]

木竹子
Garcinia multiflora Champ. ex Benth.；Ⅴ

大叶藤黄
Garcinia xanthochymus Hook. f. ex T. Anderson；Ⅴ

铁力木[*]
Mesua ferrea L.

186 金丝桃科 Hypericaceae
[1 属 22 种]

尖萼金丝桃
★**Hypericum acmosepalum** N. Robson；Ⅰ，Ⅱ，Ⅳ，Ⅴ；√

黄海棠
Hypericum ascyron L.；Ⅱ，Ⅶ

栽秧花（纤枝金丝桃）
★ **Hypericum beanii** N. Robson；*Hypericum lagarocladum* N. Robson；Ⅰ，Ⅱ，Ⅳ，Ⅴ，Ⅵ，Ⅶ

美丽金丝桃
Hypericum bellum H. L. Li；Ⅳ

多蕊金丝桃
Hypericum choisyanum Wall. ex N. Robson；Ⅳ，Ⅵ，Ⅶ

弯萼金丝桃
★**Hypericum curvisepalum** N. Robson；Ⅰ，Ⅱ

挺茎遍地金
Hypericum elodeoides Choisy；Ⅱ，Ⅲ，Ⅳ，Ⅴ，Ⅵ，Ⅶ

川滇金丝桃
Hypericum forrestii (Chitt.) N. Robson；Ⅰ

细叶金丝桃
Hypericum gramineum G. Forster；Ⅰ，Ⅱ，Ⅶ

西南金丝桃（原亚种）
★**Hypericum henryi** H. Lév. et Vaniot subsp. **henryi**；Ⅰ，Ⅱ，Ⅳ，Ⅴ，Ⅵ

蒙自金丝桃（亚种）
Hypericum henryi H. Lév. et Vaniot subsp. **hancockii** N. Robson；Ⅰ

岷江金丝桃（亚种）
Hypericum henryi H. Lév. et Vaniot subsp. **uraloides** (Rehder) N. Robson；Ⅰ，Ⅱ，Ⅴ，Ⅵ

短柱金丝桃
Hypericum hookerianum Wight et Arn.；Ⅰ，Ⅱ，Ⅳ，Ⅴ

地耳草
Hypericum japonicum Thunb.；Ⅰ，Ⅱ，Ⅲ，Ⅳ，Ⅴ，Ⅵ，Ⅶ；√

展萼金丝桃
★**Hypericum lancasteri** N. Robson；Ⅰ，Ⅱ

单花遍地金（长瓣金丝桃）
Hypericum monanthemum Hook. f. et Thomson ex Dyer；Ⅱ

金丝梅
★**Hypericum patulum** Thunb.；Ⅰ，Ⅱ，Ⅳ，Ⅶ

云南小连翘（亚种）
Hypericum petiolulatum Hook. f. et Thomson ex Dyer subsp. **yunnanense** (Franch.) N. Robson；Ⅰ，Ⅱ

北栽秧花（山栀子）
★**Hypericum pseudohenryi** N. Robson；Ⅰ，Ⅱ，Ⅴ，Ⅵ，Ⅶ；√

近无柄金丝桃
★**Hypericum subsessile** N. Robson；Ⅱ，Ⅴ

匙萼金丝桃（芒种花）
Hypericum uralum Buch.-Ham. ex D. Don；Ⅳ，

Ⅴ, Ⅵ, Ⅶ

遍地金
Hypericum wightianum Wall. ex Wight et Arn.;
Ⅰ, Ⅱ, Ⅲ, Ⅳ, Ⅴ, Ⅵ, Ⅶ; √

191 沟繁缕科 Elatinaceae
[1 属 2 种]

长梗沟繁缕（沟繁缕）
Elatine ambigua Wight; Ⅰ

三蕊沟繁缕
Elatine triandra Schkuhr; Ⅱ

192 金虎尾科 Malpighiaceae
[2 属 3 种]

盾翅藤
Aspidopterys glabriuscula A. Juss.; Ⅴ

风筝果（风车藤）
Hiptage benghalensis (L.) Kurz; Ⅴ

小花风筝果（小花风车藤）
★**Hiptage minor** Dunn; Ⅳ, Ⅴ

195 毒鼠子科 Dichapetalaceae
[1 属 1 种]

毒鼠子
Dichapetalum gelonioides (Roxburgh) Engler; Ⅴ

200 堇菜科 Violaceae
[2 属 30 种，含 2 栽培种]

毛蕊三角车
Rinorea erianthera C. Y. Wu et Chu Ho; Ⅱ

戟叶堇菜
Viola betonicifolia Sm.; Ⅰ, Ⅱ, Ⅳ, Ⅶ

双花堇菜（原变种）（肾叶堇菜）
Viola biflora L. var. **biflora**; *Viola schulzeana* W.
Becker; Ⅰ, Ⅱ, Ⅶ; √

圆叶小堇菜（变种）
★**Viola biflora** L. var. **rockiana** (W. Becker) Y. S.
Chen; *Viola rockiana* W. Becker; Ⅱ

心叶堇菜
★**Viola concordifolia** C. J. Wang; Ⅰ, Ⅱ, Ⅳ

深圆齿堇菜（浅圆齿堇菜）
★ **Viola davidii** Franch.; *Viola schneideri* W.
Becker; Ⅰ, Ⅱ, Ⅴ, Ⅵ

灰叶堇菜
★**Viola delavayi** Franch.; Ⅰ, Ⅱ, Ⅶ; √

七星莲（光蔓茎堇菜、短须毛七星莲）
Viola diffusa Ging.; *Viola diffusoides* C. J. Wang,
Viola diffusa Ging. var. *brevibarbata* C. J. Wang,
Viola fargesii H. Boissieu; Ⅰ, Ⅱ, Ⅲ, Ⅳ, Ⅴ,
Ⅵ, Ⅶ

紫点堇菜
★**Viola duclouxii** W. Becker; Ⅱ, Ⅶ

紫花堇菜
Viola grypoceras A. Gray; Ⅳ, Ⅶ

如意草（堇菜、额穆尔堇菜）
Viola hamiltoniana D. Don; *Viola arcuata* Blume,
Viola verecunda A. Gray, *Viola amurica* W. Becker;
Ⅰ, Ⅱ, Ⅶ

长萼堇菜（湖南堇菜、狭托叶堇菜）
Viola inconspicua Blume; *Viola hunanensis*
Hand.-Mazz., *Viola angustistipulata* C. C. Chang;
Ⅰ, Ⅲ, Ⅶ

萱（黄花萱）
Viola moupinensis Franch.; *Viola moupinensis*
Franch. var. *lijiangensis* C. J. Wang; Ⅱ, Ⅳ

小尖堇菜（广东堇菜）
★ **Viola mucronulifera** Hand.-Mazz.; *Viola
kwangtungensis* Melch.; Ⅴ

香堇菜*
Viola odorata L.

悬果堇菜
★**Viola pendulicarpa** W. Becker; Ⅱ

极细堇菜
●**Viola perpusilla** H. Boissieu; Ⅳ

紫花地丁
Viola philippica Cav.; Ⅰ, Ⅱ, Ⅳ, Ⅴ, Ⅵ, Ⅶ; √

葡匐堇菜
Viola pilosa Blume; Ⅰ, Ⅱ, Ⅴ

早开堇菜（泰山堇菜、毛花早开堇菜）
Viola prionantha Bunge; *Viola taischanensis* C. J.
Wang, *Viola prionantha* Bunge var. *trichantha* C. J.
Wang; Ⅰ, Ⅱ

锡金堇菜
Viola sikkimensis W. Becker; Ⅰ, Ⅱ, Ⅳ; √

光叶堇菜
Viola sumatrana Miq.; *Viola hossei* W. Becker; Ⅴ

四川堇菜
Viola szetschwanensis W. Becker et H. Boissieu; Ⅶ

滇西堇菜（阿坝堇菜）
Viola tienschiensis W. Becker; *Viola weixiensis* C.
J. Wang; Ⅰ, Ⅱ, Ⅶ

毛瓣堇菜
Viola trichopetala C. C. Chang; Ⅰ，Ⅱ

三色堇*
Viola tricolor L.

粗齿堇菜（原变种）
★**Viola urophylla** Franch. var. **urophylla**; Ⅶ

密毛粗齿堇菜（变种）
★**Viola urophylla** Franch. var. **densivillosa** C. J. Wang; Ⅱ

云南堇菜
Viola yunnanensis W. Becker et H. Boissieu; Ⅰ，Ⅴ；√

滇中堇菜
Viola yunnanfuensis W. Becker; Ⅰ

202 西番莲科 Passifloraceae
[1 属 7 种，含 2 栽培种]

月叶西番莲
★**Passiflora altebilobata** Hemsl.; Ⅴ

西番莲*
Passiflora caerulea L.

杯叶西番莲
Passiflora cupiformis Mast.; Ⅱ，Ⅴ

鸡蛋果*（百香果）
Passiflora edulis Sims; √

龙珠果#
Passiflora foetida L.

圆叶西番莲
▲**Passiflora henryi** Hemsl.; Ⅰ，Ⅴ；√

镰叶西番莲（锅铲叶）
Passiflora wilsonii Hemsl.; Ⅴ

204 杨柳科 Salicaceae
[9 属 40 种，含 3 栽培种]

山桂花
Bennettiodendron leprosipes (Clos) Merr.; Ⅳ，Ⅴ

爪哇脚骨脆（毛叶脚骨脆）
Casearia velutina Blume; Ⅴ

大果刺篱木（挪挪果）
Flacourtia ramontchi L'Hér.; Ⅴ

红花天料木（老挝天料木、光叶天料木、斯里兰卡天料木）
Homalium ceylanicum (Gardn.) Benth.; *Homalium laoticum* Gagnep., *Homalium laoticum* Gagnep. var. *glabratum* C. Y. Wu; Ⅴ

山桐子（原变种）
Idesia polycarpa Maxim. var. **polycarpa**; Ⅰ，Ⅱ，Ⅴ

毛叶山桐子（变种）
★**Idesia polycarpa** Maxim. var. **vestita** Diels; Ⅰ，Ⅴ，Ⅶ

栀子皮（伊桐）
Itoa orientalis Hemsl.; Ⅴ，Ⅵ；√

响叶杨（腺柄杨）
Populus adenopoda Maxim.; *Populus adenopoda* Maxim. f. *cuneata* C. Wang et Tung; Ⅰ，Ⅱ，Ⅶ

加杨*
Populus × canadensis Moench

山杨
Populus davidiana Dode; Ⅰ，Ⅱ，Ⅲ，Ⅳ，Ⅴ，Ⅵ，Ⅶ

滇南山杨（变种）
★**Populus rotundifolia** Griff. var. **bonatii** (H. Lév.) Z. Wang et S. L. Tung; Ⅰ，Ⅱ，Ⅶ

清溪杨（变种）
★**Populus rotundifolia** Griff. var. **duclouxiana** (Dode) Gomb.; Ⅰ，Ⅱ，Ⅶ；√

小叶杨
Populus simonii Carrière; Ⅱ

滇杨
★**Populus yunnanensis** Dode; Ⅰ，Ⅱ，Ⅴ，Ⅵ，Ⅶ；√

垂柳*
Salix babylonica L.; √

小垫柳
Salix brachista C. K. Schneid.; Ⅱ

中华柳
★**Salix cathayana** Diels; Ⅱ

云南柳
★**Salix cavaleriei** H. Lév.; Ⅰ，Ⅱ，Ⅴ，Ⅵ；√

大理柳
★**Salix daliensis** C. F. Fang et S. D. Zhao; Ⅳ，Ⅵ，Ⅶ

腹毛柳
★**Salix delavayana** Hand.-Mazz.; Ⅱ

齿叶柳
Salix denticulata Andersson; Ⅶ

巴柳
★**Salix etosia** C. K. Schneid.; Ⅰ，Ⅳ，Ⅶ

细序柳
Salix guebriantiana C. K. Schneid.; Ⅰ，Ⅱ，Ⅳ，Ⅶ

紫枝柳
★**Salix heterochroma** Seemen; Ⅰ，Ⅱ

异蕊柳
Salix heteromera Hand.-Mazz.; Ⅰ, Ⅱ, Ⅵ, Ⅶ

丑柳（原变种）
▲**Salix inamoena** Hand.-Mazz. var. **inamoena**; Ⅰ, Ⅱ, Ⅲ, Ⅳ, Ⅴ, Ⅶ; √

无毛丑柳（变种）
▲**Salix inamoena** Hand.-Mazz. var. **glabra** C. F. Fang; Ⅰ, Ⅶ

长花柳
Salix longiflora Wall. ex Andersson; Ⅱ

丝毛柳
Salix luctuosa H. Lév.; Ⅴ, Ⅵ

龙爪柳*（变型）
Salix matsudana Koidz. f. **tortusoa** (vilm.) Rehd.

草地柳
★**Salix praticola** Hand.-Mazz. ex Enander; Ⅰ, Ⅱ, Ⅲ, Ⅳ, Ⅴ, Ⅶ

裸柱头柳
Salix psilostigma Andersson; Ⅵ, Ⅶ

长穗柳
Salix radinostachya C. K. Schneid.; Ⅱ, Ⅶ

绢果柳
Salix sericocarpa Andersson; Ⅴ

四子柳（四籽柳、纤序柳）
Salix tetrasperma Roxb.; *Salix araeostachya* C. K. Schneid.; Ⅰ, Ⅱ, Ⅴ, Ⅵ, Ⅶ; √

秋华柳
★**Salix variegata** Franch.; Ⅰ, Ⅱ, Ⅲ, Ⅴ, Ⅶ; √

皂柳（原变种）
Salix wallichiana Andersson var. **wallichiana**; Ⅶ

绒毛皂柳（变种）
★**Salix wallichiana** Andersson var. **pachyclada** (H. Lév. et Vaniot) C. Wang et C. F. Fang; Ⅱ

柞木（尾叶柞木、毛枝柞木）
Xylosma congesta (Lour.) Merr.; *Xylosma congesta* (Sieb. et Zucc.) Miq. var. *caudata* (S. S. Lai) S. S. Lai, *Xylosma congesta* (Sieb. et Zucc.) Miq. var. *pubescens* (Rehd. et Wils.) Chun; Ⅰ, Ⅱ, Ⅴ, Ⅵ; √

长叶柞木（丛花柞木）
Xylosma longifolia Clos; *Xylosma fascicuflora* S. S. Lai; Ⅳ, Ⅴ, Ⅵ

207 大戟科 Euphorbiaceae
[24 属 67 种，含 9 栽培种]

尾叶铁苋菜
★**Acalypha acmophylla** Hemsl.; Ⅰ, Ⅴ, Ⅶ

铁苋菜
Acalypha australis L.; Ⅰ, Ⅱ, Ⅲ, Ⅳ, Ⅴ, Ⅵ, Ⅶ; √

裂苞铁苋菜
Acalypha brachystachya Hornem.; *Acalypha supera* Forssk.; Ⅰ, Ⅱ, Ⅲ, Ⅳ, Ⅴ, Ⅵ, Ⅶ; √

毛叶铁苋菜
Acalypha mairei (H. Lév.) C. K. Schneid.; Ⅰ, Ⅱ, Ⅴ

丽江铁苋菜
Acalypha schneideriana Pax et K. Hoffm.; Ⅰ, Ⅴ

山麻杆
★**Alchornea davidii** Franch.; Ⅰ, Ⅴ

石栗
Aleurites moluccana (L.) Willd.; Ⅴ, Ⅵ

斑籽木（山微籽）
Baliospermum solanifolium (Burm.) Suresh; *Baliospermum montanum* (Willd.) Müll. Arg.; Ⅶ

白桐树
Claoxylon indicum (Reinw. ex Blume) Hassk.; Ⅴ

棒柄花
Cleidion brevipetiolatum Pax et K. Hoffm.; Ⅳ, Ⅴ

粗毛藤
▲**Cnesmone mairei** (H. Lév.) Croizat; Ⅰ, Ⅱ, Ⅴ

石山巴豆（宽叶巴豆）
★**Croton euryphyllus** W. W. Sm.; Ⅶ

巴豆
Croton tiglium L.; Ⅴ, Ⅵ

云南巴豆（滇巴豆）
★**Croton yunnanensis** W. W. Sm.; Ⅴ, Ⅶ; √

火殃勒*（金刚纂）
Euphorbia antiquorum L.

细齿大戟
Euphorbia bifida HooK. et Arn.; Ⅴ

蒿状大戟
Euphorbia dracunculoides Lam.; Ⅱ, Ⅶ

圆苞大戟
Euphorbia griffithii Hook. f.; Ⅰ, Ⅱ, Ⅵ, Ⅶ

泽漆
Euphorbia helioscopia L.; Ⅰ, Ⅱ, Ⅴ, Ⅵ; √

白苞猩猩草#（原变种）
Euphorbia heterophylla L. var. **heterophylla**; √

猩猩草#（变种）
Euphorbia heterophylla L. var. **cyathophora** (Murray) Griseb.; *Euphorbia cyathophora* Murray

飞扬草#
Euphorbia hirta L.

地锦
Euphorbia humifusa Willd.; Ⅰ，Ⅱ，Ⅴ

通奶草#
Euphorbia hypericifolia L.

大狼毒
Euphorbia jolkinii Boiss.; Ⅰ，Ⅴ，Ⅵ

续随子#（千金子）
Euphorbia lathyris L.

铁海棠*
Euphorbia milii Des Moul.

大戟*
Euphorbia pekinensis Rupr.

南欧大戟#
Euphorbia peplus L.; √

土瓜狼毒
Euphorbia prolifera Buch.-Ham. ex D. Don; Ⅰ，Ⅱ，Ⅲ，Ⅳ，Ⅴ，Ⅵ，Ⅶ; √

匍匐大戟#
Euphorbia prostrata Aiton; √

一品红*
Euphorbia pulcherrima Willd. ex Klotzsch

霸王鞭
Euphorbia royleana Boiss.; Ⅱ，Ⅴ，Ⅵ，Ⅶ

匍根大戟#
Euphorbia serpens Kunth

钩腺大戟
Euphorbia sieboldiana C. Morren et Decne.; Ⅰ，Ⅱ，Ⅲ，Ⅳ，Ⅴ，Ⅵ，Ⅶ

黄苞大戟
Euphorbia sikkimensis Boiss.; Ⅰ，Ⅱ

高山大戟
Euphorbia stracheyi Boiss.; Ⅰ，Ⅱ，Ⅶ

绿玉树*（光棍树）
Euphorbia tirucalli L.

红雀珊瑚*
Euphorbia tithymaloides L.; *Pedilanthus tithymaloides* (L.) Poit.

大果大戟
Euphorbia wallichii Hook. f.; Ⅰ; √

云南土沉香（刮筋板）
Excoecaria acerifolia Didr.; Ⅰ，Ⅱ，Ⅲ，Ⅴ，Ⅵ，Ⅶ; √

红背桂*（原变种）（红背桂花）
Excoecaria cochinchinensis Lour. var. **cochinchinensis**

绿背桂花（变种）（绿背桂）
Excoecaria cochinchinensis Lour. var. **viridis** (Pax et K. Hoffm.) Merrill; *Excoecaria cochinchinensis* Lour. var. *formosana* (Hayata) Hurus.; Ⅴ

元江海漆
▲**Excoecaria yuanjiangensis** F. Du et Y. M. Lv; Ⅴ

异序乌桕
Falconeria insignis Royle.; *Sapium insigne* (Royle) Benth. ex Hook. f.; Ⅴ

水柳
Homonoia riparia Lour.; Ⅱ，Ⅲ，Ⅳ，Ⅴ

麻风树*（膏桐、小桐子）
Jatropha curcas L.

中平树
Macaranga denticulata (Blume) Müll. Arg.; Ⅲ，Ⅴ，Ⅵ

草鞋木
Macaranga henryi (Pax et K. Hoffm.) Rehder; Ⅰ，Ⅴ

尾叶血桐
Macaranga kurzii (Kuntze) Pax et K. Hoffm.; Ⅴ

白背叶
Mallotus apelta (Lour.) Müll. Arg.; Ⅴ

毛桐
Mallotus barbatus Müll. Arg.; Ⅱ，Ⅲ，Ⅳ，Ⅴ，Ⅵ

小果野桐
Mallotus microcarpus Pax et K. Hoffm.; Ⅴ

崖豆藤野桐
★**Mallotus millietii** H. Lév.; Ⅰ，Ⅲ

尼泊尔野桐
Mallotus nepalensis Müll. Arg.; Ⅰ，Ⅱ，Ⅲ，Ⅴ; √

粗糠柴
Mallotus philippensis (Lam.) Müll. Arg.; Ⅰ，Ⅳ，Ⅴ，Ⅵ，Ⅶ; √

石岩枫（杠香藤）
Mallotus repandus (Rottler) Müll. Arg.; *Mallotus repandus* (Rottler) Müll. Arg. var. *chrysocarpus* (Pamp.) S. M. Hwang; Ⅰ，Ⅳ，Ⅴ

云南野桐
Mallotus yunnanensis Pax et K. Hoffm.; Ⅴ，Ⅵ

木薯*
Manihot esculenta Crantz

山靛
Mercurialis leiocarpa Siebold et Zucc.; Ⅰ，Ⅳ，

V；✓

云南叶轮木（变种）
Ostodes paniculata Blume var. **katharinae** (Pax) Chakrab. et N. P. Balakr.; *Ostodes katharinae* Pax; V，VI

蓖麻#
Ricinus communis L.；✓

宿萼木（心叶宿萼木）
Strophioblachia fimbricalyx Boerl.; *Strophioblachia glandulosa* Pax var. *cordifolia* Airy Shaw.; V

乌桕
Triadica sebifera (L.) Small; *Sapium sebiferum* (L.) Roxb.; I，II，V，VI，Ⅶ；✓

瘤果三宝木
▲**Trigonostemon tuberculatus** F. Du et Ju He; V

希陶木
▲**Tsaiodendron dioicum** Y. H. Tan, Z. Zhou et B. J. Gu; V

油桐
Vernicia fordii (Hemsl.) Airy Shaw; I，II，V，VI，Ⅶ

208 亚麻科 Linaceae
[4 属 4 种，含 1 栽培种]

异腺草
Anisadenia pubescens Griff.; V，VI

亚麻*
Linum usitatissimum L.

石海椒
Reinwardtia indica Dumort.; I，II，III，IV，V，VI，Ⅶ；✓

青篱柴
Tirpitzia sinensis (Hemsl.) Hallier f.; III

211 叶下珠科 Phyllanthaceae
[9 属 45 种，含 2 栽培种]

西南五月茶（二药五月茶）
Antidesma acidum Retz; V

五月茶
Antidesma bunius (L.) Spreng.; V

日本五月茶
Antidesma japonicum Siebold et Zucc.; IV，V

山地五月茶（原变种）（五蕊五月茶、枯里珍五月茶）
Antidesma montanum Blume var. **montanum**; *Antidesma pentandrum* (Blanco) Merr., *Antidesma*

pentandrum (Blanco) Merr. var. *barbatum* (presl) Merr.; V

小叶五月茶（变种）（柳叶五月茶）
Antidesma montanum Blume var. **microphyllum** (Hemsl.) Petra Hoffm.; *Antidesma pseudomicrophyllum* Croiz.; V

多脉五月茶（小叶五月茶）
Antidesma venosum E. Mey. ex Tul.; III，V

秋枫
Bischofia javanica Blume; I，V

重阳木*
★**Bischofia polycarpa** (H. Lév.) Airy Shaw

守宫木*
Breynia androgyna (L.) Chakrab. et N. P. Balakr; *Sauropus androgynus* (L.) Merr.

黑面神
Breynia fruticosa (L.) Müll. Arg.; *Breynia fruticosa* (L.) Hook. f.; V

苍叶黑面神（苍叶守宫木）
Breynia garrettii (Craib) Chakrab. et N. P. Balakr.; *Sauropus garrettii* Craib; V

长梗黑面神（长梗守宫木）
Breynia macrantha (Hassk.) Chakrab. et N. P. Balakr.; *Sauropus macranthus* Hassk.; V

假喙果黑面神
▲**Breynia pseudorostrata** Huan C. Wang et Feng Yang; V

钝叶黑面神
Breynia retusa (Dennst.) Alston; V

土蜜藤
Bridelia stipularis (L.) Blume; V

土蜜树
Bridelia tomentosa Blume; I，V，VI

聚花白饭树
Flueggea leucopyra Willd.; I，II，V，Ⅶ；✓

一叶萩（叶底珠）
Flueggea suffruticosa (Pall.) Baill.; I，II，III，IV，V，VI，Ⅶ

白饭树
Flueggea virosa (Roxb. ex Willd.) Royle; V，Ⅶ

里白算盘子
Glochidion acuminatum Müll. Arg.; IV，V

革叶算盘子
Glochidion daltonii (Müll. Arg.) Kurz; *Phyllanthus daltonii* Müll. Arg.; V，VI，Ⅶ

四裂算盘子
Glochidion ellipticum Wight; *Phyllanthus assamicus* Müll. Arg.; Ⅴ

毛果算盘子
Glochidion eriocarpum Champ. ex Benth.; *Phyllanthus eriocarpus* (Champ. ex Benth.) Müll. Arg.; Ⅰ，Ⅳ，Ⅴ，Ⅵ

绒毛算盘子
Glochidion heyneanum (Wight et Arn.) Wight; *Glochidion velutinum* Wight, *Phyllanthus velutinus* (Wight) Müll. Arg.; Ⅱ，Ⅴ，Ⅵ

艾胶算盘子
Glochidion lanceolarium (Roxb.) Voigt; *Phyllanthus lanceolarius* (Roxb.) Müll. Arg.; Ⅱ，Ⅵ

算盘子
Glochidion puberum (L.) Hutch.; *Phyllanthus puber* (L.) Müll. Arg.; Ⅴ

圆果算盘子
Glochidion sphaerogynum (Müll. Arg.) Kurz; *Phyllanthus sphaerogynus* Müll. Arg.; Ⅴ

白背算盘子
★**Glochidion wrightii** Benth.; *Phyllanthus wrightii* (Benth.) Müll. Arg.; Ⅴ

白毛算盘子
Glochidion zeylanicum (Gaertner) A. Jussieu var. **arborescens** (Blume) Chakrab. et M. Gangop.; *Glochidion arborescens* Blume; Ⅰ，Ⅴ

厚叶算盘子
Glochidion zeylanicum (Gaertner) A. Jussieu var. **tomentosum** (Dalzell) Trimen; *Glochidion hirsutum* (Roxburgh) Voigt, *Glochidion zeylanicum* (Gaertn.) A. Juss. var. *talbotii* (Hook. f.) Haines; Ⅴ，Ⅵ

雀儿舌头（线叶雀舌木、云南雀舌木）
Leptopus chinensis (Bunge) Pojark.; *Andrachne chinensis* Bunge, *Leptopus yunnanensis* P. T. Li, *Leptopus chinensis* (Bunge) Pojark. var. *hirsutus* (Hutch.) P. T. Li; Ⅰ，Ⅱ，Ⅲ，Ⅶ；√

缘腺雀舌木（尾叶雀舌木、长毛雀舌木）
Leptopus clarkei (Hook. f.) Pojark.; *Andrachne clarkei* Hook. f., *Leptopus esquirolii* (H. Lév.) P. T. Li, *Leptopus esquirolii* (H. Lév.) P. T. Li var. *villosus* P. T. Li; Ⅰ，Ⅶ

珠子木
★**Phyllanthodendron anthopotamicum** (Hand.-Mazz.) Croiz.; Ⅴ；√

苦味叶下珠
Phyllanthus amarus Schumach. et Thonn.; Ⅴ

滇藏叶下珠
Phyllanthus clarkei Hook. f.; Ⅰ，Ⅱ，Ⅴ；√

越南叶下珠
Phyllanthus cochinchinensis Spreng.; *Phyllanthus cochinchinensis* (Lour.) Spreng.; Ⅰ，Ⅱ，Ⅳ

余甘子（滇橄榄）
Phyllanthus emblica L.; Ⅰ，Ⅱ，Ⅲ，Ⅳ，Ⅴ，Ⅵ，Ⅶ；√

落萼叶下珠
Phyllanthus flexuosus (Siebold et Zucc.) Müll. Arg.; Ⅶ

刺果叶下珠
★**Phyllanthus forrestii** W. W. Sm.; Ⅶ

云贵叶下珠
★**Phyllanthus franchetianus** H. Lév.; Ⅴ

小果叶下珠（无毛小果叶下珠）
Phyllanthus reticulatus Poir.; *Phyllanthus reticulatus* Poir. var. *glaber* Muell. Arg.; Ⅳ，Ⅴ

水油甘
Phyllanthus rheophyticus M. G. Gilbert et P. T. Li; *Phyllanthus parvifolius* Buch.-Ham. ex D. Don; Ⅵ，Ⅶ

西南叶下珠
★**Phyllanthus tsarongensis** W. W. Sm.; Ⅱ

叶下珠
Phyllanthus urinaria L.; Ⅴ

黄珠子草
Phyllanthus virgatus G. Forst.; Ⅱ，Ⅴ，Ⅶ

212 牻牛儿苗科 Geraniaceae
[2属16种，含2栽培种]

野老鹳草[#]
Geranium carolinianum L.; √

大姚老鹳草（腺毛老鹳草）
★**Geranium christensenianum** Hand.-Mazz.; Ⅰ，Ⅴ，Ⅶ

五叶老鹳草
★**Geranium delavayi** Franch.; *Geranium forrestii* R. Knuth, *Geranium calanthum* Hand.-Mazz., *Geranium pinetorum* Hand.-Mazz., *Geranium limprichtii* Lingelsh. et Borza; Ⅰ，Ⅱ，Ⅶ；√

长根老鹳草（狭根茎老鹳草）
Geranium donianum Sweet; Ⅱ

灰岩紫地榆（反毛老鹳草、腺灰岩紫地榆）
★ **Geranium franchetii** R. Knuth; *Geranium*

strigellum R. Knuth, *Geranium franchetii* R. Knuth var. *glandulosum* Z. M. Tan; Ⅱ

刚毛紫地榆（宽片老鹳草）

★**Geranium hispidissimum** (Franch.) R. Knuth; *Geranium platylobum* (Franch.) R. Knuth; Ⅰ，Ⅱ，Ⅳ，Ⅶ；√

萝卜根老鹳草

★**Geranium napuligerum** Franch.; Ⅱ，Ⅳ，Ⅶ

尼泊尔老鹳草（五叶草、少花老鹳草）

Geranium nepalense Sweet; *Geranium nepalense* Sweet var. *oliganthum* (C. C. Huang) C. C. Huang et L. R. Xu; Ⅰ，Ⅱ，Ⅲ，Ⅳ，Ⅵ，Ⅶ；√

二色老鹳草（眼斑老鹳草）

Geranium ocellatum Jacquem. ex Cambess.; *Geranium ocellatum* Camb. var. *yunnanense* Knuth; Ⅰ，Ⅱ，Ⅶ

甘青老鹳草

★**Geranium pylzowianum** Maxim.; Ⅱ

汉荭鱼腥草

Geranium robertianum L.; Ⅰ，Ⅱ，Ⅲ，Ⅳ；√

中华老鹳草

★**Geranium sinense** R. Knuth; Ⅰ，Ⅱ，Ⅲ，Ⅳ，Ⅴ，Ⅵ，Ⅶ；√

紫地榆

★**Geranium strictipes** R. Knuth; Ⅳ，Ⅵ，Ⅶ

云南老鹳草（滇紫地榆）

Geranium yunnanense Franch.; Ⅱ

香叶天竺葵*

Pelargonium graveolens L'Hér.

天竺葵*

Pelargonium × hybridum (L.) L'Hér.

214 使君子科 Combretaceae
[2 属 6 种，含 2 栽培种]

西南风车子（元江风车子）

Combretum griffithii Van Heurck et Müll. Arg.; *Combretum yuankiangense* C. C. Huang et S. C. Huang; Ⅴ

使君子*

Combretum indicum (L.) DeFilipps; *Quisqualis indica* L.

石风车子（耳叶风车子、毛脉石风车子）

Combretum wallichii DC.; *Combretum auriculatum* C. Y. Wu et T. Z. Hsu, *Combretum wallichii* DC. var. *pubinerve* C. Y. Wu ex T. Z. Hsu; Ⅰ，Ⅴ；√

诃子*

Terminalia chebula Retz.

滇榄仁

Terminalia franchetii Gagnep.; *Terminalia franchetii* Gagnep. var. *glabra* Exell, *Terminalia franchetii* Gagnep. var. *membranifolia* Chao; Ⅰ，Ⅱ，Ⅵ，Ⅶ；√

千果榄仁

Terminalia myriocarpa Van Heurck et Müll. Arg.; Ⅴ，Ⅵ

215 千屈菜科 Lythraceae
[10 属 14 种，含 6 栽培种]

水苋菜

Ammannia baccifera L.; Ⅱ，Ⅴ，Ⅶ

萼距花*

Cuphea hookeriana Walp.

细叶萼距花*

Cuphea hyssopifolia Kunth

八宝树

Duabanga grandiflora (Roxb. ex DC.) Walp.; Ⅴ，Ⅵ

紫薇*（痒痒树）

Lagerstroemia indica L.

大花紫薇*

Lagerstroemia speciosa (L.) Pers.

千屈菜（光千屈菜、绒毛千屈菜）

Lythrum salicaria L.; *Lythrum anceps* (Koehne) Makino, *Lythrum salicaria* L. var. *tomentosum* (DC.) DC.; Ⅶ

山桃草*

Oenothera lindheimeri (Engelm. et A. Gray) W. L. Wagner et Hoch; *Gaura lindheimeri* Engelm. et Gray

石榴*

Punica granatum L.

节节菜

Rotala indica (Willd.) Koehne; Ⅰ，Ⅱ

圆叶节节菜

Rotala rotundifolia (Buch.-Ham. ex Roxb.) Koehne; Ⅰ，Ⅱ，Ⅳ，Ⅴ，Ⅵ，Ⅶ；√

细果野菱（野菱、小果菱、四角刻叶菱）

Trapa incisa Siebold et Zucc.; Ⅰ，Ⅵ，Ⅶ；√

欧菱（四角矮菱、野菱、菱）

Trapa natans L.; Ⅵ

虾子花

Woodfordia fruticosa (L.) Kurz; Ⅱ，Ⅲ，Ⅴ，Ⅵ；√

216 柳叶菜科 Onagraceae
[5 属 31 种，含 3 栽培种]

高山露珠草（原亚种）
Circaea alpina L. subsp. **alpina**；Ⅰ，Ⅱ，Ⅶ；√

狭叶露珠草（亚种）
★**Circaea alpina** L. subsp. **angustifolia** (Hand.-Mazz.)
Boufford；Ⅰ，Ⅱ，Ⅳ，Ⅵ，Ⅶ

高原露珠草（亚种）
Circaea alpina L. subsp. **imaicola** (Asch. et Magnus)
Kitam.；Ⅰ，Ⅱ，Ⅳ，Ⅴ，Ⅵ，Ⅶ

露珠草
Circaea cordata Royle；Ⅰ，Ⅱ，Ⅲ，Ⅵ，Ⅶ；√

南方露珠草（细毛谷蓼）
Circaea mollis Siebold et Zucc.；Ⅰ，Ⅱ，Ⅴ，Ⅵ

匍匐露珠草（匍茎谷蓼）
Circaea repens Wall. ex Asch. et Magnus；Ⅱ

毛脉柳叶菜
Epilobium amurense Hausskn.；Ⅰ，Ⅱ，Ⅵ，Ⅶ；√

柳兰
Epilobium angustifolium L.；*Chamerion angustifolium*
(L.) Holub.；Ⅱ

长柱柳叶菜（酸沼柳叶菜）
★**Epilobium blinii** H. Lév.；Ⅰ，Ⅱ，Ⅵ，Ⅶ

腺茎柳叶菜（亚种）（广布柳叶菜）
Epilobium brevifolium D. Don subsp. **trichoneurum**
(Hausskn.) P. H. Raven；Ⅰ，Ⅱ，Ⅶ

圆柱柳叶菜（华西柳叶菜）
Epilobium cylindricum D. Don；Ⅰ，Ⅱ，Ⅳ，Ⅶ；√

川西柳叶菜
★**Epilobium fangii** C. J. Chen, Hoch et P. H.
Raven；Ⅱ

柳叶菜
Epilobium hirsutum L.；Ⅰ，Ⅱ，Ⅲ，Ⅳ，Ⅴ，Ⅵ，
Ⅶ；√

沼生柳叶菜（水湿柳叶菜）
Epilobium palustre L.；Ⅱ

硬毛柳叶菜（丝毛柳叶菜）
Epilobium pannosum Hausskn.；*Epilobium
brevifolium* D. Don subsp. *pannosum* (Hausskn.)
Raven；Ⅰ，Ⅴ，Ⅶ

短梗柳叶菜（滇藏柳叶菜）
Epilobium royleanum Hausskn.；Ⅰ，Ⅱ

鳞片柳叶菜（锡金柳叶菜）
Epilobium sikkimense Hausskn.；Ⅱ

滇藏柳叶菜（大花柳叶菜）
Epilobium wallichianum Hausskn.；Ⅰ，Ⅱ

埋鳞柳叶菜
Epilobium williamsii P. H. Raven；Ⅱ

倒挂金钟*
Fuchsia × hybrida Voss

长颈倒挂金钟*
Fuchsia triphylla L.

水龙
Ludwigia adscendens (L.) H. Hara；Ⅳ，Ⅶ

草龙（线叶丁香蓼）
Ludwigia hyssopifolia (G. Don) Exell；Ⅴ

毛草龙
Ludwigia octovalvis (Jacq.) P. H. Raven；Ⅴ

丁香蓼
Ludwigia prostrata Roxb.；Ⅴ，Ⅵ

小花山桃草#
Oenothera curtiflora W. L. Wagner et Hoch；
Gaura parviflora Dougl.

阔果山桃草*
Oenothera gaura W. L. Wagner et Hoch；*Gaura
biennis* L.

黄花月见草#
Oenothera glazioviana Micheli

粉花月见草#
Oenothera rosea L'Hér. ex Aiton；√

待宵草#（月见草）
Oenothera stricta Ledeb. ex Link

四翅月见草#（槌果月见草）
Oenothera tetraptera Cav.；√

218 桃金娘科 Myrtaceae
[7 属 21 种，含 12 栽培种]

红千层*
Callistemon rigidus R. Br.

柳叶红千层*
Callistemon salignus DC.

柠檬桉*
Corymbia citriodora (Hook.) K. D. Hill et L. A. S.
Johnson；*Eucalyptus citriodora* Hook.

子楝树（华夏子楝树）
Decaspermum gracilentum (Hance) Merr. et L. M.
Perry；*Decaspermum esquirolii* (H. Lév.) H. T.
Chang et R. H. Miao；Ⅴ

五瓣子楝树
Decaspermum parviflorum (Lam.) A. J. Scott; V

赤桉*
Eucalyptus camaldulensis Dehnh

蓝桉*（原亚种）
Eucalyptus globulus Labill. subsp. **globulus**

直杆蓝桉*（亚种）
Eucalyptus globulus Labill. subsp. **maidenii** (F. Muell.) J. B. Kirkp.; *Eucalyptus maidenii* F. Muell.

多花桉*
Eucalyptus polyanthemos Schauer

桉*
Eucalyptus robusta Sm.

小星桉*
Eucalyptus stellulata Sieber ex DC.

黄金串钱柳*
Melaleuca bracteata F. Muell.

番石榴*
Psidium guajava L.

丁子香*（丁香、丁香蒲桃）
Syzygium aromaticum (L.) Merr. et L. M. Perry

香胶蒲桃
Syzygium balsameum (Wight) Wall. ex Walp.; V

短序蒲桃
▲**Syzygium brachythyrsum** Merr. et L. M. Perry; I, V

乌墨（簇花蒲桃）
Syzygium cumini (L.) Skeels; *Syzygium fruticosum* (Roxb.) DC.; IV, V, VI

滇边蒲桃
▲**Syzygium forrestii** Merr. et L. M. Perry; V

红鳞蒲桃（思茅蒲桃）
Syzygium hancei Merr. et L. M. Perry; *Syzygium szemaoense* Merr. et L. M. Perry; V

四角蒲桃
Syzygium tetragonum (Wight) Wall. ex Walp.; V

假乌墨
Syzygium toddalioides (Wight) Walp.; *Syzygium augustinii* Merr. et L. M. Perry; V

219 野牡丹科 Melastomataceae
[9 属 13 种]

药囊花
▲**Cyphotheca montana** Diels; V

西畴酸脚杆（厚距花）
★**Medinilla fengii** (S. Y. Hu) C. Y. Wu et C. Chen; *Pachycentria formosana* Hayata; V

野牡丹（原亚种）（多花野牡丹）
Melastoma malabathricum L. subsp. **malabathricum**; *Melastoma polyanthum* Blume, *Melastoma affine* D. Don, *Melastoma candidum* D. Don; V

展毛野牡丹（亚种）
Melastoma malabathricum L. subsp. **normale** (D. Don) Karst. Mey.; *Melastoma normale* D. Don; V, VI

金锦香（原变种）
Osbeckia chinensis L. var. **chinensis**; II, V

宽叶金锦香（变种）
Osbeckia chinensis L. var. **angustifolia** (D. Don) C. Y. Wu et C. Chen; I, II, III, IV, V, VI, VII

蚂蚁花
Osbeckia nepalensis Hook.; V, VI

星毛金锦香（假朝天罐）
Osbeckia stellata Buch.-Ham. ex D. Don; *Osbeckia crinita* Benth. ex Triana, *Osbeckia opipara* C. Y. Wu et C. Chen; I, II, III, IV, V, VI, VII; √

尖子木
Oxyspora paniculata DC.; *Oxyspora paniculata* (D. Don) DC.; V, VI

锦香草
Phyllagathis cavaleriei Guillaumin; V, VI

偏瓣花（刺柄偏瓣花）
Plagiopetalum esquirolii (H. Lév.) Rehder; *Plagiopetalum blinii* (H. Lév.) C. Y. Wu; V

楮头红（楮头红、斑点楮头红）
Sarcopyramis napalensis Wall.; *Sarcopyramis napalensis* Wall. var. *maculata* C. Y. Wu et C. Chen; I, V; √

直立蜂斗草（柳叶菜蜂斗草、景洪蜂斗草、三蕊草）
Sonerila erecta Jack; *Sonerila epilobioides* Stapf et King ex King, *Sonerila cheliensis* H. L. Li, *Sonerila tenera* Royle; V

226 省沽油科 Staphyleaceae
[2 属 5 种]

越南山香圆
Staphylea cochinchinensis (Lour.) Byng et Christenh.; *Turpinia cochinchinensis* (Lour.) Merr.; V, VI

嵩明省沽油
★**Staphylea forrestii** Balf. f.; I, II, V

野鸦椿（小山辣子、鸡眼睛）
Staphylea japonica (Thunb.) Mabb.; *Euscaphis*

japonica (Thunb.) Dippel；Ⅱ，Ⅲ

三叶山香圆
Staphylea ternata (Nakai) Byng et Christenh.；*Turpinia ternata* Nakai；Ⅴ

云南瘿椒树（利川瘿椒树）
Tapiscia yunnanensis W. C. Cheng et C. D. Chu；*Tapiscia lichunensis* W. C. Cheng et C. D. Chu；Ⅰ，Ⅴ

228 旌节花科 Stachyuraceae
[1 属 2 种]

西域旌节花
Stachyurus himalaicus Hook. f. et Thomson ex Benth.；Ⅰ，Ⅱ，Ⅲ，Ⅳ，Ⅴ，Ⅵ，Ⅶ；√

云南旌节花（椭圆叶旌节花、长柄旌节花）
Stachyurus yunnanensis Franch.；*Stachyurus callosus* C. Y. Wu ex S. K. Chen, *Stachyurus yunnanensis* Franch. var. *pedicellatus* Rehd.；Ⅲ，Ⅳ，Ⅴ，Ⅵ

234 十齿花科 Dipentodontaceae
[1 属 1 种]

十齿花
Dipentodon sinicus Dunn；Ⅴ

238 橄榄科 Burseraceae
[1 属 1 种]

白头树
★**Garuga forrestii** W. W. Sm.；Ⅱ，Ⅴ，Ⅵ，Ⅶ；√

239 漆树科 Anacardiaceae
[12 属 26 种，含 2 栽培种]

腰果*
Anacardium occidentale L.

豆腐果
Buchanania cochinchinensis (Lour.) M. R. Almeida；*Buchanania latifolia* Roxb.；Ⅴ，Ⅵ

南酸枣
Choerospondias axillaris (Roxb.) B. L. Burtt et A. W. Hill；Ⅴ

粉背黄栌（变种）
★**Cotinus coggygria** Scop. var. **glaucophylla** C. Y. Wu；Ⅱ，Ⅶ

四川黄栌
★**Cotinus szechuanensis** A. Pénzes；Ⅱ

羊角天麻（九子不离母、大九股牛）
★**Dobinea delavayi** (Baill.) Baill.；Ⅰ，Ⅱ，Ⅲ，Ⅳ，

Ⅴ，Ⅵ，Ⅶ；√

厚皮树
Lannea coromandelica (Houtt.) Merr.；Ⅴ

杧果*
Mangifera indica L.

藤漆
Pegia nitida Colobr.；Ⅴ

黄连木
Pistacia chinensis Bunge；Ⅰ，Ⅱ，Ⅲ，Ⅳ，Ⅴ，Ⅵ，Ⅶ；√

清香木
Pistacia weinmanniifolia J. Poiss. ex Franch.；Ⅰ，Ⅱ，Ⅲ，Ⅳ，Ⅴ，Ⅵ，Ⅶ；√

盐麸木（原变种）
Rhus chinensis Mill. var. **chinensis**；Ⅰ，Ⅱ，Ⅲ，Ⅳ，Ⅴ，Ⅵ，Ⅶ；√

滨盐麸木（变种）
★**Rhus chinensis** Mill. var. **roxburghii** (DC.) Rehder；Ⅴ

青麸杨
★**Rhus potaninii** Maxim.；Ⅰ，Ⅱ，Ⅲ，Ⅶ

红麸杨
★**Rhus punjabensis** Stewart var. **sinica** (Diels) Rehder et E. H. Wils.；Ⅰ，Ⅱ，Ⅳ，Ⅴ

滇麸杨
▲**Rhus teniana** Hand.-Mazz.；Ⅴ，Ⅶ

三叶漆
Searsia paniculata (Wall. ex G. Don) Moffett；*Terminthia paniculata* (Wall. ex G. Don) C. Y. Wu et T. L. Ming；Ⅴ，Ⅵ

尖叶漆（尾叶漆）
Toxicodendron acuminatum (DC.) C. Y. Wu et T. L. Ming；*Toxicodendron caudatum* C. C. Huang；Ⅴ

小漆树（原变种）
★**Toxicodendron delavayi** (Franch.) F. A. Barkley var. **delavayi**；Ⅰ，Ⅱ，Ⅳ，Ⅵ，Ⅶ；√

狭叶小漆树（变种）
★**Toxicodendron delavayi** (Franch.) F. A. Barkley var. **angustifolium** C. Y. Wu；Ⅱ，Ⅶ

大花漆（原变种）
★**Toxicodendron grandiflorum** C. Y. Wu et T. L. Ming var. **grandiflorum**；Ⅰ，Ⅱ，Ⅳ

长柄大花漆（变种）
★**Toxicodendron grandiflorum** C. Y. Wu et T. L. Ming var. **longipes** (Franch.) C. Y. Wu et T. L. Ming；Ⅰ，Ⅵ

裂果漆

Toxicodendron griffithii (Hook. f.) Kuntze; Ⅰ, Ⅳ, Ⅶ

野漆

Toxicodendron succedaneum (L.) Kuntze; Ⅲ, Ⅳ, Ⅴ, Ⅵ

漆

Toxicodendron vernicifluum (Stokes) F. A. Barkley; Ⅰ, Ⅱ, Ⅳ, Ⅴ, Ⅶ

云南漆

★Toxicodendron yunnanense C. Y. Wu; Ⅰ, Ⅴ

240 无患子科 Sapindaceae
[12 属 34 种，含 5 栽培种]

阔叶槭（原亚种）

★Acer amplum Rehder subsp. **amplum**; Ⅴ

建水阔叶槭（亚种）

▲Acer amplum Rehder subsp. **bodinieri** (H. Lév.) Y. S. Chen; Ⅴ

深灰槭（太白深灰槭）

Acer caesium Wall. ex Brandis; *Acer caesium* Wall. ex Brandis subsp. *giraldii* (Pax) E. Murr.; Ⅴ, Ⅵ

扇叶槭（亚种）（云南槭树、七裂槭）

Acer campbellii Hook. f. et Thomson ex Hiern subsp. **flabellatum** (Rehd. ex Veitch) A. E. Murray; *Acer flabellatum* Rehd. ex Veitch, *Acer heptalobum* Diels; Ⅱ, Ⅴ, Ⅵ

小叶青皮槭（亚种）（五裂黄毛槭）

★ Acer cappadocicum Gled. subsp. **sinicum** (Rehd.) Hand.-Mazz.; *Acer cappadocicum* Gled. var. *sinicum* Rehd., *Acer fulvescens* Rehd. subsp. *pentalobum* (Fang et Soong) Fang et Soong; Ⅰ, Ⅱ, Ⅳ, Ⅶ

尖尾槭

★Acer caudatifolium Hayata; Ⅴ

长尾槭（川滇长尾槭）

Acer caudatum Wall.; *Acer caudatum* Wall. var. *prattii* Rehd., *Acer caudatum* Wall. var. *multiserratum* (Maxim.) Rehd.; Ⅱ, Ⅴ

青榨槭

Acer davidii Franch.; Ⅰ, Ⅱ, Ⅲ, Ⅳ, Ⅴ, Ⅵ, Ⅶ; √

丽江槭

★Acer forrestii Diels; *Acer pectinatum* Wall. ex Brandis subsp. *forrestii* (Diels) A. E. Murray; Ⅱ; √

光叶槭

Acer laevigatum Wall.; Ⅶ

疏花槭

★Acer laxiflorum Pax; *Acer laxiflorum* Pax var. *dolichophyllum* Fang; Ⅱ

飞蛾槭（飞蛾树）

Acer oblongum Wall. ex DC.; Ⅰ, Ⅲ

五裂槭（柔毛盐源槭）

Acer oliverianum Pax; *Acer schneiderianum* Pax et Hoffm. var. *pubescens* W. P. Fang et Y. T. Wu; Ⅱ; √

鸡爪槭*

Acer palmatum Thunb.

金沙槭

★ Acer paxii Franch.; *Acer paxii* Franch. var. *semilunatum* Fang; Ⅰ, Ⅱ, Ⅶ; √

篦齿槭

Acer pectinatum Wall. ex Nichols.; *Acer pectinatum* Wall. ex Nichols. f. *caudatilobum* (Rehd.) Fang; Ⅶ

三尖色木槭（亚种）

Acer pictum Thunb. subsp. **tricuspis** (Rehd.) H. Ohashi; *Acer mono* Maxim. var. *tricuspis* (Rehd.) Rehd.; Ⅴ

四蕊槭（亚种）（桦叶四蕊槭）

Acer stachyophyllum Hiern subsp. **betulifolium** (Maxim.) P. C. de Jong; *Acer tetramerum* Pax var. *betulifolium* (Maxim.) Rehd.; Ⅶ

房县槭（亚种）

★Acer sterculiaceum Wall. subsp. **franchetii** (Pax) A. E. Murray; *Acer franchetii* Pax; Ⅰ, Ⅱ, Ⅶ

长柄七叶树

Aesculus assamica Griff.; Ⅴ

欧洲七叶树*

Aesculus hippocastanum L.

云南七叶树

▲Aesculus wangii Hu; Ⅴ

滨木患

Arytera litoralis Blume; Ⅴ

倒地铃

Cardiospermum halicacabum L.; Ⅰ, Ⅴ, Ⅵ

金丝苦楝

Cardiospermum microcarpum Kunth; *Cardiospermum halicacabum* L. var. *microcarpum* (Kunth) Blume; Ⅱ, Ⅳ, Ⅴ

茶条木（黑枪杆）

Delavaya toxocarpa Franch.; *Delavaya yunnanensis* Franch.; Ⅰ, Ⅱ, Ⅲ, Ⅴ, Ⅶ; √

龙眼*（原变种）（桂圆）

Dimocarpus longan Lour. var. **longan**

钝叶龙眼（变种）
Dimocarpus longan Lour. var. **obtusus** (Pierre) Leenh.; V

车桑子（坡柳）
Dodonaea viscosa Jacq.; Ⅰ, Ⅱ, Ⅲ, Ⅳ, Ⅴ, Ⅵ, Ⅶ; √

伞花木*
★**Eurycorymbus cavaleriei** (H. Lév.) Rehd. et Hand.-Mazz.

复羽叶栾树（回树）
★**Koelreuteria bipinnata** Franch.; Ⅰ

荔枝*
Litchi chinensis Sonn.

川滇无患子（皮哨子）
★**Sapindus delavayi** (Franch.) Radlk.; Ⅰ, Ⅱ, Ⅴ, Ⅵ, Ⅶ; √

干果木
Xerospermum bonii (Lecomte) Radlk.; Ⅴ

241 芸香科 Rutaceae
[14 属 53 种，含 12 栽培种]

山油柑
Acronychia pedunculata (L.) Miq.; Ⅴ

臭节草
Boenninghausenia albiflora (Hook.) Rchb. ex Meisn.; Ⅰ, Ⅱ, Ⅲ, Ⅳ, Ⅴ, Ⅵ, Ⅶ; √

石椒草
Boenninghausenia sessilicarpa H. Lév.; Ⅰ, Ⅱ, Ⅲ, Ⅳ, Ⅴ, Ⅵ, Ⅶ; √

酸橙*（柑橘）
Citrus × **aurantium** L.; *Citrus sinensis* (L.) Osbeck, *Citrus reticulata* Blanco

宜昌橙（红河橙）
★**Citrus cavaleriei** H. Lév. ex Cavalerie; *Citrus ichangensis* Swingle, *Citrus hongheensis* Y. Ye, X. Liu, S. Q. Ding et M. Liang; Ⅴ

红橘*
Citrus deliciosa Ten.

箭叶橙
Citrus hystrix DC.; Ⅰ

金柑*
Citrus japonica Thunb.

香橙*
Citrus × **junos** Siebold ex Yu. Tanaka

柠檬*
Citrus × **limon** (L.) Osbeck

柚*
Citrus maxima (Burm.) Merr.

香橼*
Citrus medica L.

葡萄柚*
Citrus paradisi Macf.

富民枳
●**Citrus** × **polytrifolia** Govaerts; *Poncirus* × *polyandra* S. Q. Ding, X. N. Zhang, Z. R. Bao et M. Q. Liang; Ⅰ

枳*
★**Citrus trifoliata** L.; *Poncirus trifoliata* (L.) Raf.

小黄皮
★**Clausena emarginata** C. C. Huang; Ⅴ

假黄皮
Clausena excavata Burm. f.; Ⅴ, Ⅵ

黄皮*
Clausena lansium (Lour.) Skeels

短梗山小橘（变种）
Glycosmis parviflora (Sims) Kurz var. **abbreviata** Huang et D. D. Tao; Ⅴ

山小橘
Glycosmis pentaphylla (Retz.) DC.; Ⅴ

三桠苦
Melicope pteleifolia (Champ. ex Benth.) T. G. Hartley; *Euodia lepta* Merr. Ⅴ, Ⅵ

大管
Micromelum falcatum (Lour.) Tanaka; Ⅴ

小芸木
Micromelum integerrimum (Roxb. ex DC.) Wight et Arn. ex M. Roem.; Ⅴ, Ⅵ

豆叶九里香
★**Murraya euchrestifolia** Hayata; Ⅳ, Ⅴ

九里香
★**Murraya exotica** L.; Ⅴ

调料九里香
Murraya koenigii (L.) Spreng; Ⅴ, Ⅵ

千里香
Murraya paniculata (L.) Jack.; Ⅰ, Ⅴ

四数九里香
★**Murraya tetramera** Huang; Ⅴ

川黄檗*
★**Phellodendron chinense** C. K. Schneid.

芸香*
Ruta graveolens L.

乔木茵芋

Skimmia arborescens T. Anderson ex Gamble; *Skimmia laureola* (DC.) Decne. subsp. *arborescens* (T. Anderson ex Gamble) C. Y. Wu; Ⅰ, Ⅱ, Ⅲ, Ⅳ, Ⅴ, Ⅵ, Ⅶ; √

石山吴萸

★**Tetradium calcicola** (Chun ex C. C. Huang) T. G. Hartley; *Euodia calcicola* Chun ex Huang; Ⅳ

臭檀吴萸（丽江吴萸）

Tetradium daniellii (Benn.) T. G. Hartley; *Euodia delavayi* Dode; Ⅰ, Ⅳ, Ⅴ

无腺吴萸

Tetradium fraxinifolium (Hook.) T. G. Hartley; *Euodia fraxinifolia* (Hook.) Benth.; Ⅴ

楝叶吴萸（臭辣吴萸）

Tetradium glabrifolium (Champ. ex Benth.) T. G. Hartley; *Euodia* fargesii Dode; Ⅴ, Ⅵ

吴茱萸

Tetradium ruticarpum (A. Juss.) T. G. Hartley; *Euodia rutaecarpa* (Juss.) Benth.; Ⅰ, Ⅱ, Ⅲ, Ⅳ, Ⅴ, Ⅵ, Ⅶ

牛枓吴萸

Tetradium trichotomum Lour.; Ⅴ

飞龙掌血

Toddalia asiatica (L.) Lam.; Ⅰ, Ⅱ, Ⅲ, Ⅳ, Ⅴ, Ⅵ, Ⅶ; √

刺花椒（毛刺花椒）

Zanthoxylum acanthopodium DC.; *Zanthoxylum acanthopodium* DC. var. *timbor* Hook. f.; Ⅰ, Ⅱ, Ⅳ, Ⅴ, Ⅵ, Ⅶ; √

竹叶花椒

Zanthoxylum armatum DC.; Ⅰ, Ⅱ, Ⅳ, Ⅴ, Ⅵ, Ⅶ; √

花椒

Zanthoxylum bungeanum Maxim.; Ⅰ, Ⅱ, Ⅲ, Ⅳ, Ⅴ, Ⅵ, Ⅶ; √

石山花椒

★**Zanthoxylum calcicola** C. C. Huang; Ⅱ, Ⅲ

异叶花椒

Zanthoxylum dimorphophyllum Hemsl.; *Zanthoxylum ovalifolium* Wight; Ⅰ, Ⅱ, Ⅴ

砚壳花椒

★**Zanthoxylum dissitum** Hemsl.; Ⅳ, Ⅴ

贵州花椒

★**Zanthoxylum esquirolii** H. Lév.; Ⅰ, Ⅲ, Ⅳ, Ⅴ, Ⅵ, Ⅶ

大花花椒

★**Zanthoxylum macranthum** (Hand.-Mazz.) C. C. Huang; Ⅰ, Ⅱ, Ⅴ

多叶花椒

★**Zanthoxylum multijugum** Franch.; Ⅰ, Ⅱ, Ⅳ, Ⅴ, Ⅵ, Ⅶ; √

两面针

Zanthoxylum nitidum (Roxb.) DC.; Ⅴ

尖叶花椒

Zanthoxylum oxyphyllum Edgew.; Ⅰ, Ⅱ, Ⅳ, Ⅴ, Ⅵ

微柔毛花椒

★**Zanthoxylum pilosulum** Rehder et E. H. Wilson; Ⅲ

花椒簕

Zanthoxylum scandens Blume; Ⅳ, Ⅴ; √

新平花椒

Zanthoxylum xinpingense Huang et D. D. Tao; Ⅴ

元江花椒

▲**Zanthoxylum yuanjiangense** C. C. Huang; Ⅴ

242 苦木科 Simaroubaceae

[4 属 6 种，含 1 栽培种]

米仔兰*

Aglaia odorata Lour.

臭椿（原变种）

★**Ailanthus altissima** (Mill.) Swingle var. **altissima**; Ⅰ, Ⅱ, Ⅲ

大果臭椿（变种）

★**Ailanthus altissima** (Mill.) Swingle var. **sutchuenensis** (Dode) Rehder et E. H. Wilson; Ⅰ, Ⅱ

柔毛鸦胆子（毛鸦胆子）

Brucea mollis Wall. ex Kurz.; *Brucea mollis* Wall.; Ⅴ

常绿苦树

Picrasma javanica Blume; Ⅳ, Ⅴ

苦树

Picrasma quassioides (D. Don) Benn.; Ⅰ, Ⅳ, Ⅵ

243 楝科 Meliaceae

[9 属 10 种，含 2 栽培种]

麻楝（毛麻楝）

Chukrasia tabularis A. Juss; *Chukrasia tabularis* A. Juss var. *velutina* (Wall.) King; Ⅴ

浆果楝（灰毛浆果楝）

Cipadessa baccifera (Roxb. ex Roth) Miq.; *Cipadessa cinerascens* (Pell.) Hand.-Mazz.; Ⅱ, Ⅴ,

VI；√

红果樫木
Dysoxylum gotadhora (Buch.-Ham.) Mabb.;
Dysoxylum binectariferum (Roxb.) Hook. f. ex
Bedd.；V

鹧鸪花（老虎楝、小果鹧鸪花）
Heynea trijuga Roxb. ex Sims; *Trichilia connaroides*
(Wight et Arn.) Bentv., *Trichilia connaroides* (Wight et
Arn.) Bentv. var. *microcarpa* (Pierre) Bentv.；Ⅰ，Ⅱ，
Ⅲ，Ⅳ，Ⅴ，Ⅵ，Ⅶ；√

楝（川楝）
Melia azedarach L.; *Melia toosendan* Sieb. et
Zucc.；Ⅰ，Ⅱ，Ⅲ，Ⅳ，Ⅴ，Ⅵ，Ⅶ

羽状地黄连（云南地黄连、矮陀陀）
Munronia pinnata (Wall.) W. Theob.; *Munronia
delavayi* Franch., *Munronia henryi* Harms；V，Ⅶ

桃花心木*
Swietenia mahagoni (L.) Jacq.

红椿（毛红椿、滇红椿、疏花红椿）
Toona hexandra (Wall.) M. Roem.; *Toona ciliata*
M. Roem., *Toona ciliata* M. Roem. var. *pubescens*
(Franch.) Hand.-Mazz., *Toona ciliata* M. Roem. var.
yunnanensis (C. DC.) C. Y. Wu, *Toona ciliata* M.
Roem. var. *sublaxiflora* (C. DC.) C. Y. Wu；Ⅰ，Ⅱ，
Ⅲ，Ⅳ，Ⅴ，Ⅵ，Ⅶ

香椿*（湖北香椿、陕西香椿）
Toona sinensis (Juss.) M. Roem.; *Toona sinensis*
(Juss.) M. Roem. var. *hupehana* (C. DC.) P. Y. Chen,
Toona sinensis (Juss.) M. Roem. var. *schensiana* (C.
DC.) X. M. Chen

割舌树
Walsura robusta Roxb.；V

247 锦葵科 Malvaceae
[34 属 95 种，含 21 栽培种]

长毛黄葵
Abelmoschus crinitus Wall.；V，Ⅵ

咖啡黄葵*
Abelmoschus esculentus (L.) Moench

黄蜀葵（原变种）
Abelmoschus manihot (L.) Medik. var. **manihot**；
Ⅰ，Ⅱ，Ⅲ，Ⅳ，Ⅴ，Ⅵ，Ⅶ；√

刚毛黄蜀葵（变种）
Abelmoschus manihot (L.) Medik. var. **pungens**
(Roxb.) Hochr.；Ⅰ，Ⅲ，Ⅳ，Ⅴ，Ⅶ

黄葵*
Abelmoschus moschatus Medik.

昂天莲
Abroma augustum (L.) L. f.；V

小花磨盘草（变种）
★**Abutilon guineense** (Schumach.) Baker f. et
Exell var. **forrestii** (S. Y. Hu) Y. Tang; *Abutilon
indicum* (L.) Sweet var. *forrestii* (S. Y. Hu) Feng；
Ⅱ，Ⅶ

元谋恶味苘麻（变种）
●**Abutilon hirtum** (Lam.) Sweet var. **yuanmouense**
K. M. Feng；Ⅶ

磨盘草
Abutilon indicum (L.) Sweet；Ⅱ，Ⅴ，Ⅵ，Ⅶ

圆锥苘麻
★**Abutilon paniculatum** Hand.-Mazz.；V

华苘麻
Abutilon sinense Oliv.；Ⅰ，V

苘麻
Abutilon theophrasti Medik.；V

蜀葵*
Alcea rosea L.

白脚桐棉
Azanza lampas (Cav.) Alef.; *Thespesia lampas*
(Cav.) Dalzell；V

木棉（攀枝花）
Bombax ceiba L.; *Bombax malabaricum* DC.；Ⅰ，
Ⅱ，Ⅲ，Ⅳ，Ⅴ，Ⅵ，Ⅶ

柄翅果（长柄翅果）
Burretiodendron esquirolii (H. Lév.) Rehder;
Burretiodendron longistipitatum R. H. Miau ex H. T.
Chang et R. H. Miau；Ⅳ，V

元江柄翅果
▲**Burretiodendron kydiifolium** Y. C. Hsu et R.
Zhuge；V

刺果藤
Byttneria grandifolia DC.; *Byttneria aspera*
Colebr.；V

吉贝*
Ceiba pentandra (L.) Gaertn.

一担柴
Colona floribunda (Kurz) Craib；V，Ⅵ

甜麻
Corchorus aestuans L.；Ⅰ，Ⅱ，V

黄麻*
Corchorus capsularis L.

长蒴黄麻*
Corchorus olitorius L.

火绳树
Eriolaena spectabilis (DC.) Planchon ex Mast.;
Eriolaena spectabilis (Candolle) Planchon ex Mast.;
Ⅴ，Ⅵ

云南梧桐
★**Firmiana major** (W. W. Sm.) Hand.-Mazz.;　Ⅱ

梧桐*
Firmiana simplex (L.) W. Wight

树棉*（原变种）
Gossypium arboreum L. var. **arboreum**

钝叶树棉*（变种）
Gossypium arboreum L. var. **obtusifolium** (Roxb.)
Roberty

海岛棉*
Gossypium barbadense L.

陆地棉*
Gossypium hirsutum L.

苘麻叶扁担杆
Grewia abutilifolia Vent ex Juss.;　Ⅰ，Ⅱ，Ⅲ，Ⅳ，
Ⅴ，Ⅵ，Ⅶ

扁担杆（原变种）
Grewia biloba G. Don var. **biloba**;　Ⅴ，Ⅵ，Ⅶ

小花扁担杆（变种）
★**Grewia biloba** G. Don var. **parviflora** (Bge.)
Hand.-Mazz.;　Ⅱ，Ⅴ，Ⅵ

短柄扁担杆
★**Grewia brachypoda** C. Y. Wu;　Ⅱ，Ⅶ

朴叶扁担杆（云南扁担杆）
Grewia celtidifolia Juss.; *Grewia yunnanensis* H. T.
Chang;　Ⅳ，Ⅴ

复齿扁担杆（尖齿扁担杆）
▲**Grewia cuspidatoserrata** Burret;　Ⅴ

毛果扁担杆
Grewia eriocarpa Juss.; *Grewia celtidifolia* Juss.
var. *eriocarpa* (Juss.) Y. C. Hsu et R. Zhuge;　Ⅴ，Ⅵ

黄麻叶扁担杆
★**Grewia henryi** Burret;　Ⅴ

矮扁担杆
Grewia humilis Wall. ex G. Don;　Ⅶ

椴叶扁担杆（圆叶扁担杆）
Grewia tiliifolia Vahl; *Grewia rotunda* C. Y. Wu ex
H. T. Chang;　Ⅴ

细齿山芝麻
Helicteres glabriuscula Wall. ex Mast.;　Ⅴ，Ⅵ

火索麻
Helicteres isora L.;　Ⅴ，Ⅵ

粘毛山芝麻
Helicteres viscida Blume;　Ⅴ

美丽芙蓉
★**Hibiscus indicus** (Burm. f.) Hochr.;　Ⅰ，Ⅱ，Ⅲ，
Ⅴ，Ⅵ

芙蓉葵*
Hibiscus moscheutos L.

木芙蓉*
★**Hibiscus mutabilis** L.

朱槿*（原变种）
Hibiscus rosa-sinensis L. var. **rosa-sinensis**

重瓣朱槿*（变种）
Hibiscus rosa-sinensis L. var. **rubro-plenus** Sweet

木槿*
Hibiscus syriacus L.

野西瓜苗#
Hibiscus trionum L.;　√

云南芙蓉
●**Hibiscus yunnanensis** S. Y. Hu;　Ⅴ

翅果麻
Kydia calycina Roxb.;　Ⅴ，Ⅵ

锦葵*
Malva cathayensis M. G. Gilbert, Y. Tang et Dorr;
Malva sinensis Cavan.

冬葵*
Malva crispa L.

圆叶锦葵
Malva pusilla Sm.; *Malva rotundifolia* L.;　Ⅰ，Ⅱ，Ⅶ

野葵（冬苋菜）
Malva verticillata L.;　Ⅰ，Ⅱ，Ⅲ，Ⅳ，Ⅴ，Ⅵ，Ⅶ;　√

赛葵
Malvastrum coromandelianum (L.) Gurcke;　Ⅰ，
Ⅱ，Ⅴ;　√

小悬铃花*
Malvaviscus arboreus Dill. ex Cav.

垂花悬铃花*
Malvaviscus penduliflorus DC.; *Malvaviscus
arboreus* Dill. ex Cav. var. *penduliflorus* (DC.) Schery

梅蓝
Melhania hamiltoniana Wall.;　Ⅴ

马松子
Melochia corchorifolia L.;　Ⅴ

刺果锦葵#
Modiola caroliniana (L.) G. Don

瓜栗*
Pachira aquatica AuBlume; *Pachira macrocarpa* (Cham. et Schlecht.) Walp.

平当树
★**Paradombeya sinensis** Dunn; Ⅱ, Ⅴ; √

变叶翅子树
▲**Pterospermum proteus** Burkill; Ⅴ

梭罗树
Reevesia pubescens Mast.; Ⅴ, Ⅵ; √

黄花稔
Sida acuta Burm. f.; Ⅰ, Ⅳ, Ⅴ

中华黄花稔
★**Sida chinensis** Retz.; Ⅳ, Ⅴ

长梗黄花稔
Sida cordata (Burm. f.) Borss. Waalk.; Ⅱ, Ⅳ, Ⅴ

心叶黄花稔
Sida cordifolia L.; Ⅴ, Ⅶ

粘毛黄花稔
Sida mysorensis Wight et Arn.; Ⅴ, Ⅵ

东方黄花稔
Sida orientalis Cav.; Ⅰ, Ⅱ

白背黄花稔
Sida rhombifolia L.; Ⅰ, Ⅴ, Ⅶ

拔毒散
Sida szechuensis Matsuda; Ⅰ, Ⅱ, Ⅲ, Ⅳ, Ⅴ, Ⅵ, Ⅶ; √

云南黄花稔
★**Sida yunnanensis** S. Y. Hu; Ⅳ

大叶苹婆
▲**Sterculia kingtungensis** H. H. Hsue ex Y. Tang, M. G. Gilbert et Dorr; Ⅴ

假苹婆
Sterculia lanceolata Cav.; Ⅴ

家麻树
Sterculia pexa Pierre; Ⅴ, Ⅵ; √

多毛椴（变种）
★**Tilia chinensis** Maxim. var. **intonsa** (Rehd. et Wils.) Hsu et Zhuge; *Tilia intonsa* Wils. ex Rehd. et Wils.; Ⅱ, Ⅴ, Ⅵ

少脉椴（原变种）
★**Tilia paucicostata** Maxim. var. **paucicostata**; Ⅰ, Ⅱ, Ⅶ

云南少脉椴（变种）
★**Tilia paucicostata** Maxim. var. **yunnanensis** Diels; Ⅰ, Ⅱ, Ⅲ, Ⅳ, Ⅴ, Ⅵ, Ⅶ

椴树（原变种）（滇南椴）
Tilia tuan Szyszyl. var. **tuan**; *Tilia mesembrinos* Merr.; Ⅰ, Ⅱ, Ⅲ, Ⅳ, Ⅴ, Ⅵ, Ⅶ

长苞椴（变种）（鸡山椴）
▲**Tilia tuan** Szyszyl. var. **chenmoui** (W. C. Cheng) Y. Tang; *Tilia chenmoui* W. C. Cheng; Ⅰ

毛芽椴（变种）
★**Tilia tuan** Szyszyl. var. **chinensis** Rehd. et Wils.; Ⅰ, Ⅱ, Ⅴ, Ⅶ

单毛刺蒴麻（小刺蒴麻、光黏头婆）
Triumfetta annua L.; Ⅰ, Ⅴ

毛刺蒴麻
Triumfetta cana Blume; *Triumfetta tomentosa* Boj.; Ⅰ, Ⅴ, Ⅵ

长勾刺蒴麻
Triumfetta pilosa Roth; Ⅰ, Ⅴ, Ⅵ

刺蒴麻
Triumfetta rhomboidea Jacq.; Ⅰ, Ⅱ, Ⅲ, Ⅳ, Ⅴ, Ⅵ, Ⅶ

地桃花（原变种）
Urena lobata L. var. **lobata**; Ⅰ, Ⅴ, Ⅵ, Ⅶ; √

中华地桃花（变种）
★**Urena lobata** L. var. **chinensis** (Osbeck) S. Y. Hu; Ⅴ

粗叶地桃花（变种）
Urena lobata L. var. **glauca** (Blume) Borssum Waalkes; *Urena lobata* L. var. *scabriuscula* (DC.) Walp.; Ⅳ

云南地桃花（变种）
★**Urena lobata** L. var. **yunnanensis** S. Y. Hu; Ⅰ, Ⅳ, Ⅴ, Ⅵ, Ⅶ

梵天花
★**Urena procumbens** L.; Ⅴ

波叶梵天花
Urena repanda Roxb. ex Sm.; Ⅰ, Ⅴ

蛇婆子
Waltheria indica L.; *Waltheria americana* L.; Ⅴ

249 瑞香科 Thymelaeaceae
[3 属 13 种]

尖瓣瑞香
▲**Daphne acutiloba** Rehder; Ⅱ, Ⅴ, Ⅶ

短管瑞香
▲**Daphne brevituba** H. F. Zhou ex C. Y. Chang; Ⅱ, Ⅴ, Ⅵ, Ⅶ

穗花瑞香
▲**Daphne esquirolii** H. Lév.; II

滇瑞香
★**Daphne feddei** H. Lév.; I，II，III，IV，V，VI，VII

白瑞香
Daphne papyracea Wall. ex Steud.; I，II，III，IV，V，VI，VII; √

长梗瑞香
▲**Daphne pedunculata** H. F. Zhou ex C. Y. Chang; V

狼毒（甘遂）
Stellera chamaejasme L.; I，II，III，IV，V，VI，VII

荛花
Wikstroemia canescens Meisn.; I

澜沧荛花
★**Wikstroemia delavayi** Lecomte; I，II

一把香
Wikstroemia dolichantha Diels; I，II，IV，VI，VII; √

富民荛花
●**Wikstroemia fuminensis** Y. D. Qi et Y. Z. Wang; I

了哥王
Wikstroemia indica C. A. Mey.; V

革叶荛花
★**Wikstroemia scytophylla** Diels; II，VII

250 红木科 Bixaceae
[1 属 1 种，含 1 栽培种]

红木*（胭脂木）
Bixa orellana L.

254 叠珠树科 Akaniaceae
[1 属 1 种]

伯乐树
Bretschneidera sinensis Hemsl.; V

255 旱金莲科 Tropaeolaceae
[1 属 1 种，含 1 栽培种]

旱金莲*
Tropaeolum majus L.

256 辣木科 Moringaceae
[1 属 1 种，含 1 栽培种]

辣木*
Moringa oleifera Lam.

257 番木瓜科 Caricaceae
[1 属 1 种，含 1 栽培种]

番木瓜*
Carica papaya L.

268 山柑科 Capparidaceae
[2 属 6 种]

野香橼花
Capparis bodinieri H. Lév.; I，II，III，IV，V，VI，VII; √

雷公橘
Capparis membranifolia Kurz; V

多花山柑
Capparis multiflora Hook. f. et Thomson; V

小绿刺
Capparis urophylla F. Chun; V

元江山柑
●**Capparis wui** B. S. Sun; V

树头菜
Crateva unilocularis Buch.-Ham.; V；√

269 白花菜科 Cleomaceae
[1 属 4 种，含 2 栽培种]

羊角菜（白花菜）
Cleome gynandra L.; *Gynandropsis gynandra* (L.) Briquet; V

醉蝶花*
Cleome houtteana Schltdl.; *Tarenaya hassleriana* (Chodat) Iltis

西洋白花菜*（美丽白花菜、滇白花菜）
Cleome speciosa Raf.; *Cleome yunnanensis* W. W. Sm.

黄花草
Cleome viscosa L.; *Arivela viscosa* (L.) Rafinesque; II，V

270 十字花科 Brassicaceae
[18 属 52 种，含 13 栽培种]

小果寒原荠（变种）
★**Aphragmus oxycarpus** (Hook. f. et Thomson) Jafri var. **microcarpus** C. H. An; II

小花南芥（变种）
Arabis alpina L. var. **parviflora** Franch.; I，IV，V，VII

硬毛南芥（紫花硬毛南芥、卵叶硬毛南芥）
Arabis hirsuta (L.) Scop.; *Arabis hirsuta* (L.) Scop.

var. *purpurea* Y. C. Lan et T. Y. Cheo, *Arabis hirsuta* (L.) Scop. var. *nipponica* (Franch. et Savat) C. C. Yuan et T. Y. Cheo; Ⅱ

圆锥南芥
Arabis paniculata Franch.; Ⅰ, Ⅱ, Ⅲ, Ⅳ, Ⅵ, Ⅶ; √

芥菜（原亚种）
Brassica juncea (L.) Czern. subsp. **juncea**; *Brassica juncea* (L.) Czern. et Coss.; Ⅱ

芥菜疙瘩*（亚种）
Brassica juncea (L.) Czern. subsp. **napiformis** (Paillieux et Bois) Gladis; *Brassica juncea* (L.) Czern. var. *napiformis* (Pailleux et Bois) Kitam.

白花甘蓝*（变种）（芥蓝）
Brassica oleracea L. var. **albiflora** Kuntze

花椰菜*（变种）（洋花菜）
Brassica oleracea L. var. **botrytis** L.

甘蓝*（变种）（莲花白）
Brassica oleracea L. var. **capitata** L.

擘蓝*（变种）
Brassica oleracea L. var. **gongylodes** L.

芜菁*（原变种）
Brassica rapa L. var. **rapa**

青菜*（变种）
Brassica rapa L. var. **chinensis** (L.) Kitam.

白菜*（变种）
Brassica rapa L. var. **glabra** Regel

芸苔*（变种）
Brassica rapa L. var. **oleifera** DC.

紫菜苔*（变种）
Brassica rapa L. var. **purpuraria** (L. H. Bailey) Kitam.

荠
Capsella bursa-pastoris (L.) Medik.; Ⅰ, Ⅱ, Ⅲ, Ⅳ, Ⅴ, Ⅵ, Ⅶ; √

露珠碎米荠
Cardamine circaeoides Hook. f. et Thomson; *Cardamine violifolia* O. E. Schulz var. *diversifolia* O. E. Schulz; Ⅰ, Ⅱ, Ⅲ, Ⅳ, Ⅴ, Ⅵ, Ⅶ

光头山碎米荠（大叶山芥碎米荠）
★**Cardamine engleriana** O. E. Schulz; *Cardamine griffithii* Hook. f. et Thomson var. *grandifolia* T. Y. Cheo et R. C. Fang; Ⅱ

纤细碎米荠
Cardamine gracilis (O. E. Schulz) T. Y. Cheo et R. C. Fang; Ⅳ

碎米荠
Cardamine hirsuta L.; Ⅰ, Ⅱ, Ⅲ, Ⅳ, Ⅴ, Ⅵ, Ⅶ; √

弹裂碎米荠（四川碎米荠、钝齿四川碎米荠）
Cardamine impatiens L.; *Cardamine glaphyropoda* O. E. Schulz, *Cardamine glaphyropoda* O. E. Schulz var. *crenata* T. Y. Cheo et R. C. Fang; Ⅱ, Ⅳ

大叶碎米荠（重齿碎米荠、多叶碎米荠）
Cardamine macrophylla Willd.; *Cardamine macrophylla* Willd. var. *diplodonta* T. Y. Cheo, *Cardamine macrophylla* Willd. var. *polyphylla* (D. Don) T. Y. Cheo et R. C. Fang; Ⅱ

弯曲碎米荠
Cardamine occulta Hornem.; *Cardamine flexuosa* auct. non With., *Cardamine flexuosa* With. var. *debilis* (O. E. Schulz) T. Y. Cheo et R. C. Fang; Ⅰ, Ⅱ, Ⅲ, Ⅳ, Ⅴ, Ⅵ, Ⅶ

少叶碎米荠（钝叶云南碎米荠）
★**Cardamine paucifolia** Hand.-Mazz.; *Cardamine yunnanensis* Franch. var. *obtusata* C. Y. Wu ex T. Y. Cheo et R. C. Fang; Ⅱ

细巧碎米荠（弯蕊芥）
Cardamine pulchella (Hook. f. et Thomson) Al-Shehbaz et G. Yang; *Loxostemon pulchellus* Hook. f. et Thomson; Ⅱ

匍匐碎米荠（匍匐弯蕊芥）
★**Cardamine repens** (Franch.) Diels; *Loxostemon repens* (Franch.) Hand.-Mazz.; Ⅰ

云南碎米荠（滇碎米荠、异叶碎米荠）
Cardamine yunnanensis Franch.; *Cardamine heterophylla* T. Y. Cheo et R. C. Fang; Ⅰ, Ⅱ, Ⅲ

播娘蒿（腺毛播娘蒿）
Descurainia sophia (L.) Webb. ex Prantl; *Descurainia sophioides* (Fisch.) O. E. Schulz; Ⅱ

阿尔泰葶苈（苞叶阿尔泰葶苈）
Draba altaica Bunge; *Draba altaica* (C. A. Mey.) Bunge subsp. *modesta* (W. W. Sm.) O. E. Schulz; Ⅱ

抱茎葶苈（长果抱茎葶苈）
★**Draba amplexicaulis** Franch.; *Draba amplexicaulis* Franch. var. *dolichocarpa* O. E. Schulz; Ⅱ

东川葶苈
●**Draba dongchuanensis** Al-Shehbaz, J. P. Yue, T. Deng et H. L. Chen; Ⅱ

高茎葶苈（高葶苈）
Draba elata Hook. f. et Thomson; Ⅱ

纤细葶苈（花岗岩葶苈）
Draba gracillima Hook. f. et Thomson; *Draba*

granitica Hand.-Mazz.; Ⅱ

丽江葶苈
Draba lichiangensis W. W. Sm.; Ⅱ

心果半脊荠
★**Hemilophia cardiocarpa** Huan C. Wang, Shao Y. Liu et Z. T. Ren Ⅱ

菘蓝[*] （欧洲菘蓝）
Isatis tinctoria L.

独行菜
Lepidium apetalum Willd.; Ⅰ, Ⅱ, Ⅲ, Ⅳ, Ⅴ, Ⅵ, Ⅶ; √

南美独行菜[#]
Lepidium bonariense L.

楔叶独行菜
★**Lepidium cuneiforme** C. Y. Wu; Ⅰ, Ⅶ; √

臭独行菜[#] （臭荠）
Lepidium didymum L.; *Coronopus didymus* (L.) J. E. Sm.; √

高河菜 （矮高河菜、小叶高河菜）
Megacarpaea delavayi Franch.; *Megacarpaea delavayi* Franch. var. *minor* W. W. Sm., *Megacarpaea delavayi* Franch. var. *minor* W. W. Sm. f. *microphylla* O. E. Schulz; Ⅱ

豆瓣菜
Nasturtium officinale R. Br.; Ⅰ, Ⅱ; √

诸葛菜[*]
Orychophragmus violaceus (L.) O. E. Schulz

萝卜[*]
Raphanus sativus L.

广州蔊菜 （小籽蔊菜）
Rorippa cantoniensis (Lour.) Ohwi; Ⅰ

无瓣蔊菜 （南蔊菜）
Rorippa dubia (Pers.) Hara; Ⅰ, Ⅱ, Ⅳ, Ⅴ, Ⅵ; √

风花菜 （云南亚麻荠、银条菜）
Rorippa globosa (Turcz. ex Fisch. et C. A. Mey.) Hayek; *Camelina yunnanensis* W. W. Sm.; Ⅵ, Ⅶ

蔊菜
Rorippa indica (L.) Hiern.; Ⅰ, Ⅱ, Ⅲ, Ⅳ, Ⅴ, Ⅵ, Ⅶ; √

沼生蔊菜 （沼泽蔊菜）
Rorippa palustris (L.) Besser; Ⅰ, Ⅱ, Ⅳ, Ⅶ; √

西亚大蒜芥[#]
Sisymbrium orientale L.

丛菔 （睫毛丛菔、狭叶丛菔）
★**Solms-laubachia pulcherrima** Muschl.; *Solms-laubachia ciliaris* (Bur. et Franch.) Botsch., *Solms-laubachia pulcherrima* Muschl. f. *angustifolia* O. E. Schulz; Ⅱ

菥蓂 （遏蓝菜）
Thlaspi arvense L.; Ⅰ, Ⅱ, Ⅲ, Ⅳ, Ⅴ, Ⅵ, Ⅶ; √

274 山柚子科 Opiliaceae
[2 属 2 种]

山柑藤
Cansjera rheedei J. F. Gmel.; Ⅴ

甜菜树
★**Yunnanopilia longistaminea** (W. Z. Li) C. Y. Wu et D. Z. Li; Ⅴ

275 蛇菰科 Balanophoraceae
[1 属 5 种]

蛇菰
Balanophora fungosa J. R. Forster et G. Forster; Ⅴ, Ⅵ

红冬蛇菰 （宜昌蛇菰、红烛蛇菰、葛菌）
Balanophora harlandii Hook. f.; *Balanophora henryi* Hemsl., *Balanophora mutinoides* Hayata; Ⅰ, Ⅱ, Ⅳ, Ⅵ

筒鞘蛇菰 （红菌）
Balanophora involucrata Hook. f. et Thomson; Ⅱ

多蕊蛇菰
Balanophora polyandra Griff.; Ⅳ

杯茎蛇菰
★**Balanophora subcupularis** P. C. Tam; Ⅴ

276 檀香科 Santalaceae
[9 属 15 种，含 1 栽培种]

油杉寄生 （小莲枝）
★**Arceuthobium chinense** Lecomte; Ⅰ, Ⅱ, Ⅴ, Ⅶ; √

多脉寄生藤
Dendrotrophe polyneura (Hu) D. D. Tao ex P. C. Tam; Ⅴ

栗寄生 （狭茎栗寄生）
Korthalsella japonica (Thunb.) Engl.; *Korthalsella japonica* (Thunb.) Engl. var. *fasciculata* (Van Tiegh) H. S. Kiu; Ⅵ, Ⅶ

沙针
Osyris quadripartita Salzm. ex Decne.; *Osyris wightiana* J. Graham; Ⅰ, Ⅱ, Ⅲ, Ⅳ, Ⅴ, Ⅵ, Ⅶ; √

硬序重寄生（微挺重寄生）
Phacellaria rigidula Benth.; Ⅰ

檀梨（油葫芦、华檀梨）
Pyrularia edulis (Wall.) A. DC.; *Pyrularia sinensis* Y. C. Wu, *Pyrularia bullata* P. C. Tam, *Pyrularia inermis* S. S. Chien; Ⅴ，Ⅵ

檀香*
Santalum album L.

长花百蕊草
★**Thesium longiflorum** Hand.-Mazz.; Ⅰ，Ⅴ

长叶百蕊草
Thesium longifolium Turcz.; Ⅰ，Ⅱ，Ⅲ，Ⅳ，Ⅵ; √

卵叶槲寄生（亚种）（阔叶槲寄生）
Viscum album L. subsp. **meridianum** (Danser) D. G. Long; Ⅰ，Ⅳ

扁枝槲寄生（麻栎寄生）
Viscum articulatum Burm. f.; Ⅰ，Ⅱ，Ⅳ，Ⅴ，Ⅵ，Ⅶ

槲寄生
Viscum coloratum (Komarov) Nakai; Ⅴ

柿寄生（桐木寄生、棱枝槲寄生）
★**Viscum diospyrosicola** Hayata; Ⅰ，Ⅱ，Ⅵ

枫寄生
Viscum liquidambaricola Hayata; Ⅰ，Ⅱ

绿茎槲寄生
★**Viscum nudum** Danser; Ⅰ，Ⅱ，Ⅳ，Ⅶ

278 青皮木科 Schoepfiaceae
[1 属 1 种]

青皮木（羊脆骨）
Schoepfia jasminodora Sieb et Zucc; Ⅰ，Ⅱ，Ⅳ，Ⅴ，Ⅵ，Ⅶ; √

279 桑寄生科 Loranthaceae
[5 属 18 种]

五蕊寄生
Dendrophthoe pentandra (L.) Miq.; Ⅴ，Ⅵ

栒树桑寄生（栒寄生）
Loranthus delavayi Tiegh.; Ⅰ，Ⅱ，Ⅲ，Ⅳ，Ⅴ，Ⅵ，Ⅶ

双花鞘花
Macrosolen bibracteolatus (Hance) Danser; Ⅳ

鞘花
Macrosolen cochinchinensis (Lour.) Tiegh.; Ⅳ，Ⅴ

梨果寄生
Scurrula atropurpurea Danser; *Scurrula philippensis*

(Cham. et Schlecht.) G. Don; Ⅰ，Ⅴ，Ⅵ

锈毛梨果寄生（滇南寄生）
Scurrula ferruginea (Roxb. ex Jack) Danser; Ⅳ

红花寄生（原变种）（桑寄生）
Scurrula parasitica L. var. **parasitica**; Ⅱ，Ⅵ; √

小红花寄生（变种）
Scurrula parasitica L. var. **graciliflora** (Wall. ex DC.) H. S. Kiu; *Scurrula parasitica* L. var. *graciliflora* H. S. Kiu; Ⅰ，Ⅱ，Ⅴ

松柏钝果寄生（原变种）（松寄生）
Taxillus caloreas (Diels) Danser var. **caloreas**; Ⅴ，Ⅵ，Ⅶ; √

显脉钝果寄生（变种）（显脉松寄生）
★**Taxillus caloreas** (Diels) Danser var. **fargesii** (Lecomte) H. S. Kiu; Ⅰ，Ⅴ，Ⅵ，Ⅶ

柳叶钝果寄生（柳树寄生）
Taxillus delavayi (Tiegh.) Danser; Ⅰ，Ⅱ，Ⅳ，Ⅴ，Ⅵ，Ⅶ; √

锈毛钝果寄生
★**Taxillus levinei** (Merr.) H. S. Kiu; Ⅱ

木兰寄生
Taxillus limprichtii (Grüning) H. S. Kiu; Ⅳ

毛叶钝果寄生（桑寄生）
★**Taxillus nigrans** (Hance) Danser; Ⅰ，Ⅱ，Ⅶ

油杉钝果寄生
★**Taxillus renii** H. S. Kiu; Ⅴ

桑寄生（原变种）
★**Taxillus sutchuenensis** (Lecomte) Danser var. **sutchuenensis**; Ⅰ，Ⅳ

灰毛桑寄生（变种）
★**Taxillus sutchuenensis** (Lecomte) Danser var. **duclouxii** (Lecomte) H. S. Kiu; Ⅳ

滇藏钝果寄生（金沙江寄生）
★**Taxillus thibetensis** (Lecomte) Danser; Ⅰ，Ⅱ，Ⅶ

281 柽柳科 Tamaricaceae
[2 属 3 种，含 1 栽培种]

三春水柏枝
★**Myricaria paniculata** P. Y. Zhang et Y. J. Zhang; Ⅰ，Ⅶ

匍匐水柏枝
Myricaria prostrata Hook. f. et Thomson; Ⅱ

柽柳*
Tamarix chinensis Lour.

282 白花丹科 Plumbaginaceae

[2 属 5 种，含 3 栽培种]

小蓝雪花（架棚）
★**Ceratostigma minus** Stapf ex Prain；Ⅱ

紫金标（岷江蓝雪花）
★**Ceratostigma willmottianum** Stapf；Ⅰ，Ⅱ，Ⅲ，Ⅴ，Ⅵ

蓝花丹*（蓝雪花）
Plumbago auriculata Lam.

紫花丹*
Plumbago indica L.

白花丹*
Plumbago zeylanica L.

283 蓼科 Polygonaceae

[12 属 84 种，含 3 栽培种]

抱茎拳参（抱茎蓼）
Bistorta amplexicaulis (D. Don) Greene；*Polygonum amplexicaule* D. Don；Ⅰ，Ⅱ，Ⅴ，Ⅶ

革叶拳参（革叶蓼）
★**Bistorta coriacea** (Sam.) Yonek. et H. Ohashi；*Polygonum coriaceum* Sam.；Ⅱ

竹叶舒筋（原亚种）（匐枝蓼）
Bistorta emodi (Meisn.) H. Hara subsp. **emodi**；*Polygonum emodi* Meisn.；Ⅰ，Ⅱ，Ⅵ，Ⅶ；√

宽竹叶舒筋（亚种）（宽叶匐枝蓼、悬垂竹叶舒筋）
★ **Bistorta emodi** (Meisn.) H. Hara subsp. **dependens** (Diels) Soják；*Polygonum emodi* Meisn. var. *dependens* Diels；Ⅰ，Ⅱ，Ⅶ

圆穗拳参（圆穗蓼）
Bistorta macrophylla (D. Don) Soják；*Polygonum macrophyllum* D. Don；Ⅱ

大海拳参（大海蓼）
Bistorta milletii H. Lév.；*Polygonum milletii* (H. Lév.) H. Lév.；Ⅱ，Ⅴ

草血竭（原变种）
Bistorta paleacea (Wall. ex Hook. f.) Yonek. et H. Ohashi var. **paleaceum**；*Polygonum paleaceum* Wall. ex Hook. f.；Ⅰ，Ⅱ，Ⅲ，Ⅳ，Ⅴ，Ⅵ，Ⅶ

毛叶草血竭（变种）
★**Bistorta paleacea** (Wall. ex Hook. f.) Yonek. et H. Ohashi var. **pubifolium** (Sam.) Huan C. Wang et F. Yang **comb. nov.**；*Polygonum paleaceum* Wall. ex Hook. f. var. *pubifolium* Sam.；Ⅰ，Ⅱ，Ⅵ，Ⅶ

支柱拳参（原亚种）（支柱蓼）
Bistorta suffulta (Maxim.) Greene ex H. Gross subsp. **suffulta**；*Polygonum suffultum* Maxim.；Ⅰ

细穗支柱拳参（亚种）（细穗支柱蓼）
★**Bistorta suffulta** (Maxim.) Greene ex H. Gross subsp. **pergracilis** (Hemsl.) Soják；*Polygonum suffultum* Maxim. var. *pergracile* (Hemsl.) Sam.；Ⅰ，Ⅱ，Ⅳ

珠芽拳参（珠芽蓼）
Bistorta vivipara (L.) Delarbre；*Polygonum viviparum* L.；Ⅰ，Ⅱ，Ⅲ，Ⅳ，Ⅴ

疏穗野荞麦
★**Fagopyrum caudatum** (Sam.) A. J. Li；Ⅰ，Ⅱ

金荞麦
Fagopyrum dibotrys (D. Don) Hara；Ⅰ，Ⅱ，Ⅲ，Ⅳ，Ⅴ，Ⅵ，Ⅶ；√

荞麦
Fagopyrum esculentum Moench；Ⅰ，Ⅲ，Ⅳ，Ⅴ，Ⅶ

细柄野荞麦
★**Fagopyrum gracilipes** (Hemsl.) Dammer；Ⅰ，Ⅱ，Ⅳ，Ⅴ，Ⅵ，Ⅶ；√

小野荞麦（原变种）
★**Fagopyrum leptopodum** (Diels) Hedberg var. **leptopodum**；Ⅱ，Ⅳ，Ⅵ，Ⅶ

疏穗小野荞麦（变种）
★**Fagopyrum leptopodum** (Diels) Hedberg var. **grossii** (H. Lév.) Lauener et D. K. Ferguson；Ⅰ，Ⅱ，Ⅶ

线叶野荞麦
▲**Fagopyrum lineare** (Sam.) Haraldson；Ⅰ，Ⅱ

长柄野荞麦
★**Fagopyrum statice** (H. Lév.) H. Gross；Ⅰ，Ⅳ，Ⅶ

苦荞麦*
Fagopyrum tataricum (L.) Gaertn.

硬枝野荞麦
★**Fagopyrum urophyllum** (Bureau et Franch.) H. Gross；Ⅰ，Ⅱ，Ⅳ，Ⅴ，Ⅵ，Ⅶ；√

木藤蓼
★**Fallopia aubertii** (L. Henry) Holub；Ⅰ，Ⅳ，Ⅴ

牛皮消蓼（牛皮消首乌）
★**Fallopia cynanchoides** (Hemsl.) Haraldson；Ⅰ，Ⅱ

何首乌（原变种）（夜交藤）
Fallopia multiflora (Thunb.) Haraldson var. **multiflora**；Ⅰ，Ⅱ，Ⅳ，Ⅴ，Ⅵ，Ⅶ；√

毛脉首乌（变种）
★ **Fallopia multiflora** (Thunb.) Haraldson var.

ciliinervis (Nakai) Yonek. et H. Ohashi；Ⅰ，Ⅱ，Ⅴ

西伯利亚蓼
Knorringia sibirica (Laxm.) Tzvelev；*Polygonum sibiricum* Laxm.；Ⅳ

钟花神血宁（原变种）（钟花蓼）
Koenigia campanulata (Hook. f.) T. M. Schust. et Reveal var. **campanulata**；*Polygonum campanulatum* Hook. f.；Ⅰ，Ⅱ，Ⅶ；√

绒毛钟花神血宁（变种）（绒毛钟花蓼）
Koenigia campanulata (Hook. f.) T. M. Schust. et Reveal var. **fulvida** (Hook. f.) T. M. Schust. et Reveal；*Polygonum campanulatum* Hook. f. var. *fulvidum* Hook. f.；Ⅰ，Ⅱ，Ⅳ

蓝药神血宁（蓝药蓼）
★**Koenigia cyanandra** (Diels) Mesícek et Soják；*Polygonum cyanandrum* Diels；Ⅱ

小叶神血宁（小叶蓼）
Koenigia delicatula (Meisn.) H. Hara；*Polygonum delicatulum* Meisn.；Ⅱ

细茎神血宁（细茎蓼）
Koenigia filicaulis (Wall. ex Meisn.) T. M. Schust. et Reveal；*Polygonum filicaule* Wall. ex Meisn.；Ⅰ，Ⅱ

大铜钱叶神血宁（大铜钱叶蓼）
Koenigia forrestii (Diels) Mesícek et Soják；*Polygonum forrestii* Diels；Ⅱ

绢毛神血宁（原变种）（绢毛蓼）
Koenigia mollis (D. Don) T. M. Schust. et Reveal var. **mollis**；*Polygonum molle* D. Don；Ⅰ，Ⅴ

倒毛神血宁（变种）（倒毛蓼）
Koenigia mollis (D. Don) T. M. Schust. et Reveal var. **rudis** (Meisn.) T. M. Schust. et Reveal；*Polygonum molle* D. Don var. *rude* (Meisn.) A. J. Li；Ⅰ，Ⅱ，Ⅳ，Ⅴ，Ⅵ

竹节蓼*
Muehlenbeckia platyclada (F. Muell.) Meisn.；*Homalocladium platycladum* (F. Muell.) Bailey

山蓼（肾叶山蓼）
Oxyria digyna (L.) Hill.；Ⅰ，Ⅱ；√

中华山蓼
★**Oxyria sinensis** Hemsl.；Ⅰ，Ⅱ，Ⅲ，Ⅳ，Ⅴ，Ⅵ，Ⅶ；√

两栖蓼
Persicaria amphibia (L.) Delarbre；*Polygonum amphibium* L.；Ⅰ，Ⅱ，Ⅵ，Ⅶ

毛蓼
Persicaria barbata (L.) H. Hara；*Polygonum barbatum* L.；Ⅰ，Ⅱ，Ⅴ

头花蓼
Persicaria capitata (Buch.-Ham. ex D. Don) H. Gross；*Polygonum capitatum* Buch.-Ham. ex D. Don；Ⅰ，Ⅱ，Ⅲ，Ⅳ，Ⅴ，Ⅵ，Ⅶ；√

火炭母（原变种）
Persicaria chinensis (L.) H. Gross var. **chinense**；*Polygonum chinense* L.；Ⅰ，Ⅱ，Ⅴ，Ⅵ，Ⅶ

硬毛火炭母（变种）
Persicaria chinensis (L.) H. Gross var. **hispida** (Hook. f.) Kantachot；*Polygonum chinense* L. var. *hispidum* Hook. f.；Ⅲ，Ⅴ，Ⅵ

宽叶火炭母（变种）
Persicaria chinensis (L.) H. Gross var. **ovalifolia** (Meisn.) H. Hara；*Polygonum chinense* L. var. *ovalifolium* Meisn.；Ⅴ

金线草
Persicaria filiformis (Thunb.) Nakai；*Antenoron filiforme* (Thunb.) Roberty et Vautier；Ⅲ，Ⅳ

冰川蓼
Persicaria glacialis (Meisn.) H. Hara；*Polygonum glaciale* (Meisn.) Hook. f., *Polygonum glaciale* (Meisn.) Hook. f. var. *przewalskii* (A. K. Skvortsov et Borodina) A. J. Li；Ⅰ，Ⅱ，Ⅴ

球序蓼
Persicaria greuteriana Galasso；*Polygonum wallichii* Meisn.；Ⅴ，Ⅶ

长箭叶蓼
Persicaria hastatosagittata (Makino) Nakai；*Polygonum hastatosagittatum* Makino；Ⅰ，Ⅱ，Ⅳ，Ⅶ

矮蓼
Persicaria humilis (Meisn.) H. Hara；*Polygonum humile* Miesn.；Ⅱ，Ⅴ

水蓼（辣蓼）
Persicaria hydropiper (L.) Delarbre；*Polygonum hydropiper* L.；Ⅰ，Ⅱ，Ⅳ，Ⅴ，Ⅵ，Ⅶ；√

蚕茧蓼
Persicaria japonica (Meisn.) Nakai；*Polygonum japonicum* Meisn.；Ⅰ，Ⅱ，Ⅴ；√

愉悦蓼（紫苞蓼）
★**Persicaria jucunda** (Meisn.) Migo；*Polygonum jucundum* Meisn.；Ⅱ，Ⅴ

密毛马蓼
Persicaria lanigera (R. Br.) Soják；*Polygonum lapathifolium* L. var. *lanatum* (Roxburgh) Steward；Ⅰ

酸模叶蓼
Persicaria lapathifolia (L.) Delarbre; *Polygonum lapathifolium* L.; Ⅰ, Ⅱ, Ⅲ, Ⅳ, Ⅴ, Ⅵ, Ⅶ; √

长鬃蓼（原变种）
Persicaria longiseta (Bruijn) Kitag. var. **longiseta**; *Polygonum longisetum* Bruijn; Ⅰ, Ⅱ, Ⅲ, Ⅳ, Ⅴ, Ⅶ

圆基长鬃蓼（变种）
Persicaria longiseta (Bruijn) Kitag. var. **rotundata** (A. J. Li) B. Li; *Polygonum longisetum* Bruijn var. *rotundatum* A. J. Li; Ⅰ, Ⅲ, Ⅴ

长戟叶蓼
Persicaria maackiana (Regel) Nakai; *Polygonum maackianum* Regel; Ⅰ

小头蓼（原变种）
Persicaria microcephala (D. Don) H. Gross var. **microcephala**; *Polygonum microcephalum* D. Don; Ⅰ, Ⅱ, Ⅲ, Ⅴ

腺梗小头蓼（变种）
Persicaria microcephala (D. Don) H. Gross var. **sphaerocephala** (Wall. ex Meisn.) H. Hara; *Polygonum microcephalum* D. Don var. *sphaerocephalum* (Wall. ex Meisn.) Murata; Ⅴ, Ⅵ

小蓼花
Persicaria muricata (Meisn.) Nemoto; *Polygonum muricatum* Meisn.; Ⅰ, Ⅱ, Ⅵ

短毛金线草
Persicaria neofiliformis (Nakai) Ohki; *Antenoron filiforme* (Thunb.) Roberty et Vautier var. *neofiliforme* (Nakai) A. J. Li; Ⅲ, Ⅴ

尼泊尔蓼
Persicaria nepalensis (Meisn.) H. Gross; *Polygonum nepalense* Meisn.; Ⅰ, Ⅱ, Ⅲ, Ⅳ, Ⅴ, Ⅵ, Ⅶ; √

红蓼
Persicaria orientalis (L.) Spach; *Polygonum orientale* L.; Ⅰ, Ⅱ, Ⅴ, Ⅵ, Ⅶ

窄叶火炭母
Persicaria paradoxa (H. Lév.) Kantachot; *Polygonum chinense* L. var. *paradoxum* (H. Lév.) A. J. Li; Ⅰ, Ⅱ, Ⅲ, Ⅳ, Ⅴ, Ⅶ; √

杠板归
Persicaria perfoliata (L.) H. Gross; *Polygonum perfoliatum* L.; Ⅴ, Ⅵ, Ⅶ; √

松林蓼
★ **Persicaria pinetorum** (Hemsl.) H. Gross; *Polygonum gloriosum* H. Lév., *Polygonum pinetorum* Hemsl.; Ⅴ

丛枝蓼
Persicaria posumbu (Buch.-Ham. ex D. Don) H. Gross; *Polygonum posumbu* Buch.-Ham. ex D. Don; Ⅰ, Ⅱ, Ⅳ

伏毛蓼
Persicaria pubescens (Blume) H. Hara; *Polygonum pubescens* Blume; Ⅰ, Ⅱ, Ⅴ

羽叶蓼（原变种）
Persicaria runcinata (Buch.-Ham. ex D. Don) H. Gross var. **runcinata**; *Polygonum runcinatum* Buch.-Ham. ex D. Don; Ⅰ, Ⅱ, Ⅴ, Ⅵ, Ⅶ

赤胫散（变种）
★**Persicaria runcinata** (Buch.-Ham. ex D. Don) H. Gross var. **sinensis** (Hemsl.) B. Li; *Polygonum runcinatum* Buch.-Ham. var. *exauriculatum* Lingelsh., *Polygonum runcinatum* Buch.-Ham. var. *sinense* Hemsl.; Ⅰ, Ⅱ, Ⅴ, Ⅵ, Ⅶ; √

箭头蓼
Persicaria sagittata (L.) H. Gross; *Polygonum sieboldii* Meisn., *Polygonum sagittatum* L.; Ⅰ, Ⅱ

平卧蓼
★ **Persicaria strindbergii** (J. Schust.) Galasso; *Polygonum strindbergii* J. Schust.; Ⅰ, Ⅱ, Ⅳ, Ⅴ, Ⅵ, Ⅶ; √

戟叶蓼
Persicaria thunbergii (Siebold et Zucc.) H. Gross; *Polygonum thunbergii* Siebold et Zucc.; Ⅱ, Ⅴ, Ⅵ

蓼蓝
Persicaria tinctoria (Aiton) Spach; *Polygonum tinctorium* W. T. Aiton; Ⅱ

萹蓄
Polygonum aviculare L.; Ⅰ, Ⅱ, Ⅶ

习见萹蓄（习见蓼）
Polygonum plebeium R. Br.; Ⅰ, Ⅱ, Ⅴ, Ⅵ

虎杖
Reynoutria japonica Houtt.; Ⅰ, Ⅱ, Ⅲ, Ⅴ, Ⅵ, Ⅶ

药用大黄*
★**Rheum officinale** Baill.; Ⅳ

酸模
Rumex acetosa L.; Ⅱ

小酸模
Rumex acetosella L.; Ⅱ, Ⅴ

齿果酸模
Rumex dentatus L.; Ⅰ, Ⅱ, Ⅳ, Ⅴ, Ⅶ; √

戟叶酸模
Rumex hastatus D. Don; Ⅰ, Ⅱ, Ⅲ, Ⅳ, Ⅴ, Ⅵ,

VII；√

小果酸模
Rumex microcarpus Campd.；Ⅰ，Ⅱ

尼泊尔酸模
Rumex nepalensis Spreng.；Ⅰ，Ⅱ，Ⅳ，Ⅴ，Ⅵ，
Ⅶ；√

长刺酸模
Rumex trisetifer Stokes；Ⅰ

284 茅膏菜科 Droseraceae
[1 属 1 种]

茅膏菜
Drosera peltata Sm. ex Willd.；Ⅰ，Ⅱ，Ⅳ，Ⅴ，
Ⅶ；√

295 石竹科 Caryophyllaceae
[13 属 62 种，含 7 栽培种]

髯毛无心菜（原变种）
★**Arenaria barbata** Franch. var. **barbata**；Ⅱ

硬毛无心菜（变种）
★**Arenaria barbata** Franch. var. **hirsutissima** W.
W. Sm.；Ⅱ

大理无心菜
★**Arenaria delavayi** Franch.；Ⅱ

滇蜀无心菜
★**Arenaria dimorphitricha** C. Y. Wu ex L. H.
Zhou；Ⅱ

圆叶无心菜
Arenaria orbiculata Royle ex Hook. f.；Ⅰ，Ⅱ，
Ⅲ，Ⅳ，Ⅴ，Ⅵ，Ⅶ

须花无心菜
★**Arenaria pogonantha** W. W. Sm.；Ⅱ

无心菜
Arenaria serpyllifolia L.；Ⅰ，Ⅱ，Ⅲ，Ⅳ，Ⅴ，Ⅵ，
Ⅶ；√

多柱无心菜（维西无心菜）
★**Arenaria weissiana** Hand.-Mazz.；Ⅱ

短瓣花
Brachystemma calycinum D. Don；Ⅰ，Ⅴ，Ⅵ

球序卷耳
Cerastium glomeratum Thuill.；*Cerastium fontanum*
Fr. subsp. *triviale* (E. H. L. Krause) Jalas；Ⅱ，Ⅴ

簇生泉卷耳（簇生卷耳）
Cerastium holosteoides Fr.；*Cerastium fontanum*
Fr. subsp. *vulgare* (Hartm.) Greuter et Burdet；Ⅰ，

Ⅱ，Ⅴ，Ⅶ

四川卷耳
★**Cerastium szechuense** F. N. Williams；Ⅱ

绒毛卷耳*
Cerastium tomentosum L.

须苞石竹*（原变种）
Dianthus barbatus L. var. **barbatus**

头石竹*（变种）
Dianthus barbatus L. var. **asiaticus** Nakai

香石竹*
Dianthus caryophyllus L.

石竹*
Dianthus chinensis L.

荷莲豆草
Drymaria cordata (L.) Willd. ex Schult.；*Drymaria
diandra* Bl.；Ⅱ，Ⅳ，Ⅴ，Ⅵ，Ⅶ；√

毛剪秋罗*
Lychnis coronaria (L.) Desr.

剪秋罗（大花剪秋罗）
Lychnis fulgens Fisch.；Ⅱ

白鼓钉
Polycarpaea corymbosa (L.) Lam.；Ⅱ，Ⅶ

金铁锁
Psammosilene tunicoides W. C. Wu et C. Y. Wu；
Ⅰ，Ⅱ，Ⅲ，Ⅳ，Ⅴ，Ⅵ，Ⅶ；√

漆姑草
Sagina japonica (Sw. ex Steud.) Ohwi；*Sagina japonica*
(Sw.) Ohwi；Ⅰ，Ⅱ，Ⅲ，Ⅳ，Ⅴ，Ⅵ，Ⅶ；√

无毛漆姑草
Sagina saginoides (L.) H. Karst.；Ⅰ，Ⅱ，Ⅲ，Ⅳ，
Ⅴ，Ⅵ，Ⅶ

女娄菜（长冠女娄菜）
Silene aprica Turcz. ex Fisch. et C. A. Mey.；*Silene
aprica* Turcz. ex Fisch. et C. A. Mey. var. *oldhamiana*
(Miq.) C. Y. Wu；Ⅰ，Ⅱ，Ⅲ，Ⅳ，Ⅵ，Ⅶ；√

高雪轮*
Silene armeria L.

掌脉蝇子草
★**Silene asclepiadea** France.；Ⅰ，Ⅱ，Ⅶ

狗筋蔓
Silene baccifera Roth；*Cucubalus baccifer* L.；Ⅰ，
Ⅱ，Ⅲ，Ⅳ，Ⅴ，Ⅵ，Ⅶ；√

心瓣蝇子草
★**Silene cardiopetala** Franch.；Ⅱ

球萼蝇子草
Silene chodatii Bocquet；Ⅱ

麦瓶草#
Silene conoidea L.

西南蝇子草
★**Silene delavayi** Franch.；Ⅱ

东川蝇子草
★**Silene dentipetala** H. Chuang；Ⅱ

黄绿蝇子草
▲**Silene flavovirens** C. Y. Wu ex C. Y. Wu et C. L. Tang；Ⅱ

细蝇子草（大花细蝇子草、绢毛蝇子草）
★ **Silene gracilicaulis** C. L. Tang；*Silene gracilicaulis* C. L. Tang var. *rubescens* (Franch.) C. L. Tang, *Silene sericata* C. L. Tang；Ⅰ，Ⅱ，Ⅳ；√

喇嘛蝇子草
★**Silene lamarum** C. Y. Wu；Ⅱ

滇白前
★**Silene lankongensis** Franch.；Ⅰ，Ⅱ，Ⅲ，Ⅳ，Ⅴ，Ⅵ，Ⅶ；√

长花蝇子草
★**Silene longiuscula** C. Y. Wu et C. L. Tang；Ⅶ

纺锤根蝇子草
★**Silene napuligera** Franch.；Ⅱ，Ⅵ，Ⅶ

尼泊尔蝇子草
Silene nepalensis Majumdar；Ⅱ，Ⅳ

耳齿蝇子草
★**Silene otodonta** Franch.；Ⅵ，Ⅶ

红齿蝇子草
★**Silene phoenicodonta** Franch.；Ⅵ，Ⅶ

宽叶蝇子草
★**Silene platyphylla** Franch.；Ⅵ

岩生蝇子草
★**Silene scopulorum** Franch.；Ⅱ

糙叶蝇子草
★**Silene trachyphylla** Franch.；Ⅵ，Ⅶ

粘萼蝇子草
★**Silene viscidula** Franch.；Ⅰ，Ⅱ

云南蝇子草
▲**Silene yunnanensis** Franch.；Ⅱ

大爪草#
Spergula arvensis L.

雀舌草
Stellaria alsine Grimm；Ⅰ，Ⅴ

鹅肠菜
Stellaria aquatica (L.) Scop.；*Myosoton aquaticum* (L.) Moench；Ⅰ，Ⅱ，Ⅲ，Ⅳ，Ⅴ，Ⅵ，Ⅶ；√

中国繁缕
★**Stellaria chinensis** Regel；Ⅳ，Ⅵ

大叶繁缕
★**Stellaria delavayi** Franch.；Ⅰ，Ⅱ，Ⅵ，Ⅶ

繁缕
Stellaria media (L.) Vill.；Ⅰ，Ⅱ，Ⅲ，Ⅳ，Ⅴ，Ⅵ，Ⅶ；√

独子繁缕（原变种）
Stellaria monosperma Buch.-Ham. ex D. Don var. **monosperma**；Ⅱ，Ⅴ

锥花繁缕（变种）
Stellaria monosperma Buch.-Ham. ex D. Don var. **paniculata** Majumdar；Ⅱ，Ⅳ，Ⅵ，Ⅶ

鸡肠繁缕
Stellaria neglecta (Lej.) Weihe；Ⅴ

细柄繁缕
★**Stellaria petiolaris** Hand.-Mazz.；Ⅱ，Ⅶ

俯卧繁缕
★**Stellaria procumbens** Huan C. Wang et F. Yang；Ⅱ

箐姑草（星毛繁缕、石生繁缕）
Stellaria vestita Kurz；Ⅰ，Ⅱ，Ⅲ，Ⅳ，Ⅴ，Ⅵ，Ⅶ；√

巫山繁缕
★**Stellaria wushanensis** F. N. Williams；Ⅰ

千针万线草
★**Stellaria yunnanensis** Franch.；Ⅰ，Ⅱ，Ⅲ，Ⅳ，Ⅴ，Ⅵ，Ⅶ；√

麦蓝菜#
Vaccaria hispanica (Mill.) Rauschert；*Vaccaria segetalis* (Neck.) Garcke

297 苋科 Amaranthaceae
[18 属 38 种，含 12 栽培种]

土牛膝（原变种）
Achyranthes aspera L. var. **aspera**；Ⅰ，Ⅱ，Ⅳ，Ⅴ，Ⅵ，Ⅶ

钝叶土牛膝（变种）
Achyranthes aspera L. var. **indica** L.；Ⅱ，Ⅴ

牛膝
Achyranthes bidentata Blume；Ⅰ，Ⅱ，Ⅲ，Ⅳ，Ⅴ，Ⅵ，Ⅶ；√

柳叶牛膝
Achyranthes longifolia Makino；Ⅴ

千针苋
Acroglochin persicarioides (Hort. ex Poir.) Moq.；
Ⅰ，Ⅱ，Ⅲ，Ⅳ，Ⅴ，Ⅵ，Ⅶ；√

锦绣苋[*]
Alternanthera bettzickiana (Regel) G. Nicholson

喜旱莲子草[#]（空心莲子草）
Alternanthera philoxeroides (Mart.) Griseb.；√

刺花莲子草[#]
Alternanthera pungens Kunth

莲子草
Alternanthera sessilis (L.) DC.；Ⅰ，Ⅱ，Ⅴ，Ⅵ；√

凹头苋
Amaranthus blitum L.；Ⅰ，Ⅱ，Ⅴ，Ⅶ；√

尾穗苋[*]（老枪谷）
Amaranthus caudatus L.

老鸦谷[*]（繁穗苋）
Amaranthus cruentus L.；*Amaranthus paniculatus* L.

绿穗苋[#]
Amaranthus hybridus L.

千穗谷[*]
Amaranthus hypochondriacus L.

刺苋[#]
Amaranthus spinosus L.

苋[*]
Amaranthus tricolor L.

皱果苋
Amaranthus viridis L.；Ⅰ，Ⅴ

厚皮菜[*]（变种）
Beta vulgaris L. var. **cicla** L.

青葙[#]
Celosia argentea L.；√

鸡冠花[*]
Celosia cristata L.

墙生藜[#]
Chenopodiastrum murale (L.) S. Fuentes

藜（灰条菜）
Chenopodium album L.；Ⅰ，Ⅱ，Ⅲ，Ⅳ，Ⅴ，Ⅵ，Ⅶ；√

小藜
Chenopodium ficifolium Sm.；Ⅰ，Ⅱ

杖藜[*]
Chenopodium giganteum D. Don

头花杯苋
Cyathula capitata Moq.；Ⅰ，Ⅲ，Ⅴ

川牛膝
Cyathula officinalis K. C. Kuan；Ⅰ，Ⅱ，Ⅴ；√

杯苋
Cyathula prostrata (L.) Blume；Ⅴ，Ⅵ

浆果苋
Deeringia amaranthoides Merr.；Ⅰ，Ⅱ，Ⅴ

土荆芥[#]
Dysphania ambrosioides (L.) Mosyakin et Clemants；
Chenopodium ambrosioides L.；√

菊叶香藜（菊叶刺藜）
Dysphania nepalensis (Link ex Colla) Mosyakin et Clemants；Ⅰ，Ⅱ，Ⅳ，Ⅶ

千日红[*]
Gomphrena globosa L.

血苋[*]（变型）（红洋苋、红叶苋）
Iresine diffusa Humb. et Bonpl. ex Willd. f. **herbstii** (Hook.) Pedersen；*Iresine herbstii* Hook.

地肤[*]（扫帚菜）
Kochia scoparia (L.) Schrad.

少毛白花苋
Ouret glabrata (Hook. f.) Kuntze；*Aerva glabrata* Hook. f.；Ⅱ，Ⅴ

白花苋
Ouret sanguinolenta (L.) Kuntze；*Aerva sanguinolenta* (L.) Blume；Ⅱ，Ⅴ，Ⅶ

云南林地苋
▲**Psilotrichum yunnanense** D. D. Tao；Ⅴ

猪毛菜
Salsola collina Pall.；Ⅱ，Ⅵ，Ⅶ

菠菜[*]
Spinacia oleracea L.

304 番杏科 Tetragoniaceae
[3 属 3 种，含 3 栽培种]

露草[*]（心叶日中花）
Aptenia cordifolia (L. f.) Schwantes；*Mesembryanthemum cordifolium* L. f.

美丽日中花[*]
Lampranthus spectabilis (Haw.) N. E. Br.；*Mesembryanthemum spectabile* Haw.

番杏[*]
Tetragonia tetragonioides (Pall.) Kuntze

305 商陆科 Phytolaccaceae
[1 属 4 种]

商陆
Phytolacca acinosa Roxb.；Ⅰ，Ⅱ，Ⅲ，Ⅳ，Ⅴ，
Ⅵ，Ⅶ；√

垂序商陆[#]（美洲商陆）
Phytolacca americana L.；√

二十蕊商陆[#]
Phytolacca icosandra L.

多雄蕊商陆
★**Phytolacca polyandra** Batalin；Ⅰ，Ⅱ，Ⅶ

308 紫茉莉科 Nyctaginaceae
[3 属 5 种，含 2 栽培种]

黄细心
Boerhavia diffusa L.；Ⅱ，Ⅴ，Ⅶ；√

光叶子花[*]
Bougainvillea glabra Choisy

叶子花[*]
Bougainvillea spectabilis Willd.

山紫茉莉（中华山紫茉莉）
Mirabilis himalaica (Edgew.) Heimerl；*Oxybaphus himalaicus* Edgew.，*Oxybaphus himalaicus* Edgew. var. *chinensis* (Heimerl) D. Q. Lu；Ⅴ，Ⅶ

紫茉莉[#]
Mirabilis jalapa L.；√

309 粟米草科 Molluginaceae
[2 属 2 种]

星粟草
Glinus lotoides L.；Ⅴ

粟米草
Mollugo stricta L.；*Mollugo pentaphylla* L.；Ⅱ，Ⅴ，Ⅶ

312 落葵科 Basellaceae
[2 属 2 种，含 1 栽培种]

落葵薯[#]
Anredera cordifolia (Ten.) Steenis

落葵[*]
Basella alba L.

314 土人参科 Talinaceae
[1 属 1 种]

土人参[#]
Talinum paniculatum (Jacq.) Gaertn.；√

315 马齿苋科 Portulacaceae
[1 属 4 种，含 2 栽培种]

大花马齿苋[*]
Portulaca grandiflora Hook.

马齿苋
Portulaca oleracea L.；Ⅰ，Ⅱ，Ⅲ，Ⅳ，Ⅴ，Ⅵ；√

毛马齿苋[*]
Portulaca pilosa L.

四瓣马齿苋（四裂马齿苋）
Portulaca quadrifida L.；Ⅴ

317 仙人掌科 Cactaceae
[5 属 7 种；含 5 栽培种]

令箭荷花[*]
Disocactus ackermannii (Haw.) Ralf Bauer

昙花[*]
Epiphyllum oxypetalum Haw.；*Epiphyllum oxypetalum* (Candolle) Haworth

量天尺[*]（火龙果）
Hylocereus undatus (Haw.) Britton et Rose

仙人掌[#]
Opuntia dillenii Haw.；*Opuntia stricta* (Haw.) Haw. var. *dillenii* (Ker-Gawl.) Benson

梨果仙人掌[#]
Opuntia ficus-indica (L.) Mill.；√

单刺仙人掌[*]
Opuntia monacantha Haw.

蟹爪兰[*]
Schlumbergera truncata (Haw.) Moran

318 蓝果树科 Nyssaceae
[2 属 2 种]

喜树
★**Camptotheca acuminata** Decne.；Ⅰ，Ⅱ，Ⅲ，Ⅳ，Ⅴ，Ⅵ，Ⅶ；√

云南蓝果树
Nyssa bifida Craib；*Nyssa yunnanensis* W. Q. Yin ex H. N. Qin et Phengklai；Ⅴ

320 绣球花科 Hydrangeaceae
[5 属 34 种，含 1 栽培种]

马桑溲疏（镇康溲疏）
★**Deutzia aspera** Rehder；*Deutzia aspera* Rehder var. *fedorovii* (Zaikonn.) S. M. Hwang；Ⅴ

大萼溲疏（原变种）
★**Deutzia calycosa** Rehder var. **calycosa**；Ⅰ，Ⅱ，

V；√

大瓣溲疏（变种）

● **Deutzia calycosa** Rehder var. **macropetala** Rehd.； I，VII

密序溲疏

Deutzia compacta Craib； II，V

厚叶溲疏

★**Deutzia crassifolia** Rehder； II，V，VI

球花溲疏（丽江溲疏）

Deutzia glomeruliflora Franch.； *Deutzia glomeruliflora* Franch. var. *lichiangensis* (Zaikonn.) S. M. Hwang； I，II

长叶溲疏

★**Deutzia longifolia** Franch.； I，II，VI，VII

维西溲疏

★**Deutzia monbeigii** W. W. Sm.； II

木里溲疏

★**Deutzia muliensis** S. M. Hwang； II

紫花溲疏

Deutzia purpurascens (Franch. ex L. Henry) Rehder； I，II，III

灌丛溲疏（刚毛溲疏）

★**Deutzia rehderiana** C. K. Schneid.； *Deutzia setosa* Zaikonn.； V，VI，VII

四川溲疏（雷波溲疏）

★**Deutzia setchuenensis** Franch.； *Deutzia leiboensis* P. He et L. C. Hu； III，IV

常山

Dichroa febrifuga Lour.； III，V，VI；√

冠盖绣球（粉背绣球、绢毛绣球）

Hydrangea anomala D. Don； *Hydrangea glaucophylla* C. C. Yang, *Hydrangea glaucophylla* C. C. Yang var. *sericea* (C. C. Yang) C. F. Wei； IV

马桑绣球（柔毛绣球、八仙马桑绣球）

Hydrangea aspera Buch.-Ham. ex D. Don； *Hydrangea villosa* Rehder； I，II，IV，VI，VII；√

中国绣球（倒卵绣球、大瓣绣球）

Hydrangea chinensis Maxim.； *Hydrangea obovatifolia* Hayata, *Hydrangea macrosepala* Hayata； II，III，IV

西南绣球

Hydrangea davidii Franch.； II，III，IV，V，VI，VII；√

微绒绣球（灰绒绣球）

Hydrangea heteromalla D. Don； *Hydrangea mandarinorum* Diels； I，II

大果绣球（白绒绣球）

★**Hydrangea macrocarpa** Hand.-Mazz.； *Hydrangea mollis* (Rehder) W. T. Wang； II

绣球*（八仙花、紫阳花）

Hydrangea macrophylla (Thunb.) Ser.

粗枝绣球（圆叶绣球、乐思绣球、长翅绣球）

Hydrangea robusta Hook. f. et Thomson； *Hydrangea rotundifolia* C. F. Wei, *Hydrangea rosthornii* Diels, *Hydrangea longialata* C. F. Wei； II，III，V

蜡莲绣球（阔叶蜡莲绣球）

★**Hydrangea strigosa** Rehder； *Hydrangea strigosa* Rehder var. *macrophylla* (Hemsl.) Rehder； I，II，V

丽江山梅花

★**Philadelphus calvescens** (Rehder) S. M. Hwang； I，II

尾萼山梅花

▲**Philadelphus caudatus** S. M. Hwang； I

云南山梅花

Philadelphus delavayi L. Henry； I，II

滇南山梅花（原变种）

★**Philadelphus henryi** Koehne var. **henryi**； I，VI；√

灰毛山梅花（变种）

▲ **Philadelphus henryi** Koehne var. **cinereus** Hand.-Mazz.； II，VII

昆明山梅花（原变种）

●**Philadelphus kunmingensis** S. M. Hwang var. **kunmingensis**； I，II

小叶山梅花（变种）

●**Philadelphus kunmingensis** S. M. Hwang var. **parvifolius** S. M. Hwang； I

紫萼山梅花

★ **Philadelphus purpurascens** (Koehne) Rehd.； I，II，IV

绢毛山梅花

★**Philadelphus sericanthus** Koehne； I，II，V，VI

毛柱山梅花（原变种）

★**Philadelphus subcanus** Koehne var. **subcanus**； I，II，III

城口山梅花（变种）

★**Philadelphus subcanus** Koehne var. **magdalenae** (Koehne) S. M. Hu； I，II

钻地风

★**Schizophragma integrifolium** Oliv.； II

324 山茱萸科 Cornaceae
[2 属 12 种]

八角枫（原亚种）
Alangium chinense (Lour.) Harms subsp. **chinense**;
Ⅰ，Ⅱ，Ⅳ，Ⅴ，Ⅵ，Ⅶ；√

伏毛八角枫（亚种）
★ **Alangium chinense** (Lour.) Harms subsp.
strigosum W. P. Fang；Ⅱ，Ⅴ

深裂八角枫（亚种）
★ **Alangium chinense** (Lour.) Harms subsp.
triangulare (Wangerin) W. P. Fang；Ⅰ，Ⅱ，Ⅲ，Ⅴ

瓜木
Alangium platanifolium (Siebold et Zucc.) Harms；
Ⅰ，Ⅱ，Ⅴ

云南八角枫
★**Alangium yunnanense** C. Y. Wu ex W. P. Fang；Ⅴ

头状四照花（鸡嗉子果）
Cornus capitata Wall.; *Dendrobenthamia capitata*
(Wall.) Hutch.; Ⅰ，Ⅱ，Ⅳ，Ⅴ，Ⅵ，Ⅶ; √

川鄂山茱萸
Cornus chinensis Wangerin; Ⅰ，Ⅱ，Ⅴ，Ⅵ，Ⅶ

灯台树
Cornus controversa Hemsl.; *Bothrocaryum*
controversum (Hemsl.) Pojark.; Ⅴ，Ⅶ

红椋子（凉生椋木）
★**Cornus hemsleyi** C. K. Schneid. et Wangerin;
Swida hemsleyi (C. K. Schneid. et Wangerin) Soják,
Swida alsophila (W. W. Sm.) Holub; Ⅱ，Ⅲ

椋木（高山椋木）
Cornus macrophylla Wall.; *Swida alpina* (W. P.
Fang et W. K. Hu) W. P. Fang et W. K. Hu; Ⅱ

长圆叶椋木（无毛长圆叶椋木、毛叶椋木）
Cornus oblonga Wall.; *Swida oblonga* (Wall.)
Soják, *Swida oblonga* (Wall.) Soják var. *griffithii*
(Clarke) W. K. Hu; Ⅰ，Ⅱ，Ⅳ，Ⅴ，Ⅵ，Ⅶ; √

小椋木
★**Cornus quinquenervis** Franch.; *Swida paucinervis*
(Hance) Soják; Ⅰ，Ⅱ，Ⅲ，Ⅳ，Ⅴ，Ⅵ，Ⅶ

325 凤仙花科 Balsaminaceae
[1 属 34 种，含 2 栽培种]

水凤仙花
★**Impatiens aquatilis** Hook. f.; Ⅰ，Ⅱ，Ⅵ，Ⅶ

锐齿凤仙花（狭花凤仙花）
Impatiens arguta Hook. f. et Thomson; *Impatiens*

taliensis Lingelsh. et Borza; Ⅰ，Ⅱ，Ⅳ，Ⅴ，Ⅵ; √

马红凤仙花
▲**Impatiens bachii** H. Lév.; Ⅱ

凤仙花*
Impatiens balsamina L.

东川凤仙花
▲**Impatiens blinii** H. Lév.; Ⅱ

棒尾凤仙花
Impatiens clavicuspis Hook. f. ex W. W. Sm.; Ⅰ

棒凤仙花
Impatiens clavigera Hook. f.; Ⅴ

黄麻叶凤仙花
★**Impatiens corchorifolia** Franch.; Ⅰ，Ⅱ，Ⅶ; √

蓝花凤仙花
★**Impatiens cyanantha** Hook. f.; Ⅴ，Ⅵ

金凤花
★**Impatiens cyathiflora** Hook. f.; Ⅰ，Ⅱ，Ⅳ，Ⅴ，
Ⅵ，Ⅶ; √

耳叶凤仙花
★**Impatiens delavayi** Franch.; Ⅶ

束花凤仙花
▲**Impatiens desmantha** Hook. f.; Ⅰ，Ⅱ

色果凤仙花
●**Impatiens dichroocarpa** H. Lév.; Ⅱ

异型叶凤仙花
★**Impatiens dimorphophylla** Franch.; Ⅰ，Ⅱ

滇南凤仙花（黄花凤仙花）
Impatiens duclouxii Hook. f.; Ⅰ，Ⅶ

同距凤仙花
Impatiens holocentra Hand.-Mazz.; Ⅱ，Ⅶ

毛凤仙花
★**Impatiens lasiophyton** Hook. f.; Ⅱ，Ⅶ

荞麦地凤仙花
▲**Impatiens lemeei** H. Lév.; Ⅱ

路南凤仙花
★**Impatiens loulanensis** Hook. f.; Ⅰ，Ⅱ，Ⅳ，Ⅴ，Ⅶ

岔河凤仙花
▲**Impatiens mairei** H. Lév.; Ⅱ

蒙自凤仙花
Impatiens mengtszeana Hook. f.; Ⅰ，Ⅱ，Ⅲ，Ⅴ; √

梅氏凤仙花
▲**Impatiens meyana** Hook. f.; Ⅰ，Ⅱ

块节凤仙花
★**Impatiens piufanensis** Hook. f.; Ⅱ

平卧凤仙花
▲**Impatiens procumbens** Franch.; Ⅰ

总状凤仙花
Impatiens racemosa DC.; Ⅴ

辐射凤仙花
Impatiens radiata Hook. f.; Ⅰ, Ⅱ, Ⅵ, Ⅶ; √

红纹凤仙花
★**Impatiens rubrostriata** Hook. f.; Ⅰ, Ⅱ, Ⅲ,
Ⅳ, Ⅴ, Ⅵ, Ⅶ; √

黄金凤（原变种）
★**Impatiens siculifer** Hook. f. var. **siculifer**; Ⅰ,
Ⅱ, Ⅳ, Ⅴ, Ⅵ, Ⅶ; √

紫花黄金凤（变种）
★**Impatiens siculifer** Hook. f. var. **porphyrea**
Hook. f.; Ⅰ

窄花凤仙花
Impatiens stenantha Hook. f.; Ⅵ

微绒毛凤仙花
▲**Impatiens tomentella** J. D. Hooker; Ⅱ

滇水金凤
★**Impatiens uliginosa** Franch.; Ⅰ, Ⅱ, Ⅳ, Ⅴ,
Ⅵ, Ⅶ; √

苏丹凤仙花*
Impatiens walleriana Hook. f.

紫溪凤仙花
●**Impatiens zixishanensis** S. H. Huang; Ⅵ

331 肋果茶科 Sladeniaceae
[1 属 1 种]

毒药树（肋果茶）
Sladenia celastrifolia Kurz; Ⅰ, Ⅱ, Ⅳ, Ⅴ, Ⅵ,
Ⅶ; √

332 五列木科 Pentaphylacaceae
[4 属 26 种]

大叶杨桐
Adinandra megaphylla Hu; Ⅴ

茶梨
Anneslea fragrans Wall.; Ⅴ, Ⅵ

尾尖叶柃（尖叶柃）
Eurya acuminata DC.; Ⅴ

华南毛柃
Eurya ciliata Merr.; Ⅴ

岗柃
Eurya groffii Merr.; Ⅴ, Ⅵ, Ⅶ

丽江柃
Eurya handel-mazzettii H. T. Chang; Ⅰ, Ⅱ, Ⅲ,
Ⅴ, Ⅵ, Ⅶ; √

披针叶毛柃
Eurya henryi Hemsl.; Ⅴ

凹脉柃
★**Eurya impressinervis** Kobuski; Ⅴ

偏心叶柃
▲**Eurya inaequalis** P. S. Hsu; Ⅴ

景东柃
▲**Eurya jintungensis** P. T. Li; Ⅵ

贵州毛柃
★**Eurya kueichowensis** P. T. Li; Ⅳ

细枝柃（原变种）
★**Eurya loquaiana** Dunn var. **loquaiana**; Ⅱ, Ⅴ, Ⅵ

金叶细枝柃（变种）
★**Eurya loquaiana** Dunn var. **aureopunctata** H. T.
Chang; Ⅴ

毛枝格药柃（变种）
★**Eurya muricata** Dunn var. **huana** (Kobuski) L.
K. Ling; Ⅵ

细齿叶柃（黄背叶柃）
Eurya nitida Korth.; *Eurya nitida* Korth. var.
aurescens (Rehd. et Wils.) Kobuski; Ⅰ, Ⅱ, Ⅳ,
Ⅴ, Ⅵ, Ⅶ

斜基叶柃
▲**Eurya obliquifolia** Hemsl.; Ⅴ, Ⅵ

钝叶柃（原变种）
★**Eurya obtusifolia** H. T. Chang var. **obtusifolia**;
Ⅰ, Ⅱ, Ⅳ, Ⅴ

金叶柃（变种）
★**Eurya obtusifolia** H. T. Chang var. **aurea** (H.
Lév.) T. L. Ming; Ⅲ

滇四角柃
★**Eurya paratetragonoclada** Hu; Ⅴ

火棘叶柃
▲**Eurya pyracanthifolia** P. S. Hsu; Ⅰ, Ⅲ

窄基红褐柃（变种）
★**Eurya rubiginosa** H. T. Chang var. **attenuate** H.
T. Chang; Ⅴ

岩柃
★**Eurya saxicola** H. T. Chang; Ⅴ

毛果柃
Eurya trichocarpa Korth.; Ⅵ

文山柃
★**Eurya wenshanensis** Hu et L. K. Ling; Ⅴ

云南柃

★**Eurya yunnanensis** P. S. Hsu；V，VI

厚皮香（阔叶厚皮香）

Ternstroemia gymnanthera (Wight et Arn.) Bedd.；*Ternstroemia gymnanthera* (Wight et Arn.) Bedd. var. *wightii* (Choisy) Hand.-Mazz.；I，II，III，IV，V，VI；√

333 山榄科 Sapotaceae
[1 属 1 种]

大肉实树（肉实树）

Sarcosperma arboreum Hook. f.；II，IV，V，VII

334 柿树科 Ebenaceae
[1 属 7 种，含 1 栽培种]

美脉柿

▲**Diospyros caloneura** C. Y. Wu；V

岩柿（毛叶柿、石柿）

Diospyros dumetorum W. W. Sm.；*Diospyros mollifolia* Rehd. et Wilson；II，V，VI，VII；√

柿*（原变种）

Diospyros kaki Thunb. var. **kaki**

野柿（变种）

★**Diospyros kaki** Thunb. var. **silvestris** Makino；I，II，III，IV，V，VII；√

君迁子（原变种）

Diospyros lotus Blanco var. **lotus**；I，II，III，IV，V，VI，VII；√

多毛君迁子（变种）

Diospyros lotus Blanco var. **mollisima** C. Y. Wu；II，VII

点叶柿

▲**Diospyros punctilimba** C. Y. Wu；V

335 报春花科 Primulaceae
[8 属 120 种]

腋花点地梅

Androsace axillaris Franch.；I，II，IV，V，VI，VII；√

滇西北点地梅

Androsace delavayi Franch.；VII

直立点地梅

Androsace erecta Maxim.；VII

细弱点地梅

●**Androsace gracilis** Hand.-Mazz.；II，VII

莲叶点地梅

Androsace henryi Oliv.；II，VII

柔软点地梅

★**Androsace mollis** Hand.-Mazz.；II

硬枝点地梅

★**Androsace rigida** Hand.-Mazz.；II

刺叶点地梅

★**Androsace spinulifera** (Franch.) R. Knuth；I，II

点地梅

Androsace umbellata (Lour.) Merr.；VII

朱砂根（红凉伞）

Ardisia crenata Sims；*Ardisia crenata* Sims var. *bicolor* (E. Walker) C. Y. Wu et C. Chen；IV，V，VI

百两金（细柄百两金、大叶百两金）

Ardisia crispa (Thunb.) A. DC.；*Ardisia crispa* (Thunb.) A. DC. var. *dielsii* (Levl.) Walker, *Ardisia crispa* (Thunb.) A. DC. var. *amplifolia* Walker；V

小乔木紫金牛

Ardisia garrettii H. R. Fletcher；*Ardisia arborescens* Wall.；V

星毛紫金牛

Ardisia nigropilosa Pit.；V

纽子果（珍珠伞）

Ardisia polysticta Miq.；*Ardisia virens* Kurz, *Ardisia maculosa* Mez；V

罗伞树

Ardisia quinquegona Blume；V

酸苔菜

Ardisia solanacea Roxb.；V

当归藤（艳花酸藤子、小花酸藤子）

Embelia parviflora Wall. ex A. DC.；*Embelia pulchella* Mez；V

匍匐酸藤子

★**Embelia procumbens** Hemsl.；V，VI

白花酸藤子（原变种）

Embelia ribes Burm. f. var. **ribes**；V

厚叶白花酸藤子（变种）

Embelia ribes Burm. f. var. **pachyphylla** Chun ex C. Y. Wu et C. Chen；V

短梗酸藤子

Embelia sessiliflora Kurz；V

平叶酸藤子

Embelia undulata Mez；V

密齿酸藤子

Embelia vestita Roxb.；*Embelia rudis* Hand.-Mazz., *Embelia nigroviridis* C. Chen, *Embelia oblongifolia*

Hemsl., *Embelia vestita* Roxb. var. *lenticellata* (Hayata) C. Y. Wu et C. Chen; V

云南过路黄
▲**Lysimachia albescens** Franch.; Ⅰ，Ⅱ，Ⅳ，Ⅵ，Ⅶ

狼尾花（虎尾草）
Lysimachia barystachys Bunge; Ⅱ，Ⅳ; √

泽珍珠菜（星宿菜）
Lysimachia candida Lindl.; Ⅵ，Ⅶ

细梗香草
Lysimachia capillipes Hemsl.; Ⅱ，Ⅳ，Ⅴ

藜状珍珠菜
Lysimachia chenopodioides Watt ex Hook. f.; Ⅰ，Ⅱ

过路黄
★**Lysimachia christinae** Hance; Ⅰ，Ⅱ，Ⅳ，Ⅴ，Ⅵ，Ⅶ; √

矮桃（珍珠草）
Lysimachia clethroides Duby; Ⅰ，Ⅱ，Ⅳ，Ⅴ，Ⅶ

临时救（聚花过路黄）
Lysimachia congestiflora Hemsl.; Ⅰ，Ⅱ，Ⅳ，Ⅴ，Ⅵ，Ⅶ; √

心叶香草
▲**Lysimachia cordifolia** Hand.-Mazz.; Ⅱ，Ⅳ，Ⅶ

延叶珍珠菜
Lysimachia decurrens G. Forst.; Ⅱ，Ⅴ

小寸金黄（变种）
Lysimachia deltoidea Wight var. **cinerascens** Franch.; Ⅰ，Ⅱ，Ⅴ，Ⅵ，Ⅶ; √

锈毛过路黄
★**Lysimachia drymarifolia** Franch.; Ⅰ，Ⅱ，Ⅳ

思茅香草（原变种）
★**Lysimachia engleri** R. Knuth var. **engleri**; Ⅴ，Ⅶ; √

小思茅香草（变种）
▲**Lysimachia engleri** R. Knuth var. **glabra** (Bonati) F. H. Chen et C. M. Hu; Ⅶ

灵香草
★**Lysimachia foenum-graecum** Hance; Ⅳ

红根草
Lysimachia fortunei Maxim.; Ⅱ

叶苞过路黄
★**Lysimachia hemsleyi** Franch.; Ⅱ，Ⅳ，Ⅶ; √

多枝香草
Lysimachia laxa Baudo; Ⅴ

丽江珍珠菜（原变种）
★**Lysimachia lichiangensis** Forrest var. **lichiangensis**; Ⅱ

干生珍珠菜（变种）
★**Lysimachia lichiangensis** Forrest var. **xerophila** C. Y. Wu; Ⅶ

长蕊珍珠菜
Lysimachia lobelioides Wall.; Ⅰ，Ⅱ，Ⅳ，Ⅴ，Ⅵ，Ⅶ; √

耳柄过路黄
Lysimachia otophora C. Y. Wu; Ⅱ

狭叶落地梅（变种）
★**Lysimachia paridiformis** Franch. var. **stenophylla** Franch.; Ⅱ

小叶珍珠菜（小叶星宿菜）
★**Lysimachia parvifolia** Hemsl.; Ⅰ，Ⅱ，Ⅳ，Ⅵ，Ⅶ

阔叶假排草
Lysimachia petelotii Merr.; Ⅴ

叶头过路黄
★**Lysimachia phyllocephala** Hand.-Mazz.; Ⅰ，Ⅱ，Ⅳ; √

阔瓣珍珠菜
★**Lysimachia platypetala** Franch.; Ⅰ，Ⅱ，Ⅳ，Ⅶ; √

川西过路黄
★**Lysimachia pteranthoides** Bonati; Ⅰ，Ⅶ

矮星宿菜
★**Lysimachia pumila** Franch.; Ⅵ

总花珍珠菜
●**Lysimachia racemiflora** Bonati; Ⅱ

显苞过路黄
★**Lysimachia rubiginosa** Hemsl.; Ⅶ

腺药珍珠菜
★**Lysimachia stenosepala** Hemsl.; Ⅰ，Ⅱ，Ⅳ，Ⅵ，Ⅶ

大理珍珠菜
★**Lysimachia taliensis** Bonati; Ⅶ

腾冲过路黄
▲**Lysimachia tengyuehensis** Hand.-Mazz.; Ⅰ，Ⅱ

球尾花
Lysimachia thyrsiflora L.; Ⅰ

大花珍珠菜
★**Lysimachia violascens** Franch.; Ⅱ，Ⅶ

银叶杜茎山
Maesa argentea (Wall.) A. DC.; Ⅰ，Ⅱ，Ⅲ，Ⅳ，Ⅴ，Ⅵ，Ⅶ; √

包疮叶
Maesa indica (Roxb.) A. DC.; Ⅴ

137

杜茎山
Maesa japonica Moritzi ex Zoll.; Ⅴ

腺叶杜茎山（腺脉杜茎山）
Maesa membranacea A. DC.; Ⅴ

金珠柳
Maesa montana A. DC.; Ⅰ，Ⅱ，Ⅴ，Ⅵ，Ⅶ

鲫鱼胆
Maesa perlaria (Lour.) Merr.; Ⅴ

毛杜茎山
Maesa permollis Kurz.; Ⅴ

秤秆树
Maesa ramentacea Wall.; Ⅴ

纹果杜茎山（变种）
Maesa striata Mez var. **opaca** Pit.; Ⅴ

铁仔（尖叶铁仔、小铁子）
Myrsine africana L.; *Myrsine africana* L. var. *acuminata* C. Y. Wu et C. Chen; Ⅰ，Ⅱ，Ⅲ，Ⅳ，Ⅴ，Ⅵ，Ⅶ; √

平叶密花树
Myrsine faberi (Mez) Pipoly et C. Chen; Ⅴ

密花树
Myrsine seguinii H. Lév.; Ⅰ，Ⅱ，Ⅲ，Ⅳ，Ⅴ，Ⅵ，Ⅶ; √

针齿铁仔
Myrsine semiserrata Wali.; Ⅰ，Ⅱ，Ⅲ，Ⅳ，Ⅴ，Ⅵ，Ⅶ

光叶铁仔
Myrsine stolonifera (Koidz.) E. Walker; Ⅴ，Ⅵ

圆回报春（黄花鄂报春）
★**Primula ambita** Balf. f.; Ⅰ，Ⅶ

紫晶报春
▲**Primula amethystina** Franch.; Ⅱ

巴塘报春
★**Primula bathangensis** Petitm.; Ⅶ

霞红灯台报春
Primula beesiana Forrest; Ⅱ，Ⅲ，Ⅴ

山丽报春
Primula bella Franch.; Ⅱ

地黄叶报春
★**Primula blattariformis** Franch.; Ⅶ

糙毛报春
★**Primula blinii** H. Lév.; Ⅱ

小苞报春（变种）
★**Primula bullata** Franch. var. **bracteata** (Franch.) P. Eveleigh, J. Nielsen et D. W. H. Rankin; *Primula*

bracteata Franch.; Ⅶ

桔红灯台报春（橘红灯台报春）
Primula bulleyana Forrest; Ⅰ

美花报春（原亚种）
Primula calliantha Franch. subsp. **calliantha**; Ⅱ

黛粉美花报春（亚种）
Primula calliantha Franch. subsp. **bryophila** (Balf. f. et Forrest) W.W. Smith et Forrest; Ⅱ

显脉报春
★**Primula celsiiformis** Balf. f.; Ⅰ，Ⅱ，Ⅶ

革叶报春
★**Primula chartacea** Franch.; Ⅶ

紫花雪山报春
★**Primula chionantha** Balf. f. et Forrest; *Primula sinopurpurea* Balf. f. ex Hutch.; Ⅱ，Ⅲ

穗花报春
★**Primula deflexa** Duthie; Ⅱ

滇北球花报春（亚种）
Primula denticulata Sm. subsp. **sinodenticulata** (Balf. f. et Forrest) W. W. Sm. et Forrest; Ⅰ，Ⅱ，Ⅴ，Ⅵ，Ⅶ; √

东川报春
●**Primula dongchuanensis** Z. K. Wu et Yuan Huang; Ⅱ

曲柄报春
●**Primula duclouxii** Petitm.; Ⅰ，Ⅱ，Ⅵ，Ⅶ

散花报春
▲**Primula effusa** W. W. Sm. et Forrest; Ⅱ

峨眉报春
★**Primula faberi** Oliv.; Ⅱ

封怀报春（凤凰报春）
●**Primula fenghwaiana** C. M. Hu et G. Hao; Ⅵ

小报春
★**Primula filipes** G. Watt; *Primula forbesii* Franch.; Ⅰ，Ⅱ，Ⅳ，Ⅴ，Ⅵ，Ⅶ

垂花报春
★**Primula flaccida** N. P. Balakr.; Ⅰ，Ⅱ，Ⅶ

白背小报春
▲**Primula hypoleuca** Hand.-Mazz.; Ⅰ，Ⅱ

报春花
Primula malacoides Franch.; Ⅰ，Ⅱ，Ⅴ，Ⅵ，Ⅶ; √

葵叶报春
★**Primula malvacea** Franch.; Ⅱ，Ⅶ

雅江报春（亚种）
Primula munroi Lindl. subsp. **yargongensis**

(Petitm.) D. G. Long; *Primula involucrata* Wall. ex Duby subsp. *yargongensis* (Petitm.) W. W. Sm. et Forrest; Ⅱ

俯垂粉报春
★**Primula nutantiflora** Hemsl.; Ⅱ

鄂报春（原亚种）
★**Primula obconica** Hance subsp. **obconica**; Ⅰ, Ⅱ, Ⅵ; √

海棠叶报春（亚种）
★**Primula obconica** Hance subsp. **begoniiformis** (Petitm.) W. W. Sm. et Forrest; Ⅰ, Ⅱ, Ⅶ

小型报春（亚种）
▲**Primula obconica** Hance subsp. **parva** (Balf. f.) W. W. Sm. et Forrest; Ⅰ, Ⅱ, Ⅵ, Ⅶ

卵叶报春
★**Primula ovalifolia** Franch.; Ⅱ

羽叶穗花报春
★**Primula pinnatifida** Franch.; Ⅰ, Ⅱ; √

海仙花（海仙报春）
★**Primula poissonii** Franch.; Ⅰ, Ⅱ, Ⅴ, Ⅵ, Ⅶ; √

滇海水仙花
★**Primula pseudodenticulata** Pax; Ⅰ, Ⅱ, Ⅴ

密裂报春
★**Primula pycnoloba** Bureau et Franch.; Ⅱ

七指报春
Primula septemloba Franch.; Ⅱ

铁梗报春
★**Primula sinolisteri** Balf. f.; Ⅶ

苣叶报春（原亚种）
Primula sonchifolia Franch. subsp. **sonchifolia**; Ⅱ

峨眉苣叶报春（亚种）
★**Primula sonchifolia** Franch. subsp. **emeiensis** C. M. Hu; Ⅱ

大理报春
Primula taliensis Forrest; Ⅱ

高穗花报春
★**Primula vialii** Delavay ex Franch.; Ⅶ

毛叶鄂报春
▲**Primula vilmoriniana** Petitm.; Ⅶ

乌蒙紫晶报春
●**Primula virginis** H. Lév.; Ⅱ

香海仙报春
★**Primula wilsonii** Dunn; Ⅰ, Ⅱ, Ⅶ

云南报春
Primula yunnanensis Franch.; Ⅱ

水茴草
Samolus valerandi L.; Ⅱ, Ⅳ, Ⅵ, Ⅶ

336 山茶科 Theaceae
[5 属 35 种，含 6 栽培种]

长尾毛蕊茶
Camellia caudata Wall.; Ⅴ, Ⅵ

厚轴茶
★ **Camellia crassicolumna** Hung T. Chang; *Camellia cordifolia* (Metc.) Nakai; Ⅴ

厚柄连蕊茶（粗梗连蕊茶）
▲**Camellia crassipes** Sealy; *Camellia yangkiangensis* Hung T. Chang; Ⅴ, Ⅵ

蒙自连蕊茶（原变种）（云南连蕊茶）
Camellia forrestii (Diels) Cohen-Stuart var. **forrestii**; Ⅰ, Ⅱ, Ⅲ, Ⅳ, Ⅴ, Ⅵ, Ⅶ; √

尖萼连蕊茶（变种）（尖萼云南连蕊茶）
▲ **Camellia forrestii** (Diels) Cohen-Stuart var. **acutisepala** (H. T. Tsai et K. M. Feng) Hung T. Chang; Ⅰ, Ⅵ, Ⅶ

山茶*
Camellia japonica L.

毛蕊红山茶（毛蕊山茶）
★**Camellia mairei** (H. Lév.) Melch.; Ⅴ, Ⅶ

弥勒糙果茶（原变种）
●**Camellia mileensis** T. L. Ming var. **mileensis**; Ⅳ

小叶弥勒糙果茶（变种）
●**Camellia mileensis** T. L. Ming var. **microphylla** T. L. Ming; Ⅳ

油茶*
Camellia oleifera C. Abel

西南红山茶（原变种）（西南山茶、东安红山茶、西南白山茶）
★**Camellia pitardii** Cohen-Stuart var. **pitardii**; *Camellia tunganica* H. T. Chang et B. K. Lee ex H. T. Chang, *Camellia pitardii* Cohen-Stuart var. *alba* H. T. Chang; Ⅰ, Ⅴ, Ⅵ, Ⅶ; √

窄叶西南红山茶（变种）
Camellia pitardii Cohen-Stuart var. **yunnanica** Sealy; Ⅳ, Ⅴ, Ⅶ

三江瘤果茶
★**Camellia pyxidiacea** Z. R. Xu, F. P. Chen et C. Y. Deng; Ⅲ

滇山茶（陈氏红山茶、金沙江红山茶、白毛红山茶）
★**Camellia reticulata** Lindl.; *Camellia chunii* H. T. Chang, *Camellia jinshajiangica* H. T. Chang et S. L.

Lee, *Camellia albovillosa* S. Y. Hu ex H. T. Chang; Ⅰ, Ⅱ, Ⅴ, Ⅵ, Ⅶ

怒江红山茶（怒江山茶）
★**Camellia saluenensis** Stapf ex Bean; *Camellia tenuivalvis* H. T. Chang, *Camellia phaeoclada* H. T. Chang; Ⅰ, Ⅱ, Ⅲ, Ⅳ, Ⅴ, Ⅵ, Ⅶ; √

茶梅[*]
Camellia sasanqua Thunb.

茶[*]（原变种）
Camellia sinensis (L.) Kuntze var. **sinensis**; *Camellia sinensis* (L.) Kuntze f. *macrophylla* (Siebold ex Miq.) Kitam.

普洱茶[*]（变种）
Camellia sinensis (L.) Kuntze var. **assamica** (J. W. Mast.) Kitam.

白毛茶[*]（变种）（细萼茶、狭叶茶）
★**Camellia sinensis** (L.) Kuntze var. **pubilimba** H. T. Chang; *Camellia parvisepala* H. T. Chang, *Camellia angustifolia* H. T. Chang

五室连蕊茶（元江山茶）
▲**Camellia stuartiana** Sealy; Ⅴ

川滇连蕊茶（长果连蕊茶）
★**Camellia synaptica** Sealy; *Camellia longicarpa* Hung T. Chang; Ⅴ, Ⅶ

大厂茶
★**Camellia tachangensis** F. S. Zhang; Ⅲ, Ⅳ

大理茶（五柱茶）
Camellia taliensis (W. W. Sm.) Melch.; Ⅴ

小糙果茶（大姚短柱茶）
Camellia tenii Sealy; Ⅶ

屏边连蕊茶（屏边山茶、金屏连蕊茶）
Camellia tsingpienensis Hu; Ⅴ

猴子木（原变种）（五柱滇山茶）
★**Camellia yunnanensis** (Pit. ex Diels) Cohen-Stuart var. **yunnanensis**; *Camellia henryana* Cohen-Stuart, *Camellia scariosisepala* H. T. Chang, *Camellia acutiserrata* H. T. Chang; Ⅰ, Ⅱ, Ⅴ, Ⅵ, Ⅶ; √

毛果猴子木（变种）（毛蕊蒙自山茶）
▲**Camellia yunnanensis** (Pit. ex Diels) Cohen-Stuart var. **camellioides** (Hu) T. L. Ming; *Camellia yunnanensis* (Pit. ex Diels) Cohen-Stuart var. *trichocarpa* (H. T. Chang) T. L. Ming, *Camellia trichocarpa* H. T. Chang, *Camellia henryana* Coh. St. var. *pilocarpa* T. L. Ming; Ⅴ

黄药大头茶（云南山枇花）
Polyspora chrysandra (Cowan) Hu ex B. M. Bartholomew et T. L. Ming; *Gordonia chrysandra* Cowan; Ⅴ

长果大头茶
Polyspora longicarpa (Hung T. Chang) C. X. Ye ex B. M. Barthol. et T. L. Ming; *Gordonia longicarpa* H. T. Chang; Ⅴ

小果核果茶
Pyrenaria microcarpa (Dunn) H. Keng; Ⅴ

云南核果茶（云南石笔木、毛肋石笔木、尖齿石笔木）
★**Pyrenaria sophiae** (Hu) S. X. Yang et T. L. Ming; *Pyrenaria yunnanensis* Hu, *Tutcheria pubicostata* H. T. Chang, *Tutcheria acutiserrata* H. T. Chang; Ⅰ, Ⅴ

银木荷
Schima argentea E. Pritz. ex Diels; *Schima bambusifolia* Hu; Ⅰ, Ⅱ, Ⅲ, Ⅳ, Ⅴ, Ⅵ, Ⅶ; √

南洋木荷
Schima noronhae Reinw. ex Blume; Ⅴ

西南木荷（红木荷）
Schima wallichii (DC.) Choisy.; Ⅰ, Ⅱ, Ⅲ, Ⅳ, Ⅴ, Ⅵ, Ⅶ; √

翅柄紫茎（折柄茶）
▲**Stewartia pteropetiolata** W. C. Cheng; *Hartia sinensis* Dunn; Ⅴ, Ⅵ

337 山矾科 Symplocaceae
[1 属 15 种]

黄牛奶树（大里力灰木）
Symplocos acuminata (Blume) Miq.; *Symplocos laurina* (Retz.) Wall. ex G. Don, *Symplocos cochinchinensis* (Lour.) S. Moore var. *laurina* (Retz.) Raiz.; Ⅰ, Ⅱ, Ⅲ, Ⅳ, Ⅴ, Ⅵ, Ⅶ

腺叶山矾
Symplocos adenophylla Wall. ex G. Don; *Symplocos maclurei* Merr; Ⅴ

腺柄山矾
Symplocos adenopus Hance; *Symplocos adenopus* Hance var. *vestita* C. C. Huang et Y. F. Wu; Ⅴ

薄叶山矾（薄叶冬青、台湾山矾）
Symplocos anomala Brand; *Symplocos morrisonicola* Hayata; Ⅲ, Ⅴ

密花山矾
★**Symplocos congesta** Benth.; Ⅴ

坚木山矾
Symplocos dryophila C. B. Clarke; Ⅰ, Ⅱ, Ⅲ,

IV，V，VI，VII

沟槽山矾（亚种）（滇灰木、宿苞山矾）
Symplocos macrophylla Wall. ex DC. subsp.
sulcata (Kurz) Noot.；*Symplocos yunnanensis*
Brand，*Symplocos persistens* C. C. Huang et Y. F.
Wu；V

白檀（华山矾）
Symplocos paniculata (Thunb.) Miq.；*Symplocos*
chinensis (Lour.) Druce；I，II，III，IV，V，VI，
VII；√

柔毛山矾
▲**Symplocos pilosa** Rehd.；I，II，III，IV，V，
VI，VII

铁山矾
Symplocos pseudobarberina Gontsch.；V

珠仔树
Symplocos racemosa Roxb.；II，IV，V，VII

多花山矾
Symplocos ramosissima Wall. ex G. Don；II，V

铜绿山矾（变种）
★**Symplocos stellaris** Brand var. **aenea** (Hand.-
Mazz.) Noot.；*Symplocos aenea* Hand.-Mazz.；VII

山矾（坛果山矾、总状山矾）
Symplocos sumuntia Buch.-Ham. ex D. Don；
Symplocos urceolaris Hance，*Symplocos botryantha*
Franch.；II

茶叶山矾（茶条果、叶萼山矾）
Symplocos theifolia D. Don；*Symplocos phyllocalyx*
C. B. Clarke，*Symplocos ernestii* Dunn；I，II，III，
IV，V，VI，VII；√

338 岩梅科 Diapensiaceae
[2 属 3 种]

岩匙
Berneuxia thibetica Decne.；I，II

黄花岩梅
Diapensia bulleyana Forrest ex Diels；II

红花岩梅
Diapensia purpurea Diels；II

339 安息香科 Styracaceae
[2 属 7 种]

赤杨叶
Alniphyllum fortunei (Hemsl.) Makino；V

大花野茉莉
Styrax grandiflorus Griff.；I，IV，V，VI，VII；√

西藏安息香（绿春安息香）
Styrax hookeri C. B. Clarke；*Styrax macranthus*
Perkins；V，VI

野茉莉
Styrax japonicus Siebold et Zucc.；III

楚雄安息香（楚雄野茉莉）
★**Styrax limprichtii** Lingelsh. et Borza；V，VI，
VII；√

桐叶野茉莉
Styrax mallotifolius C. Y. Wu；V

栓叶安息香
Styrax suberifolius Hook. et Arn.；V

342 猕猴桃科 Actinidiaceae
[2 属 10 种]

软枣猕猴桃（紫果猕猴桃）
Actinidia arguta (Siebold et Zucc.) Planch. ex
Miq.；*Actinidia purpurea* Rehd.，*Actinidia arguta*
(Siebold et Zucc.) Planch. ex Miq. var. *purpurea*
(Rehder) C. F. Liang ex Q. Q. Chang；I，II，VI，VII

硬齿猕猴桃（原变种）（山羊桃、台湾猕猴桃）
Actinidia callosa Lindl var. **callosa**；*Actinidia*
rankanensis Hayata，*Actinidia callosa* Lindl. var.
formosana Finet et Gagnep.；I，V，VI

京梨猕猴桃（变种）（秤花藤）
★**Actinidia callosa** Lindl. var. **henryi** Maxim.；I，III

中华猕猴桃（猕猴桃）
★**Actinidia chinensis** Planch.；II，III

蒙自猕猴桃（小羊桃果、肉叶猕猴桃、奶果猕猴桃）
★**Actinidia henryi** Dunn；*Actinidia carnosifolia*
C. Y. Wu，*Actinidia carnosifolia* C. Y. Wu var.
glaucescens C. F. Liang；V

狗枣猕猴桃（薄叶猕猴桃、心叶海棠猕猴桃）
Actinidia kolomikta (Maxim.) Maxim.；*Actinidia*
leptophylla C. Y. Wu，*Actinidia maloides* H. L. Li f.
cordata C. F. Liang；V

红茎猕猴桃
Actinidia rubricaulis Dunn；IV，V

显脉猕猴桃（酸枣子藤）
Actinidia venosa Rehder；II

尼泊尔水东哥
Saurauia napaulensis DC.；III，V，VI

水东哥（鼻涕果、河口水东哥）
Saurauia tristyla DC.；*Saurauia tristyla* DC. var.
hekouensis C. F. Liang et Y. S. Wang；III，V

343 桤叶树科 Clethraceae

[1 属 3 种]

云南桤叶树（原变种）
Clethra delavayi Franch. var. **delavayi**; Ⅴ, Ⅵ; √

大花云南桤叶树（变种）
Clethra delavayi Franch. var. **yuiana** (S. Y. Hu) C. Y. Wu et L. C. Hu; Ⅴ

华南桤叶树
Clethra fabri Hance; Ⅴ

345 杜鹃花科 Ericaceae

[14 属 119 种，含 3 栽培种]

环萼树萝卜
Agapetes brandisiana W. E. Evans; Ⅴ

白花树萝卜
Agapetes mannii Hemsl.; Ⅴ, Ⅵ, Ⅶ

红苞树萝卜
Agapetes rubrobracteata R. C. Fang et S. H. Huang; Ⅴ

岩须
Cassiope selaginoides Hook. f. et Thomson; Ⅱ, Ⅴ, Ⅵ, Ⅶ

喜冬草
Chimaphila japonica Miq.; Ⅰ, Ⅱ, Ⅳ, Ⅴ, Ⅵ, Ⅶ; √

柳叶金叶子
Craibiodendron henryi W. W. Sm; *Sladenia celastrifolia* Kurz; Ⅰ, Ⅱ, Ⅴ; √

金叶子（假木荷）
Craibiodendron stellatum (Pierre) W. W. Sm.; Ⅳ, Ⅴ, Ⅵ

云南金叶子（金叶子）
Craibiodendron yunnanense W. W. Sm.; Ⅰ, Ⅱ, Ⅲ, Ⅳ, Ⅴ, Ⅵ, Ⅶ; √

灯笼树
Enkianthus chinensis Franch.; Ⅴ

毛叶吊钟花
Enkianthus deflexus (Griff.) C. K. Schneid.; Ⅴ

吊钟花
Enkianthus quinqueflorus Lour.; *Enkianthus uniflorus* Benth., *Enkianthus dunnii* H. Lév.; Ⅴ

沙晶兰（五瓣沙晶兰、荫生沙晶兰）
● **Eremotropa sciaphila** H. Andr.; *Eremotropa wuana* Y. L. Chou, *Monotropastrum sciaphilum* (Andres) G. D. Wallace; Ⅰ

芳香白珠（地檀香）
Gaultheria fragrantissima Wall.; *Gaultheria forrestii* Diels; Ⅰ, Ⅱ, Ⅲ, Ⅳ, Ⅴ, Ⅵ, Ⅶ; √

尾叶白珠
Gaultheria griffithiana Wight; Ⅴ

红粉白珠
Gaultheria hookeri C. B. Clarke; Ⅴ

滇白珠（变种）
Gaultheria leucocarpa Blume var. **crenulata** (Kurz) T. Z. Hsu; Ⅰ, Ⅱ, Ⅳ, Ⅴ, Ⅵ, Ⅶ; √

五雄白珠（刚毛地檀香）
Gaultheria semi-infera (C. B. Clarke) Airy Shaw; *Gaultheria forrestii* Diels var. *setigera* C. Y. Wu ex T. Z. Hsu; Ⅴ

四裂白珠
Gaultheria tetramera W. W. Sm.; Ⅴ

秀丽珍珠花（美花米饭花）
★**Lyonia compta** (W. W. Sm. et Jeffrey) Hand.-Mazz.; Ⅰ, Ⅱ

圆叶珍珠花（圆叶米饭花）
★**Lyonia doyonensis** (Hand.-Mazz.) Hand.-Mazz.; Ⅴ, Ⅵ

珍珠花（原变种）（米饭花、南烛）
Lyonia ovalifolia (Wall.) Drude var. **ovalifolia**; Ⅰ, Ⅱ, Ⅲ, Ⅳ, Ⅴ, Ⅵ, Ⅶ; √

小果珍珠花（变种）（小果米饭花）
Lyonia ovalifolia (Wall.) Drude var. **elliptica** (Sieb. et Zucc.) Hand.-Mazz.; Ⅰ, Ⅲ, Ⅳ, Ⅴ, Ⅵ, Ⅶ

狭叶珍珠花（变种）（披针叶米饭花）
Lyonia ovalifolia (Wall.) Drude var. **lanceolata** (Wall.) Hand.-Mazz.; Ⅴ, Ⅵ

绒毛珍珠花（变种）（绒毛米饭花）
★**Lyonia ovalifolia** (Wall.) Drude var. **tomentosa** (W. P. Fang) C. Y. Wu; Ⅶ

松下兰
Monotropa hypopitys L.; *Monotropa hypopitys* L. var. *hirsuta* Roth; Ⅰ, Ⅱ, Ⅵ, Ⅶ; √

水晶兰
Monotropa uniflora L.; Ⅰ, Ⅱ, Ⅳ, Ⅴ, Ⅵ; √

球果假沙晶兰（球果假水晶兰、大果假水晶兰）
Monotropastrum humile (D. Don) H. Hara; *Cheilotheca macrocarpa* (H. Andr.) Y. L. Chou, *Cheilotheca humilis* (D. Don) H. Keng; Ⅶ

美丽马醉木
Pieris formosa (Wall.) D. Don; Ⅰ, Ⅱ, Ⅲ, Ⅳ, Ⅴ, Ⅵ, Ⅶ; √

普通鹿蹄草（鹿衔草）
Pyrola decorata Andres; *Pyrola decorata* Andres var. *alba* (H. Andr.) Y. L. Chou et R. C. Zhou；Ⅰ，Ⅱ，Ⅳ，Ⅴ，Ⅶ；√

大理鹿蹄草
★**Pyrola forrestiana** Andres；Ⅰ，Ⅱ

皱叶鹿蹄草
★**Pyrola rugosa** Andr.；Ⅱ

碟花杜鹃
●**Rhododendron aberconwayi** Cowan；Ⅰ，Ⅴ，Ⅵ，Ⅶ

迷人杜鹃
Rhododendron agastum Balf. f. et W. W. Sm.；Ⅰ，Ⅱ，Ⅳ，Ⅴ

桃叶杜鹃
★**Rhododendron annae** Franch.；Ⅰ，Ⅲ

团花杜鹃
Rhododendron anthosphaerum Diels；Ⅵ

张口杜鹃（亚种）
★ **Rhododendron augustinii** Hemsl. subsp. **chasmanthum** (Diels) Cullen；Ⅱ，Ⅶ

锈红杜鹃（锈红毛杜鹃）
★**Rhododendron bureavii** Franch.；Ⅱ

弯柱杜鹃
Rhododendron campylogynum Franch.；Ⅱ

毛喉杜鹃
Rhododendron cephalanthum Franch.；Ⅱ，Ⅲ

睫毛萼杜鹃（长柱睫萼杜鹃）
Rhododendron ciliicalyx Franch.；*Rhododendron ciliicalyx* Franch. subsp. *lyi* (H. Lév.) R. C. Fang；Ⅰ，Ⅱ，Ⅲ，Ⅳ，Ⅴ；√

秀雅杜鹃（优雅杜鹃）
★**Rhododendron concinnum** Hemsl.；Ⅱ

滇隐脉杜鹃
Rhododendron crassum Franch.；*Rhododendron maddenii* Hook. f. subsp. *crassum* (Franch.) Cullen；Ⅲ，Ⅴ

大白杜鹃（原亚种）（大白花杜鹃）
Rhododendron decorum Franch. subsp. **decorum**；Ⅰ，Ⅱ，Ⅲ，Ⅳ，Ⅴ，Ⅵ，Ⅶ；√

高尚杜鹃（亚种）
Rhododendron decorum Franch. subsp. **diaprepes** (Balf. f. et W. W. Sm.) T. L. Ming；Ⅴ

马缨杜鹃（马缨花）
Rhododendron delavayi Franch.；Ⅰ，Ⅱ，Ⅲ，Ⅳ，Ⅴ，Ⅵ，Ⅶ

皱叶杜鹃
Rhododendron denudatum H. Lév.；Ⅱ

粉红爆杖花（昆明杜鹃、蜜桶花）
▲**Rhododendron × duclouxii** H. Lév.；Ⅰ

泡泡叶杜鹃
Rhododendron edgeworthii Hook. f.；Ⅴ，Ⅵ

大喇叭杜鹃
Rhododendron excellens Hemsl. et E. H. Wilson；Ⅴ

绵毛房杜鹃
Rhododendron facetum Balf. f. et Kingdon-Ward；Ⅴ，Ⅶ

钝头杜鹃
▲**Rhododendron farinosum** H. Lév.；Ⅱ

密枝杜鹃
★**Rhododendron fastigiatum** Franch.；Ⅱ，Ⅶ

滇南杜鹃
★**Rhododendron hancockii** Hemsl.；Ⅰ，Ⅱ，Ⅳ，Ⅴ，Ⅵ，Ⅶ

亮鳞杜鹃
Rhododendron heliolepis Franch.；Ⅱ，Ⅲ，Ⅶ

灰褐亮鳞杜鹃（变种）
▲**Rhododendron heliolepis** Franch. var. **fumidum** (Balf. f. et W. W. Sm.) R. C. Fang；Ⅱ，Ⅲ

粉紫杜鹃（易混杜鹃）
★**Rhododendron impeditum** Balf. f. et W. W. Sm.；Ⅱ

露珠杜鹃（原亚种）
Rhododendron irroratum Franch. subsp. **irroratum**；Ⅰ，Ⅱ，Ⅲ，Ⅳ，Ⅴ，Ⅵ，Ⅶ；√

红花露珠杜鹃（亚种）（髯柱露珠杜鹃）
Rhododendron irroratum Franch. subsp. **pogonostylum** (Balf. f. et W. W. Sm.) D. F. Chamb.；Ⅲ，Ⅳ

乳黄杜鹃
★**Rhododendron lacteum** Franch.；Ⅱ，Ⅲ，Ⅶ

薄叶马银花
Rhododendron leptothrium Balf. f. et W. W. Sm.；Ⅴ

蒙自杜鹃
Rhododendron mengtszense Balf. f. et W. W. Sm；Ⅴ

亮毛杜鹃
Rhododendron microphyton Franch.；Ⅰ，Ⅱ，Ⅳ，Ⅴ，Ⅵ，Ⅶ

羊踯躅*
★**Rhododendron molle** (Blume) G. Don

山地杜鹃
●**Rhododendron montiganum** T. L. Ming；Ⅱ

毛棉杜鹃（丝线吊芙蓉）
Rhododendron moulmainense Hook. f.; V

白花杜鹃*（白杜鹃）
Rhododendron mucronatum (Blume) G. Don

火红杜鹃
Rhododendron neriiflorum Franch.; V

云上杜鹃
Rhododendron pachypodum Balf. f. et W. W. Sm; I，V，VI，VII

康定杜鹃（大叶金顶杜鹃）
★**Rhododendron prattii** Franch.; *Rhododendron faberi* Hemsl. subsp. *prattii* (Franch.) D. F. Chamb.; II，III

毛脉杜鹃
●**Rhododendron pubicostatum** T. L. Ming; II，IV

锦绣杜鹃*
Rhododendron × pulchrum Sweet

腋花杜鹃
★**Rhododendron racemosum** Franch.; I，II，III，VII

大王杜鹃
Rhododendron rex H. Lév.; II，III，V，VII

红棕杜鹃（原变种）
Rhododendron rubiginosum Franch. var. **rubiginosum**; *Rhododendron rubiginosum* Franch. var. *ptilostylum* R. C. Fang; II，VI，VII

洁净红棕杜鹃（变种）
●**Rhododendron rubiginosum** Franch. var. **leclerei** (H. Lév.) R. C. Fang; II

滇红毛杜鹃（红毛杜鹃）
★**Rhododendron rufohirtum** Hand.-Mazz.; II

多色杜鹃
Rhododendron rupicola W. W. Sm.; V

糙叶杜鹃（原变种）
★**Rhododendron scabrifolium** Franch. var. **scabrifolium**; I，VI，VII

疏花糙毛杜鹃（变种）
●**Rhododendron scabrifolium** Franch. var. **pauciflorum** Franch.; I

锈叶杜鹃
★**Rhododendron siderophyllum** Franch.; I，II，III，V，VI，VII; √

优美杜鹃（变种）
●**Rhododendron sikangense** W. P. Fang var. **exquisitum** T. L. Ming; II

杜鹃（映山红）
Rhododendron simsii Planch.; I，II，III，IV，V，VI，VII; √

宽杯杜鹃（厚叶杜鹃）
Rhododendron sinofalconeri Balf. f.; II

凸尖杜鹃
Rhododendron sinogrande Balf. f. et W. W. Sm.; VI，VII

红花杜鹃
Rhododendron spanotrichum Balf. f. et W. W. Sm.; V

维西纯红杜鹃
▲**Rhododendron sperabile** Balf. f. et Farrer var. **weihsiense** Tagg et Forrest; II

宽叶杜鹃（原变种）
★ **Rhododendron sphaeroblastum** Balf. f. et Forrest var. **sphaeroblastum**; II

乌蒙宽叶杜鹃（变种）
● **Rhododendron sphaeroblastum** Balf. f. et Forrest var. **wumengense** K. M. Feng; II

碎米花（原变种）
★ **Rhododendron spiciferum** Franch. var. **spiciferum**; I，II，IV，V，VI，VII; √

白碎米花（变种）
●**Rhododendron spiciferum** Franch. var. **album** K. M. Feng ex R. C. Fang; I

爆杖花（密通花）
★**Rhododendron spinuliferum** Franch.; I，II，III，IV，V，VI，VII; √

紫斑杜鹃（变种）
★ **Rhododendron strigillosum** Franch. var. **monosematum** (Hutch.) T. L. Ming; II，III

糙毛杜鹃
Rhododendron trichocladum Franch.; II，III

昭通杜鹃
▲**Rhododendron tsaii** W. P. Fang; II，III

毛柄杜鹃
Rhododendron valentinianum Forrest ex Hutch.; V

红马银花
Rhododendron vialii Delavay et Franch.; I，V

柳条杜鹃
Rhododendron virgatum Hook. f.; VII

云南杜鹃
Rhododendron yunnanense Franch.; I，II，III，V，VII; √

短序越桔
Vaccinium brachybotrys (Franch.) Hand.-Mazz.;
Ⅰ，Ⅴ，Ⅵ，Ⅶ

南烛
Vaccinium bracteatum Thunb.; Ⅴ，Ⅵ，Ⅶ

矮越桔
▲**Vaccinium chamaebuxus** C. Y. Wu; Ⅴ

苍山越桔
Vaccinium delavayi Franch.; Ⅱ，Ⅳ，Ⅴ，Ⅵ，Ⅶ

树生越桔
Vaccinium dendrocharis Hand.-Mazz.; Ⅱ

云南越桔（原变种）
★**Vaccinium duclouxii** (H. Lév.) Hand.-Mazz. var.
duclouxii; Ⅰ，Ⅱ，Ⅲ，Ⅳ，Ⅴ，Ⅵ，Ⅶ; √

毛果云南越桔（变种）
●**Vaccinium duclouxii** (H. Lév.) Hand.-Mazz. var.
hirtellum C. Y. Wu et R. C. Fang; Ⅰ，Ⅴ

刚毛云南越桔（变种）
▲**Vaccinium duclouxii** (H. Lév.) Hand.-Mazz. var.
hirticaule C. Y. Wu; Ⅰ，Ⅱ，Ⅴ

樟叶越桔（原变种）
Vaccinium dunalianum Wight var. **dunalianum**;
Ⅰ，Ⅱ，Ⅳ，Ⅴ，Ⅵ，Ⅶ; √

大樟叶越桔（变种）
★**Vaccinium dunalianum** Wight var. **megaphyllum**
Sleumer; Ⅴ

尾叶越桔（变种）
Vaccinium dunalianum Wight var. **urophyllum**
Rehd. et Wils.; Ⅰ，Ⅴ，Ⅵ，Ⅶ

长穗越桔
★**Vaccinium dunnianum** Sleumer; Ⅰ，Ⅴ

隐距越桔
Vaccinium exaristatum Kurz; *Vaccinium
exaristatum* Kurz var. *pubescens* Kurz; Ⅴ，Ⅵ，Ⅶ

乌鸦果（原变种）（老鸦泡、土千年健）
★**Vaccinium fragile** Franch. var. **fragile**; Ⅰ，Ⅱ，
Ⅲ，Ⅳ，Ⅴ，Ⅵ，Ⅶ; √

大叶乌鸦果（变种）
★**Vaccinium fragile** Franch. var. **mekongense** (W.
W. Sm.) Sleumer; Ⅰ，Ⅴ，Ⅵ，Ⅶ

江南越桔（西南越桔、米饭花）
★**Vaccinium mandarinorum** Diels; *Vaccinium
laetum* Diels, *Vaccinium mandarinorum* Diels var.
austrosinense (Hand.-Mazz.) Metc.; Ⅰ，Ⅱ，Ⅴ，
Ⅵ，Ⅶ

景东越桔
Vaccinium poilanei Dop; Ⅴ，Ⅵ

毛萼越桔（原变种）
Vaccinium pubicalyx Franch. var. **pubicalyx**; Ⅰ，
Ⅱ，Ⅳ，Ⅴ，Ⅵ，Ⅶ

少毛毛萼越桔（变种）
▲**Vaccinium pubicalyx** Franch. var. **anomalum**
Anth.; Ⅱ

林生越桔
▲**Vaccinium sciaphilum** C. Y. Wu; Ⅴ

英蒾叶越桔
Vaccinium sikkimense C. B. Clarke; Ⅴ

348 茶茱萸科 Icacinaceae
[1 属 1 种]

毛假柴龙树
▲**Nothapodytes tomentosa** C. Y. Wu; Ⅰ，Ⅱ，Ⅲ，
Ⅳ，Ⅴ，Ⅵ，Ⅶ; √

350 杜仲科 Eucommiaceae
[1 属 1 种，含 1 栽培种]

杜仲*
★**Eucommia ulmoides** Oliv.

351 丝缨花科 Garryaceae
[1 属 4 种]

桃叶珊瑚
Aucuba chinensis Benth.; Ⅴ

细齿桃叶珊瑚
★**Aucuba chlorascens** F. T. Wang; Ⅴ

琵琶叶珊瑚（枇杷叶珊瑚）
▲**Aucuba eriobotryifolia** F. T. Wang; Ⅰ，Ⅴ

喜马拉雅珊瑚（须弥桃叶珊瑚）
Aucuba himalaica Hook. f. et Thomson; Ⅳ，Ⅴ

352 茜草科 Rubiaceae
[52 属 160 种，含 4 栽培种]

中华尖药花
▲**Acranthera sinensis** C. Y. Wu; Ⅰ，Ⅴ

心叶木
▲ **Adina cordifolia** (Roxb.) Brandis; *Haldina
cordifolia* (Roxb.) Ridsdale; Ⅴ

滇雪花
▲**Argostemma yunnanense** F. C. How ex H. S.
Lo; Ⅰ

无脉勒茜（无脉鸡爪簕）
▲**Benkara evenosa** (Hutch.) Ridsdale; *Oxyceros
evenosus* (Hutch.) T. Yamaz.; Ⅴ

琼滇鸡爪簕

Benkara griffithii (Hook. f.) Ridsdale; *Oxyceros griffithii* (Hook. f.) W. C. Chen; Ⅰ, Ⅴ

滇短萼齿木

▲Brachytome hirtellata Hu; Ⅴ

猪肚木

Canthium horridum Blume; Ⅴ

弯管花

Chassalia curviflora (Wall.) Thwaites; Ⅴ

鸡纳树*

Cinchona pubescens Vahl; *Cinchona succirubra* Pav. ex Klotzsch

岩上珠

Clarkella nana (Endgew.) Hook. f.; Ⅴ; √

小粒咖啡*

Coffea arabica L.

柳叶虎刺

Damnacanthus labordei (H. Lév.) H. S. Lo; Ⅴ

西南虎刺

★Damnacanthus tsaii Hu; Ⅰ

矮小耳草

Debia ovatifolia (Cav.) Neupane et N. Wikstr; *Hedyotis ovatifolia* Cav.; Ⅰ, Ⅱ

藤耳草（攀茎耳草）

Dimetia scandens (Roxb.) R. J. Wang; *Hedyotis scandens* Roxb.; Ⅰ, Ⅱ, Ⅴ

毛狗骨柴

Diplospora fruticosa Hemsl.; Ⅴ

云南狗骨柴

▲Diplospora mollissima Hutch.; Ⅴ

香果树

Emmenopterys henryi Oliv.; Ⅰ, Ⅳ, Ⅴ, Ⅵ, Ⅶ

原拉拉藤（原变种）

Galium aparine L. var. **aparine**; Ⅴ, Ⅵ, Ⅶ

猪殃殃（变种）

Galium aparine L. var. **tenerum** (Gren. et Godr.) Rchb.; Ⅰ, Ⅶ

楔叶葎（原变种）

Galium asperifolium Wall. ex Roxb. var. **asperifolium**; Ⅰ, Ⅲ, Ⅴ, Ⅵ, Ⅶ; √

毛果楔叶葎（变种）

★ Galium asperifolium Wall. ex Roxb. var. **lasiocarpum** W. C. Chen; Ⅰ

小叶葎（变种）

Galium asperifolium Wall. ex Roxb. var. **sikkimense** (Gand.) Cuf.; Ⅰ, Ⅱ, Ⅲ, Ⅳ, Ⅴ, Ⅶ

滇小叶葎（变种）

Galium asperifolium Wall. ex Roxb. var. **verrucifructum** Cuf.; Ⅰ, Ⅱ

五叶拉拉藤

★Galium blinii H. Lév.; *Galium quinatum* H. Lév.; Ⅱ

四叶葎（原变种）

Galium bungei Steud. var. **bungei**; Ⅳ

毛四叶葎（变种）

★ Galium bungei Steud. var. **punduanoides** Cufod.; Ⅴ

密花拉拉藤（变种）

★Galium dahuricum Makino. var. **densiflorum** (Cufod.) Ehrend.; *Galium pseudoasprellum* Makino var. *densiflorum* Cufod.; Ⅰ, Ⅱ, Ⅶ

小红参（原变种）（西南拉拉藤）

Galium elegans Wall. ex Roxb. var. **elegans**; Ⅰ, Ⅱ, Ⅲ, Ⅳ, Ⅴ, Ⅵ, Ⅶ; √

广西拉拉藤（变种）

Galium elegans Wall. ex Roxb. var. **glabriusculum** Req. ex DC.; Ⅰ, Ⅶ

肾柱拉拉藤（变种）

★ Galium elegans Wall. ex Roxb. var. **nephrostigmaticum** (Diels) W. C. Chen; Ⅰ, Ⅱ, Ⅵ

毛拉拉藤（变种）

★Galium elegans Wall. ex Roxb. var. **velutinum** Cuf.; Ⅰ, Ⅱ, Ⅴ, Ⅵ, Ⅶ

六叶葎

Galium hoffmeisteri (Klotzsch) Ehrend. et Schönb.-Tem. ex R. R. Mill; *Galium asperuloides* Edgew. subsp. *hoffmeisteri* (Klotzsch) Hara; Ⅰ, Ⅳ, Ⅴ, Ⅶ

小猪殃殃（东川拉拉藤）

Galium innocuum Miq.; *Galium trifidum* L. var. *modestum* (Diels) Cuf.; Ⅰ, Ⅱ

沼生拉拉藤

Galium palustre L.; Ⅰ, Ⅳ

山猪殃殃

Galium pseudoasprellum Makino; Ⅰ, Ⅶ

怒江拉拉藤

★Galium salwinense Hand.-Mazz.; Ⅲ

四川拉拉藤

★Galium sichuanense Ehrend.; *Galium elegans* Wall. ex Roxb. var. *nemorosum* Cuf.; Ⅰ, Ⅶ

猪殃殃

Galium spurium L.; *Galium aparine* L. var. *tenerum*

(Gren. et Godr.) Rchb, *Galium aparine* L. var. *echinospermum* (Wallr.) Cuf.; Ⅰ，Ⅱ，Ⅳ，Ⅴ；√

小叶猪殃殃（细叶猪殃殃）
Galium trifidum L.; Ⅰ，Ⅱ，Ⅳ，Ⅴ

滇拉拉藤（狭叶拉拉藤）
★**Galium yunnanense** H. Hara et C. Y. Wu; *Galium elegans* Wall. ex Roxb. var. *angustifolium* Cuf.; Ⅰ，Ⅱ，Ⅳ

栀子*
Gardenia jasminoides J. Ellis

耳草
Hedyotis auricularia L; Ⅴ

头状花耳草（原变种）
Hedyotis capitellata Wall. ex G. Don var. **capitellata**; Ⅰ，Ⅲ，Ⅴ

疏毛头状花耳草（变种）
Hedyotis capitellata Wall. ex G. Don var. **mollissima** (Pit.) W. C. Ko; Ⅰ

长节耳草
Hedyotis uncinella Hook. et Arn.; Ⅰ，Ⅱ，Ⅲ，Ⅳ，Ⅴ，Ⅵ，Ⅶ；√

须弥茜树
★**Himalrandia lichiangensis** (W. W. Sm.) Tirveng.; Ⅰ，Ⅱ，Ⅴ，Ⅶ；√

土连翘
Hymenodictyon flaccidum Wall.; Ⅰ，Ⅱ，Ⅵ，Ⅶ

龙船花*
Ixora chinensis Lam.

海南龙船花
Ixora hainanensis Merr.; Ⅴ

白花龙船花
Ixora henryi H. Lév.; Ⅰ，Ⅴ

云南钩毛草
Kelloggia chinensis Franch.; Ⅶ

红芽大戟（贵州红芽大戟）
Knoxia sumatrensis (Retz.) DC.; *Knoxia corymbosa* Willd., *Knoxia mollis* R. Br. ex Wight et Arn.; Ⅲ，Ⅴ

斜基粗叶木
Lasianthus attenuatus Jack; Ⅲ

西南粗叶木（伏毛粗叶木）
★**Lasianthus henryi** Hutch.; *Lasianthus appressihirtus* Simizu; Ⅴ

无苞粗叶木
Lasianthus lucidus Blume; Ⅴ

高山野丁香
★**Leptodermis forrestii** Diels; Ⅰ，Ⅳ，Ⅶ

聚花野丁香
★**Leptodermis glomerata** Hutch.; Ⅰ，Ⅱ，Ⅲ，Ⅳ，Ⅵ，Ⅶ

绵毛野丁香
▲**Leptodermis lanata** H. S. Lo; Ⅴ

川滇野丁香（原变种）（小叶野丁香）
★**Leptodermis pilosa** Diels var. **pilosa**; Ⅰ，Ⅱ，Ⅳ，Ⅴ，Ⅵ，Ⅶ

光叶野丁香（变种）
★**Leptodermis pilosa** Diels var. **glabrescens** H. J. P. Winkl.; Ⅱ，Ⅵ，Ⅶ

狭叶野丁香（变种）
▲**Leptodermis potanini** Batalin var. **angustifolia** H. S. Lo; Ⅱ

粉绿野丁香（变种）
★**Leptodermis potanini** Batalin var. **glauca** (Diels) H. J. P. Winkl.; Ⅰ，Ⅱ，Ⅲ，Ⅳ，Ⅴ，Ⅵ，Ⅶ

野丁香（原变种）
★**Leptodermis potanini** Batalin var. **potanini**; Ⅰ，Ⅱ，Ⅳ，Ⅴ，Ⅵ，Ⅶ；√

绒毛野丁香（变种）
★**Leptodermis potanini** Batalin var. **tamentosa** H. J. P. Winkl.; Ⅰ，Ⅱ，Ⅲ，Ⅵ，Ⅶ

纤枝野丁香
★**Leptodermis schneideri** H. J. P. Winkl.; Ⅲ

蒙自野丁香
▲**Leptodermis tomentella** H. J. P. Winkl.; Ⅰ

报春茜
Leptomischus primuloides Drake; Ⅰ

滇丁香
Luculia pinceana Hook.; Ⅰ，Ⅳ，Ⅴ，Ⅵ，Ⅶ

盖裂果
Mitracarpus hirtus (L.) DC.; *Spermacoce hirta* L.; Ⅴ

帽蕊木
Mitragyna rotundifolia (Roxb.) Kuntze; Ⅴ

展枝玉叶金花
Mussaenda divaricata Hutch.; Ⅰ，Ⅳ，Ⅴ，Ⅶ

楠藤
Mussaenda erosa Champ. ex Benth.; Ⅴ

疏花玉叶金花
▲**Mussaenda laxiflora** Hutch.; Ⅰ，Ⅳ

大叶玉叶金花
Mussaenda macrophylla Wall.; Ⅰ，Ⅱ

多毛玉叶金花
▲**Mussaenda mollissima** C. Y. Wu ex H. H. Hsue

et H. Wu; V

多脉玉叶金花
▲**Mussaenda multinervis** C. Y. Wu ex H. H. Hsue et H. Wu; III

玉叶金花
Mussaenda pubescens Dryand.; IV, V

大叶白纸扇（黐花、贵州玉叶金花）
Mussaenda shikokiana Makino; *Mussaenda esquirolii* H. Lév., *Mussaenda anomala* H. L. Li; I, II

单裂玉叶金花
★**Mussaenda simpliciloba** Hand.-Mazz.; II, III, V, VII

大叶密脉木
Mycetia effusa (Pit.) Razafim. et B. Bremer; *Myrioneuron effusum* (Pit.) Merr; V

密脉木
Mycetia faberi (Hemsl.) Razafim. et B. Bremer; *Myrioneuron faberi* Hemsl.; V

纤梗腺萼木
Mycetia gracilis Craib; V

长花腺萼木
▲**Mycetia longiflora** F. C. How ex H. S. Lo; II

垂花密脉木
Mycetia nutans (R. Br. ex Kurz) Razafim. et B. Bremer; *Myrioneuron nutans* R. Br. ex Kurz; V

华腺萼木（狭萼腺萼木）
★**Mycetia sinensis** (Hemsl.) Craib; *Mycetia sinensis* (Hemsl.) Craib f. *angustisepala* H. S. Lo; I

越南密脉木
Mycetia tonkinensis (Pit.) Razafim. et B. Bremer; *Myrioneuron tonkinense* Pitard.; V

紫花新耳草
Neanotis calycina (Wall. ex Hook. f.) W. H. Lewis; V, VI, VII

薄叶新耳草
Neanotis hirsuta (L. f.) W. H. Lewis; I, IV, V, VI; √

西南新耳草
Neanotis wightiana (Wall. ex Wight et Arn.) W. H. Lewis; I, V

石丁香
Neohymenopogon parasiticus (Wall.) Bennet; I, IV, VII; √

薄柱草
Nertera sinensis Hemsl.; V

败酱耳草
★**Oldenlandia capituligera** (Hance) Kuntze; *Hedyotis capituligera* Hance; I, V

金毛耳草
Oldenlandia chrysotricha (Palib.) Chun; *Hedyotis chrysotricha* (Palib.) Merr.; I, VII

伞房花耳草
Oldenlandia corymbosa L.; *Hedyotis corymbosa* (L.) Lan.; I, II, VI

牛白藤
Oldenlandia hedyotidea (DC.) Hand.-Mazz.; *Hedyotis hedyotidea* (DC.) Merr.; III, IV, V

延翅蛇根草
Ophiorrhiza alatiflora H. S. Lo; I

短齿蛇根草
▲**Ophiorrhiza brevidentata** H. S. Lo; V

广州蛇根草（圆锥蛇根草、龙州蛇根草）
★**Ophiorrhiza cantonensis** Hance; *Ophiorrhiza paniculiformis* H. S. Lo, *Ophiorrhiza longzhouensis* H. S. Lo; I, II, V

秦氏蛇根草
▲**Ophiorrhiza chingii** H. S. Lo; IV

高黎贡蛇根草
▲**Ophiorrhiza gaoligongensis** L. Wu, Hareesh et R. H. Tu; V

日本蛇根草（变黑蛇根草）
Ophiorrhiza japonica Blume; *Ophiorrhiza nigricans* Lo; I, II, VII

中泰蛇根草
Ophiorrhiza ripicola Craib; V

高原蛇根草
Ophiorrhiza succirubra King ex Hook. f.; I

耳叶鸡矢藤
Paederia cavaleriei H. Lév.; IV

鸡矢藤（毛鸡矢藤）
Paederia foetida L.; *Paederia scandens* (Lour.) Merr., *Paederia scandens* (Lour.) Merr. var. *tomentosa* (Blume) Hand.-Mazz., *Paederia laxiflora* Merr. ex Li; I, II, III, IV, V, VI, VII; √

云南鸡矢藤
Paederia yunnanensis (H. Lév.) Rehder; I, II, IV, V, VI, VII; √

香港大沙叶
Pavetta hongkongensis Bremek.; V

糙叶大沙叶
▲**Pavetta scabrifolia** Bremek.; V

绒毛大沙叶
Pavetta tomentosa Roxb. ex Sm.; V

九节
Psychotria asiatica L.; V

美果九节
Psychotria calocarpa Kurz; IV

滇南九节
Psychotria henryi H. Lév; V

驳骨九节
Psychotria prainii H. Lév.; III, IV, V

黄脉九节
Psychotria straminea Hutch.; V

云南九节
★**Psychotria yunnanensis** Hutch.; I, V

假鱼骨木（鱼骨木、铁屎米）
Psydrax dicoccos Gaertn.; *Canthium dicoccum* (Gaertn.) Merr.; V

金剑草
Rubia alata Wall.; I, II, III, IV, V, VI, VII

东南茜草
Rubia argyi (H. Lév. et Vaniot) H. Hara; II, V

茜草
Rubia cordifolia L.; I, II, III, V, VI, VII

厚柄茜草
Rubia crassipes Collett et Hemsl.; I, V

黑花茜草
Rubia mandersii Collett et Hemsl.; VI, VII

金线茜草（金线草、小茜草、膜叶茜草）
★**Rubia membranacea** Diels; I, II, III, IV, VII

钩毛茜草
★**Rubia oncotricha** Hand.-Mazz.; I, II, IV, V, VI; √

浅色茜草
▲**Rubia pallida** Diels; IV, VII

柄花茜草
★**Rubia podantha** Diels; I, II, III, IV, V, VI, VII; √

大叶茜草
★**Rubia schumanniana** E. Pritz.; I, II, III, IV, V, VI, VII; √

多花茜草
Rubia wallichiana Decne.; II, III, IV, VI

紫参
★**Rubia yunnanensis** Diels; I, II, III, IV, V,

VI, VII; √

裂果金花
Schizomussaenda henryi (Hutch.) X. F. Deng et D. X. Zhang; *Schizomussaenda dehiscens* (Craib) H. L. Li; V

白花蛇舌草
Scleromitrion diffusum (Willd.) R. J. Wang; *Hedyotis diffusa* Willd.; I, V

松叶耳草
Scleromitrion pinifolium (Wall. ex G. Don) R. J. Wang; *Hedyotis pinifolia* Wall. ex G. Don; I, VII

纤花耳草
Scleromitrion tenelliflorum (Blume) Korth; *Hedyotis tenelliflora* Blume; V

六月雪（白马骨）
Serissa japonica (Thunb.) Thunb.; *Serissa serissoides* (DC.) Druce; I, II, IV

鸡仔木
Sinoadina racemosa (Siebold et Zucc.) Ridsdale; V, VII

阔叶丰花草#
Spermacoce alata Aubl.

糙叶丰花草
Spermacoce hispida L.; V

丰花草
Spermacoce pusilla Wall.; I, II, IV, V, VI, VII

螺序草
Spiradiclis caespitosa Blume Bijdr.; I

假桂乌口树
Tarenna attenuata (Hook. f.) Hutch.; V

白皮乌口树
Tarenna depauperata Hutch.; IV, V

岭罗麦
Tarennoidea wallichii (Hook. f.) Tirveng. et C. Sastre; I, V

丁茜
★**Trailliaedoxa gracilis** W. W. Sm et Forrest; II, V, VII;

大叶钩藤
Uncaria macrophylla Wall.; V

钩藤
Uncaria rhynchophylla (Miq.) Miq. ex Havil; V

白钩藤
Uncaria sessilifructus Roxb.; V

薄叶水锦树
▲**Wendlandia bouvardioides** Hutch; V

吹树
▲**Wendlandia brevipaniculata** W. C. Chen; Ⅲ

小叶水锦树
Wendlandia ligustrina Wall. ex G. Don; Ⅳ

垂枝水锦树
Wendlandia pendula (Wall.) DC. Prodr.; Ⅴ

柳叶水锦树
Wendlandia salicifolia Franch.; Ⅴ

粗叶水锦树
Wendlandia scabra Kurz; Ⅰ, Ⅲ, Ⅳ, Ⅴ

染色水锦树（原亚种）
Wendlandia tinctoria (Roxb.) DC. subsp. **tinctoria**; Ⅴ

毛冠水锦树（亚种）
★**Wendlandia tinctoria** (Roxb.) DC. subsp. **affinis** How ex W. C. Chen; Ⅳ, Ⅴ

粗毛水锦树（亚种）
Wendlandia tinctoria (Roxb.) DC. subsp. **barbata** Cowan; Ⅴ

厚毛水锦树（亚种）
Wendlandia tinctoria (Roxb.) DC. subsp. **callitricha** (Cowan) W. C. Chen; Ⅰ, Ⅳ, Ⅴ

麻栗水锦树（亚种）
★ **Wendlandia tinctoria** (Roxb.) DC. subsp. **handelii** Cowan; Ⅳ, Ⅴ

红皮水锦树（亚种）
▲ **Wendlandia tinctoria** (Roxb.) DC. subsp. **intermedia** (How) W. C. Chen; Ⅳ, Ⅴ, Ⅵ

东方水锦树（亚种）
Wendlandia tinctoria (Roxb.) DC. subsp. **orientalis** Cowan; Ⅰ, Ⅴ

水锦树
Wendlandia uvariifolia Hance; Ⅴ, Ⅵ

353 龙胆科 Gentianaceae
[16 属 84 种]

罗星草
Canscora andrographioides Griff. ex C. B. Clarke; Ⅴ

铺地穿心草
Canscora diffusa (Vahl) R. Br. ex Roem. et Schult.; Ⅴ; √

蓝钟喉毛花
★**Comastoma cyananthiflorum** (Franch.) Holub; Ⅱ

喉毛花
Comastoma pulmonarium (Turcz.) Toyok.; Ⅱ

高杯喉毛花
★**Comastoma traillianum** (Forrest) Holub; Ⅱ

杯药草
Cotylanthera paucisquama C. B. Clarke; Ⅴ; √

云南蔓龙胆
Crawfurdia campanulacea Wall. et Griff. ex C. B. Clarke; Ⅳ, Ⅴ, Ⅵ

苍山蔓龙胆
▲**Crawfurdia tsangshanensis** C. J. Wu; Ⅶ

藻百年
Exacum tetragonum Roxb.; Ⅵ

膜边龙胆（原亚种）（白边龙胆）
▲**Gentiana albomarginata** C. Marquand subsp. **albomarginata**; Ⅰ, Ⅱ, Ⅶ

革叶龙胆（亚种）
▲**Gentiana albomarginata** C. Marquand subsp. **scytophylla** (T. N. Ho) Halda; *Gentiana scytophylla* T. N. Ho; Ⅰ, Ⅱ

秀丽龙胆
Gentiana bella Franch.; Ⅶ

头花龙胆（原亚种）
Gentiana cephalantha Franch. subsp. **cephalantha**; Ⅱ, Ⅴ, Ⅵ, Ⅶ; √

腺龙胆（亚种）
●**Gentiana cephalantha** Franch. subsp. **vaniotii** (H. Lév.) Halda; Ⅰ

景天叶龙胆
★**Gentiana crassula** H. Sm.; Ⅱ

微籽龙胆
★**Gentiana delavayi** Franch.; Ⅰ, Ⅱ, Ⅴ; √

昆明龙胆
●**Gentiana duclouxii** Franch.; Ⅰ, Ⅱ, Ⅲ, Ⅳ, Ⅴ; √

齿褶龙胆
▲**Gentiana epichysantha** Hand.-Mazz.; Ⅳ

弱小龙胆
★**Gentiana exigua** H. Sm.; Ⅶ

密枝龙胆
★**Gentiana franchetiana** Kusn.; Ⅰ, Ⅱ, Ⅶ

钻叶龙胆
★**Gentiana haynaldii** Kanitz; Ⅱ

四数龙胆
★**Gentiana lineolata** Franch.; Ⅰ, Ⅱ, Ⅴ, Ⅵ, Ⅶ; √

华南龙胆（原亚种）
Gentiana loureiroi (G. Don) Griseb. subsp.

loureiroi; Ⅴ

蒴根龙胆（亚种）（菊花参）
Gentiana loureiroi (G. Don) Griseb. subsp. **napulifera** (Franch.) Halda; *Gentiana napulifera* Franch., *Gentiana sarcorrhiza* Ling et Ma ex T. N. Ho; Ⅰ，Ⅴ，Ⅶ

马耳山龙胆（原亚种）
Gentiana maeulchanensis Franch. subsp. **maeulchanensis**; Ⅱ

昆明小龙胆（亚种）
● **Gentiana maeulchanensis** Franch. subsp. **kunmingensis** (S. W. Liu ex T. N. Ho) Halda; *Gentiana kunmingensis* S. W. Liu ex T. N. Ho; Ⅰ，Ⅱ

小齿龙胆
★**Gentiana microdonta** Franch.; Ⅶ

流苏龙胆
★**Gentiana panthaica** Prain et Burkill; Ⅱ，Ⅳ，Ⅴ

乳突龙胆
★**Gentiana papillosa** Franch.; Ⅰ，Ⅱ，Ⅶ

鸟足龙胆
★**Gentiana pedata** H. Sm.; Ⅱ

叶柄龙胆
★**Gentiana phyllopoda** H. Lév.; *Gentiana microdonta* Franch. subsp. *phyllopoda* (H. Lév.) Halda; Ⅱ

草甸龙胆（草地龙胆）
★**Gentiana praticola** Franch.; Ⅰ，Ⅱ，Ⅴ，Ⅶ

翼萼龙胆
★**Gentiana pterocalyx** Franch. ex Hemsl.; Ⅱ

柔毛龙胆
★**Gentiana pubigera** C. Marquand; Ⅴ

滇龙胆草
Gentiana rigescens Franch.; *Gentiana crassa* Kurz subsp. *rigescens* (Franch. ex Hemsl.) Halda; Ⅱ，Ⅴ，Ⅵ，Ⅶ; √

深红龙胆
★**Gentiana rubicunda** Franch.; Ⅲ

瘦华丽龙胆（变种）
Gentiana sino-ornata Balf. f. var. **gloriosa** Maxq.; Ⅱ

鳞叶龙胆
Gentiana squarrosa Ledeb.; Ⅱ

圆萼龙胆
★**Gentiana suborbisepala** C. Marquand; Ⅱ

四川龙胆（聚叶龙胆）
★ **Gentiana sutchuenensis** Franch.; *Gentiana decipiens* Harry Sm.; Ⅰ，Ⅱ，Ⅶ

大理龙胆（异蕊龙胆）
Gentiana taliensis Balf. f. et Forrest; *Gentiana heterostemon* Harry Sm.; Ⅰ，Ⅱ，Ⅳ，Ⅵ，Ⅶ; √

三叶龙胆
★**Gentiana ternifolia** Franch.; Ⅱ

小黄花龙胆（黄毛龙胆）
▲**Gentiana xanthonannos** H. Sm.; Ⅰ，Ⅱ

云南龙胆
★**Gentiana yunnanensis** Franch.; Ⅱ，Ⅶ; √

密花假龙胆
★**Gentianella gentianoides** (Franch.) Harry Sm.; Ⅱ，Ⅶ

扁蕾
Gentianopsis barbata (Froel.) Ma; Ⅰ，Ⅱ

回旋扁蕾（迴旋扁蕾）
Gentianopsis contorta (Royle) Ma; Ⅰ，Ⅱ，Ⅶ

大花扁蕾
★**Gentianopsis grandis** (H. Sm.) Ma; Ⅰ，Ⅶ

黄花扁蕾
●**Gentianopsis lutea** (Burkill) Ma; Ⅰ

湿生扁蕾
Gentianopsis paludosa (Hook. f.) Ma; Ⅱ; √

椭圆叶花锚
Halenia elliptica D. Don; Ⅰ，Ⅱ，Ⅲ，Ⅳ，Ⅴ，Ⅵ，Ⅶ; √

美龙胆
Kuepferia decorata (Diels) Adr. Favre; *Gentiana decorata* Diels; Ⅱ

云南肋柱花（原变种）（囊腺肋柱花）
★**Lomatogonium forrestii** (Balf. f.) Fern. var. **forrestii**; *Lomatogonium saccatum* H. Sm.; Ⅰ，Ⅱ，Ⅶ

云贵肋柱花（变种）
★**Lomatogonium forrestii** (Balf. f.) Fern. var. **bonatianum** (Burk.) T. N. Ho; Ⅰ，Ⅱ，Ⅶ

翅萼狭蕊龙胆（翅萼龙胆）
●**Metagentiana alata** (T. N. Ho) T. N. Ho et S. W. Liu; *Gentiana alata* T. N. Ho; Ⅰ，Ⅱ，Ⅳ

滇东狭蕊龙胆（宽鞘龙胆）
★**Metagentiana eurycolpa** (C. Marquand) T. N. Ho et S. W. Liu; *Gentiana eurycolpa* C. Marquand; Ⅰ，Ⅱ，Ⅳ，Ⅶ

盐丰狭蕊龙胆（盐丰龙胆）
▲**Metagentiana expansa** (H. Sm.) T. N. Ho et S. W. Liu; *Gentiana expansa* H. Sm.; Ⅶ

高贵狭蕊龙胆（高贵龙胆）
●**Metagentiana gentilis** (Franch.) T. N. Ho et S.

W. Liu; *Gentiana gentilis* Franch.; Ⅰ，Ⅱ，Ⅶ；√

蔓枝狭蕊龙胆（蔓枝龙胆）
▲**Metagentiana leptoclada** (Balf. f. et Forrest) T. N. Ho et S. W. Liu; *Gentiana leptoclada* Balf. f. et Forrest; Ⅱ，Ⅴ，Ⅶ

报春花狭蕊龙胆（报春花龙胆）
★**Metagentiana primuliflora** (Franch.) T. N. Ho et S. W. Liu; *Gentiana primuliflora* Franch.; Ⅰ，Ⅱ，Ⅵ，Ⅶ；√

红花狭蕊龙胆（红花龙胆）
★**Metagentiana rhodantha** (Franch.) T. N. Ho et S. W. Liu; *Gentiana rhodantha* Franch. ex Hemsl.; Ⅰ，Ⅱ，Ⅳ，Ⅴ；√

锯齿狭蕊龙胆（锯齿龙胆）
Metagentiana serra (Franch.) T. N. Ho, S. W. Liu et Shi L. Chen; *Gentiana serra* Franch.; Ⅰ，Ⅱ，Ⅳ，Ⅶ

小黄管
Sebaea microphylla (Edgew.) Knobl.; Ⅰ，Ⅱ

狭叶獐牙菜（原变种）
Swertia angustifolia Buch.-Ham. ex D. Don var. **angustifolia**; Ⅰ，Ⅱ，Ⅴ，Ⅵ

美丽獐牙菜（变种）
Swertia angustifolia Buch.-Ham. ex D. Don var. **pulchella** (D. Don) Burk.; Ⅱ，Ⅴ，Ⅵ，Ⅶ

獐牙菜
Swertia bimaculata (Sieb. et Zucc.) Hook. f. et Thomson ex C. B. Clarke; Ⅰ，Ⅱ，Ⅲ，Ⅳ，Ⅴ，Ⅵ，Ⅶ

宾川獐牙菜
▲**Swertia binchuanensis** T. N. Ho et S. W. Liu; Ⅶ

叶萼獐牙菜
Swertia calycina Franch.; Ⅱ

西南獐牙菜
★**Swertia cincta** Burkill; Ⅰ，Ⅱ，Ⅴ，Ⅵ，Ⅶ

观赏獐牙菜
★**Swertia decora** Franch.; Ⅰ，Ⅱ

高獐牙菜
★**Swertia elata** H. Sm.; Ⅱ

蒙自獐牙菜
▲**Swertia leducii** Franch.; Ⅳ

禄劝獐牙菜
●**Swertia luquanensis** S. W. Liu; Ⅱ

大籽獐牙菜
Swertia macrosperma (C. B. Clarke) C. B. Clarke; Ⅰ，Ⅱ，Ⅳ，Ⅴ，Ⅵ，Ⅶ；√

青叶胆
▲**Swertia mileensis** T. N. Ho et W. L. Shih; Ⅳ

显脉獐牙菜
Swertia nervosa (G. Don) Wall. ex C. B. Clarke; Ⅰ，Ⅱ，Ⅳ，Ⅴ，Ⅵ，Ⅶ；√

斜茎獐牙菜
★**Swertia patens** Burkill; Ⅱ，Ⅳ

紫红獐牙菜（原变种）
★**Swertia punicea** Hemsl. var. **punicea**; Ⅰ，Ⅱ，Ⅲ，Ⅳ，Ⅴ，Ⅵ，Ⅶ；√

淡黄獐牙菜（变种）
▲**Swertia punicea** Hemsl. var. **lutescens** Franch. ex T. N. Ho; Ⅰ，Ⅴ

大药獐牙菜
★**Swertia tibetica** Batalin; Ⅱ，Ⅴ

云南獐牙菜
★**Swertia yunnanensis** Burkill; Ⅰ，Ⅱ，Ⅳ，Ⅴ，Ⅵ，Ⅶ

峨眉双蝴蝶
★**Tripterospermum cordatum** (Marq.) H. Sm.; Ⅴ

尼泊尔双蝴蝶
Tripterospermum volubile (D. Don) H. Hara; Ⅱ，Ⅴ，Ⅵ

黄秦艽
Veratrilla baillonii Franch.; Ⅱ，Ⅶ

354 马钱科 Loganiaceae
[3 属 6 种，含 1 栽培种]

灰莉*
Fagraea ceilanica Thunb

狭叶蓬莱葛（离药蓬莱葛）
Gardneria angustifolia Wall.; *Gardneria distincta* P. T. Li; Ⅴ

柳叶蓬莱葛
★**Gardneria lanceolata** Rehder et E. H. Wilson; Ⅴ

蓬莱葛
Gardneria multiflora Makino; Ⅳ

大叶度量草（毛叶度量草）
Mitreola pedicellata Benth.; Ⅴ，Ⅶ

小叶度量草
▲**Mitreola petiolatoides** P. T. Li; Ⅴ

355 钩吻科 Gelsemiaceae
[1 属 1 种]

钩吻（断肠草）
Gelsemium elegans (Gardner et Champ.) Benth.; Ⅴ

356 夹竹桃科 Apocynaceae
[38 属 94 种，含 9 栽培种]

云南香花藤
Aganosma cymosa (Roxb.) G. Don; *Aganosma harmandiana* Pierre; Ⅴ

海南香花藤（柔花香花藤、短瓣香花藤）
Aganosma schlechteriana H. Lév.; *Aganosma schlechteriana* H. Lév. var. *leptantha* Tsiang, *Aganosma schlechteriana* H. Lév. var. *breviloba* Tsiang; Ⅰ，Ⅱ，Ⅴ，Ⅶ

黄蝉*
Allamanda schottii Pohl; *Allamanda neriifolia* Hook.

羊角棉
★**Alstonia mairei** H. Lév.; Ⅰ，Ⅱ，Ⅶ

糖胶树*
Alstonia scholaris (L.) R. Br.

鸡骨常山
★**Alstonia yunnanensis** Diels; Ⅰ，Ⅱ，Ⅴ，Ⅵ；√

毛车藤
Amalocalyx microlobus Pierre ex Spire; Ⅴ

马利筋#
Asclepias curassavica L.

牛角瓜（五狗卧花）
Calotropis gigantea (L.) W. T. Aiton; Ⅰ，Ⅱ，Ⅴ，Ⅵ，Ⅶ；√

假虎刺
Carissa spinarum L.; Ⅳ，Ⅴ，Ⅵ；√

长春花*
Catharanthus roseus (L.) G. Don

短序吊灯花
★**Ceropegia christenseniana** Hand.-Mazz.; Ⅱ，Ⅳ，Ⅶ；√

剑叶吊灯花（长叶吊灯花）
Ceropegia dolichophylla Schltr.; Ⅰ，Ⅳ，Ⅴ

润肺草（短梗藤）
Ceropegia edulissima Bruyns; *Brachystelma edule* Collett et Hemsl.; Ⅰ

绿汁江吊灯花
●**Ceropegia luzhiensis** X. D. Ma et J. Y. Shen; Ⅴ

金雀马尾参
★**Ceropegia mairei** (H. Lév.) H. Huber; Ⅰ，Ⅱ，Ⅳ，Ⅵ，Ⅶ

白马吊灯花
Ceropegia monticola W. W. Sm.; Ⅰ，Ⅱ，Ⅴ，Ⅵ

马鞍山吊灯花
★**Ceropegia teniana** Hand.-Mazz.; Ⅱ，Ⅲ，Ⅶ

大叶鹿角藤（漾濞鹿角藤、毛叶藤仲）
Chonemorpha fragrans (Moon) Alston; *Chonemorpha griffithii* Hook. f., *Chonemorpha macrophylla* G. Don, *Chonemorpha valvata* Chatterjee; Ⅴ

海南鹿角藤
★**Chonemorpha splendens** Chun et Tsiang; Ⅴ

古钩藤
Cryptolepis buchananii Roem. et Schult.; Ⅰ，Ⅱ，Ⅴ，Ⅵ，Ⅶ；√

白叶藤
Cryptolepis sinensis (Lour.) Merr.; Ⅰ，Ⅴ

铰剪藤
Cynanchum annularium (Roxb.) Liede et Khanum; *Holostemma ada-kodien* Schult., *Holostemma annulare* (Roxb.) K. Schum.; Ⅴ

白薇
Cynanchum atratum Bunge; *Vincetoxicum atratum* (Bunge) C. Morren et Decne.; Ⅰ，Ⅱ，Ⅲ，Ⅳ，Ⅴ，Ⅵ，Ⅶ

秦岭藤白前
▲**Cynanchum biondioides** W. T. Wang ex Tsiang et P. T. Li; Ⅱ

刺瓜（野苦瓜）
Cynanchum corymbosum Wight; Ⅴ

乳突果
Cynanchum gracillimum Wall. ex Wight; *Adelostemma gracillimum* (Wall. ex Wight) Hook. f.; Ⅰ，Ⅴ

朱砂藤（白敛）
★**Cynanchum officinale** (Hemsl.) Tsiang et H. D. Zhang; Ⅰ，Ⅵ

青羊参
★**Cynanchum otophyllum** C. K. Schneid.; Ⅰ，Ⅱ，Ⅴ，Ⅵ，Ⅶ；√

轮叶白前
★**Cynanchum verticillatum** Hemsl.; Ⅵ

昆明杯冠藤
Cynanchum wallichii Wight; Ⅰ，Ⅱ，Ⅳ，Ⅴ；√

隔山消
Cynanchum wilfordii (Maxim.) Hook. f.; Ⅰ

须药藤
Decalepis khasiana (Kurz) Ionta ex Kambale; *Stelmacrypton khasianum* (Kurz) Baill.; Ⅰ，Ⅴ；√

苦绳（原变种）
★**Dregea sinensis** Hemsl. var. **sinensis**；Ⅰ，Ⅱ，Ⅲ，Ⅳ，Ⅴ，Ⅵ，Ⅶ；✓

贯筋藤（变种）（奶浆果）
★**Dregea sinensis** Hemsl. var. **corrugata** (C. K. Schneid.) Tsiang et P. T. Li；Ⅰ，Ⅱ，Ⅵ

南山藤
Dregea volubilis (L. f.) Benth. ex Hook. f.；Ⅴ

丽子藤
★**Dregea yunnanensis** (Tsiang) Y. Tsiang et P. T. Li；Ⅱ

钉头果[#]
Gomphocarpus fruticosus (L.) W. T. Aiton

纤冠藤
Gongronema nepalense (Wall.) Decne.；Ⅰ，Ⅴ

华宁藤（毛脉华宁藤）
▲**Gymnema foetidum** Tsiang；*Gymnema foetidum* Tsiang var. *mairei* Tsiang；Ⅰ，Ⅳ，Ⅴ

会东藤
★**Gymnema longiretinaculatum** Tsiang；Ⅲ

匙羹藤
Gymnema sylvestre (Retz.) R. Br. ex Schult；Ⅴ

云南匙羹藤
Gymnema yunnanense Tsiang；Ⅰ

醉魂藤
Heterostemma alatum Wight et Arn；Ⅱ，Ⅴ

贵州醉魂藤
Heterostemma esquirolii (H. Lév.) Tsiang；Ⅴ

云南醉魂藤
Heterostemma wallichii Wight et Arn.；Ⅰ，Ⅱ

黄花球兰
Hoya fusca Wall.；Ⅰ，Ⅴ，Ⅵ

荷秋藤（狭叶荷秋藤）
Hoya griffithii J. D. Hooker；*Hoya lancilimba* Merr.，*Hoya lancilimba* Merr. f. *tsoi* (Merr.) Tsiang，*Hoya kwangsiensis* Tsiang et P. T. Li；Ⅴ

薄叶球兰
Hoya mengtzeensis Y. Tsiang et P. T. Li；Ⅰ，Ⅴ

琴叶球兰
Hoya pandurata Tsiang；Ⅰ

毛球兰
Hoya villosa Costantin；Ⅴ

大叶牛奶菜
Marsdenia koi Tsiang；*Marsdenia tsaiana* Tsiang；Ⅴ

海枫屯
★**Marsdenia officinalis** Y. Tsiang et P. T. Li；Ⅰ，Ⅳ

喙柱牛奶菜
★**Marsdenia oreophila** W. W. Sm.；Ⅰ，Ⅱ，Ⅶ

四川牛奶菜
Marsdenia schneideri Tsiang；*Marsdenia balansae* Cost；Ⅰ，Ⅴ

狭花牛奶菜
★**Marsdenia stenantha** Hand.-Mazz.；Ⅰ，Ⅱ，Ⅶ

通光散
Marsdenia tenacissima (Roxb.) Moon；Ⅰ，Ⅱ，Ⅳ，Ⅴ，Ⅵ，Ⅶ；✓

蓝叶藤（球花牛奶菜、短序蓝叶藤、绒毛蓝叶藤）
Marsdenia tinctoria R. Br.；*Marsdenia globifera* Tsiang，*Marsdenia tinctoria* R. Br. var. *brevis* Cost.，*Marsdenia tinctoria* R. Br. var. *tomentosa* Mas.；Ⅰ，Ⅲ，Ⅴ

云南牛奶菜（红肉牛奶菜）
★**Marsdenia yunnanensis** (H. Lév.) Woodson；*Marsdenia carnea* Woodson；Ⅰ，Ⅴ

思茅山橙（景东山橙）
Melodinus cochinchinensis (Lour.) Merr；*Melodinus henryi* Craib，*Melodinus khasianus* Hook. f.；Ⅰ，Ⅴ

尖山橙（雷打果）
Melodinus fusiformis Champ. ex Benth；*Melodinus yunnanensis* Tsiang et P. T. Li；Ⅴ

翅果藤
Myriopteron extensum (Wight) K. Schum.；Ⅳ，Ⅴ；✓

夹竹桃[*]（红花夹竹桃、欧洲夹竹桃）
Nerium oleander L.；*Nerium indicum* Mill

青蛇藤
Periploca calophylla (Wight) Falc.；Ⅰ，Ⅱ，Ⅳ，Ⅴ，Ⅶ

多花青蛇藤
Periploca floribunda Tsiang；Ⅴ，Ⅵ

黑龙骨
Periploca forrestii Schltr.；Ⅰ，Ⅱ，Ⅴ，Ⅵ，Ⅶ

钝叶鸡蛋花[*]
Plumeria obtusa L.

红鸡蛋花[*]
Plumeria rubra L.

萝芙木
Rauvolfia verticillata (Lour.) Baill.；*Rauvolfia yunnanensis* Tsiang；Ⅴ

丽江鲫鱼藤

▲Secamone likiangensis Tsiang；Ⅰ

催吐鲫鱼藤

★ Secamone minutiflora Tsiang；*Secamone minutiflora* (Woodson) Tsiang, *Secamone szechuanensis* Tsiang et P. T. Li；Ⅶ

吊山桃

★Secamone sinica Hand.-Mazz.；Ⅴ

暗消藤

Streptocaulon juventas (Lour.) Merr；Ⅴ

羊角拗

Strophanthus divaricatus (Lour.) Hook. et Arn.；Ⅴ

尖蕾狗牙花（澄江狗牙花）

Tabernaemontana bufalina Lour.；*Ervatamia chengkiangensis* Tsiang, *Ervatamia hainanensis* Tsiang；Ⅰ

夜来香*

Telosma cordata (Burm. f.) Merr

黄花夹竹桃*

Thevetia peruviana (Pers.) K. Schum

锈毛弓果藤

★Toxocarpus fuscus Tsiang；Ⅴ；√

西藏弓果藤

Toxocarpus himalensis Falc. ex Hook. f.；Ⅴ

毛弓果藤

Toxocarpus villosus (Blume) Decne.；Ⅰ，Ⅳ，Ⅴ

弓果藤

Toxocarpus wightianus Hook. et Arn；Ⅴ

紫花络石

Trachelospermum axillare Hook. f.；Ⅰ，Ⅳ

锈毛络石

Trachelospermum dunnii (H. Lév.) H. Lév.；Ⅰ

络石

Trachelospermum jasminoides (Lindl.) Lem.；*Rhynchospermum jasminoides* Lindl.；Ⅰ，Ⅴ；√

乳儿绳（云南络石、长花络石）

Trachelospermum lucidum (D. Don) K. Schum.；*Trachelospermum yunnanense* Tsiang et P. T. Li, *Trachelospermum cathayanum* C. K. Schneid., *Trachelospermum cathayanum* C. K. Schneid. var. *tetanocarpum* (C. K. Schneid.) Tsiang et P. T. Li；Ⅰ，Ⅵ，Ⅶ

贵州娃儿藤

★ Tylophora silvestris Tsiang；*Vincetoxicum silvestre* (Tsiang) Meve et Liede；Ⅱ

云南娃儿藤

★Tylophora yunnanensis Schltr.；*Vincetoxicum yunnanense* (Schltr.) Meve et Liede；Ⅰ，Ⅱ，Ⅲ，Ⅳ，Ⅴ，Ⅵ，Ⅶ；√

蔓长春花*

Vinca major L.

牛皮消（西藏牛皮消）

Vincetoxicum auriculatum (Royle ex Wight) Kuntze；*Cynanchum auriculatum* Royle ex Wight, *Cynanchum saccatum* W. T. Wang et Tsiang et P. T. Li；Ⅴ

大理白前（椭圆叶白前、木里白前）

★Vincetoxicum forrestii (Schltr.) C. Y. Wu et D. Z. Li；*Cynanchum forrestii* Schltr., *Cynanchum balfourianum* (Schltr.) Tsiang et Zhang, *Cynanchum muliense* Tsiang, *Cynanchum limprichtii* Schltr., *Cynanchum forrestii* Schltr. var. *stenolobum* Tsiang et Zhang；Ⅰ，Ⅱ，Ⅲ，Ⅳ，Ⅴ，Ⅵ，Ⅶ；√

建水娃儿藤

★ Vincetoxicum hui (Tsiang) Meve et Liede；*Tylophora hui* Tsiang；Ⅰ

黑水藤

★Vincetoxicum insigne (Tsiang) Meve, H. H. Kong et Liede；*Biondia insignis* Tsiang；Ⅱ

新平白前

▲Vincetoxicum xinpingense H. Peng et Y. H. Wang；Ⅴ

个溥

Wrightia sikkimensis Gamble；Ⅳ

357 紫草科 Boraginaceae
[15 属 35 种]

长蕊斑种草

★Antiotrema dunnianum (Diels) Hand.-Mazz.；Ⅰ，Ⅱ，Ⅲ，Ⅳ，Ⅴ，Ⅵ，Ⅶ；√

云南斑种草（刚毛叠子草）

★Bothriospermum hispidissimum Hand.-Mazz.；Ⅰ，Ⅱ，Ⅳ，Ⅴ，Ⅵ，Ⅶ；√

柔弱斑种草

Bothriospermum zeylanicum (J. Jacq.) Druce；*Bothriospermum tenellum* (Hornem.) Fisch. et Mey；Ⅰ，Ⅱ，Ⅵ，Ⅶ

破布木

Cordia dichotoma Forst.；Ⅳ

二叉破布木

Cordia furcans I. M. Johnst.；Ⅰ，Ⅱ，Ⅴ，Ⅶ

倒提壶

Cynoglossum amabile Stapf et J. R. Drumm; Ⅰ, Ⅱ, Ⅲ, Ⅳ, Ⅴ, Ⅵ, Ⅶ; √

小花琉璃草（小花倒提壶）

Cynoglossum lanceolatum Forsskål; Ⅰ, Ⅱ, Ⅲ, Ⅳ, Ⅴ, Ⅵ, Ⅶ; √

心叶琉璃草（暗淡倒提壶）

★**Cynoglossum triste** Diels; Ⅱ

琉璃草（叉花倒提壶）

Cynoglossum zeylanicum (Sw. ex Lehm.) Thunb. ex Brand; *Cynoglossum furcatum* Wall.; Ⅰ, Ⅱ, Ⅲ, Ⅳ, Ⅴ, Ⅵ, Ⅶ

蓝蓟#

Echium vulgare L.

厚壳树（倒卵叶厚壳树）

Ehretia acuminata B. Br.; *Ehretia acuminata* B. Br. var. *obovata* (Lindl.) Johnst.; Ⅵ, Ⅶ

西南粗糠树（滇厚朴）

★**Ehretia corylifolia** C. H. Wright; Ⅰ, Ⅱ, Ⅲ, Ⅳ, Ⅴ, Ⅵ, Ⅶ; √

云贵厚壳树

★**Ehretia dunniana** H. Lév.; Ⅱ, Ⅴ, Ⅵ

大叶假鹤虱（宽叶假鹤虱）

Hackelia brachytuba (Diels) I. M. Johnst.; *Eritrichium brachytubum* (Diels) Liang et J. Q. Wang; Ⅰ, Ⅱ

异型假鹤虱

★**Hackelia difformis** (Y. S. Lian et J. Q. Wang) Riedl; *Eritrichium difforme* Y. S. Lian et J. Q. Wang; Ⅱ

大尾摇

Heliotropium indicum L.; Ⅳ

石生紫草（蒙自石松）

★**Lithospermum hancockianum** Oliv.; Ⅰ, Ⅱ, Ⅲ, Ⅴ, Ⅶ; √

大孔微孔草

Microula bhutanica (T. Yamaz.) H. Hara; Ⅰ, Ⅱ, Ⅶ

鹤庆微孔草

▲**Microula myosotidea** (Franch.) I. M. Johnst.; Ⅱ

勿忘草（勿忘我）

Myosotis alpestris F. W. Schmidt; *Myosotis silvatica* Ehrh. ex Hoffm.; Ⅱ, Ⅶ

湿地勿忘草

Myosotis caespitosa Schultz; Ⅱ

乌蒙勿忘草

★**Myosotis wumengensis** L. Wei; Ⅱ

昭通滇紫草（昆明滇紫草）

▲**Onosma cingulatum** W. W. Sm. et Jeffrey; Ⅰ, Ⅱ, Ⅳ, Ⅶ; √

易门滇紫草

●**Onosma decastichum** Y. L. Liu; Ⅴ; √

露蕊滇紫草

★**Onosma exsertum** Hemsl.; Ⅱ, Ⅵ, Ⅶ

禄劝滇紫草

●**Onosma luquanense** Y. Liu; Ⅱ

滇紫草

Onosma paniculatum Bur. et Franch.; Ⅰ, Ⅱ, Ⅳ, Ⅴ, Ⅵ, Ⅶ; √

聚合草#

Symphytum officinale L.; √

毛束草

Trichodesma calycosum Collett et Hemsl.; Ⅰ, Ⅴ; √

西南附地菜（原变种）

★**Trigonotis cavaleriei** (H. Lév.) Hand.-Mazz. var. **cavaleriei**; Ⅱ

狭叶西南附地菜（变种）

★**Trigonotis cavaleriei** (H. Lév.) Hand.-Mazz. var. **angustifolia** C. J. Wang; Ⅴ, Ⅵ

扭梗附地菜

★**Trigonotis delicatula** Hand.-Mazz.; Ⅱ

毛花附地菜（楚雄附地菜）

★**Trigonotis heliotropifolia** Hand.-Mazz.; *Trigonotis chuxiongensis* H. Chuang; Ⅳ, Ⅴ, Ⅵ

毛脉附地菜

Trigonotis microcarpa (DC.) Benth. ex C. B. Clarke; Ⅰ, Ⅱ, Ⅲ, Ⅳ, Ⅴ, Ⅵ, Ⅶ; √

附地菜

Trigonotis peduncularis (Trevir.) Benth. ex Hemsl.; Ⅰ, Ⅱ, Ⅴ, Ⅶ

359 旋花科 Convolvulaceae

[13 属 40 种，含 3 栽培种]

线叶银背藤

●**Argyreia lineariloba** C. Y. Wu; Ⅵ

灰毛白鹤藤（变种）（灰毛聚花白鹤藤）

Argyreia osyrensis (Roth) Choisy var. **cinerea** Hand.-Mazz.; Ⅴ

黄毛银背藤

▲**Argyreia velutina** C. Y. Wu; Ⅳ

苞叶藤

Blinkworthia convolvuloides Prain; Ⅴ

打碗花
Calystegia hederacea Wall.; Ⅰ, Ⅱ, Ⅲ, Ⅳ, Ⅴ, Ⅵ, Ⅶ; √

旋花
Calystegia sepium (L.) R. Br.; *Convolvulus sepium* L.; Ⅰ, Ⅱ, Ⅳ, Ⅵ

鼓子花（亚种）
★**Calystegia silvatica** (Kit.) Griseb. subsp. **orientalis** Brummitt; Ⅰ

草坡旋花
▲**Convolvulus steppicola** Hand.-Mazz.; Ⅱ, Ⅶ

南方菟丝子
Cuscuta australis R. Br.; Ⅰ, Ⅵ

菟丝子
Cuscuta chinensis Lam.; Ⅰ, Ⅱ, Ⅴ, Ⅵ

金灯藤
Cuscuta japonica Choisy; Ⅰ, Ⅱ, Ⅲ, Ⅳ, Ⅴ, Ⅵ, Ⅶ; √

大花菟丝子
Cuscuta reflexa Roxb.; Ⅰ, Ⅳ, Ⅴ

马蹄金
Dichondra micrantha Urb.; *Dichondra repens* J. R. Forst. et G. Forst.; Ⅰ, Ⅱ, Ⅲ, Ⅳ, Ⅴ, Ⅵ, Ⅶ

白飞蛾藤（白藤）
Dinetus decorus (W. W. Sm.) Staples; *Porana decora* W. W. Sm.; Ⅰ, Ⅱ, Ⅲ, Ⅳ, Ⅴ, Ⅵ, Ⅶ; √

蒙自飞蛾藤
Dinetus dinetoides (C. K. Schneid.) Staples; *Porana dinetoides* C. K. Schneid.; Ⅰ

三列飞蛾藤（腺毛飞蛾藤）
★**Dinetus duclouxii** (Gagnep. et Courch.) Staples; *Porana duclouxii* Gagnep. et Courch., *Porana duclouxii* Gagnep. et Courch. var. *lasia* (C. K. Schneid.) Hand.-Mazz.; Ⅴ, Ⅵ, Ⅶ

飞蛾藤
Dinetus racemosus (Roxb.) Sweet; *Porana racemosa* Roxb; Ⅰ, Ⅱ, Ⅲ, Ⅳ, Ⅴ, Ⅵ, Ⅶ; √

土丁桂（银丝草）
Evolvulus alsinoides (L.) L; *Evolvulus sinicus* Miq., *Evolvulus alsinoides* Miq. var. *decumbens* (R. Br.) v. Ooststr.; Ⅱ, Ⅴ, Ⅶ

蕹菜*
Ipomoea aquatica Forsk.; *Ipomoea reptans* Poir

番薯*
Ipomoea batatas (L.) Lam.

毛牵牛（心萼薯）
Ipomoea biflora (L.) Pers.; *Aniseia biflora* (L.) Choisy; Ⅰ, Ⅴ

五爪金龙#（原变种）
Ipomoea cairica (L.) Sweet var. **cairica**; √

纤细五爪金龙#（变种）
Ipomoea cairica (L.) Sweet var. **gracillima** (Collett et Hemsl.) C. Y. Wu

毛果薯
Ipomoea eriocarpa R. Br.; Ⅱ, Ⅳ, Ⅴ, Ⅶ

丁香茄#（天茄子）
Ipomoea muricata (L.) Jacq.; *Calonyction muricatum* (L.) G. Don, *Ipomoea turbinata* Lag.

牵牛#
Ipomoea nil (L.) Roth; *Pharbitis nil* (L.) Choisy

小心叶薯
Ipomoea obscura (L.) Ker Gawl.; Ⅴ

帽苞薯藤
Ipomoea pileata Roxb.; *Convolvulus pileatus* (Roxb.) Spreng.; Ⅴ

圆叶牵牛#
Ipomoea purpurea (L.) Roth; *Pharbitis purpurea* (L.) Voigt; √

茑萝松*
Ipomoea quamoclit L.; *Quamoclit pennata* Bojer

小牵牛
Jacquemontia paniculata (Burm. f.) Hall. f.; Ⅴ

篱栏网（鱼黄草）
Merremia hederacea (Burm. f.) Hall. f.; Ⅴ

山土瓜
★**Merremia hungaiensis** (Lingelsh. et Borza) R. C. Fang; Ⅰ, Ⅱ, Ⅲ, Ⅳ, Ⅴ, Ⅵ, Ⅶ; √

线叶山土瓜
★**Merremia martini** (H. Lév.) Staples et Simões; *Merremia hungaiensis* (Lingelsh. et Borza) R. C. Fang var. *linifolia* (C. Y. Wu) R. C. Fang; Ⅳ, Ⅵ, Ⅶ

北鱼黄草
Merremia sibirica (L.) Hall. f.; Ⅰ, Ⅱ, Ⅴ, Ⅵ

蓝花土瓜
★**Merremia yunnanensis** (Courch. et Gagn.) R. C. Fang.; Ⅳ, Ⅶ

搭棚藤
Poranopsis discifera (C. K. Schneid.) Staples; *Porana discifera* C. K. Schneid; Ⅱ, Ⅴ

白花叶
★ **Poranopsis sinensis** (Hand.-Mazz.) Staples; *Porana henryi* Verdc.; Ⅱ, Ⅳ, Ⅴ

大果三翅藤（原变种）（大果飞蛾藤）
Tridynamia sinensis (Hemsl.) Staples var. **sinensis**; Ⅴ

近无毛三翅藤（变种）（密叶飞蛾藤）
★ **Tridynamia sinensis** (Hemsl.) Staples var. **delavayi** (Gagnep. et Courchet) Staples; *Porana confertifolia* C. Y. Wu; Ⅰ, Ⅴ

360 茄科 Solanaceae
[14 属 41 种，含 14 栽培种]

酸浆
Alkekengi officinarum Moench; *Physalis alkekengi* L.; Ⅳ

铃铛子（喜马拉雅东莨菪）
Anisodus luridus Link; *Anisodus mairei* (H. Lév.) C. Y. Wu et C. Chen; Ⅱ, Ⅳ, Ⅴ

天蓬子（搜山虎）
★**Atropanthe sinensis** (Hemsl.) Pascher; Ⅱ

木曼陀罗*
Brugmansia arborea (L.) Sweet; *Brugmansia arborea* (L.) Lagerh., *Datura arborea* L.

辣椒*
Capsicum annuum L.

夜香树*
Cestrum nocturnum L.

洋金花#（闹羊花）
Datura metel L.

曼陀罗#
Datura stramonium L.; √

红丝线（野花毛辣角）
Lycianthes biflora (Lour.) Bitter; *Solanum calleryanum* Dunal, *Solanum decemfidum* Nees; Ⅳ, Ⅴ, Ⅵ; √

单花红丝线
Lycianthes lysimachioides (Wall.) Bitter; Ⅰ, Ⅱ, Ⅴ

锡金红丝线（变种）（锡金大齿红丝线）
Lycianthes macrodon (Wall. ex Nees) Bitter var. **sikkimensis** Bitter; Ⅴ

滇红丝线
★**Lycianthes yunnanensis** (Bitter) C. Y. Wu et S. C. Huang; Ⅱ

枸杞*
Lycium chinense Miller

云南枸杞
▲**Lycium yunnanense** Kuang et A. M. Lu; Ⅱ, Ⅶ

假酸浆（冰粉）
Nicandra physalodes (L.) Gaertn.; *Atropa physalodes* L.; √

黄花烟草*
Nicotiana rustica L.

烟草*
Nicotiana tabacum L.

碧冬茄#
Petunia × atkinsiana (Sweet) D. Don ex W. H. Baxter; *Petunia hybrida* Vilm, *Petunia × hybrida* (Hook.) Regel

苦蘵#（小酸浆、毛苦蘵）
Physalis angulata L.; *Physalis minima* L., *Physalis angulata* L. var. *villosa* Bonati

灯笼果#
Physalis peruviana L.; √

红茄*（埃塞俄比亚茄子）
Solanum aethiopicum Jacq.; *Solanum integrifolium* Poir.

少花龙葵
Solanum americanum Mill.; Ⅰ, Ⅱ, Ⅲ, Ⅳ, Ⅴ, Ⅵ; √

树番茄*
Solanum betaceum Cav.; *Cyphomandra betacea* (Cav.) Sendtn.

假烟叶树#
Solanum erianthum D. Don; √

番茄*
Solanum lycopersicum L.; *Lycopersicon esculentum* Mill.

白英（千年不烂心）
Solanum lyratum Thunb.; *Solanum cathayanum* C. Y. Wu et S. C. Huang; Ⅰ, Ⅱ, Ⅳ; √

乳茄*
Solanum mammosum L.

茄*
Solanum melongena L.

光枝木龙葵
★ **Solanum merrillianum** Liou; *Solanum suffruticosum* Schousb. var. *merrillianum* (Liou) C. Y. Wu et S. C. Huang; Ⅰ, Ⅱ

龙葵（滨藜叶龙葵）
Solanum nigrum L.; *Solanum nigrum* L. var. *atriplicifolium* (Desp.) G. Mey.; Ⅰ, Ⅱ, Ⅲ, Ⅳ,

V，VI，VII

珊瑚樱#（原变种）
Solanum pseudocapsicum L. var. **pseudocapsicum**；√

珊瑚豆#（变种）（冬珊瑚）
Solanum pseudocapsicum L. var. **diflorum** (Vell.)
Bitter

南青杞*（悬星花）
Solanum seaforthianum Andrews; *Solanum kerrii*
Bonati

蒜芥茄*
Solanum sisymbriifolium Lam.

旋花茄
Solanum spirale Roxb.；IV，V

水茄#
Solanum torvum Sw.

阳芋*（马铃薯、土豆）
Solanum tuberosum L.

毛果茄#
Solanum viarum Dunal；√

红果龙葵（矮株龙葵）
Solanum villosum Mill.; *Solanum nigrum* L. var.
humile (Bernh.) C. Y. Wu et S. C. Huang；I，II

刺天茄（雪山茄）
Solanum violaceum Ortega; *Solanum indicum* L.,
Solanum nivalo-montanum C. Y. Wu et S. C. Huang;
I，II，III，IV，V，VI，VII；√

黄果茄
Solanum virginianum L.; *Solanum xanthocarpum*
Schrad. et H. Wendl.；II，IV，V，VII；√

366 木犀科 Oleaceae
[9 属 46 种，含 5 栽培种]

流苏树
Chionanthus retusus Lindl. et Paxt.；I，II，III，
IV；√

矮探春（原变种）
Chrysojasminum humile (L.) Banfi var. **humile**;
Jasminum humile L.；I，II，III，IV，V，VI，VII

小叶矮探春（变种）
★ **Chrysojasminum humile** (L.) Banfi var.
microphyllum (Chia) Banfi; *Jasminum humile* L.
var. *microphyllum* (Chia) P. S. Green；II；√

滇素馨（光素馨）
Chrysojasminum subhumile (W. W. Sm.) Banfi et
Galasso; *Jasminum subhumile* W. W. Sm,
Jasminum subhumile W. W. Sm var. *glabricymosum*

(W. W. Sm.) P. Y. Bai；I，IV，V，VII；√

连翘*
★**Forsythia suspensa** (Thunb.) Vahl

白蜡树（原亚种）（云南梣、云南白蜡树）
Fraxinus chinensis Roxb. subsp. **chinensis**;
Fraxinus lingelsheimii Rehder；I

花曲柳（亚种）（见水蓝）
Fraxinus chinensis Roxb. subsp. **rhynchophylla**
(Hance) A. E. Murray; *Fraxinus rhynchophylla*
Hance；I

锈毛梣（锈毛白蜡树）
Fraxinus ferruginea Lingelsh.；VI

光蜡树
Fraxinus griffithii C. B. Clarke；II，III

白枪杆（黄连叶白蜡树、楷叶梣）
Fraxinus malacophylla Hemsl.; *Fraxinus
retusifoliolata* K. M. Feng ex P. Y. Pai；II，III，IV，
V；√

锡金梣
Fraxinus suaveolens W. W. Sm.; *Fraxinus
sikkimensis* (Lingelsh.) Hand.-Mazz.；II

三叶梣（三叶白蜡树）
★**Fraxinus trifoliolata** W. W. Sm.；II，V，VII

红素馨
★**Jasminum beesianum** Forrest et Diels；I，II，
III，V，VII

双子素馨
Jasminum dispermum Wall.；I，IV，V，VI

丛林素馨
Jasminum duclouxii (H. Lév.) Rehder；I，IV，V，VI

亮叶素馨（大理素馨）
Jasminum extensum Wall. ex G. Don; *Jasminum
seguinii* H. Lév.；I，II，IV，V，VI，VII；√

探春花（黄素馨）
★**Jasminum floridum** Bunge；II，III

倒吊钟叶素馨（吊钟叶素馨）
Jasminum fuchsiifolium Gagnep.；IV

素馨花
Jasminum grandiflorum L.; *Jasminum officinale*
L. f. *grandiflorum* (L.) Kobuski；I，IV

清香藤（北清香藤）
Jasminum lanceolaria Roxb.；IV

野迎春
Jasminum mesnyi Hance；I，II，III，IV，V，
VI，VII；√

青藤仔
Jasminum nervosum Lour.; Ⅴ, Ⅵ

银花素馨
▲**Jasminum nintooides** Rehder.; Ⅳ, Ⅴ

素方花
Jasminum officinale L.; Ⅰ, Ⅱ, Ⅳ; √

多花素馨
Jasminum polyanthum Franch.; Ⅰ, Ⅱ, Ⅳ, Ⅴ, Ⅵ, Ⅶ; √

茉莉花*
Jasminum sambac (L.) Aiton

元江素馨
▲**Jasminum yuanjiangense** P. Y. Bai; Ⅴ

长叶女贞
Ligustrum compactum (Wall. ex G. Don) Hook. f. et Thomson ex Brandis; Ⅰ, Ⅱ, Ⅳ, Ⅵ, Ⅶ; √

散生女贞
Ligustrum confusum Decne.; Ⅰ, Ⅳ, Ⅴ, Ⅵ

紫药女贞
★**Ligustrum delavayanum** Har.; Ⅰ, Ⅱ, Ⅲ, Ⅳ, Ⅴ, Ⅵ, Ⅶ; √

细女贞
★**Ligustrum gracile** Rehd.; Ⅱ, Ⅶ

女贞*（落叶女贞）
Ligustrum lucidum Ait.; *Ligustrum lucidum* Ait. f. *latifolium* (Cheng) Hsu

小叶女贞
Ligustrum quihoui Carrière; Ⅰ, Ⅱ, Ⅳ, Ⅴ, Ⅵ, Ⅶ

裂果女贞（常绿假丁香）
★**Ligustrum sempervirens** (Franch.) Lingelsh.; Ⅱ, Ⅶ; √

小蜡（原变种）
Ligustrum sinense Lour. var. **sinense**; Ⅰ, Ⅱ, Ⅳ, Ⅴ, Ⅵ, Ⅶ; √

多毛小蜡（变种）
★**Ligustrum sinense** Lour. var. **coryanum** (W. W. Sm.) Hand.-Mazz.; Ⅱ, Ⅳ, Ⅴ, Ⅶ

光萼小蜡（变种）
★**Ligustrum sinense** Lour. var. **myrianthum** (Diels) Hofk.; Ⅳ, Ⅴ, Ⅵ, Ⅶ

木犀榄*（原亚种）（油橄榄）
Olea europaea L. subsp. **europaea**

锈鳞木犀榄（亚种）（尖叶木犀榄）
Olea europaea L. subsp. **cuspidata** (Wall. et G. Don) Cif.; *Olea ferruginea* Royle; Ⅳ, Ⅴ, Ⅶ

云南木犀榄（旱生木犀榄）
★ **Olea tsoongii** (Merr.) P. S. Green; *Olea yuennanensis* Hand.-Mazz., *Olea yuennanensis* Hand.-Mazz. var. *xeromorpha* Hand.-Mazz.; Ⅰ, Ⅱ, Ⅲ, Ⅳ, Ⅴ, Ⅵ, Ⅶ; √

管花木犀（山桂花）
Osmanthus delavayi Franch.; Ⅰ, Ⅱ, Ⅴ, Ⅵ, Ⅶ; √

木犀*（桂花）
Osmanthus fragrans Lour.

蒙自桂花（尾叶桂花）
★**Osmanthus henryi** P. S. Green; *Osmanthus caudatifolius* P. Y. Pai et J. H. Pang; Ⅰ, Ⅱ, Ⅳ, Ⅶ

香花木犀
Osmanthus suavis King ex C. B. Clarke; Ⅰ, Ⅱ, Ⅴ, Ⅵ

野桂花（云南桂花）
★**Osmanthus yunnanensis** (Franch.) P. S. Green; Ⅰ, Ⅱ, Ⅳ, Ⅵ, Ⅶ

云南丁香（亚种）
★**Syringa tomentella** Bureau et Franch. subsp. **yunnanensis** (Franch.) Jin Y. Chen et D. Y. Hong; *Syringa yunnanensis* Franch.; Ⅱ

369 苦苣苔科 Gesneriaceae
[14 属 63 种]

黄杨叶芒毛苣苔（上树蜈蚣）
Aeschynanthus buxifolius Hemsl.; Ⅳ, Ⅴ; √

大叶珊瑚苣苔
Corallodiscus grandis (Craib) B. L. Burtt; Ⅳ

石花（西藏珊瑚苣苔、珊瑚苣苔）
Corallodiscus lanuginosus (Wall. ex R. Br.) Burtt; *Corallodiscus flabellatus* (Craib) Burtt, *Corallodiscus cordatulus* (Craib) Burtt; Ⅰ, Ⅱ, Ⅳ, Ⅴ, Ⅵ, Ⅶ; √

大花套唇苣苔（大花旋蒴苣苔）
★**Damrongia clarkeana** (Hemsl.) C. Puglisi; *Boea clarkeana* Hemsl.; Ⅰ, Ⅱ, Ⅴ, Ⅶ

安宁长蒴苣苔
▲**Didymocarpus anningensis** Y. M. Shui, Lei Cai et J. Cai; Ⅰ

腺毛长蒴苣苔
★**Didymocarpus glandulosus** (Sm.) W. T. Wang; Ⅰ, Ⅴ, Ⅶ

蒙自长蒴苣苔
▲**Didymocarpus mengtze** Sm.; Ⅳ

矮生长蒴苣苔
●**Didymocarpus nanophyton** C. Y. Wu ex H. W.

Li；V

紫苞长蒴苣苔
Didymocarpus purpureobracteatus Sm.；V

狭冠长蒴苣苔
★**Didymocarpus stenanthos** C. B. Clarke；II，V

掌脉长蒴苣苔
▲**Didymocarpus subpalmatinervis** W. T. Wang；IV

通海长蒴苣苔
▲**Didymocarpus tonghaiensis** J. M. Li et F. S. Wang；I

云南长蒴苣苔
Didymocarpus yunnanensis (Franch.) Sm.；II，IV，VI

旋蒴苣苔（猫耳朵）
★ **Dorcoceras hygrometrica** Bunge；*Boea hygrometrica* (Bunge) R. Br.；I，IV，V；√

地胆旋蒴苣苔
Dorcoceras philippinense Schltr.；*Boea philippensis* C. B. Clarke；V

圆叶汉克苣苔（圆叶唇柱苣苔）
★**Henckelia dielsii** (Borza) D. J. Middleton et Mich. Möller；*Chirita dielsii* (Borza) Burtt；V，VI；√

斑叶汉克苣苔（斑叶唇柱苣苔）
Henckelia pumila (D. Don) A. Dietr.；*Chirita pumila* D. Don；I，V；√

美丽汉克苣苔（美丽唇柱苣苔）
Henckelia speciosa (Kurz) D. J. Middleton et Mich. Möller；*Chirita speciosa* Kurz；V

康定汉克苣苔（康定唇柱苣苔）
★**Henckelia tibetica** (Franch.) D. J. Middleton et Mich. Möller；*Chirita tibetica* (Franch.) Burtt；II，VII

新平汉克苣苔
●**Henckelia xinpingensis** Y. H. Tan et Bin Yang；V

紫花苣苔
Loxostigma griffithii (Wight) C. B. Clarke；I

粗筒斜柱苣苔（粗筒苣苔）
Loxostigma kurzii (C. B. Clarke) B. L. Burtt；*Briggsia kurzii* (C. B. Clarke) W. E. Evans；II

纤细吊石苣苔
Lysionotus gracilis W. W. Sm.；V

吊石苣苔
Lysionotus pauciflorus Maxim.；III，IV，V

齿叶吊石苣苔
Lysionotus serratus D. Don；I，II，III，IV，V，VI，VII

尖瓣粗筒苣苔
▲**Oreocharis acutiloba** (K. Y. Pan) Mich. Möller et W. H. Chen；*Briggsia acutiloba* K. Y. Pan；I，V

马铃苣苔
▲**Oreocharis amabilis** Dunn；IV

橙黄马铃苣苔
▲**Oreocharis aurantiaca** Franch.；II，VII

泡叶直瓣苣苔
▲**Oreocharis bullata** (W. T. Wang et K. Y. Pan) Mich. Möller et A. Weber；*Ancylostemon bullatus* W. T. Wang et K. Y. Pan；III

凹瓣苣苔
▲**Oreocharis concava** (Craib) Mich. Möller et A. Weber；*Ancylostemon aureus* (Franch) Burtt.，*Ancylostemon concavus* Craib；VII

短檐苣苔
★**Oreocharis craibii** Mich. Möller et A. Weber；*Tremacron forrestii* Craib；VII

洱源马铃苣苔（椭圆马铃苣苔、小叶马铃苣苔）
★**Oreocharis delavayi** Baill.；*Oreocharis elliptica* Anthony, *Oreocharis elliptica* Anthony var. *parvifolia* W. T. Wang et K. Y. Pan；II

丽江马铃苣苔
★**Oreocharis forrestii** (Diels) Skan；II

川滇马铃苣苔（岩白菜）
★**Oreocharis henryana** Oliv.；II，VII

长叶粗筒苣苔（长叶佛肚苣苔）
Oreocharis longifolia (Craib) Mich. Möller et A. Weber；*Briggsia longifolia* Craib；V，VI

东川短檐苣苔
▲**Oreocharis mairei** H. Lév.；*Tremacron mairei* Craib；I，II，VII

弥勒苣苔
★ **Oreocharis mileensis** (W. T. Wang) Mich. Möller et A. Weber；*Paraisometrum mileense* W. T. Wang；I，IV

红短檐苣苔
▲**Oreocharis rubra** (Hand.-Mazz.) Mich. Möller et A. Weber；*Tremacron rubrum* Hand.-Mazz.；VII

东川粗筒苣苔（大海佛肚苣苔）
●**Oreocharis tongtchouanensis** Mich. Möller et W. H. Chen；*Briggsia mairei* Craib；I，II

毛花直瓣苣苔
▲**Oreocharis trichantha** (B. L. Burtt et R. A. Davidson) Mich. Möller et A. Weber；*Ancylostemon trichanthus* B. L. Burtt et R. A. Davidson；VII

狐毛直瓣苣苔
▲**Oreocharis vulpina** (B. L. Burtt et R. A. Davidson) Mich. Möller et A. Weber; *Ancylostemon vulpinus* B. L. Burtt et R. A. Davidson; Ⅶ

厚叶蛛毛苣苔
★**Paraboea crassifolia** (Hemsl.) Burtt; Ⅰ, Ⅱ, Ⅳ, Ⅴ, Ⅵ, Ⅶ

云南蛛毛苣苔（脉叶蛛毛苣苔）
Paraboea neurophylla (Collett et Hemsl.) Burtt; Ⅰ, Ⅱ

锈色蛛毛苣苔（淡褐蛛毛苣苔）
Paraboea rufescens (Franch.) Burtt; Ⅰ, Ⅱ, Ⅳ, Ⅴ, Ⅵ, Ⅶ; √

蛛毛苣苔（宽萼蛛毛苣苔）
Paraboea sinensis (Oliv.) Burtt; Ⅰ, Ⅴ

岩生石山苣苔
▲**Petrocodon lithophilus** Y. M. Shui, W. H. Chen et Mich. Moller; Ⅳ

髯毛石蝴蝶
●**Petrocosmea barbata** Craib; Ⅰ, Ⅱ, Ⅴ, Ⅵ, Ⅶ; √

金毛石蝴蝶
▲**Petrocosmea chrysotricha** M. Q. Han, H. Jiang et Yan Liu; Ⅴ

石蝴蝶
★**Petrocosmea duclouxii** Craib; Ⅰ, Ⅱ, Ⅶ

大理石蝴蝶
★**Petrocosmea forrestii** Craib; Ⅱ, Ⅶ; √

华丽石蝴蝶
▲**Petrocosmea magnifica** M. Q. Han et Yan Liu; Ⅲ

东川石蝴蝶（原变种）
★**Petrocosmea mairei** H. Lév. var. **mairei**; Ⅱ

会东石蝴蝶（变种）
★**Petrocosmea mairei** H. Lév. var. **intraglabra** W. T. Wang; Ⅱ

黑眼石蝴蝶
●**Petrocosmea melanophthalma** Huan C. Wang, Z. R. He et Li Bing Zhang; Ⅴ

小石蝴蝶
▲**Petrocosmea minor** Hemsley; Ⅳ

显脉石蝴蝶
★**Petrocosmea nervosa** Craib; Ⅱ, Ⅶ

宽萼石蝴蝶（变种）
●**Petrocosmea oblata** Craib var. **latisepala** (W. T. Wang) W. T. Wang; Ⅱ, Ⅶ

石林石蝴蝶
▲**Petrocosmea shilinensis** Y. M. Shui et H. T. Zhao; Ⅳ

中华石蝴蝶
★**Petrocosmea sinensis** Oliv.; Ⅰ, Ⅱ, Ⅶ

征镒石蝴蝶
●**Petrocosmea wui** M. Q. Han, J. Cai et J. D. Ya; Ⅳ

长冠苣苔（原变种）
Rhabdothamnopsis chinensis (Franch.) Hand.-Mazz. var. **chinensis**; *Rhabdothamnopsis sinensis* Hemsl.; Ⅰ, Ⅱ, Ⅳ, Ⅵ; √

黄白长冠苣苔（变种）
★**Rhabdothamnopsis chinensis** (Franch.) Hand.-Mazz. var. **ochroleuca** (Sm.) Hand.-Mazz.; Ⅰ, Ⅶ

尖舌苣苔
Rhynchoglossum obliquum Blume; *Rhynchoglossum obliquum* Blume var. *hologlossum* (Hayata) W. T. Wang; Ⅰ, Ⅳ, Ⅵ

370 车前科 Plantaginaceae
[14 属 38 种，含 2 栽培种]

毛麝香
Adenosma glutinosum (L.) Druce; Ⅰ, Ⅲ, Ⅴ

金鱼草*
Antirrhinum majus L.

假马齿苋
Bacopa monnieri (L.) Wettst.; Ⅰ, Ⅱ, Ⅴ; √

沼生水马齿
Callitriche palustris L.; Ⅱ

水马齿
Callitriche stagnalis Scop.; Ⅰ, Ⅱ

毛地黄*
Digitalis purpurea L.

虻眼
Dopatrium junceum (Roxb.) Buch.-Ham. ex Benth.; Ⅰ

幌菊
Ellisiophyllum pinnatum (Wall. ex Benth.) Makino; Ⅰ, Ⅱ, Ⅳ, Ⅴ; √

白花水八角（水八角）
Gratiola japonica Miq.; Ⅰ

鞭打绣球
Hemiphragma heterophyllum Wall.; Ⅰ, Ⅱ, Ⅲ, Ⅳ, Ⅴ, Ⅵ, Ⅶ; √

紫苏草
Limnophila aromatica (Lam.) Merr.; Ⅱ, Ⅴ

中华石龙尾
Limnophila chinensis (Osb.) Merr.；Ⅴ

抱茎石龙尾
Limnophila connata (Buch.-Ham. ex D. Don) Hand.-Mazz.；Ⅶ

有梗石龙尾
Limnophila indica (L.) Druce；Ⅰ，Ⅱ

石龙尾
Limnophila sessiliflora (Vahl) Blume；Ⅰ，Ⅱ，Ⅳ，Ⅵ，Ⅶ

水茫草
Limosella aquatica L.；Ⅰ，Ⅱ

车前（原亚种）
Plantago asiatica L. subsp. **asiatica**；Ⅰ，Ⅱ，Ⅲ，Ⅳ，Ⅶ；√

疏花车前（亚种）
Plantago asiatica L. subsp. **erosa** (Wall.) Z. Y. Li；*Plantago erosa* Wall.；Ⅰ，Ⅱ，Ⅴ，Ⅵ，Ⅶ

平车前
Plantago depressa Willd.；Ⅰ，Ⅳ，Ⅶ

长叶车前#
Plantago lanceolata L.

大车前#
Plantago major L.

北水苦荬
Veronica anagallis-aquatica L.；Ⅰ，Ⅱ，Ⅵ，Ⅶ

灰毛婆婆纳
Veronica cana Wall. ex Benth.；Ⅱ

中甸长果婆婆纳（亚种）
★**Veronica ciliata** Fisch. subsp. **zhongdianensis** Hong；Ⅱ

华中婆婆纳
★**Veronica henryi** T. Yamaz.；Ⅳ

多枝婆婆纳
Veronica javanica Blume；Ⅰ，Ⅱ，Ⅳ，Ⅵ，Ⅶ

疏花婆婆纳
Veronica laxa Benth.；Ⅰ，Ⅱ，Ⅲ，Ⅶ；√

水蔓菁（亚种）
★**Veronica linariifolia** Pall. ex Link subsp. **dilatata** (Nakai et Kitag.) D. Y. Hong；*Pseudolysimachion linariifolium* (Pall. ex Link) T. Yamaz. subsp. *dilatatum* (Nakai et Kitag.) D. Y. Hong；Ⅰ，Ⅱ，Ⅳ，Ⅶ

蚊母草
Veronica peregrina L.；Ⅰ，Ⅱ，Ⅵ，Ⅶ

阿拉伯婆婆纳#
Veronica persica Poir.；√

婆婆纳#
Veronica polita Fr.；*Veronica didyma* Tenore

尖果光果婆婆纳（亚种）
★**Veronica rockii** Li subsp. **stenocarpa** (Li) D. Y. Hong；Ⅱ

小婆婆纳
Veronica serpyllifolia L.；Ⅱ，Ⅶ

多毛婆婆纳（多毛四川婆婆纳）
Veronica umbelliformis Pennell；*Veronica szechuanica* Batal. subsp. *sikkimensis* (Hook. f.) D. Y. Hong；Ⅱ

水苦荬
Veronica undulata Wall.；Ⅰ，Ⅱ，Ⅲ，Ⅳ，Ⅴ，Ⅵ，Ⅶ；√

美穗草
Veronicastrum brunonianum (Benth.) D. Y. Hong；Ⅱ，Ⅶ

四方麻
★**Veronicastrum caulopterum** (Hance) Yamaz.；Ⅵ，Ⅶ

云南腹水草
★**Veronicastrum yunnanense** (W. W. Sm.) Yamaz.；Ⅰ，Ⅱ，Ⅵ，Ⅶ

371 玄参科 Scrophulariaceae
[3 属 16 种]

巴东醉鱼草
★**Buddleja albiflora** Hemsl.；Ⅶ

白背枫（七里香）
Buddleja asiatica Lour.；Ⅰ，Ⅱ，Ⅲ，Ⅳ，Ⅴ，Ⅵ，Ⅶ；√

皱叶醉鱼草（昆明醉鱼草、皱叶腺花醉鱼草）
Buddleja crispa Benth.；*Buddleja agathosma* Diels，*Buddleja agathosma* Diels var. *glandulifera* Marq.；Ⅰ，Ⅱ，Ⅳ，Ⅴ，Ⅵ，Ⅶ；√

大叶醉鱼草
Buddleja davidii Franch.；Ⅱ

滇川醉鱼草（端丽醉鱼草、大理醉鱼草、扁脉醉鱼草）
Buddleja forrestii Diels；*Buddleja limitanea* W. W. Sm.，*Buddleja taliensis* W. W. Sm.；Ⅱ，Ⅴ，Ⅶ

大序醉鱼草（长穗醉鱼草、柱穗醉鱼草）
Buddleja macrostachya Wall. ex Benth.；*Buddleja cylindrostachya* Kränzl.；Ⅰ，Ⅱ，Ⅲ，Ⅳ，Ⅴ，Ⅵ，

Ⅶ；√

酒药花醉鱼草（多花醉鱼草、腺冠醉鱼草、暗蓝花醉鱼草）
Buddleja myriantha Diels; *Buddleja adenantha* Diels, *Buddleja duclouxii* Marq.; Ⅰ，Ⅱ，Ⅳ，Ⅴ，Ⅵ，Ⅶ

密蒙花（羊耳朵、染饭花）
Buddleja officinalis Maxim.; Ⅰ，Ⅱ，Ⅲ，Ⅳ，Ⅴ，Ⅵ，Ⅶ；√

岩隙玄参
▲**Scrophularia chasmophila** Sm.; Ⅱ

大花玄参
★**Scrophularia delavayi** Franch.; Ⅱ

重齿玄参
▲**Scrophularia diplodonta** Franch.; Ⅱ

高玄参
Scrophularia elatior Benth.; Ⅰ，Ⅱ，Ⅵ，Ⅶ；√

高山玄参
▲**Scrophularia hypsophila** Hand.-Mazz.; Ⅱ

大果玄参（一扫光）
★**Scrophularia macrocarpa** P. C. Tsoong; Ⅱ

琴叶毛蕊花
Verbascum coromandelianum (Vahl) Hub.-Mor.; *Verbascum chinense* (L.) Santapau; Ⅱ，Ⅴ，Ⅶ

毛蕊花（一柱香）
Verbascum thapsus L.; Ⅰ，Ⅱ，Ⅴ，Ⅵ，Ⅶ；√

373 母草科 Linderniaceae
[4 属 17 种，含 1 栽培种]

宽叶母草
Craterostigma nummulariifolium (D. Don) Eb. Fisch., Schäferh. et Kai Müll.; *Lindernia nummulariifolia* (D. Don) Wettst.; Ⅰ，Ⅱ，Ⅲ，Ⅴ

长蒴母草（长果母草）
Lindernia anagallis (Burm. f.) Pennell; Ⅲ，Ⅴ

泥花母草（泥花草）
Lindernia antipoda (L.) Alston; *Bonnaya antipoda* (L.) Druce; Ⅰ，Ⅱ，Ⅲ，Ⅴ

刺齿泥花草
Lindernia ciliata (Colsm.) Pennell; *Bonnaya ciliata* (Colsm.) Spreng.; Ⅰ

母草
Lindernia crustacea (L.) F. Muell; *Torenia crustacea* (L.) Cham. et Schltdl.; Ⅶ

尖果母草
Lindernia hyssopioides (L.) Haines; Ⅰ

狭叶母草
Lindernia micrantha D. Don; *Lindernia angustifolia* (Benth.) Wettst.; Ⅰ

红骨母草（红骨草）
Lindernia montana (Blume) Koord.; *Lindernia mollis* (Benth.) Wettst., *Vandellia montana* (Blume) Benth.; Ⅴ，Ⅵ

陌上菜
Lindernia procumbens (Krock.) Philcox; Ⅰ，Ⅱ，Ⅵ，Ⅶ

旱田草
Lindernia ruellioides (Colsm.) Pennell; *Bonnaya ruellioides* (Colsm.) Spreng.; Ⅰ，Ⅲ

粘毛母草
Lindernia viscosa (Hornem.) Merr.; Ⅰ，Ⅲ

苦玄参
Picria fel-terrae Lour.; Ⅴ

长叶蝴蝶草（光叶蝴蝶草）
Torenia asiatica L.; *Torenia glabra* Osbeck; Ⅲ，Ⅳ，Ⅴ，Ⅵ

单色蝴蝶草
Torenia concolor Lindl.; Ⅰ

西南蝴蝶草
Torenia cordifolia Roxb.; Ⅴ

兰猪耳*（蓝猪耳）
Torenia fournieri Linden ex E. Fourn.

紫萼蝴蝶草
Torenia violacea (Azaola ex Blanco) Pennell; Ⅰ，Ⅴ

376 胡麻科 Pedaliaceae
[1 属 1 种，含 1 栽培种]

芝麻*（胡麻）
Sesamum indicum L.; *Sesamum orientale* L.

377 爵床科 Acanthaceae
[16 属 49 种，含 1 栽培种]

虾蟆花*（鸭嘴花）
Acanthus mollis L.

疏花穿心莲
Andrographis laxiflora (Blume) Lindau; Ⅳ

假杜鹃（禄劝假杜鹃）
Barleria cristata L.; *Barleria cristata* L. var. *mairei* H. Lév.; Ⅱ，Ⅳ，Ⅴ，Ⅵ，Ⅶ；√

鳔冠花
Cystacanthus paniculatus T. Anders; *Phlogacanthus*

paniculatus (T. Anderson) J. B. Imlay; Ⅴ

金江鳔冠花（金江火焰花）
★**Cystacanthus yangtsekiangensis** (H. Lév.) Rehder; *Phlogacanthus yangtsekiangensis* (H. Lév.) C. Xia et Y. F. Deng; Ⅱ

滇鳔冠花
▲**Cystacanthus yunnanensis** W. W. Sm.; Ⅰ, Ⅱ, Ⅴ, Ⅶ; √

狗肝菜
Dicliptera chinensis (L.) Juss.; Ⅱ, Ⅴ

毛狗肝菜
★**Dicliptera induta** W. W. Sm.; Ⅱ

三花枪刀药
Hypoestes triflora Roem. et Schult.; *Dicliptera riparia* Nees var. *yunnanensis* Hand.-Mazz.; Ⅰ, Ⅱ, Ⅲ, Ⅳ, Ⅴ, Ⅵ, Ⅶ; √

华南爵床（华南野靛棵）
★**Justicia austrosinensis** H. S. Lo et D. Fang; *Mananthes austrosinensis* (H. S. Lo) C. Y. Wu et C. C. Hu; Ⅴ

野靛棵
▲**Justicia patentiflora** Hemsl.; *Mananthes patentiflora* (Hemsl.) Bremek.; Ⅳ

黄白杜根藤
●**Justicia xantholeuca** W. W. Sm.; Ⅱ

滇东杜根藤
★**Justicia xerobatica** W. W. Sm.; Ⅱ

干地杜根藤
★**Justicia xerophila** W. W. Sm.; Ⅱ

鳞花草
Lepidagathis incurva Buch.-Ham. ex D. Don; Ⅴ

白接骨
Mackaya neesiana (Wall.) Das; *Asystasiella neesiana* (Wall.) Lindau, *Asystasia neesiana* (Wall.) Nees; Ⅰ, Ⅴ, Ⅵ, Ⅶ; √

地皮消
★**Pararuellia delavayana** (Baill.) E. Hossain; Ⅱ, Ⅳ, Ⅴ, Ⅵ, Ⅶ; √

双萼观音草
Peristrophe paniculata (Forsskål) Brummitt; Ⅱ, Ⅴ, Ⅶ

滇观音草
★**Peristrophe yunnanensis** W. W. Sm.; Ⅱ, Ⅶ

喀西爵床（宽穗爵床）
Rostellularia mollissima (Nees) Nees; *Justicia mollissima* (Nees) Y. F. Deng et T. F. Daniel,

Rostellularia khasiana (C. B. Clarke) C. Y. Wu ex C. C. Hu var. *latispica* (C. B. Clarke) C. Y. Wu ex C. C. Hu; Ⅵ, Ⅶ

爵床
Rostellularia procumbens (L.) Nees; *Justicia procumbens* L.; Ⅰ, Ⅱ, Ⅲ, Ⅳ, Ⅴ, Ⅵ, Ⅶ; √

孩儿草
Rungia pectinata (L.) Nees; Ⅴ, Ⅵ

匍匐鼠尾黄
Rungia stolonifera C. B. Clarke; Ⅱ, Ⅴ, Ⅵ

云南孩儿草
★**Rungia yunnanensis** H. S. Lo; Ⅰ

山一笼鸡（岩一笼鸡）
Strobilanthes aprica (Hance) T. Anderson ex Benth.; *Gutzlaffia aprica* Hance, *Gutzlaffia aprica* Hance var. *glabra* (Imlay) H. S. Lo; Ⅰ, Ⅱ, Ⅳ, Ⅵ, Ⅶ

翅柄马蓝
▲**Strobilanthes atropurpurea** Nees; *Pteracanthus alatus* (Nees) Bremek.; Ⅶ

头花马蓝（金足草）
Strobilanthes capitata (Nees) T. Anderson; *Goldfussia capitata* Nees; Ⅳ

板蓝
Strobilanthes cusia (Nees) Kuntze; *Baphicacanthus cusia* (Nees) Bremek.; Ⅴ, Ⅵ

环毛马蓝（环毛紫云菜）
★**Strobilanthes cyclus** C. B. Clarke ex W. W. Sm.; Ⅰ, Ⅳ, Ⅴ, Ⅵ, Ⅶ

弯花马蓝
▲**Strobilanthes cyphantha** Diels; *Pteracanthus cyphanthus* (Diels) C. Y. Wu et C. C. Hu; Ⅰ, Ⅱ, Ⅳ; √

密花紫云菜
★**Strobilanthes densa** Benoist; Ⅳ, Ⅶ

白头马蓝（四苞蓝）
★**Strobilanthes esquirolii** H. Lév.; *Tetragoga esquirolii* (H. Lév.) E. Hossain; Ⅴ

棒果马蓝（展翅马蓝、高原马蓝）
Strobilanthes extensa (Nees) Nees; *Pteracanthus claviculatus* (C. B. Clarke ex W. W. Sm.) C. Y. Wu, *Pteracanthus extensus* (Nees) Bremek., *Pteracanthus duclouxii* (C. B. Clarke ex R. Ben.) C. Y. Wu et C. C. Hu; Ⅰ, Ⅳ, Ⅶ

溪畔黄球花
★**Strobilanthes fluviatilis** (C. B. Clarke ex W. W. Sm.) Moylan et Y. F. Deng; *Sericocalyx fluviatilis*

(C. B. Clarke ex W. W. Sm.) Bremek.; Ⅳ

腺毛马蓝
★ **Strobilanthes forrestii** Diels; *Pteracanthus forrestii* (Diels) C. Y. Wu; Ⅰ, Ⅱ, Ⅴ, Ⅶ

球序马蓝（聚花金足草）
Strobilanthes glomerata (Nees) T. Anderson; *Goldfussia glomerata* Nees; Ⅴ

曲序马蓝
Strobilanthes helicta T. Anderson; *Pteracanthus calycinus* (Nees) Bremek.; Ⅴ

南一笼鸡
★ **Strobilanthes henryi** Hemsl.; *Paragutzlaffia henryi* (Hemsl.) H. P. Tsui; Ⅱ, Ⅴ, Ⅶ; √

异色紫云菜（异色红毛蓝）
● **Strobilanthes heterochroa** Hand.-Mazz.; *Pyrrothrix heterochroa* (Hand.-Mazz.) C. Y. Wu et C. C. Hu; Ⅳ

红毛马蓝（红毛紫云菜、锈毛黄猄草、泰北红毛蓝）
▲**Strobilanthes hossei** C. B. Clarke; *Championella fulvihispida* (D. Fang et H. S. Lo) C. Y. Wu et C. C. Hu, *Pyrrothrix hossei* (C. B. Clarke) C. Y. Wu. et C. C. Hu; Ⅱ

白毛马蓝（白毛紫云菜、黄花黄猄草）
▲**Strobilanthes lachenensis** C. B. Clarke; *Championella xanthantha* (Diels) Bremek.; Ⅱ

蒙自马蓝（蒙自金足草、观音山金足草、圆叶马蓝）
▲**Strobilanthes lamiifolia** (Nees) T. Anderson; *Goldfussia austinii* (C. B. Clarke ex W. W. Sm.) Bremek., *Goldfussia feddei* (H. Lév.) E. Hossain, *Pteracanthus rotundifolius* (D. Don) Bremek.; Ⅱ, Ⅳ, Ⅴ, Ⅶ; √

多脉紫云菜
▲**Strobilanthes polyneuros** C. B. Clarke ex W. W. Sm.; Ⅴ

美丽马蓝
Strobilanthes speciosa Blume; Ⅴ

尖药花（棉毛尖药花）
Strobilanthes tomentosa (Nees) J. R. I. Wood; *Aechmanthera tomentosa* Nees, *Aechmanthera gossypina* (Wall.) Nees; Ⅳ, Ⅴ

急流紫云菜
▲**Strobilanthes torrentium** Benoist; Ⅰ, Ⅱ, Ⅴ, Ⅵ, Ⅶ

红花山牵牛
Thunbergia coccinea Wall. ex D. Don; Ⅴ, Ⅵ

碗花草（海南老鸦嘴）
Thunbergia fragrans Roxb.; *Thunbergia fragrans*

Roxb. subsp. *hainanensis* (C. Y. Wu et H. S. Lo) H. P. Tsui; Ⅰ, Ⅱ, Ⅲ, Ⅴ, Ⅵ, Ⅶ; √

小齿爵床（小齿野靛棵）
★**Wuacanthus microdontus** (W. W. Sm.) Y. F. Deng, N. H. Xia et H. Peng; *Justicia microdonta* W. W. Sm., *Mananthes microdonta* (W. W. Sm.) C. Y. Wu et C. C. Hu; Ⅱ

378 紫葳科 Bignoniaceae
[13 属 17 种，含 5 栽培种]

凌霄*
Campsis grandiflora (Thunb.) K. Schum.

灰楸（川楸、滇楸）
★**Catalpa fargesii** Bur.; *Catalpa bungei* C. A. Mey., *Catalpa fargesii* Bur. f. *duclouxii* (Dode) Gilmour; Ⅰ, Ⅴ, Ⅵ, Ⅶ; √

梓*
Catalpa ovata G. Don

两头毛
Incarvillea arguta (Royle) Rovle; Ⅱ, Ⅴ, Ⅶ; √

红波罗花
★**Incarvillea delavayi** Bureau et Franch; Ⅱ

鸡肉参
Incarvillea mairei (H. Lév.) Grierson; Ⅱ, Ⅶ; √

蓝花楹*
Jacaranda mimosifolia D. Don

西南猫尾木（原变种）（西南猫尾树）
Markhamia stipulata (Wall.) Seem. var. **stipulata**; Ⅴ, Ⅵ

毛叶猫尾木（变种）（毛叶猫尾树）
Markhamia stipulata (Wall.) Seem. var. **kerrii** (Sprague) C. Y. Wu et W. C. Yin; Ⅰ, Ⅴ, Ⅵ

火烧花
Mayodendron igneum (Kurz) Kurz; Ⅰ, Ⅴ

羽叶照夜白
▲**Nyctocalos pinnatum** Steenis; Ⅴ

木蝴蝶（千张纸）
Oroxylum indicum (L.) Kurz; Ⅰ, Ⅱ, Ⅴ, Ⅵ

炮仗花*
Pyrostegia venusta (Ker Gawl.) Miers

豇豆树
▲**Radermachera pentandra** Hemsl.; Ⅰ

羽叶楸（广西羽叶楸）
Stereospermum tetragonum DC.; *Stereospermum colais* (Buch.-Ham. ex Dillwya) Mabberley, *Stereospermum colais* (Buch.-Ham. ex Dillwya)

Mabberley var. *puberula* (Dop) D. D. Tao；Ⅳ，Ⅴ

毛黄钟花*
Tabebuia chrysotricha (Mart. ex DC.) Standl.

美丽桐
Wightia speciosissima (D. Don) Merr.；Ⅴ

379 狸藻科 **Lentibulariaceae**
[1 属 4 种]

黄花狸藻（狸藻、黄花挖耳草）
Utricularia aurea Lour.；Ⅰ，Ⅱ

挖耳草
Utricularia bifida L.；Ⅴ

叉状挖耳草
Utricularia furcellata Oliv.；Ⅴ

齿萼挖耳草（湿生挖耳草）
Utricularia uliginosa Vahl；Ⅰ

382 马鞭草科 **Verbenaceae**
[4 属 4 种，含 1 栽培种]

假连翘*
Duranta erecta L.

马缨丹#（五色梅）
Lantana camara L.；√

过江藤（过江苋）
Phyla nodiflora (L.) Greene；Ⅰ，Ⅱ，Ⅲ，Ⅳ，Ⅴ，Ⅵ，Ⅶ

马鞭草
Verbena officinalis L.；Ⅰ，Ⅱ，Ⅲ，Ⅳ，Ⅴ，Ⅵ，Ⅶ；√

383 唇形科 **Lamiaceae**
[52 属 199 种，含 10 栽培种]

藿香*
Agastache rugosa (Fisch. et C. A. Mey.) Kuntze；√

九味一枝蒿
Ajuga bracteosa Wall. ex Benth.；Ⅰ，Ⅱ，Ⅲ，Ⅳ，Ⅴ，Ⅵ，Ⅶ

弯花筋骨草（止痢蒿）
▲**Ajuga campylantha** Diels；Ⅰ，Ⅱ，Ⅳ，Ⅵ，Ⅶ；√

金疮小草
Ajuga decumbens Thunb.；Ⅰ，Ⅳ，Ⅶ

痢止蒿
Ajuga forrestii Diels；Ⅰ，Ⅱ，Ⅳ，Ⅵ，Ⅶ；√

匍枝筋骨草
Ajuga lobata D. Don；Ⅴ，Ⅵ，Ⅶ

白苞筋骨草（齿苞筋骨草）
Ajuga lupulina Maxim.；Ⅱ

紫背金盘
Ajuga nipponensis Makino；*Ajuga nipponensis* Makino var. *pallescens* (Maxim.) C. Y. Wu et C. Chen；Ⅰ，Ⅱ，Ⅳ，Ⅴ，Ⅵ，Ⅶ；√

散瘀草
▲**Ajuga pantantha** Hand.-Mazz.；Ⅰ，Ⅱ，Ⅳ；√

水棘针
Amethystea caerulea L.；Ⅰ，Ⅱ，Ⅵ，Ⅶ

广防风
Anisomeles indica (L.) Kuntze；Ⅰ，Ⅱ，Ⅲ，Ⅳ，Ⅴ，Ⅵ，Ⅶ；√

木紫珠
Callicarpa arborea Roxb.；Ⅳ，Ⅴ，Ⅵ

紫珠
Callicarpa bodinieri H. Lév.；Ⅰ，Ⅴ

毛叶老鸦糊（变种）
★ **Callicarpa giraldii** Hesse ex Rehder var. **subcanescens** Rehder；*Callicarpa giraldii* Hesse ex Rehd. var. *lyi* (H. Lév.) C. Y. Wu；Ⅰ，Ⅴ，Ⅵ

大叶紫珠
Callicarpa macrophylla Vahl；Ⅳ，Ⅴ，Ⅵ；√

红紫珠（原变型）
Callicarpa rubella Lindl. f. **rubella**；Ⅰ，Ⅴ，Ⅵ

狭叶红紫珠（变型）
Callicarpa rubella Lindl. f. **angustata** Pei；Ⅰ，Ⅱ，Ⅳ，Ⅴ

灰毛莸（白叶莸）
★**Caryopteris forrestii** Diels；Ⅰ，Ⅱ，Ⅲ，Ⅳ，Ⅴ，Ⅵ，Ⅶ；√

多毛铃子香
●**Chelonopsis mollissima** C. Y. Wu；Ⅱ，Ⅴ；√

齿唇铃子香
★**Chelonopsis odontochila** Diels；Ⅰ，Ⅴ，Ⅶ

臭牡丹
Clerodendrum bungei Steud；Ⅰ，Ⅱ，Ⅳ，Ⅴ，Ⅵ

重瓣臭茉莉（臭茉莉）
Clerodendrum chinense (Osbeck) Mabb.；*Clerodendrum philippinum* Schauer, *Clerodendrum chinense* (Osbeck) Mabb. var. *simplex* (Moldenke) S. L. Chen；Ⅲ，Ⅳ，Ⅴ

海通（满大青）
Clerodendrum mandarinorum Diels；Ⅳ

长梗大青（长柄臭牡丹）
▲**Clerodendrum peii** Moldenke；Ⅳ，Ⅴ

三对节（原变种）
Clerodendrum serratum (L.) Moon var. **serratum**; IV

三台花（变种）
★ **Clerodendrum serratum** (L.) Moon var. **amplexifolium** Moldenke; IV, V, VI

草本三对节（变种）
Clerodendrum serratum (L.) Moon var. **herbaceum** (Roxb.) C. Y. Wu; IV, V

龙吐珠*
Clerodendrum thomsoniae Balf. f.

滇常山
★**Clerodendrum yunnanense** Hu; I, II, III, IV, V, VI, VII; √

异色风轮菜（无色风轮菜）
★**Clinopodium discolor** (Diels) C. Y. Wu et Hsuan; II

细风轮菜
Clinopodium gracile (Benth.) Kuntze; IV

寸金草
★**Clinopodium megalanthum** (Diels) C. Y. Wu et Hsuan ex H. W. Li; I, II, IV, VI, VII; √

灯笼草
★**Clinopodium polycephalum** (Vaniot) C. Y. Wu et Hsuan; I, II, III, IV, V, VII; √

匍匐风轮菜
Clinopodium repens (Buch.-Ham. ex D. Don) Benth.; I, II, III, IV, V, VI, VII

羽萼木（羽萼、黑羊巴巴）
Colebrookea oppositifolia Sm.; I, II, V; √

毛喉鞘蕊花
Coleus forskohlii (Willd.) Briq.; II

毛萼鞘蕊花
Coleus parishii (Hook. f.) A. J. Paton; *Coleus esquirolii* (H. Lév.) Dunn; IV

火把花（变种）
Colquhounia coccinea Wall. var. **mollis** (Schlecht.) Prain; I, II, VI

细花秀丽火把花（变种）
Colquhounia elegans Wall. var. **tenuiflora** (Hook. f.) Prain; I, V, VII

藤状火把花（原变种）
Colquhounia seguinii Vaniot var. **seguinii**; I, II, III, IV, V; √

长毛藤状火把花（变种）（长毛火把花）
★**Colquhounia seguinii** Vaniot var. **pilosa** Rehder; IV

簇序草
Craniotome furcata (Link) O. Ktze.; I, II, III,

IV, V, VI, VII; √

皱叶毛建草
▲**Dracocephalum bullatum** Forrest ex Diels; II

四方蒿
Elsholtzia blanda (Benth.) Benth.; II

东紫苏
★**Elsholtzia bodinieri** Vaniot; I, II, III, IV, V, VI, VII; √

香薷
Elsholtzia ciliata (Thunb.) Hyl.; I, II, III, IV, V, VI, VII; √

野香草
★**Elsholtzia cyprianii** (Pavolini) S. Chow ex P. S. Hsu; I, III, IV, V, VI, VII; √

密花香薷
Elsholtzia densa Bentham; I

高原香薷
★**Elsholtzia feddei** H. Lév.; II

野苏子（黄花香薷）
Elsholtzia flava (Benth.) Benth.; I, II, III, IV, V, VI, VII; √

鸡骨柴
Elsholtzia fruticosa (D. Don) Rehder; I, II, III, IV, V, VII; √

光香薷
★**Elsholtzia glabra** C. Y. Wu et S. C. Huang; V, VII

异叶香薷
Elsholtzia heterophylla Diels; I, VI, VII

水香薷（水薄荷）
Elsholtzia kachinensis Prain; I, II, III, IV, V, VI, VII; √

淡黄香薷（原变种）
★**Elsholtzia luteola** Diels var. **luteola**; II, VII

全苞淡黄香薷（变种）
●**Elsholtzia luteola** Diels var. **holostegia** Hand.-Mazz.; II

鼠尾香薷
★**Elsholtzia myosurus** Dunn; VII

黄白香薷
★**Elsholtzia ochroleuca** Dunn; II

大黄药
Elsholtzia penduliflora W. W. Sm.; V

长毛香薷（大蒿）
Elsholtzia pilosa (Benth.) Benth.; I, II, III, IV, V, VI, VII

野拔子（野坝子）
Elsholtzia rugulosa Hemsl.; Ⅰ, Ⅱ, Ⅲ, Ⅳ, Ⅴ, Ⅵ, Ⅶ; √

川滇香薷（木姜菜）
★**Elsholtzia souliei** H. Lév.; Ⅱ

穗状香薷
Elsholtzia stachyodes (Link) Raizada et H. O. Saxena; Ⅰ, Ⅴ, Ⅵ

球穗香薷（小株球穗香薷）
Elsholtzia strobilifera (Benth.) Benth.; *Elsholtzia strobilifera* Benth. var. *exigua* (Hand-Mazz.) C. Y. Wu et S. C. Huang; Ⅰ, Ⅱ, Ⅶ; √

白香薷
Elsholtzia winitiana Craib; Ⅰ, Ⅴ

鼬瓣花
Galeopsis bifida Boenn.; Ⅱ; √

活血丹
Glechoma longituba (Nakai) Kuprian.; Ⅰ, Ⅱ

大花活血丹（大筋草）
★**Glechoma sinograndis** C. Y. Wu; Ⅰ, Ⅱ

云南石梓*（滇石梓）
Gmelina arborea Roxb.

小叶石梓
★**Gmelina delavayana** P. Dop; Ⅱ, Ⅶ

全唇花
▲**Holocheila longipedunculata** S. Chow; Ⅰ, Ⅴ

腺花香茶菜
★**Isodon adenanthus** (Diels) Kudô; *Rabdosia adenantha* (Diels) H. Hara; Ⅰ, Ⅱ, Ⅲ, Ⅳ, Ⅴ, Ⅵ, Ⅶ; √

狭叶香茶菜
★**Isodon angustifolius** (Dunn) Kudo; *Rabdosia angustifolia* (Dunn) H. Hara; Ⅰ, Ⅵ, Ⅶ

短叶香茶菜
●**Isodon brevifolius** (Hand.-Mazz.) H. W. Li; *Rabdosia brevifolia* (Hand.-Mazz.) H. Hara; Ⅵ, Ⅶ

苍山香茶菜（白龙香茶菜、多叶苍山香茶）
★**Isodon bulleyanus** (Diels) Kudô; *Rabdosia provicarii* (H. Lév.) Hara, *Rabdosia bulleyana* (Diels) H. Hara, *Rabdosia bulleyana* (Diels) H. Hara var. *foliosa* C. Y. Wu; Ⅶ

灰岩香茶菜（原变种）
▲**Isodon calcicolus** (Hand.-Mazz.) H. Hara var. **calcicolus**; *Rabdosia calcicola* (Hand-Mazz) H. Hara; Ⅱ, Ⅴ, Ⅶ; √

近无毛灰岩香茶（变种）
★**Isodon calcicolus** (Hand.-Mazz.) H. Hara var. **subcalvus** (Hand.-Mazz.) H. W. Li; *Rabdosia calcicola* (Hand.-Mazz.) H. Hara var. *subcalva* (Hand.-Mazz.) C. Y. Wu; Ⅱ

细锥香茶菜（原变种）（异唇香茶菜、假细锥香茶菜、多花香茶菜）
Isodon coetsa (Buch.-Ham. ex D. Don) Kudô var. **coetsa**; *Rabdosia anisochila* C. Y. Wu, *Rabdosia coetsa* (Buch.-Ham. ex D. Don) H. Hara, *Rabdosia coetsoides* C. Y. Wu, *Rabdosia pluriflora* C. Y. Wu et H. W. Li; Ⅰ, Ⅳ, Ⅴ, Ⅶ

多毛细锥香茶菜（变种）
Isodon coetsa (Buch.-Ham. ex D. Don) Kudô var. **cavaleriei** (H. Lév.) H. W. Li; *Rabdosia coetsa* (Buch.-Ham. ex D. Don) H. Hara var. *cavaleriei* (H. Lév.) C. Y. Wu et H. W. Li; Ⅰ, Ⅱ

紫毛香茶菜
★**Isodon enanderianus** (Hand.-Mazz.) H. W. Li; *Rabdosia enanderiana* (Hand.-Mazz.) H. Hara; Ⅴ

毛萼香茶菜（疏花毛萼香茶菜）
Isodon eriocalyx (Dunn) Kudô; *Rabdosia eriocalyx* (Dunn) Hara, *Rabdosia eriocalyx* (Dunn) Hara var. *laxiflora* C. Y. Wu, *Isodon eriocalyx* (Dunn) Kudô var. *laxiflora* C. Y. Wu et H. W. Li; Ⅰ, Ⅱ, Ⅲ, Ⅳ, Ⅴ, Ⅵ, Ⅶ; √

淡黄香茶菜
★**Isodon flavidus** (Hand.-Mazz.) H. Hara; Ⅰ, Ⅱ, Ⅳ, Ⅴ, Ⅵ, Ⅶ

大叶香茶菜
▲**Isodon grandifolius** (Hand.-Mazz.) H. Hara; Ⅴ

细毛香茶菜
★**Isodon hirtellus** (Hand.-Mazz.) H. Hara; Ⅱ

间断香茶菜（昆明香茶菜）
●**Isodon interruptus** (C. Y. Wu et H. W. Li) H. Hara; *Rabdosia kunmingensis* C. Y. Wu et H. W. Li, *Rabdosia interrupta* C. Y. Wu et H. W. Li; Ⅰ, Ⅱ

线纹香茶菜（原变种）
Isodon lophanthoides (Buch.-Ham. ex D. Don) H. Hara var. **lophanthoides**; *Rabdosia lophanthoides* (Buch.-Ham. ex D. Don) H. Hara; Ⅰ, Ⅱ, Ⅲ, Ⅳ, Ⅴ, Ⅵ, Ⅶ; √

狭基线纹香茶菜（变种）
Isodon lophanthoides (Buch.-Ham. ex D. Don) H. Hara var. **gerardianus** (Benth.) H. Hara; *Rabdosia lophanthoides* (Buch.-Ham. ex D. Don) H. Hara var. *gerardianus* (Benth.) H. Hara; Ⅰ, Ⅱ, Ⅲ, Ⅳ, Ⅴ, Ⅵ, Ⅶ

弯锥香茶菜
★**Isodon loxothyrsus** (Hand.-Mazz.) H. Hara; *Rabdosia loxothyrsa* (Hand.-Mazz.) H. Hara; Ⅱ

叶柄香茶菜（柄叶香茶菜）
★**Isodon phyllopodus** (Diels) Kudô; *Rabdosia phyllopoda* (Diels) Hara; Ⅱ，Ⅳ，Ⅶ

类皱叶香茶菜
★**Isodon rugosiformis** (Hand.-Mazz.) H. Hara; *Rabdosia rugosiformis* (Hand.-Mazz.) H. Hara; Ⅱ

黄花香茶菜（粉红香茶菜）
Isodon sculponeatus (Vaniot) Kudô; *Rabdosia sculponeata* (Vaniot) H. Hara, *Rabdosia alborubra* C. Y. Wu; Ⅰ，Ⅱ，Ⅳ，Ⅴ，Ⅵ，Ⅶ; √

牛尾草
Isodon ternifolius (D. Don) Kudo; *Rabdosia ternifolia* (D. Don) H. Hara; Ⅳ，Ⅴ，Ⅵ，Ⅶ

吴氏香茶菜
●**Isodon wui** C. L. Xiang et E. D. Li; Ⅱ

不育红
★**Isodon yuennanensis** (Hand.-Mazz.) H. Hara; *Rabdosia yuennancnsis* (Hand.-Mazz.) H. Hara; Ⅰ，Ⅱ，Ⅶ

叉序草
Isoglossa collina (T. Anders.) B. Hansen; Ⅴ

夏至草（白花夏枯）
Lagopsis supina (Stephan ex Willd.) Ikonn.-Gal.; Ⅰ，Ⅱ，Ⅲ，Ⅳ，Ⅴ，Ⅵ，Ⅶ; √

宝盖草
Lamium amplexicaule L.; Ⅰ，Ⅱ，Ⅲ，Ⅳ，Ⅴ，Ⅵ，Ⅶ; √

薰衣草*
Lavandula angustifolia Mill.

益母草
Leonurus japonicus Houttuyn; Ⅰ，Ⅱ，Ⅲ，Ⅳ，Ⅴ，Ⅵ，Ⅶ; √

绣球防风
Leucas ciliata Benth.; Ⅰ，Ⅱ，Ⅲ，Ⅳ，Ⅴ，Ⅵ，Ⅶ; √

线叶白绒草
Leucas lavandulifolia Sm.; Ⅴ

白绒草（原变种）（银针七）
Leucas mollissima Wall. var. **mollissima**; Ⅰ，Ⅱ，Ⅲ，Ⅳ，Ⅴ，Ⅵ，Ⅶ

疏毛白绒草（变种）（节节香）
★**Leucas mollissima** Wall. var. **chinensis** Benth.; Ⅱ，Ⅴ

米团花（白杖木）
Leucosceptrum canum Sm.; Ⅰ，Ⅱ，Ⅲ，Ⅳ，Ⅴ，Ⅵ，Ⅶ; √

地笋
Lycopus lucidus Turcz. ex Benth.; Ⅰ，Ⅱ，Ⅲ，Ⅳ，Ⅴ，Ⅵ，Ⅶ

华西龙头草（原变种）（华西美汉花、水升麻）
★**Meehania fargesii** (H. Lév.) C. Y. Wu var. **fargesii**; Ⅱ; √

梗花龙头草（变种）
★**Meehania fargesii** (H. Lév.) C. Y. Wu var. **pedunculata** (Hemsl.) C. Y. Wu; Ⅱ

松林龙头草（变种）
★**Meehania fargesii** (H. Lév.) C. Y. Wu var. **pinetorum** (Hand.-Mazz.) C. Y. Wu; Ⅱ，Ⅲ，Ⅶ

走茎龙头草（变种）
★**Meehania fargesii** (H. Lév.) C. Y. Wu var. **radicans** (Vaniot) C. Y. Wu; Ⅱ，Ⅲ

蜜蜂花（滇荆芥、土荆芥）
Melissa axillaris (Benth.) Bakh. f.; Ⅰ，Ⅱ，Ⅲ，Ⅳ，Ⅴ，Ⅵ，Ⅶ; √

薄荷（野薄荷）
Mentha canadensis L.; Ⅰ，Ⅱ，Ⅲ，Ⅳ，Ⅴ，Ⅵ，Ⅶ; √

圆叶薄荷*
Mentha × rotundifolia (L.) Huds.

留兰香*（皱叶留兰香）
Mentha spicata L.; *Mentha crispata* Schrad. ex Willd.

姜味草
Micromeria biflora (Buch.-Ham. ex D. Don) Benth.; Ⅰ，Ⅱ，Ⅲ，Ⅳ; √

相近冠唇花
●**Microtoena affinis** C. Y. Wu et Hsuan; Ⅱ

云南冠唇花
▲**Microtoena delavayi** Prain; Ⅰ，Ⅱ，Ⅵ，Ⅶ; √

宝兴冠唇花（石山冠唇花）
★ **Microtoena moupinensis** (Franch.) Prain; *Microtoena maireana* Hand.-Mazz.; Ⅱ

滇南冠唇花
Microtoena patchoulii (C. B. Clarke ex Hook. f.) C. Y. Wu et S. J. Hsuan; Ⅰ

南川冠唇花
★**Microtoena prainiana** Diels; Ⅱ

近穗状冠唇花
★**Microtoena subspicata** C. Y. Wu ex Hsuan; Ⅴ

荆芥（拟荆芥）
Nepeta cataria L.; Ⅱ

圆齿荆芥
Nepeta wilsonii Duthie; Ⅱ

罗勒*（原变种）
Ocimum basilicum L. var. **basilicum**

疏柔毛罗勒（变种）（零陵香）
Ocimum basilicum L. var. **pilosum** (Willd.) Benth.; Ⅴ，Ⅶ

牛至（滇香薷）
Origanum vulgare L.; Ⅰ，Ⅱ，Ⅲ，Ⅳ，Ⅴ，Ⅵ，Ⅶ; √

鸡脚参（原变种）（山青菜、山槟榔、山萝卜）
★**Orthosiphon wulfenioides** (Diels) Hand.-Mazz. var. **wulfenioides**; Ⅰ，Ⅱ，Ⅲ，Ⅵ，Ⅶ; √

茎叶鸡脚参（变种）
★**Orthosiphon wulfenioides** (Diels) Hand.-Mazz. var. **foliosus** E. Peter; Ⅰ，Ⅱ

假野芝麻（假芝麻）
Paralamium gracile Dunn; Ⅴ

紫苏*
Perilla frutescens (L.) Britton; *Perilla frutescens* (L.) Britton var. *purpurascens* (Hayata) H. W. Li, *Perilla frutescens* (L.) Britton var. *acuta* (Thunb.) Kudo; √

乾精菜
★**Phlomoides congesta** (C. Y. Wu) Kamelin et Makhm.; *Phlomis congesta* C. Y. Wu; Ⅱ

梁王山糙苏
●**Phlomoides liangwangshanensis** Y. Zhao, H. L. Zheng et C. L. Xiang; Ⅰ，Ⅱ

毛萼康定糙苏
Phlomoides tatsienensis (Bureau et Franch.) Kamelin et Makhm.; *Phlomis tatsienensis* Bureau et Franch. var. *hirticalyx* (Hand.-Mazz.) C. Y. Wu; Ⅶ

糙苏
★**Phlomoides umbrosa** (Turcz.) Kamelin et Makhm.; *Phlomis umbrosa* Turcz. var. *australis* Hemsl.; Ⅰ，Ⅱ，Ⅲ，Ⅳ，Ⅴ，Ⅵ，Ⅶ

黑刺蕊草（紫花一柱香）
Pogostemon brachystachyus Benth.; *Pogostemon nigrescens* Dunn; Ⅴ

尖齿豆腐柴
★**Premna acutata** W. W. Sm.; Ⅴ

腺叶豆腐柴
●**Premna glandulosa** Hand.-Mazz.; Ⅵ，Ⅶ

千解草（草臭黄荆）
Premna herbacea Roxb.; *Pygmaeopremna herbacea* (Roxb.) Moldenke; Ⅴ

澜沧豆腐柴
★**Premna mekongensis** W. W. Sm.; Ⅶ

大坪子豆腐柴
★**Premna tapintzeana** Dop; Ⅵ，Ⅶ

圆叶豆腐柴
●**Premna tenii** C. Pei; Ⅶ

云南豆腐柴（草坡豆腐柴）
★**Premna yunnanensis** W. W. Sm.; *Premna steppicola* Hand.-Mazz.; Ⅱ，Ⅴ，Ⅶ; √

夏枯草（原亚种）
Prunella vulgaris L. subsp. **vulgaris**; Ⅰ，Ⅱ，Ⅲ，Ⅳ，Ⅴ，Ⅵ，Ⅶ; √

硬毛夏枯草（亚种）
Prunella vulgaris L. subsp. **hispida** (Benth.) Hultén; *Prunella hispida* Benth.; Ⅰ，Ⅱ，Ⅲ，Ⅳ，Ⅴ，Ⅵ，Ⅶ

香茹
Pseudocaryopteris bicolor (Roxb. ex Hardw.) P. D. Cantino; *Caryopteris bicolor* (Roxb. ex Hardw.) Mabb., *Caryopteris odorata* (D. Don) B. L. Robinson; Ⅱ

锥花茹（密花茹）
Pseudocaryopteris paniculata (C. B. Clarke) P. D. Cantino; *Caryopteris paniculata* C. B. Clarke; Ⅳ，Ⅴ; √

掌叶石蚕
Rubiteucris palmata (Benth.) Kudo; Ⅱ，Ⅶ

心叶石蚕（腺毛茹）
Rubiteucris siccanea (W. W. Sm.) P. D. Cantino; *Caryopteris siccanea* W. W. Sm., *Cardioteucris cordifolia* C. Y. Wu; Ⅰ，Ⅱ，Ⅴ，Ⅵ; √

橙色鼠尾草
★**Salvia aerea** H. Lév.; Ⅱ

短隔鼠尾草
●**Salvia breviconnectivata** Y. Z. Sun ex C. Y. Wu; Ⅳ，Ⅵ

血盆草（变种）
★**Salvia cavaleriei** H. Lév. var. **simplicifolia** E. Peter; Ⅲ，Ⅴ

黄花鼠尾草
★**Salvia flava** Forrest ex Diels; Ⅶ

东川鼠尾草
●**Salvia mairei** H. Lév.; Ⅱ

荔枝草
Salvia plebeia R. Br.; Ⅰ, Ⅱ, Ⅲ, Ⅳ, Ⅴ, Ⅵ, Ⅶ; √

长冠鼠尾草
Salvia plectranthoides Griff.; Ⅰ, Ⅱ, Ⅲ, Ⅳ, Ⅴ, Ⅵ, Ⅶ

甘西鼠尾草（紫丹参）
★**Salvia przewalskii** Maxim.; Ⅱ

一串红*
Salvia splendens Sellow ex Nees

椴叶鼠尾草#
Salvia tiliifolia Vahl; √

三叶鼠尾草
★**Salvia trijuga** Diels; Ⅱ

云南鼠尾草（丹参）
★**Salvia yunnanensis** C. H. Wright; Ⅰ, Ⅱ, Ⅲ, Ⅳ, Ⅴ, Ⅵ, Ⅶ; √

滇黄芩（原变种）
★**Scutellaria amoena** C. H. Wright var. **amoena**; Ⅰ, Ⅱ, Ⅲ, Ⅳ, Ⅴ, Ⅵ, Ⅶ; √

灰毛滇黄芩（变种）
★**Scutellaria amoena** C. H. Wright var. **cinerea** Hand.-Mazz.; Ⅰ, Ⅱ, Ⅵ, Ⅶ

半枝莲
Scutellaria barbata D. Don; Ⅰ, Ⅱ, Ⅲ, Ⅳ, Ⅴ, Ⅵ, Ⅶ; √

囊距黄芩
●**Scutellaria calcarata** C. Y. Wu et H. W. Li; Ⅶ

异色黄芩（原变种）
Scutellaria discolor Wall. ex Benth. var. **discolor**; Ⅰ, Ⅱ, Ⅲ, Ⅳ, Ⅴ, Ⅶ; √

地盆草（变种）
★**Scutellaria discolor** Wall. ex Benth. var. **hirta** Hand.-Mazz.; Ⅰ, Ⅱ, Ⅶ

韩信草（原变种）
Scutellaria indica L. var. **indica**; Ⅶ

缩茎韩信草（变种）（缩茎耳挖草）
Scutellaria indica L. var. **subacaulis** (Sun ex C. H. Hu) C. Y. Wu et C. Chen; Ⅵ

长叶并头草
★**Scutellaria linarioides** C. Y. Wu; Ⅶ

淡黄黄芩
▲**Scutellaria lutescens** C. Y. Wu; Ⅰ, Ⅳ, Ⅶ

毛茎黄芩
▲**Scutellaria mairei** H. Lév.; Ⅱ

小紫黄芩
▲**Scutellaria microviolacea** C. Y. Wu; Ⅴ

直萼黄芩（屏风草）
Scutellaria orthocalyx Hand.-Mazz.; Ⅰ, Ⅱ, Ⅳ, Ⅵ, Ⅶ

韧黄芩
★**Scutellaria tenax** W. W. Sm.; Ⅱ, Ⅳ

大姚黄芩
●**Scutellaria teniana** Hand.-Mazz.; Ⅶ

紫苏叶黄芩（变种）
Scutellaria violacea B. Heyne ex Benth. var. **sikkimensis** Hook. f.; *Scutellaria coleifolia* H. Lév.; Ⅰ, Ⅱ, Ⅴ

巍山黄芩
▲**Scutellaria weishanensis** C. Y. Wu et H. W. Li; Ⅱ, Ⅶ

毛楔翅藤
Sphenodesme mollis Craib; Ⅴ

甘露子*
Stachys affinis Bunge; *Stachys sieboldii* Miq.

西南水苏（原变种）（破布草）
Stachys kouyangensis (Vaniot) Dunn var. **kouyangensis**; Ⅰ, Ⅱ, Ⅲ, Ⅳ, Ⅴ, Ⅵ, Ⅶ; √

细齿西南水苏（变种）（细齿破布草）
★**Stachys kouyangensis** (Vaniot) Dunn var. **leptodon** (Dunn) C. Y. Wu; Ⅰ, Ⅵ, Ⅶ

具瘤西南水苏（变种）（具瘤破布草）
▲**Stachys kouyangensis** (Vaniot) Dunn var. **tuberculata** (Hand.-Mazz.) C. Y. Wu; Ⅰ, Ⅵ, Ⅶ

柔毛西南水苏（变种）（柔毛破布草）
▲**Stachys kouyangensis** (Vaniot) Dunn var. **villosissima** C. Y. Wu; Ⅰ, Ⅶ

针筒菜
Stachys oblongifolia Benth.; Ⅰ, Ⅶ

大理水苏
▲**Stachys taliensis** C. Y. Wu; Ⅰ

柚木*
Tectona grandis L. f.

安龙香科科
★**Teucrium anlungense** C. Y. Wu et S. Chow; Ⅲ

大唇香科科
★**Teucrium labiosum** C. Y. Wu et S. Chow; Ⅰ, Ⅶ

巍山香科科
▲**Teucrium manghuaense** Y. Z. Sun ex S. Chow; Ⅱ

矮生香科科
★**Teucrium nanum** C. Y. Wu et S. Chow; Ⅴ

峨眉香科科（峨眉石蚕）
★**Teucrium omeiense** Sun ex S. Chow; Ⅱ

铁轴草
Teucrium quadrifarium Buch.-Ham. ex D. Don; Ⅳ，Ⅴ

香科科
★**Teucrium simplex** Vaniot; Ⅰ，Ⅱ，Ⅳ

血见愁
Teucrium viscidum Blume; Ⅴ

莸
Tripora divaricata (Maxim.) P. D. Cantino; *Caryopteris divaricata* Maxim.; Ⅰ，Ⅶ

长叶荆
Vitex burmensis Moldenke; *Vitex lanceifolia* S. C. Huang; Ⅴ

黄荆（原变种）
Vitex negundo L. var. **negundo**; *Vitex negundo* L. f. *laxipaniculata* C. Pei, *Vitex negundo* L. f. *alba* C. Pei; Ⅱ，Ⅴ，Ⅵ，Ⅶ; √

牡荆（变种）
Vitex negundo L. var. **cannabifolia** (Sieb. et Zucc.) Hand.-Mazz.; Ⅶ; √

蔓荆（三叶蔓荆）
Vitex trifolia L.; Ⅴ，Ⅵ

滇牡荆
★**Vitex yunnanensis** W. W. Sm.; Ⅱ，Ⅵ，Ⅶ

384 通泉草科 Mazaceae
[1 属 6 种]

多枝通泉草
Mazus delavayi Bonati; *Mazus pumilus* (Burm. f.) Steenis var. *delavayi* (Bonati) C. Y. Wu; Ⅰ，Ⅱ，Ⅴ

低矮通泉草
★**Mazus humilis** Hand.-Mazz.; Ⅰ，Ⅱ

莲座叶通泉草
★**Mazus lecomtei** Bonati; Ⅴ，Ⅶ

稀花通泉草（大花通泉草）
●**Mazus oliganthus** H. L. Li; Ⅱ

通泉草（原变种）
Mazus pumilus (Burm. f.) Steenis var. **pumilus**; Ⅰ，Ⅱ，Ⅲ，Ⅳ，Ⅴ，Ⅶ; √

大萼通泉草（变种）
Mazus pumilus (Burm. f.) Steenis var. **macrocalyx**

(Bonati) T. Yamaz.; Ⅰ，Ⅱ，Ⅵ，Ⅶ

385 透骨草科 Phrymaceae
[2 属 5 种]

匍生沟酸浆
★**Erythranthe bodinieri** (Vaniot) G. L. Nesom; *Mimulus bodinieri* Vant.; Ⅰ，Ⅱ，Ⅲ，Ⅶ; √

尼泊尔沟酸浆
Erythranthe nepalensis (Benth.) G. L. Nesom; *Mimulus tenellus* Bunge var. *nepalensis* (Benth.) Tsoong; Ⅰ，Ⅱ，Ⅳ，Ⅴ，Ⅵ，Ⅶ

高大沟酸浆
Erythranthe procera (A. L. Grant) G. L. Nesom; *Mimulus tenellus* Bunge var. *procerus* (Grant) Hand.-Mazz.; Ⅶ

四川沟酸浆
★**Erythranthe szechuanensis** (Y. Y. Pai) G. L. Nesom; *Mimulus szechuanensis* Pai; Ⅲ

透骨草（亚种）
Phryma leptostachya L. subsp. **asiatica** (Hara) Kitamura; Ⅰ，Ⅱ，Ⅲ，Ⅳ，Ⅴ，Ⅵ，Ⅶ; √

386 泡桐科 Paulowniaceae
[1 属 2 种，含 1 栽培种]

白花泡桐*（泡桐）
Paulownia fortunei (Seem.) Hemsl.

毛泡桐（紫花桐）
Paulownia tomentosa (Thunb.) Steud.; Ⅴ

387 列当科 Orobanchaceae
[16 属 66 种]

野菰
Aeginetia indica L.; Ⅰ，Ⅳ，Ⅴ

黑蒴
Alectra arvensis (Benth.) Merr.; Ⅰ，Ⅱ，Ⅲ，Ⅳ，Ⅴ，Ⅶ; √

异色来江藤
Brandisia discolor Hook. f. et Thomson; Ⅳ

退毛来江藤
Brandisia glabrescens Rehd.; Ⅴ

来江藤
★**Brandisia hancei** Hook. f.; Ⅰ，Ⅱ，Ⅳ，Ⅴ，Ⅵ，Ⅶ; √

总花来江藤
★**Brandisia racemosa** Hemsl.; Ⅱ，Ⅳ，Ⅴ，Ⅶ; √

黑草（鬼羽箭、坡饼）
Buchnera cruciata Buch.-Ham. ex D. Don；Ⅰ，Ⅲ

胡麻草（长花胡麻草）
Centranthera cochinchinensis (Lour.) Merr.；*Centranthera cochinchinensis* (Lour.) Merr. var. *longiflora* (Merr.) Tsoong；Ⅶ

野地钟萼草
Lindenbergia muraria (Roxb. ex D. Don) Brühl；Ⅱ，Ⅲ，Ⅵ，Ⅶ；√

钟萼草
Lindenbergia philippensis (Chum.) Benth.；Ⅰ，Ⅱ，Ⅲ，Ⅳ，Ⅴ；√

滇川山罗花
★**Melampyrum klebelsbergianum** Soo；Ⅰ，Ⅱ，Ⅲ，Ⅳ，Ⅴ，Ⅵ，Ⅶ；√

列当（独根草）
Orobanche coerulescens Steph.；Ⅰ，Ⅳ

滇列当
★ **Orobanche yunnanensis** (G. Beck) Hand.-Mazz.；Ⅰ，Ⅱ，Ⅶ

狐尾马先蒿
★**Pedicularis alopecuros** Franch.；Ⅱ，Ⅶ

康泊东叶马先蒿
Pedicularis comptoniaefolia Franch.；Ⅰ，Ⅱ，Ⅳ，Ⅴ，Ⅵ，Ⅶ

聚花马先蒿
Pedicularis confertiflora Prain；Ⅰ，Ⅱ，Ⅶ

波齿马先蒿
★**Pedicularis crenata** Maxim.；Ⅱ，Ⅶ

舟形马先蒿
★**Pedicularis cymbalaria** Bonati；Ⅱ

三角叶马先蒿
★**Pedicularis deltoidea** Franch.；Ⅱ，Ⅶ

密穗马先蒿
★**Pedicularis densispica** Franch. ex Maxim.；Ⅱ，Ⅳ，Ⅶ；√

细裂叶马先蒿
★**Pedicularis dissectifolia** Li；Ⅱ

修花马先蒿
★**Pedicularis dolichantha** Bonati；Ⅱ

中国纤细马先蒿（亚种）
★ **Pedicularis gracilis** Wall. subsp. **sinensis** Tsoong；Ⅰ，Ⅱ，Ⅲ，Ⅳ，Ⅴ，Ⅵ，Ⅶ

鹤首马先蒿（原亚种）
★**Pedicularis gruina** Franch. ex Maxim. subsp. **gruina**；Ⅶ

多毛鹤首马先蒿（亚种）
▲**Pedicularis gruina** Franch. ex Maxim. subsp. **pilosa** (Bonati) Tsoong；Ⅶ

多叶鹤首马先蒿（亚种）
▲**Pedicularis gruina** Franch. ex Maxim. subsp. **polyphylla** (Franch.) Tsoong；Ⅰ，Ⅱ

亨氏马先蒿
Pedicularis henryi Maxim.；Ⅰ，Ⅱ，Ⅳ，Ⅴ，Ⅵ

滇东马先蒿
●**Pedicularis koueytchensis** Bonati；Ⅱ

拉氏马先蒿
★**Pedicularis labordei** Vant. ex Bonati；Ⅰ，Ⅱ，Ⅶ；√

林氏马先蒿
★**Pedicularis limprichtiana** Hand.-Mazz.；Ⅱ，Ⅵ，Ⅶ

长茎马先蒿
★**Pedicularis longicaulis** Franch. ex Maxim.；Ⅰ，Ⅱ，Ⅳ，Ⅶ；√

浅黄马先蒿（原亚种）
★**Pedicularis lutescens** Franch. subsp. **lutescens**；Ⅰ

东川浅黄马先蒿（亚种）
●**Pedicularis lutescens** Franch. subsp. **tongtchuanensis** (Bonati) Tsoong；Ⅱ

梅氏马先蒿
▲**Pedicularis mairei** Bonati；Ⅱ

马克逊马先蒿（沙坝马先蒿）
▲ **Pedicularis maxonii** Bonati；*Pedicularis sabaensis* Bonati；Ⅱ

黑马先蒿
Pedicularis nigra (Bonati) Vaniot ex Bonati；Ⅰ，Ⅱ，Ⅳ，Ⅴ，Ⅵ，Ⅶ；√

尖果马先蒿
★**Pedicularis oxycarpa** Fxanch.；Ⅰ，Ⅱ，Ⅳ，Ⅴ，Ⅶ；√

菊叶马先蒿（法且利亚叶马先蒿）
★**Pedicularis phaceliaefolia** Franch.；Ⅴ

假山萝花马先蒿
★**Pedicularis pseudomelampyriflora** Bonati；Ⅰ，Ⅳ

大王马先蒿
Pedicularis rex C. B. Clarke ex Maxim.；Ⅰ，Ⅱ，Ⅳ，Ⅴ，Ⅶ；√

坚挺马先蒿
★**Pedicularis rigida** Franch.；Ⅱ，Ⅳ，Ⅴ

丹参花马先蒿
★**Pedicularis salviaeflora** Franch.；Ⅰ，Ⅱ，Ⅳ，

VI，VII

管花马先蒿
Pedicularis siphonantha Don；II

史氏马先蒿
★**Pedicularis smithiana** Bonati；II，IV

黑毛狭盔马先蒿（亚种）
Pedicularis stenocorys Franch. subsp. **melanotricha** P. C. Tsoong；II

大山马先蒿
★**Pedicularis tachanensis** Bonati；II

大海马先蒿
●**Pedicularis tahaiensis** Bonati；II

纤裂马先蒿
Pedicularis tenuisecta Franch. ex Maxim.；I，II，V，VI，VII

灌丛马先蒿
★**Pedicularis thamnophila** (Hand.-Mazz.) Li；I，IV，V，VII

马鞭草叶马先蒿
★**Pedicularis verbenifolia** Franch. ex Maxim.；I

地黄叶马先蒿
★**Pedicularis veronicifolia** Franch.；I，II，V，VI，VII

药山马先蒿
▲**Pedicularis yaoshanensis** H. Wang；II

具腺松蒿
Phtheirospermum glandulosum Benth.；I

松蒿
Phtheirospermum japonicum (Thunb.) Kanitz；I，II，III，IV，V，VI，VII；√

细裂叶松蒿
Phtheirospermum tenuisectum Bur. et Franch.；I，II，IV，V，VI，VII；√

五齿萼
●**Pseudobartsia yunnanensis** D. Y. Hong；I

圆茎翅茎草
★**Pterygiella cylindrica** Tsoong；I，II，V，VI，VII

绿汁江翅茎草
●**Pterygiella luzhijiangensis** Huan C. Wang；V；√

翅茎草
▲**Pterygiella nigrescens** Oliv.；I，II，III，IV，V，VI，VII；√

毛萼翅茎草
●**Pterygiella trichosepala** Huan C. Wang et M. Y. Yin；II；√

阴行草
Siphonostegia chinensis Benth.；I，II，IV，V，VI，VII；√

短冠草
Sopubia trifida Buch.-Ham. ex D. Don；I，II，V，VI，VII

独脚金
Striga asiatica (L.) O. Kuntze；I，II，V，VII

密花独脚金
Striga densiflora Benth.；V

大独脚金
Striga masuria (Ham. ex Benth.) Benth.；I，IV，V，VII

丁座草（千斤坠）
Xylanche himalaica (Hook. f. et Thomson) Beck；*Boschniakia himalaica* Hook. f. et Thomson；I，II，V，VII

391 青荚叶科 Helwingiaceae
[1 属 4 种]

中华青荚叶
Helwingia chinensis Batal.；I，II，V，VI，VII

西域青荚叶（原变种）（须弥青荚叶）
Helwingia himalaica Hook. f. et Thomson ex C. B. Clarke var. **himalaica**；I，II，IV，V，VI，VII；√

小叶青荚叶（变种）
Helwingia himalaica Hook. f. et Thomson ex C. B. Clarke var. **parvifolia** Li；I，III，IV，VI

青荚叶
Helwingia japonica (Thunb.) Dietr.；II，III，IV

392 冬青科 Aquifoliaceae
[1 属 28 种，含 1 栽培种]

黑果冬青
Ilex atrata W. W. Sm.；II，V

刺叶冬青
★**Ilex bioritsensis** Hayata；II

珊瑚冬青（原变种）（毛枝珊瑚冬青、大果珊瑚冬青）
Ilex corallina Franch. var. **corallina**；*Ilex corallina* Franch. var. *pubescens* S. Y. Hu，*Ilex corallina* Franch. var. *macrocarpa* S. Y. Hu；I，II，III，IV，V，VI，VII；√

刺叶珊瑚冬青（变种）（刺齿珊瑚冬青）
★**Ilex corallina** Franch. var. **aberrans** Hand.-Mazz.；I，II，IV

枸骨*
Ilex cornuta Lindl. et Paxt.

陷脉冬青（原变种）
Ilex delavayi Franch. var. **delavayi**; Ⅱ, Ⅶ

高山陷脉冬青（变种）
Ilex delavayi Franch. var. **exalata** H. F. Comber; Ⅱ

线叶陷脉冬青（变种）
▲**Ilex delavayi** Franch. var. **linearifolia** S. Y. Hu; Ⅶ

双核枸骨
Ilex dipyrena Wall.; Ⅴ, Ⅵ, Ⅶ

毛背高冬青
Ilex excelsa (Wall.) Voigt var. **hypotricha** (Loes.) S. Y. Hu; Ⅰ

锈毛冬青
★**Ilex ferruginea** Hand.-Mazz.; Ⅱ

无毛滇西冬青（变种）
★**Ilex forrestii** H. F. Comber var. **glabra** S. Y. Hu; Ⅱ

薄叶冬青（毛薄叶冬青）
Ilex fragilis Hook. f.; Ⅱ, Ⅶ

长叶枸骨
Ilex georgei H. F. Comber; Ⅰ, Ⅱ

中型冬青（原变种）（龙里冬青）
★**Ilex intermedia** Loes. var. **intermedia**; *Ilex dunniana* H. Lév.; Ⅱ, Ⅶ

厚叶冬青（变种）
★**Ilex intermedia** Loes. var. **fangii** (Rehder) S. Y. Hu; Ⅴ

昆明冬青
●**Ilex kunmingensis** H. W. Li ex Y. R. Li; Ⅰ, Ⅳ

大果冬青（原变种）
★**Ilex macrocarpa** Oliv. var. **macrocarpa**; Ⅰ, Ⅲ, Ⅳ, Ⅴ, Ⅵ, Ⅶ; √

长序大果冬青（变种）（长梗大果冬青）
★**Ilex macrocarpa** Oliv. var. **longipedunculata** S. Y. Hu; Ⅰ

红河冬青
▲**Ilex manneiensis** S. Y. Hu; Ⅱ, Ⅴ, Ⅵ, Ⅶ

小果冬青（多脉冬青）
Ilex micrococca Maxim.; *Ilex polyneura* (Hand.-Mazz.) S. Y. Hu; Ⅰ, Ⅱ, Ⅳ, Ⅴ, Ⅵ, Ⅶ

铁冬青
Ilex rotunda Thunb.; Ⅱ

中华冬青（华冬青）
★**Ilex sinica** (Loes.) S. Y. Hu; Ⅴ; √

四川冬青（川冬青）
★**Ilex szechwanensis** Loes.; Ⅴ

三花冬青
Ilex triflora Blume; Ⅴ, Ⅵ

假香冬青（细脉冬青）
Ilex wattii Loes.; *Ilex venosa* C. Y. Wu ex Y. R. Li; Ⅴ

征镒冬青（乳头冬青）
★**Ilex wuiana** T. R. Dudley; *Ilex mamillata* C. Y. Wu ex Y. R. Li; Ⅰ, Ⅳ, Ⅴ

云南冬青
Ilex yunnanensis Franch.; Ⅱ

394 桔梗科 Campanulaceae
[12 属 40 种]

细萼沙参（亚种）
Adenophora capillaris Hemsl. subsp. **leptosepala** (Diels) D. Y. Hong; Ⅱ

细叶沙参（亚种）
Adenophora capillaris Hemsl. subsp. **paniculata** (Nannfeldt) D. Y. Hong et S. Ge; Ⅱ

天蓝沙参
★**Adenophora coelestis** Diels; Ⅰ, Ⅱ, Ⅳ, Ⅵ, Ⅶ; √

云南沙参
Adenophora khasiana (Hook. f. et Thomson) Collett et Hemsl.; Ⅰ, Ⅱ, Ⅳ, Ⅴ; √

昆明沙参（亚种）
★**Adenophora stricta** Miq. subsp. **confusa** (Nannf.) D. Y. Hong; Ⅰ, Ⅱ, Ⅳ, Ⅵ, Ⅶ

球果牧根草
★**Asyneuma chinense** D. Y. Hong; Ⅰ, Ⅱ, Ⅳ, Ⅴ; √

长果牧根草
Asyneuma fulgens (Wall.) Briq.; Ⅰ, Ⅳ

钻裂风铃草（针叶风铃草）
Campanula aristata Wall.; *Wahlenbergia cylindrica* Pax et K. Hoffm., *Campanula cylindrica* (Pax et K. Hoffm.) Nannf., *Campanula aristata* Wall. var. *longisepala* Marg.; Ⅱ

灰毛风铃草
Campanula cana Wall.; Ⅰ, Ⅱ, Ⅳ, Ⅶ

流石风铃草
★**Campanula crenulata** Franch.; Ⅱ

一年生风铃草
Campanula dimorphantha Schweinf.; *Campanula*

canescens Wall. ex A. DC.；Ⅴ

西南风铃草

Campanula pallida Wall.；*Campanula colorata* Wall.；Ⅰ，Ⅱ，Ⅲ，Ⅳ，Ⅴ，Ⅵ，Ⅶ；√

管钟党参

★**Codonopsis bulleyana** Forrest ex Diels；Ⅰ，Ⅱ，Ⅶ

细钟花

Codonopsis gracilis Hook. f. et Thomson；*Leptocodon gracilis* (Hook. f.) Hook. f. et Thomson；Ⅰ，Ⅶ

大花金钱豹

Codonopsis javanica (Blume) Hook. f. et Thomson；*Campanumoea javanica* Bl.；Ⅰ，Ⅱ，Ⅳ，Ⅴ，Ⅵ，Ⅶ

小花党参

★**Codonopsis micrantha** Chipp；Ⅰ，Ⅱ，Ⅳ，Ⅵ，Ⅶ；√

管花党参

Codonopsis tubulosa Kom.；Ⅰ，Ⅱ，Ⅳ，Ⅶ；√

细叶蓝钟花

★**Cyananthus delavayi** Franch.；Ⅰ，Ⅱ，Ⅶ；√

束花蓝钟花

★**Cyananthus fasciculatus** C. Marquand；Ⅱ，Ⅶ；√

蓝钟花

Cyananthus hookeri C. B. Clarke；Ⅱ，Ⅴ，Ⅵ

胀萼蓝钟花（红毛蓝钟花）

Cyananthus inflatus Hook. f. et Thomson；*Cyananthus inflatus* Hook. f. et Thomson var. *rufus* Franch.；Ⅰ，Ⅱ，Ⅴ，Ⅵ，Ⅶ

长花蓝钟花

▲**Cyananthus longiflorus** Franch.；Ⅰ，Ⅶ

大萼蓝钟花

Cyananthus macrocalyx Franch.；Ⅱ

同钟花

Homocodon brevipes (Hemsl.) D. Y. Hong；Ⅰ，Ⅱ，Ⅳ，Ⅴ，Ⅵ，Ⅶ

半边莲

Lobelia chinensis Lour.；Ⅰ，Ⅱ，Ⅲ，Ⅳ，Ⅴ，Ⅵ，Ⅶ

密毛山梗菜（大将军）

Lobelia clavata E. Wimm.；Ⅴ

江南山梗菜

Lobelia davidii Franch.；Ⅰ，Ⅱ，Ⅲ，Ⅳ，Ⅴ，Ⅵ，Ⅶ；√

直立山梗菜

Lobelia erectiuscula H. Hara；Ⅰ，Ⅱ，Ⅲ，Ⅳ，Ⅴ，Ⅵ，Ⅶ

翅茎半边莲（三翅半边莲）

Lobelia heyneana Schult.；Ⅰ，Ⅱ，Ⅲ，Ⅳ，Ⅴ，Ⅵ，Ⅶ

烟叶山梗菜（狭叶山梗菜、微齿山梗菜）

Lobelia nicotianifolia Roth；*Lobelia colorata* Wall.，*Lobelia colorata* Wall. var. *baculus* E. Wimm.，*Lobelia colorata* Wall. var. *dsolinhoensis* E. Wimm.，*Lobelia doniana* Skottsb.；Ⅰ，Ⅱ，Ⅲ，Ⅳ，Ⅴ，Ⅶ

铜锤玉带草

Lobelia nummularia Lam.；Ⅰ，Ⅱ，Ⅲ，Ⅳ，Ⅴ，Ⅵ，Ⅶ；√

西南山梗菜（大将军、野烟）

Lobelia seguinii H. Lév. et Vaniot；Ⅰ，Ⅱ，Ⅲ，Ⅳ，Ⅴ，Ⅵ，Ⅶ；√

大理山梗菜（红雪柳）

▲**Lobelia taliensis** Diels；Ⅰ，Ⅱ

紫花党参

Pankycodon purpureus (Wall.) D. Y. Hong et X. T. Ma；*Codonopsis purpurea* Wall.；Ⅴ，Ⅶ

袋果草

Peracarpa carnosa (Wall.) Hook. f. et Thomson；Ⅱ，Ⅲ，Ⅴ

桔梗（铃当花）

Platycodon grandiflorus (Jacq.) A. DC.；Ⅲ，Ⅳ，Ⅴ，Ⅵ

鸡蛋参（原亚种）

Pseudocodon convolvulaceus (Kurz) D. Y. Hong et H. Sun subsp. **convolvulaceus**；*Codonopsis convolvulacea* Kurz；Ⅰ，Ⅱ，Ⅳ，Ⅴ，Ⅵ，Ⅶ；√

珠儿参（亚种）（珠子参、大金钱吊葫芦、直立鸡蛋参、心叶珠子参）

Pseudocodon convolvulaceus (Kurz) D. Y. Hong et H. Sun subsp. **forrestii** (Diels) D. Y. Hong et L. M. Ma；*Codonopsis convolvulacea* Kurz subsp. *forrestii* (Diels) D. Y. Hong et L. M. Ma，*Codonopsis limprichtii* Lingelsh. et Borza，*Codonopsis efilamentosa* W. W. Sm.；Ⅰ，Ⅱ，Ⅳ，Ⅴ，Ⅵ，Ⅶ

松叶鸡蛋参

★**Pseudocodon graminifolius** (H. Lév.) D. Y. Hong；*Codonopsis convolvulacea* Kurz var. *pinifolia* (Hand.-Mazz.) Nannf.，*Codonopsis graminifolia* H. Lév.；Ⅰ，Ⅱ，Ⅳ，Ⅵ，Ⅶ

蓝花参

Wahlenbergia marginata (Thunb.) A. DC.；Ⅰ，Ⅱ，Ⅲ，Ⅳ，Ⅴ，Ⅵ，Ⅶ；√

400 睡菜科 Menyanthaceae

[2 属 2 种]

睡菜

Menyanthes trifoliata L.; Ⅰ, Ⅱ, Ⅵ, Ⅶ

荇菜（莕菜）

Nymphoides peltata (S. G. Gmel.) Kuntze; Ⅰ, Ⅵ, Ⅶ; √

403 菊科 Compositae

[134 属 451 种，含 33 栽培种]

刺苞果#

Acanthospermum hispidum DC.

云南蓍

★**Achillea wilsoniana** (Heimerl) Hand.-Mazz.; Ⅱ, Ⅲ, Ⅶ

南漳尖鸠菊（南漳斑鸠菊）

★ **Acilepis nantcianensis** (Pamp.) H. Rob.; *Vernonia nantcianensis* (Pamp.) Hand.-Mazz.; Ⅱ

柳叶尖鸠菊（柳叶斑鸠菊）

Acilepis saligna (DC.) H. Rob.; *Vernonia saligna* (Wall.) DC.; Ⅱ, Ⅳ, Ⅴ

折苞尖鸠菊（折苞斑鸠菊）

Acilepis spirei (Gand.) H. Rob.; *Vernonia spirei* Gandog.; Ⅲ, Ⅳ, Ⅴ

美形金钮扣（小麻药）

Acmella calva (DC.) R. K. Jansen; *Spilanthes callimorpha* A. H. Moore; Ⅴ

金钮扣（过海龙）

Acmella paniculata (Wall. ex DC.) R. K. Jansen; *Spilanthes paniculata* Wall. ex DC.; Ⅰ, Ⅴ, Ⅵ

和尚菜

Adenocaulon himalaicum Edgew.; Ⅱ

下田菊（原变种）

Adenostemma lavenia (L.) Kuntze var. **lavenia**; Ⅰ, Ⅱ, Ⅲ, Ⅳ, Ⅴ, Ⅵ, Ⅶ; √

宽叶下田菊（变种）

Adenostemma lavenia (L.) Kuntze var. **latifolium** (D. Don) Panigrahi; Ⅰ, Ⅱ, Ⅵ

紫茎泽兰#（破坏草）

Ageratina adenophora (Spreng.) R. M. King et H. Rob.; *Eupatorium coelestinum* L.; √

藿香蓟#（胜红蓟）

Ageratum conyzoides L.

熊耳草#

Ageratum houstonianum Mill.

狭翅兔儿风

Ainsliaea apteroides (C. C. Chang) Y. C. Tseng; Ⅳ

心叶兔儿风

★**Ainsliaea bonatii** Beauvd.; Ⅰ, Ⅱ, Ⅳ, Ⅴ, Ⅵ, Ⅶ; √

秀丽兔儿风

Ainsliaea elegans Hemsl.; Ⅳ

异叶兔儿风

★**Ainsliaea foliosa** Hand.-Mazz.; Ⅱ

光叶兔儿风（穆坪兔儿风）

★**Ainsliaea glabra** Hemsl.; *Ainsliaea lancifolia* Franch.; Ⅱ

宽叶兔儿风（异花兔儿风）

Ainsliaea latifolia (D. Don) Sch. Bip.; *Ainsliaea heterantha* Hand.-Mazz.; Ⅰ, Ⅱ, Ⅳ, Ⅴ, Ⅵ, Ⅶ

药山兔儿风

★**Ainsliaea mairei** H. Lév.; Ⅰ, Ⅱ

腋花兔儿风（原亚种）（叶下花）

Ainsliaea pertyoides Franch. subsp. **pertyoides**; Ⅰ, Ⅱ, Ⅲ, Ⅳ, Ⅴ, Ⅵ, Ⅶ; √

白背兔儿风（亚种）（白背叶下花）

★ **Ainsliaea pertyoides** Franch. subsp. **albotomentosa** (Beauverd) T. G. Gao; Ⅰ, Ⅱ, Ⅳ, Ⅴ, Ⅵ

长柄兔儿风

Ainsliaea reflexa Merr.; Ⅰ, Ⅱ, Ⅴ, Ⅵ, Ⅶ

紫枝兔儿风

★**Ainsliaea smithii** Mattf.; Ⅱ

细穗兔儿风

Ainsliaea spicata Vaniot; Ⅰ, Ⅱ, Ⅳ, Ⅵ, Ⅶ; √

云南兔儿风（光叶宽穗兔儿风）

★**Ainsliaea yunnanensis** Franch.; *Ainsliaea latifolia* (D. Don) Sch.-Bip. var. *leiophylla* (Franch.) C. Y. Wu; Ⅰ, Ⅱ, Ⅲ, Ⅳ, Ⅴ, Ⅵ, Ⅶ; √

多花亚菊

Ajania myriantha (Franch.) Y. Ling ex C. Shih; Ⅰ, Ⅱ; √

栎叶亚菊

★**Ajania quercifolia** (W. W. Sm.) Y. Ling et C. Shih; Ⅱ

黄腺香青（原变种）

★**Anaphalis aureopunctata** Lingelsh et Borza var. **aureopunctata**; Ⅰ, Ⅴ, Ⅵ, Ⅶ; √

黑鳞黄腺香青（变种）

★**Anaphalis aureopunctata** Lingelsh et Borza var. **atrata** (Hand.-Mazz.) Hand.-Mazz.; Ⅱ, Ⅵ

绒毛黄腺香青（变种）

★**Anaphalis aureopunctata** Lingelsh et Borza var. **tomentosa** Hand.-Mazz.; Ⅰ，Ⅱ，Ⅳ，Ⅶ

二色香青

★**Anaphalis bicolor** (Franch.) Diels; Ⅰ，Ⅱ，Ⅳ，Ⅵ，Ⅶ

粘毛香青（黏毛香青）

★**Anaphalis bulleyana** (Jeffrey) C. C. Chang; Ⅰ，Ⅱ，Ⅳ，Ⅵ; √

蛛毛香青

Anaphalis busua (Buch.-Ham.) DC.; Ⅱ

茧衣香青

★**Anaphalis chlamydophylla** Diels; Ⅱ

旋叶香青（薄叶旋叶香青）

Anaphalis contorta (D. Don) Hook. f.; *Anaphalis contorta* (D. Don) Hook. f. var. *pellucida* (Franch.) Ling; Ⅰ，Ⅱ，Ⅴ，Ⅵ，Ⅶ

银衣香青

★**Anaphalis contortiformis** Hand.-Mazz.; Ⅰ，Ⅳ，Ⅴ，Ⅶ

萎软香青

★**Anaphalis flaccida** Y. Ling; Ⅲ

珠光香青（原变种）

Anaphalis margaritacea (L.) Benth. et Hook. f. var. **margaritacea**; Ⅰ，Ⅱ，Ⅲ，Ⅳ，Ⅴ，Ⅵ，Ⅶ; √

线叶珠光香青（变种）

Anaphalis margaritacea (L.) Benth. et Hook. f. var. **angustifolia** (Franch. et Savatier) Hayata; *Anaphalis margaritacea* (L.) Benth. et Hook. f. var. *japonica* (Sch.-Bip.) Makino; Ⅰ，Ⅳ，Ⅶ

黄褐珠光香青（变种）

Anaphalis margaritacea (L.) Benth. et Hook. f. var. **cinnamomea** (DC.) Herd. ex Masim.; Ⅰ，Ⅱ，Ⅲ，Ⅳ，Ⅴ，Ⅵ，Ⅶ

尼泊尔香青（原变种）

Anaphalis nepalensis (Spreng.) Hand.-Mazz. var. **nepalensis**; Ⅱ，Ⅳ，Ⅶ; √

伞房尼泊尔香青（变种）

Anaphalis nepalensis (Spreng.) Hand.-Mazz. var. **corymbosa** (Bureau et Franch.) Hand.-Mazz.; Ⅱ

污毛香青

▲**Anaphalis pannosa** Hand.-Mazz.; Ⅱ

红指香青

★**Anaphalis rhododactyla** W. W. Sm.; Ⅱ

绿香青

Anaphalis viridis H. A. Cummins; Ⅱ，Ⅳ，Ⅵ，Ⅶ

山黄菊

Anisopappus chinensis (L.) Hook. et Arn.; Ⅴ

滇麻花头

▲ **Archiserratula forrestii** (Iljin) L. Martins; *Serratula forrestii* Iljin; Ⅱ

牛蒡*

Arctium lappa L.

木茼蒿*

Argyranthemum frutescens (L.) Sch.-Bip

黄花蒿

Artemisia annua L.; Ⅰ，Ⅱ，Ⅵ; √

艾

Artemisia argyi H. Lév. et Van.; Ⅰ，Ⅱ，Ⅳ，Ⅴ，Ⅵ，Ⅶ

暗绿蒿

Artemisia atrovirens Hand.-Mazz.; Ⅱ，Ⅲ，Ⅳ，Ⅶ

滇南艾

Artemisia austroyunnanensis Ling et Y. R. Ling; Ⅰ，Ⅴ

美叶蒿

★**Artemisia calophylla** Pamp.; Ⅱ

青蒿（原变种）

Artemisia caruifolia Roxb. var. **caruifolia**; Ⅰ，Ⅱ，Ⅳ，Ⅶ

大头青蒿（变种）

★**Artemisia carvifolia** Roxb. var. **schochii** (Mattf.) Pamp.; Ⅰ

南毛蒿

Artemisia chingii Pamp.; Ⅰ，Ⅱ

叉枝蒿

★**Artemisia divaricata** (Pamp.) Pamp.; Ⅱ

牛尾蒿（原变种）

Artemisia dubia Wall. ex Bess. var. **dubia**; Ⅰ，Ⅱ，Ⅲ，Ⅳ，Ⅴ，Ⅵ，Ⅶ; √

无毛牛尾蒿（变种）

Artemisia dubia Wall. ex Bess. var. **subdigitata** (Mattf.) Y. R. Ling; Ⅰ，Ⅲ，Ⅳ

南牡蒿

Artemisia eriopoda Bunge; Ⅱ

五月艾

Artemisia indica Willd.; Ⅰ，Ⅱ，Ⅲ，Ⅳ，Ⅴ，Ⅵ，Ⅶ

牡蒿

Artemisia japonica Thunb.; Ⅰ，Ⅱ，Ⅲ，Ⅳ，Ⅴ，Ⅵ，Ⅶ; √

白苞蒿

Artemisia lactiflora Wall. ex DC.; Ⅰ，Ⅱ，Ⅲ，Ⅳ，Ⅶ

矮蒿
Artemisia lancea Van.; Ⅰ, Ⅱ, Ⅳ

白叶蒿
Artemisia leucophylla C. B. Clarke; Ⅰ, Ⅵ

小亮苞蒿
▲**Artemisia mairei** H. Lév.; Ⅰ, Ⅱ; √

蒙古蒿
Artemisia mongolica (Fisch. ex Bess.) Nakai; Ⅰ, Ⅱ, Ⅳ

多花蒿（原变种）
Artemisia myriantha Wall. ex Besser var. **myriantha**; Ⅰ, Ⅱ, Ⅵ

白毛多花蒿（变种）
Artemisia myriantha Wall. ex Besser var. **pleiocephala** (Pamp.) Y. R. Ling; Ⅰ, Ⅴ, Ⅵ

东方蒿
Artemisia orientalihengduangensis Ling et Y. R. Ling; Ⅶ

滇东蒿
▲**Artemisia orientaliyunnanensis** Y. R. Ling; Ⅰ, Ⅱ, Ⅲ

西南牡蒿
Artemisia parviflora Buch.-Ham. ex Roxb.; Ⅰ, Ⅱ, Ⅳ, Ⅵ

魁蒿
Artemisia princeps Pamp.; Ⅰ, Ⅱ, Ⅳ

灰苞蒿
Artemisia roxburghiana Bess.; Ⅰ, Ⅱ

猪毛蒿
Artemisia scoparia Waldst. et Kit.; Ⅰ, Ⅱ, Ⅲ, Ⅳ, Ⅴ, Ⅵ, Ⅶ

蒌蒿
Artemisia selengensis Turcz. ex Bess.; Ⅰ, Ⅱ, Ⅵ, Ⅶ

中南蒿
★**Artemisia simulans** Pamp.; Ⅰ, Ⅱ

西南圆头蒿
★**Artemisia sinensis** (Pamp.) Ling et Y. R. Ling; Ⅱ

直茎蒿
Artemisia stricta Edgew.; *Artemisia edgeworthii* Balakr.; Ⅱ

阴地蒿
Artemisia sylvatica Maxim.; Ⅰ, Ⅱ

甘青蒿
★**Artemisia tangutica** Pamp.; Ⅱ

野艾蒿
Artemisia umbrosa (Besser) Turcz. ex Verl.;

Artemisia lavandulifolia DC.; Ⅰ, Ⅴ, Ⅵ, Ⅶ; √

黄毛蒿
Artemisia velutina Pamp.; Ⅰ, Ⅱ

辽东蒿
★**Artemisia verbenacea** (Kom.) Kitag.; Ⅰ, Ⅱ

南艾蒿
Artemisia verlotorum Lamotte; Ⅰ, Ⅶ

毛莲蒿
Artemisia vestita Wall. ex Bess.; Ⅱ

三脉紫菀（原变种）
Aster ageratoides Turcz. var. **ageratoides**; *Aster trinervius* Roxb. ex D. Don subsp. *ageratoides* (Turcz.) Grierson; Ⅰ, Ⅱ, Ⅳ, Ⅵ, Ⅶ; √

坚叶三脉紫菀（变种）
★**Aster ageratoides** Turcz. var. **firmus** (Diels) Hand.-Mazz.; Ⅱ, Ⅶ

异叶三脉紫菀（变种）
★**Aster ageratoides** Turcz. var. **heterophyllus** Maxim.; Ⅵ

宽伞三脉紫菀（变种）
Aster ageratoides Turcz. var. **laticorymbus** (Vaniot) Hand.-Mazz.; Ⅱ, Ⅵ

微糙三脉紫菀（变种）
Aster ageratoides Turcz. var. **scaberulus** (Miq.) Y. Ling; Ⅳ

小舌紫菀（原变种）
Aster albescens (DC.) Wall. ex Hand.-Mazz. var. **albescens**; Ⅰ, Ⅱ; √

狭叶小舌紫菀（变种）
★**Aster albescens** (DC.) Wall. ex Hand.-Mazz. var. **gracilior** Hand.-Mazz.; Ⅱ

椭叶小舌紫菀（变种）
★**Aster albescens** (DC.) Wall. ex Hand.-Mazz. var. **limprichtii** (Diels) Hand.-Mazz.; Ⅱ, Ⅴ; √

柳叶小舌紫菀（变种）
Aster albescens (DC.) Wall. ex Hand.-Mazz. var. **salignus** Hand.-Mazz.; Ⅱ, Ⅶ

耳叶紫菀
Aster auriculatus Franch.; Ⅱ, Ⅳ, Ⅴ, Ⅵ, Ⅶ

巴塘紫菀
★**Aster batangensis** Bur. et Franch.; Ⅱ

短毛紫菀
Aster brachytrichus Franch.; Ⅶ

圆齿狗娃花
Aster crenatifolius Hand.-Mazz.; *Heteropappus*

crenatifolius (Hand.-Mazz.) Grierson；Ⅰ，Ⅵ，Ⅶ

重冠紫菀
Aster diplostephioides (DC.) C. B. Clarke.；Ⅱ

褐毛紫菀
Aster fuscescens Burr. et Franch.；Ⅱ

马兰
Aster indicus L.；*Kalimeris indica* (L.) Sch.-Bip.；Ⅰ，Ⅱ，Ⅲ，Ⅳ，Ⅴ，Ⅵ，Ⅶ；√

滇西北紫菀
★**Aster jeffreyanus** Diels；Ⅱ

丽江紫菀
Aster likiangensis Franch.；Ⅰ，Ⅱ，Ⅶ

舌叶紫菀
★**Aster lingulatus** Franch.；Ⅰ，Ⅶ

黑山紫菀
★**Aster nigromontanus** Dunn；Ⅴ

石生紫菀
★**Aster oreophilus** Franch.；Ⅰ，Ⅱ，Ⅳ，Ⅴ，Ⅵ，Ⅶ；√

密叶紫菀
Aster pycnophyllus Franch. ex Diels；Ⅱ，Ⅴ

狗舌紫菀
★**Aster senecioides** Franch.；Ⅰ，Ⅱ，Ⅳ，Ⅵ，Ⅶ

秋分草
Aster verticillatus (Reinw.) Brouillet, Semple et Y. L. Chen；*Rhynchospermum verticillatum* Reinw.；Ⅰ，Ⅱ，Ⅲ，Ⅳ，Ⅴ，Ⅵ，Ⅶ；√

密毛紫菀
Aster vestitus Franch.；Ⅰ，Ⅱ，Ⅲ，Ⅳ，Ⅴ，Ⅵ，Ⅶ

云南紫菀
★**Aster yunnanensis** Franch.；Ⅱ

苍术*
Atractylodes lancea (Thunb.) DC.；*Atractylodes japonica* Koidz. ex Kitam.

白术*
Atractylodes macrocephala Koidz.

云木香*
Aucklandia costus Falc.；*Dolomiaea costus* (Falc.) Kasana et A. K. Pandey，*Saussurea costus* (Falc.) Lipech.

雏菊*
Bellis perennis L.

白花鬼针草
Bidens alba (L.) DC.；*Bidens pilosa* L. var. *radiata*

(Sch.-Bip.) J. A. Schmidt；Ⅰ，Ⅱ，Ⅲ，Ⅳ，Ⅴ，Ⅵ，Ⅶ；√

婆婆针#
Bidens bipinnata L.；√

金盏银盘
Bidens biternata (Lour.) Merr. et Sherff；Ⅰ，Ⅱ，Ⅲ，Ⅳ，Ⅴ，Ⅵ，Ⅶ

柳叶鬼针草
Bidens cernua L.；Ⅱ

鬼针草#
Bidens pilosa L.；√

狼杷草#（狼把草）
Bidens tripartita L.；√

百能葳
Blainvillea acmella (L.) Phillipson；Ⅴ

馥芳艾纳香
Blumea aromatica DC.；Ⅳ，Ⅴ

柔毛艾纳香
Blumea axillaris (Lam.) DC.；*Blumea mollis* (D. Don) Merr.；Ⅰ，Ⅲ，Ⅴ，Ⅵ

艾纳香
Blumea balsamifera (L.) DC.；Ⅴ

节节红（聚花艾纳香）
Blumea fistulosa (Roxb.) Kurz；Ⅰ，Ⅱ，Ⅲ，Ⅳ，Ⅴ，Ⅵ，Ⅶ；√

拟艾纳香
Blumea flava DC.；*Blumeopsis flava* (DC.) Gagnep.；Ⅳ

台北艾纳香
★**Blumea formosana** Kitam.；Ⅴ

毛毡草
Blumea hieraciifolia (Spreng.) DC.；*Blumea hieracifolia* (D. Don) DC.；Ⅳ，Ⅴ

见霜黄
Blumea lacera (Burm. f.) DC.；Ⅱ，Ⅴ

东风草
Blumea megacephala C. T. Chang et C. H. Yu；Ⅳ，Ⅴ

芜菁叶艾纳香
Blumea napifolia DC.；Ⅲ

全裂艾纳香
●**Blumea saussureoides** C. C. Chang et Y. Q. Tseng ex Y. Ling et Y. Q. Tseng；Ⅴ

六耳铃
Blumea sinuata (Lour.) Merr.；*Blumea laciniata*

(Roxb.) DC.; Ⅰ, Ⅱ

金盏花*

Calendula officinalis L.

翠菊*

Callistephus chinensis (L.) Nees

节毛飞廉

Carduus acanthoides L.; Ⅰ, Ⅳ, Ⅴ, Ⅵ

丝毛飞廉

Carduus crispus L.; Ⅰ, Ⅱ, Ⅳ, Ⅴ; √

天名精

Carpesium abrotanoides L.; Ⅰ, Ⅱ, Ⅲ, Ⅳ, Ⅴ, Ⅵ, Ⅶ; √

烟管头草

Carpesium cernuum L.; Ⅰ, Ⅱ, Ⅲ, Ⅳ, Ⅴ, Ⅵ, Ⅶ; √

金挖耳

Carpesium divaricatum Siebold et Zucc.; Ⅱ

高原天名精

Carpesium lipskyi C. Winkl.; Ⅱ

长叶天名精

★**Carpesium longifolium** Chen et C. M. Hu; Ⅱ, Ⅴ

尼泊尔天名精（原变种）

Carpesium nepalense Less. var. **nepalense**; Ⅱ, Ⅳ

绵毛天名精（变种）

Carpesium nepalense Less. var. **lanatum** (Hook. f. et Thomson ex C. B. Clarke) Kitamura; Ⅰ, Ⅱ, Ⅳ, Ⅴ, Ⅵ, Ⅶ; √

葶茎天名精

Carpesium scapiforme F. H. Chen et C. M. Hu; Ⅱ

粗齿天名精

Carpesium tracheliifolium Lessing; Ⅱ

暗花金挖耳（江北金挖耳、毛暗花金挖耳）

Carpesium triste Maxim.; *Carpesium triste* Maxim. var. *sinense* Diels; Ⅳ

红花*

Carthamus tinctorius L.

矢车菊*

Centaurea cyanus L.

石胡荽

Centipeda minima (L.) A. Braun et Asch.; Ⅰ, Ⅱ, Ⅴ

飞机草#

Chromolaena odorata (L.) R. M. King et H. Rob.; *Eupatorium odoratum* L.; √

野菊

Chrysanthemum indicum L.; Ⅰ, Ⅱ, Ⅲ, Ⅳ, Ⅶ

毛叶甘菊（变种）

★**Chrysanthemum lavandulifolium** (Fisch. ex Trautv.) Makino var. **tomentellum** Hand.-Mazz.; Ⅰ, Ⅱ, Ⅲ; √

菊花*

Chrysanthemum × morifolium (Ramat.) Hemsl.; *Dendranthema morifolium* (Ramat.) Tzvelev

灰蓟

★**Cirsium botryodes** Petr.; *Cirsium griseum* H. Lév.; Ⅱ, Ⅲ, Ⅳ, Ⅴ

两面刺

★**Cirsium chlorolepis** Petrak ex Hand.-Mazz.; Ⅰ, Ⅱ, Ⅲ, Ⅳ, Ⅴ, Ⅵ, Ⅶ; √

滇川蓟

Cirsium forrestii (Diels) H. Lév.; Ⅰ, Ⅱ

蓟

Cirsium japonicum DC.; Ⅰ, Ⅲ, Ⅳ

覆瓦蓟

Cirsium leducii H. Lév.; Ⅳ

马刺蓟

★**Cirsium monocephalum** H. Lév.; Ⅰ, Ⅱ, Ⅳ

牛口刺

Cirsium shansiense Petr.; Ⅰ, Ⅱ, Ⅳ, Ⅴ, Ⅵ, Ⅶ

大理蓟

Cirsium taliense (Jeffrey) H. Lév.; Ⅰ, Ⅳ

革叶藤菊

Cissampelopsis corifolia C. Jeffrey et Y. L. Chen; Ⅴ

岩穴藤菊

Cissampelopsis spelaeicola (Vant.) C. Jeffrey et Y. L. Chen; Ⅴ; √

藤菊

Cissampelopsis volubilis (Bl.) Miq.; Ⅳ, Ⅴ

剑叶金鸡菊#

Coreopsis lanceolata L.

两色金鸡菊*

Coreopsis tinctoria Nutt.

秋英#

Cosmos bipinnatus Cav.; √

黄秋英#（硫黄菊）

Cosmos sulphureus Cav.

野茼蒿#（革命菜）

Crassocephalum crepidioides (Benth.) S. Moore; √

蓝花野茼蒿#

Crassocephalum rubens (Jussieu ex Jacquin) S. Moore; √

革叶垂头菊
▲**Cremanthodium coriaceum** S. W. Liu; Ⅱ

箭叶垂头菊
★**Cremanthodium sagittifolium** Ling et Y. L. Chen ex S. W. Liu; Ⅱ

紫茎垂头菊
Cremanthodium smithianum Hand.-Mazz.; Ⅱ

叉舌垂头菊
Cremanthodium thomsonii C. B. Clarke; Ⅱ

乌蒙山垂头菊
●**Cremanthodium wumengshanicum** L. Wang, C. Ren et Q. E. Yang; Ⅱ

黄瓜假还阳参（秋苦荬菜、黄瓜菜、羽裂黄瓜菜）
Crepidiastrum denticulatum (Houttuyn) Pak et Kawano; *Paraixeris denticulata* (Houtt.) Nakai, *Paraixeris pinnatipartita* (Makino) Tzvelev; Ⅲ, Ⅳ; √

果山还阳参
★**Crepis bodinieri** H. Lév.; Ⅰ, Ⅴ, Ⅶ

藏滇还阳参（长茎还阳参）
Crepis elongata Babc.; Ⅱ

绿茎还阳参
Crepis lignea (Vaniot) Babc.; Ⅰ, Ⅱ, Ⅲ, Ⅳ, Ⅴ, Ⅵ, Ⅶ; √

芜菁还阳参
★**Crepis napifera** (Franch.) Babc.; Ⅰ, Ⅱ, Ⅲ, Ⅳ, Ⅴ, Ⅵ, Ⅶ; √

万丈深
▲**Crepis phoenix** Dunn; Ⅰ, Ⅱ, Ⅲ, Ⅳ, Ⅵ, Ⅶ; √

还阳参
Crepis rigescens Diels; Ⅰ, Ⅱ, Ⅵ, Ⅶ

芙蓉菊*
Crossostephium chinensis (L.) Makino

翡翠珠*
Curio rowleyanus (H. Jacobsen) P. V. Heath

杯菊
Cyathocline purpurea (Buch.-Ham. ex D. Don) Kuntze; Ⅱ, Ⅴ, Ⅶ; √

大丽花*
Dahlia pinnata Cav.

毒根斑鸠菊
Decaneuropsis cumingiana (Benth.) H. Rob. et Skvarla; *Vernonia cumingiana* Benth.; Ⅰ, Ⅲ

小鱼眼草
Dichrocephala benthamii C. B. Clarke; Ⅰ, Ⅱ, Ⅲ, Ⅳ, Ⅴ, Ⅵ, Ⅶ; √

鱼眼草
Dichrocephala integrifolia (L. f.) Kuntze; *Dichrocephala auriculata* Druce; Ⅰ, Ⅱ, Ⅲ, Ⅳ, Ⅴ, Ⅵ, Ⅶ; √

短冠东风菜*
Doellingeria marchandii (H. Lév.) Ling; *Aster marchandii* H. Lév.

紫花厚喙菊（紫舌厚喙菊、琴叶厚喙菊）
Dubyaea atropurpurea (Franch.) Stebbins; *Dubyaea panduriformis* Shih; Ⅱ

刚毛厚喙菊（刺毛黄鹌菜）
★**Dubyaea blinii** (H. Lév.) N. Kilian; *Youngia blinii* (H. Lév.) Lauener; Ⅱ

羊耳菊（白牛胆）
Duhaldea cappa (Buch.-Ham. ex D. Don) Pruski et Anderb.; *Inula cappa* (Buch.-Ham.) DC.; Ⅰ, Ⅱ, Ⅲ, Ⅳ, Ⅴ, Ⅵ, Ⅶ; √

泽兰羊耳菊
Duhaldea eupatorioides (DC.) Anderb.; *Inula eupatoerioides* DC.; Ⅱ

毛苞羊耳菊
●**Duhaldea lachnocephala** Huan C. Wang et Feng Yang; Ⅴ

显脉羊耳菊（显脉旋覆花）
Duhaldea nervosa (Wall. ex DC.) Anderb.; *Inula nervosa* Wall.; Ⅰ, Ⅱ, Ⅳ, Ⅴ, Ⅵ, Ⅶ; √

翼茎羊耳菊
Duhaldea pterocaula (Franch.) Anderb.; *Inula pterocaula* Franch.; Ⅰ, Ⅱ, Ⅳ, Ⅵ, Ⅶ

滇南羊耳菊
Duhaldea wissmanniana (Hand.-Mazz.) Anderb.; *Inula wissmanniana* Hand.-Mazz.; Ⅴ

松果菊*（紫锥菊、紫锥花）
Echinacea angustifolia DC.

鳢肠#
Eclipta prostrata (L.) L; √

地胆草
Elephantopus scaber L.; Ⅳ, Ⅴ

小一点红
Emilia prenanthoidea DC.; Ⅰ, Ⅱ, Ⅲ, Ⅳ, Ⅴ, Ⅵ, Ⅶ

一点红
Emilia sonchifolia (L.) DC.; Ⅰ, Ⅱ, Ⅳ, Ⅴ, Ⅵ, Ⅶ

梁子菜#
Erechtites hieraciifolius (L.) Raf. ex DC.

一年蓬#
Erigeron annuus (L.) Pers.; √

香丝草#
Erigeron bonariensis L.; *Conyza bonariensis* (L.) Cronq.; √

短葶飞蓬
Erigeron breviscapus (Vant.) Hand.-Mazz.; Ⅰ, Ⅱ, Ⅲ, Ⅳ, Ⅴ, Ⅵ, Ⅶ; √

小蓬草#（小白酒草）
Erigeron canadensis L.; *Conyza canadensis* (L.) Cronq.

多舌飞蓬
Erigeron multiradiatus (Lindl.) Benth.; Ⅱ

展苞飞蓬
Erigeron patentisquama Jeffrey; Ⅱ, Ⅵ

苏门白酒草#
Erigeron sumatrensis Retz.; *Conyza sumatrensis* (Retz.) Walker; √

羽裂白酒草（羽裂劲直白酒草）
Erigeron trisulcus D. Don; *Conyza stricta* Willd. var. *pinnatifida* (D. Don) Kitam.; Ⅰ, Ⅱ, Ⅵ, Ⅶ; √

熊胆草
★**Eschenbachia blinii** (H. Lév.) Brouillet; *Conyza blinii* H. Lév.; Ⅰ, Ⅱ, Ⅳ, Ⅴ, Ⅵ, Ⅶ; √

白酒草
Eschenbachia japonica (Thunb.) J. Kost.; *Conyza japonica* (Thunb.) Less.; Ⅰ, Ⅱ, Ⅲ, Ⅳ, Ⅴ, Ⅵ, Ⅶ; √

粘毛白酒草
Eschenbachia leucantha (D. Don) Brouillet; *Conyza leucantha* (D. Don) Ludlow et Raven; Ⅰ, Ⅳ, Ⅵ

劲直白酒草
Eschenbachia stricta (Willd.) Raizada; *Conyza stricta* Willd.; Ⅳ, Ⅶ

细叶鼠麹草
Euchiton japonicus (Thunb.) Holub; *Gnaphalium japonicum* Thunb.; Ⅱ; √

大麻叶泽兰#
Eupatorium cannabinum L.

多须公（三裂白头婆）
Eupatorium chinense L.; *Eupatorium japonicum* Thunb. var. *tripartitum* Makino; Ⅴ

佩兰
Eupatorium fortunei Turcz.; Ⅰ, Ⅱ, Ⅳ, Ⅴ, Ⅵ, Ⅶ

异叶泽兰
Eupatorium heterophyllum DC.; Ⅰ, Ⅱ, Ⅳ, Ⅵ; √

白头婆
Eupatorium japonicum Thunb.; Ⅰ, Ⅱ, Ⅲ, Ⅳ, Ⅴ, Ⅵ, Ⅶ

黄金菊*
Euryops pectinatus Cass.

滇花佩菊（红冠花佩菊、蕨叶花佩）
●**Faberia ceterach** Beauverd; Ⅰ, Ⅱ

花佩菊
★**Faberia sinensis** Hemsl.; Ⅰ, Ⅱ, Ⅶ

宿根天人菊*（车轮菊）
Gaillardia aristata Pursh.

天人菊*
Gaillardia pulchella Foug.

牛膝菊#（辣子草）
Galinsoga parviflora Cav.; √

粗毛牛膝菊#
Galinsoga quadriradiata Ruiz et Pav.

匙叶合冠鼠麹草#（匙叶鼠麹草）
Gamochaeta pensylvanica (Willd.) Cabrera; *Gnaphalium pensylvanicum* Willd.; √

非洲菊*
Gerbera jamesonii Bolus

茼蒿*
Glebionis coronaria (L.) Cass. ex Spach; *Chrysanthemum coronarium* L.

小葵子*
Guizotia abyssinica (L. f.) Cass.

展枝斑鸠菊
Gymnanthemum extensum (DC.) Steetz; *Vernonia extensa* (Wall.) DC.; Ⅰ, Ⅴ, Ⅵ

光冠水菊#（裸冠菊）
Gymnocoronis spilanthoides DC.

红凤菜（血皮菜）
Gynura bicolor (Roxb. ex Willd.) DC.; Ⅴ

木耳菜
Gynura cusimbua (D. Don) S. Moore; Ⅰ, Ⅱ, Ⅵ

白子菜
Gynura divaricata (L.) DC.; Ⅰ, Ⅴ

菊三七（土三七）
Gynura japonica (Thunb.) Juel.; Ⅰ, Ⅱ, Ⅲ, Ⅳ, Ⅴ, Ⅵ, Ⅶ; √

狗头七
Gynura pseudochina (L.) DC.; Ⅰ, Ⅱ, Ⅲ, Ⅳ,

Ⅴ，Ⅵ，Ⅶ；√

向日葵[*]

Helianthus annuus L.

菊芋[*]

Helianthus tuberosus L.

泥胡菜

Hemisteptia lyrata (Bunge) Fisch. et C. A. Mey.；Ⅰ，Ⅱ，Ⅲ，Ⅳ，Ⅴ，Ⅵ，Ⅶ；√

三角叶须弥菊（三角叶风毛菊）

Himalaiella deltoidea (DC.) Raab-Straube；*Saussurea deltoidea* (DC.) Sch.-Bip.；Ⅰ，Ⅱ，Ⅲ，Ⅳ，Ⅴ，Ⅵ，Ⅶ；√

小头须弥菊（小头风毛菊）

Himalaiella nivea (DC.) Raab-Straube；*Saussurea crispa* Vaniot；Ⅱ，Ⅲ

叶头须弥菊（叶头风毛菊）

Himalaiella peguensis (C. B. Clarke) Raab-Straube；*Saussurea peguensis* C. B. Clarke；Ⅴ

川滇女蒿（菊花参）

★**Hippolytia delavayi** (W. W. Sm.) C. Shih；Ⅱ，Ⅶ

白花猫儿菊[#]

Hypochaeris albiflora (Kuntze) Azevêdo-Gon. et Matzenb.

假蒲公英猫儿菊[#]

Hypochaeris radicata L.；√

山蟛蜞菊（麻叶蟛蜞菊）

Indocypraea montana (Blume) Orchard；*Wollastonia montana* (Blume) Candolle；Ⅰ，Ⅱ，Ⅲ，Ⅴ；√

水朝阳旋覆花

Inula helianthus-aquatilis C. Y. Wu ex Y. Ling；Ⅰ，Ⅱ，Ⅲ，Ⅳ，Ⅴ，Ⅵ，Ⅶ；√

绢叶旋覆花（绢毛旋覆花）

Inula sericophylla Franch.；Ⅰ

细叶小苦荬

Ixeridium gracile (DC.) Pak et Kawano；Ⅰ，Ⅱ，Ⅲ，Ⅳ，Ⅴ，Ⅵ，Ⅶ

中华苦荬菜（原亚种）（中华小苦荬）

Ixeris chinensis (Thunb.) Nakai subsp. **chinensis**；*Ixeridium chinense* (Thunb.) Tzvel.；Ⅰ，Ⅱ，Ⅲ，Ⅳ，Ⅴ，Ⅵ，Ⅶ

多色苦荬（亚种）（并齿小苦荬、丝叶小苦荬、窄叶小苦荬）

Ixeris chinensis (Thunb.) Nakai subsp. **versicolor** (Fisch. ex Link) Kitam.；*Ixeridium biparum* Shih，*Ixeridium graminifolium* (Ledeb.) Tzvel.，*Ixeridium gramineum* (Fisch.) Tzvel.；Ⅰ，Ⅱ

苦荬菜

Ixeris polycephala Cass.；Ⅰ，Ⅱ，Ⅳ，Ⅵ，Ⅶ

菊状千里光

Jacobaea analoga (DC.) Veldkamp；*Senecio analogus* Candolle，*Senecio laetus* Edgew.；Ⅰ，Ⅱ，Ⅲ，Ⅳ，Ⅴ，Ⅵ，Ⅶ；√

纤花千里光

Jacobaea graciliflora (DC.) Sennikov；*Senecio graciliflorus* DC.；Ⅱ

裸茎千里光

Jacobaea nudicaulis (Buch.-Ham. ex D. Don) B. Nord.；*Senecio nudicaulis* Buch.-Ham. ex D. Don；Ⅰ，Ⅱ，Ⅴ，Ⅵ；√

钝叶千里光

Jacobaea nudicaulis (Buch.-Ham. ex D. Don) B. Nord.；*Senecio obtusatus* Wall. ex DC.；Ⅰ，Ⅵ，Ⅶ

翠雀叶蟹甲草

★**Japonicalia delphiniifolia** (Siebold et Zucc.) C. Ren et Q. E. Yang；*Parasenecio delphiniifolius* (Siebold et Zuccarini) H. Koyama，*Parasenecio delphiniphyllus* (Lévl.) Y. L. Chen；Ⅱ

长叶莴苣

Lactuca dolichophylla Kitam.；Ⅰ

台湾翅果菊

★**Lactuca formosana** Maxim.；*Pterocypsela formosana* (Maxim.) Shih；Ⅰ

翅果菊

Lactuca indica L.；*Pterocypsela indica* (L.) Shih；Ⅰ，Ⅱ；√

莴苣[*]（原变种）

Lactuca sativa L. var. **sativa**

莴笋[*]（变种）

Lactuca sativa L. var. **angustata** Irish ex Bremer

野莴苣[#]

Lactuca serriola L.

六棱菊

Laggera alata (DC.) Sch. Bip. ex Oliv.；Ⅰ，Ⅱ，Ⅲ，Ⅳ，Ⅴ，Ⅵ，Ⅶ；√

翼齿六棱菊（臭灵丹）

Laggera crispata (Vahl) Hepper et J. R. I. Wood；*Laggera pterodonta* (DC.) Benth.；Ⅰ，Ⅱ，Ⅲ，Ⅳ，Ⅴ，Ⅵ，Ⅶ；√

稻槎菜

Lapsanastrum apogonoides (Maxim.) Pak et K. Bremer；*Lapsana apogonoides* Maxim；Ⅰ

光茎栓果菊（无茎栓果菊）

Launaea acaulis (Roxb.) Babc. ex Kerr；Ⅰ，Ⅴ

假小喙菊

Launaea procumbens (Roxb.) Ramayya et Rajagopal; *Paramicrorhynchus procumbens* (Roxb.) Kirp.; Ⅱ，Ⅶ

大丁草

Leibnitzia anandria (L.) Nakai; *Gerbera anandria* (L.) Sch.-Bip.; Ⅰ，Ⅱ，Ⅳ，Ⅶ

尼泊尔大丁草

Leibnitzia nepalensis (Kuntze) Kitam.; Ⅰ，Ⅱ

红缨大丁草

Leibnitzia ruficoma (Franch.) Kitam.; *Gerbera ruficoma* Franch.; Ⅰ，Ⅱ，Ⅳ

松毛火绒草（钻叶火绒草）

Leontopodium andersonii C. B. Clarke; *Leontopodium subulatum* (Franch.) Beauv.; Ⅰ，Ⅱ，Ⅲ，Ⅳ，Ⅴ，Ⅵ，Ⅶ；√

艾叶火绒草

★ **Leontopodium artemisiifolium** (H. Lév.) Beauv.; Ⅰ，Ⅱ

美头火绒草

★**Leontopodium calocephalum** Beauv.; Ⅱ，Ⅳ

戟叶火绒草

Leontopodium dedekensii (Bur. et Franch.) Beauv.; Ⅰ，Ⅱ，Ⅳ，Ⅵ，Ⅶ；√

长茎雅谷火绒草（变种）（长茎星苞火绒草）

Leontopodium jacotianum Beauv. var. **minum** (Beauv.) Hand.-Mazz.; Ⅱ

华火绒草（白雪火绒草）

★**Leontopodium sinense** Hemsl. ex F. B. Forbes et Hemsl.; Ⅰ，Ⅱ，Ⅳ，Ⅴ，Ⅵ，Ⅶ；√

毛香火绒草

Leontopodium stracheyi C. B. Clarke ex Hemsl.; Ⅱ

咸虾花

Lepidaploa remotiflora (Rich.) H. Rob.; *Vernonia patula* (Dryand.) Merr.; Ⅳ，Ⅴ

刺苞斑鸠菊

Lessingianthus plantaginodes (Kuntze) H. Rob.; *Vernonia squarrosa* (D. Don) Less.; Ⅰ，Ⅳ，Ⅴ

白菊木

Leucomeris decora Kurz; *Gochnatia decora* (Kurz) A. L. Cabrera; Ⅱ，Ⅴ，Ⅵ

翅柄橐吾

★**Ligularia alatipes** Hand.-Mazz.; Ⅱ，Ⅵ

齿叶橐吾

Ligularia dentata (A. Gray) Hara; Ⅰ；√

蹄叶橐吾

Ligularia fischeri Turcz.; Ⅱ

隐舌橐吾

★**Ligularia franchetiana** (H. Lév.) Hand.-Mazz.; Ⅱ

鹿蹄橐吾

Ligularia hodgsonii Hook. f.; Ⅵ

细茎橐吾

Ligularia hookeri (C. B. Clarke) Hand.-Mazz.; Ⅰ

干崖子橐吾

▲**Ligularia kanaitzensis** (Franch.) Hand.-Mazz.; Ⅶ

洱源橐吾

★**Ligularia lankongensis** (Franch.) Hand.-Mazz.; Ⅱ，Ⅵ

牛蒡叶橐吾（酸模叶橐吾）

★**Ligularia lapathifolia** (Franch.) Hand.-Mazz.; Ⅰ，Ⅱ，Ⅵ，Ⅶ

宽戟橐吾

★**Ligularia latihastata** Hand.-Mazz.; Ⅱ，Ⅴ，Ⅶ

莲叶橐吾

★**Ligularia nelumbifolia** Hand.-Mazz.; Ⅱ

小叶橐吾

★**Ligularia parvifolia** C. C. Chang; Ⅰ，Ⅴ，Ⅶ

叶状鞘橐吾（鞘叶橐吾）

Ligularia phyllocolea Hand.-Mazz.; Ⅵ

宽舌橐吾

▲**Ligularia platyglossa** (Franch.) Hand.-Mazz.; Ⅰ，Ⅱ，Ⅵ，Ⅶ

裂舌橐吾（狭舌橐吾）

Ligularia stenoglossa (Franch.) Hand.-Mazz.; Ⅱ

东俄洛橐吾

★**Ligularia tongolensis** (Franch.) Hand.-Mazz.; Ⅱ

苍山橐吾

★**Ligularia tsangchanensis** (Franch.) Hand.-Mazz.; Ⅱ，Ⅶ

绵毛橐吾

★**Ligularia vellerea** (Franch.) Hand.-Mazz.; Ⅱ，Ⅶ

川鄂橐吾

★**Ligularia wilsoniana** Greenm.; Ⅱ

大花毛鳞菊

Melanoseris atropurpurea (Franch.) N. Kilian et Z. H. Wang; *Chaetoseris grandiflora* (Franch.) C. Shih; Ⅰ，Ⅱ，Ⅵ；√

毛鳞菊

★ **Melanoseris beesiana** (Diels) N. Kilian; *Chaetoseris lyriformis* C. Shih; Ⅱ

蓝花毛鳞菊

Melanoseris cyanea Edgew.; *Chaetoseris cyanea* (D. Don) C. Shih；Ⅰ，Ⅱ

细莴苣（细花莴苣、大理细莴苣）

Melanoseris graciliflora (DC.) N. Kilian; *Stenoseris graciliflora* (Wall. ex DC.) C. Shih, *Stenoseris taliensis* (Franch.) C. Shih；Ⅱ，Ⅳ

鹤庆毛鳞菊

★**Melanoseris hirsuta** (C. Shih) N. Kilian; *Chaetoseris hirsuta* (Franch.) C. Shih；Ⅱ

光苞毛鳞菊

Melanoseris leiolepis (C. Shih) N. Kilian et J. W. Zhang; *Chaetoseris leiolepis* C. Shih；Ⅱ

丽江毛鳞菊

★**Melanoseris likiangensis** (Franch.) N. Kilian et Z. H. Wang; *Chaetoseris likiangensis* (Franch.) C. Shih；Ⅱ

头嘴菊

Melanoseris macrorhiza (Royle) N. Kilian; *Cephalorrhynchus macrorrhizus* (Royle) Tsuil；Ⅴ

康滇毛鳞菊（滇康合头菊）

Melanoseris souliei (Franch.) N. Kilian; *Syncalathium souliei* (Franch.) Y. Ling；Ⅳ

戟裂毛鳞菊

★**Melanoseris taliensis** (C. Shih) N. Kilian et Z. H. Wang; *Chaetoseris taliensis* C. Shih；Ⅰ，Ⅱ，Ⅶ

云南毛鳞菊

★**Melanoseris yunnanensis** (C. Shih) N. Kilian et Z. H. Wang; *Chaetoseris yunnanensis* C. Shih；Ⅰ，Ⅱ

小舌菊

Microglossa pyrifolia (Lam.) Kuntze；Ⅴ，Ⅵ

假泽兰#

Mikania cordata (Burm. f.) B. L. Rob.

大叶单鸠菊（大叶斑鸠菊）

Monosis volkameriifolia (DC.) H. Rob. et Skvarla; *Vernonia volkameriifolia* (Wall.) DC.；Ⅳ，Ⅴ

羽裂粘冠草

★**Myriactis delavayi** Gagnep.；Ⅱ，Ⅶ

圆舌粘冠草

Myriactis nepalensis Less.；Ⅰ，Ⅱ，Ⅲ，Ⅳ，Ⅴ，Ⅵ，Ⅶ；√

狐狸草

Myriactis wallichii Less.；Ⅰ，Ⅱ，Ⅲ，Ⅳ，Ⅴ，Ⅵ，Ⅶ

粘冠草

Myriactis wightii DC.；Ⅰ，Ⅱ，Ⅲ，Ⅳ，Ⅴ，Ⅵ，

Ⅶ；√

刻裂羽叶菊

★**Nemosenecio incisifolius** (Jeffrey) B. Nord.；Ⅰ

茄状羽叶菊（茄叶千里光、茄叶羽叶菊）

▲**Nemosenecio solenoides** (Dunn) B. Nord.；Ⅳ

滇羽叶菊

★**Nemosenecio yunnanensis** B. Nord.；Ⅰ，Ⅲ；√

栌菊木

★**Nouelia insignis** Franch.；Ⅰ，Ⅱ，Ⅳ，Ⅴ，Ⅵ，Ⅶ

钩苞大丁草（火石花）

Oreoseris delavayi (Franch.) X. D. Xu et W. Zheng; *Gerbera delavayi* Franch.；Ⅰ，Ⅱ，Ⅳ，Ⅴ，Ⅵ，Ⅶ；√

灰岩大丁草

Oreoseris gossypina (Royle) X. D. Xu et V. A. Funk; *Leibnitzia pusilla* (DC.) Gould；Ⅰ，Ⅱ，Ⅲ，Ⅳ，Ⅶ

蒙自大丁草（蒙自火石花）

★**Oreoseris henryi** (Dunn) W. Zheng et J. Wen; *Gerbera delavayi* Franch. var. *henryi* (Dunn) C. Y. Wu et H. Peng；Ⅰ，Ⅱ，Ⅶ；√

密毛假福王草

★**Paraprenanthes glandulosissima** (C. C. Chang) C. Shih；Ⅴ

狭裂假福王草

●**Paraprenanthes longiloba** Ling et C. Shih；Ⅰ

黑花假福王草（菱叶紫菊、黑花紫菊）

★**Paraprenanthes melanantha** (Franch.) Ze H. Wang; *Notoseris rhombiformis* C. Shih, *Notoseris melanantha* (Franch.) C. Shih；Ⅰ，Ⅱ

蕨叶假福王草

★**Paraprenanthes polypodifolia** (Franch.) C. C. Chang ex C. Shih；Ⅱ，Ⅳ，Ⅴ

假福王草

Paraprenanthes sororia (Miq.) C. Shih；Ⅴ

轮叶蟹甲草

★**Parasenecio cyclotus** (Bur. et Franch.) Y. L. Chen；Ⅱ，Ⅶ

蟹甲草

★**Parasenecio forrestii** W. W. Sm. et Samll；Ⅰ，Ⅵ

瓜拉坡蟹甲草

▲**Parasenecio koualapensis** (Franch.) Y. L. Chen；Ⅱ，Ⅵ，Ⅶ

阔柄蟹甲草

★**Parasenecio latipes** (Franch.) Y. L. Chen；Ⅱ

掌裂蟹甲草
Parasenecio palmatisectus (J. F. Jefrey) Y. L. Chen;
II，III

盐丰蟹甲草
▲**Parasenecio tenianus** (Hand.-Mazz.) Y. L. Chen; VII

昆明蟹甲草
▲**Parasenecio tripteris** (Hand.-Mazz.) Y. L. Chen;
I，II，VI，VII

银胶菊#
Parthenium hysterophorus L.；√

白背苇谷草（变种）
Pentanema indicum (L.) Ling var. **hypoleucum**
(Hand.-Mazz.) Ling；IV，V，VII

瓜叶菊*
Pericallis hybrida B. Nord.

昆明帚菊
★**Pertya bodinieri** Vaniot；I，V，VII

黄氏帚菊
●**Pertya huangiae** Huan C. Wang et Q. P. Wang;
V；√

毛裂蜂斗菜
Petasites tricholobus Franch.；II，III

滇苦菜
★**Picris divaricata** Vaniot；I，II，III，IV，V，
VI，VII；√

毛连菜
Picris hieracioides L.；I，II，IV，V；√

日本毛连菜
Picris japonica Thunb.；II，VII

丽江毛连菜（单毛毛连菜）
★**Picris junnanensis** V. Vassil.; *Picris hieracioides*
L. subsp. *fuscipilosa* Hand.-Mazz.；I，IV

兔耳一枝箭（毛大丁草）
Piloselloides hirsuta (Forssk.) C. Jeffrey ex Cufod.;
I，II，IV，V，VI，VII；√

宽叶拟鼠麹草（宽叶鼠麹草）
Pseudognaphalium adnatum (DC.) Y. S. Chen;
Gnaphalium adnatum (Wall. ex DC.) Kitam.；I，
II，III，IV，V，VI，VII；√

拟鼠麹草（鼠麹草）
Pseudognaphalium affine (D. Don) Anderb.;
Gnaphalium affine D. Don；I，II，III，IV，V，
VI，VII；√

金头拟鼠麹草（金头鼠麹草）
★**Pseudognaphalium chrysocephalum** (Franch.)
Hilliard et B. L. Burtt; *Gnaphalium chrysocephalum*

Franch.；I，II，VII

秋拟鼠麹草（原变种）（秋鼠麹草）
Pseudognaphalium hypoleucum (DC.) Hilliard et
B. L. Burtt var. **hypoleucum**; *Gnaphalium hypol-
eucum* DC.；I，II，III，IV，V，VI，VII；√

亮褐拟秋鼠麹草（变种）（亮褐秋鼠麹草）
Pseudognaphalium hypoleucum (DC.) Hilliard et
B. L. Burtt var. **brunneonitens** (Hand.-Mazz.) Huan C.
Wang et F. Yang **comb. nov.**; *Gnaphalium
hypoleucum* DC. var. *brunneonitens* Hand.-Mazz.；II

金光菊*
Rudbeckia laciniata L.

草地风毛菊
Saussurea amara (L.) DC.；IV

百裂风毛菊
★**Saussurea centiloba** Hand.-Mazz.；II

大坪子风毛菊
★**Saussurea chetchozensis** Franch.；I，II

硬叶风毛菊（缘毛风毛菊）
★**Saussurea ciliaris** Franch.；II

长毛风毛菊
Saussurea hieracioides Hook. f.；II，VII

利马川风毛菊（无柄风毛菊）
★**Saussurea leclerei** H. Lév.；I，II

狮牙草状风毛菊
Saussurea leontodontoides (DC.) Sch.-Bip.；II

东俄洛风毛菊（羽裂风毛菊）
Saussurea pachyneura Franch.；II

显梗风毛菊
★**Saussurea peduncularis** Franch.；II，VII

松林风毛菊
★**Saussurea pinetorum** Hand.-Mazz.；I，II

拟昂头风毛菊
★**Saussurea sobarocephaloides** Y. S. Chen；II

绒背风毛菊
▲**Saussurea vestita** Franch.；I，II

帚状风毛菊（帚枝风毛菊）
▲**Saussurea virgata** Franch.；II

云南风毛菊
★**Saussurea yunnanensis** Franch.；I，II，VI，VII

糙叶千里光
★**Senecio asperifolius** Franch.；I，II，III，IV，VII

瓜叶千里光
Senecio cinarifolius H. Lév.；II

匍枝千里光（匐枝千里光）
★Senecio filiferus Franch.; Ⅰ，Ⅱ，Ⅲ，Ⅴ

弥勒千里光（圭山千里光）
●Senecio humbertii Chang; Ⅰ，Ⅱ，Ⅳ

凉山千里光
★Senecio liangshanensis C. Jeffrey et Y. L. Chen; Ⅱ

绿玉菊*
Senecio macroglossus DC.

黑苞千里光
★Senecio nigrocinctus Franch.; Ⅰ，Ⅱ

西南千里光
★Senecio pseudomairei H. Lév.; Ⅰ，Ⅱ，Ⅳ

蕨叶千里光
★Senecio pteridophyllus Franch.; Ⅲ

千里光（原变种）
Senecio scandens Buch.-Ham. ex D. Don var. **scandens**; Ⅰ，Ⅱ，Ⅲ，Ⅳ，Ⅴ，Ⅵ，Ⅶ; √

缺刻千里光（变种）
Senecio scandens Buch.-Ham. ex D. Don var. **incisus** Franch.; Ⅰ，Ⅱ，Ⅳ

匙叶千里光
★Senecio spathiphyllus Franch.; Ⅰ

欧洲千里光#
Senecio vulgaris L.; √

岩生千里光
Senecio wightii (DC.) Benth. ex C. B. Clarke; Ⅰ，Ⅱ，Ⅳ，Ⅴ，Ⅵ

毛梗豨莶
Sigesbeckia glabrescens (Makino) Makino; Ⅰ，Ⅴ，Ⅵ，Ⅶ

豨莶
Sigesbeckia orientalis L.; Ⅰ，Ⅱ，Ⅲ，Ⅴ，Ⅵ，Ⅶ; √

腺梗豨莶（无腺腺梗豨莶）
Sigesbeckia pubescens (Makino) Makino; *Sigesbeckia pubescens* (Makino) Makino f. *eglandulosa* Ling et Hwang; Ⅰ，Ⅱ，Ⅳ，Ⅵ，Ⅶ

双花华蟹甲
★Sinacalia davidii (Franch.) Koyama; Ⅲ

滇黔蒲儿根
★Sinosenecio bodinieri (Vant.) B. Nord.; Ⅲ，Ⅳ

蒲儿根
Sinosenecio oldhamianus (Maxim.) B. Nord.; Ⅰ，Ⅱ，Ⅲ，Ⅳ，Ⅴ，Ⅵ，Ⅶ

加拿大一枝黄花#
Solidago canadensis L.

一枝黄花
Solidago decurrens Lour.; Ⅰ，Ⅳ，Ⅴ

短裂苦苣菜（亚种）
Sonchus arvensis L. subsp. **uliginosus** (M. Bieb.) Nyman; *Sonchus uliginosus* M. Bieb.; Ⅳ，Ⅴ，Ⅵ

花叶滇苦菜（续断菊）
Sonchus asper (L.) Hill; Ⅰ，Ⅱ，Ⅲ，Ⅳ，Ⅴ，Ⅵ，Ⅶ; √

苦苣菜
Sonchus oleraceus L.; Ⅰ，Ⅱ，Ⅲ，Ⅳ，Ⅴ，Ⅵ，Ⅶ; √

苣荬菜（南苦苣菜）
Sonchus wightianus DC.; *Sonchus arvensis* L., *Sonchus lingianus* Shih; Ⅰ，Ⅱ，Ⅲ，Ⅳ，Ⅴ，Ⅵ，Ⅶ; √

皱叶绢毛苣
Soroseris hookeriana Stebbins; Ⅱ

南美蟛蜞菊#
Sphagneticola trilobata (L.) Pruski

斑鸠菊
Strobocalyx esculenta (Hemsl.) H. Rob., S. C. Keeley, Skvarla et R. Chan; *Vernonia esculenta* Hemsl.; Ⅰ，Ⅱ，Ⅲ，Ⅳ，Ⅴ，Ⅵ，Ⅶ; √

茄叶斑鸠菊
Strobocalyx solanifolia Sch. Bip.; *Vernonia solanifolia* Benth.; Ⅳ

林生斑鸠菊
★Strobocalyx sylvatica (Dunn) H. Rob., S. C. Keeley, Skvarla et R. Chan; *Vernonia sylvatica* Dunn; Ⅰ

荷兰菊*
Symphyotrichum novi-belgii (L.) G. L. Nesom; *Aster novi-belgii* L.

钻叶紫菀#
Symphyotrichum subulatum (Michx.) G. L. Nesom; *Aster subulatus* (Michx.) G. L. Nesom; √

金腰箭#
Synedrella nodiflora (L.) Gaertn.

翅柄合耳菊
Synotis alata (Wall. ex DC.) C. Jeffrey et Y. L. Chen; Ⅳ

密花合耳菊
Synotis cappa (Buch.-Ham. ex D. Don) C. Jeffrey et Y. L. Chen; Ⅰ，Ⅱ，Ⅲ，Ⅳ，Ⅴ，Ⅵ，Ⅶ; √

昆明合耳菊
★Synotis cavaleriei (H. Lév.) C. Jeffrey et Y. L.

Chen；Ⅰ，Ⅱ，Ⅶ；√

心叶合耳菊
★**Synotis cordifolia** Y. L. Chen；Ⅱ

滇东合耳菊
★**Synotis duclouxii** (Dunn) C. Jeffrey et Y. L. Chen；Ⅰ，Ⅱ，Ⅶ

红缨合耳菊
★**Synotis erythropappa** (Bur. et Franch.) C. Jeffrey et Y. L. Chen；Ⅰ，Ⅱ

聚花合耳菊
Synotis glomerata C. Jeffrey et Y. L. Chen；Ⅶ

紫毛合耳菊
Synotis ionodasys (Hand.-Mazz.) C. Jeffrey et Y. L. Chen；Ⅰ，Ⅴ，Ⅵ

锯叶合耳菊
Synotis nagensium (C. B. Clarke) C. Jeffrey et Y. L. Chen；Ⅰ，Ⅲ，Ⅳ

腺毛合耳菊
Synotis saluenensis (Diels) C. Jeffrey et Y. L. Chen；Ⅰ，Ⅴ，Ⅵ

林荫合耳菊
▲**Synotis sciatrephes** (W. W. Sm.) C. Jeffrey et Y. L. Chen；Ⅰ，Ⅱ，Ⅲ

三舌合耳菊
Synotis triligulata (Buch.-Ham. ex D. Don) C. Jeffrey et Y. L. Chen；Ⅰ，Ⅴ

合耳菊
Synotis wallichii (DC.) C. Jeffrey et Y. L. Chen；Ⅱ，Ⅶ

万寿菊#（孔雀菊）
Tagetes erecta L.；*Tagetes patula* L.；√

川西小黄菊
Tanacetum tatsienense (Bureau et Franch.) K. Bremer et Humphries；*Pyrethrum tatsienense* (Bur. et Franch.) Ling ex Shih；Ⅲ

反苞蒲公英
★**Taraxacum grypodon** Dahlst.；Ⅰ，Ⅱ

印度蒲公英
Taraxacum indicum H. Lindberg.；Ⅰ，Ⅱ

蒲公英
Taraxacum mongolicum Hand.-Mazz.；Ⅰ，Ⅱ，Ⅲ，Ⅳ，Ⅴ，Ⅵ，Ⅶ

药用蒲公英#
Taraxacum officinale F. H. Wigg.；√

华蒲公英
Taraxacum sinicum Kitag.；*Taraxacum borealisinense*

Kitam.；Ⅳ

匍枝狗舌草
★**Tephroseris stolonifera** (Cuf.) Holub；Ⅶ

肿柄菊#
Tithonia diversifolia A. Gray；√

蒜叶婆罗门参*
Tragopogon porrifolius L.

羽芒菊#
Tridax procumbens L.；√

夜香牛
Vernonia cinerea (L.) Less.；Ⅰ，Ⅱ，Ⅴ，Ⅵ

垂头苇谷草
Vicoa cernua Dalzell；*Pentanema cernuum* (Dalzell) Y. Ling；Ⅰ

苍耳
Xanthium strumarium L.；*Xanthium sibiricum* Patrin ex Widder；Ⅰ，Ⅱ，Ⅲ，Ⅳ，Ⅴ，Ⅵ，Ⅶ；√

蜡菊*
Xerochrysum bracteatum (Vent.) Tzvelev；*Helichrysum bracteatum* (Vent.) Andr.

二叉黄鹌菜（顶凹黄鹌菜）
★**Youngia bifurcata** Babc. et Stebbins；Ⅱ

鼠冠黄鹌菜
Youngia cineripappa (Babc.) Babc. et Stebbins；Ⅰ，Ⅱ

红果黄鹌菜
Youngia erythrocarpa (Vaniot) Babc. et Stebbins；Ⅱ，Ⅳ

厚绒黄鹌菜
★**Youngia fusca** (Babc.) Babc. et Stebbins；Ⅰ，Ⅱ，Ⅲ，Ⅵ，Ⅶ

异叶黄鹌菜
★**Youngia heterophylla** (Hemsl.) Babc. et Stebbins；Ⅰ，Ⅲ

心叶假还阳参（心叶黄瓜菜）
Youngia humifusa (Dunn) Y. L. Peng et X. F. Gao；*Paraixeris humifusa* (Dunn) C. Shih, *Crepidiastrum humifusum* (Dunn) Sennikov；Ⅰ，Ⅱ

黄鹌菜（原亚种）
Youngia japonica (L.) DC. subsp. **japonica**；Ⅰ，Ⅱ，Ⅳ，Ⅴ，Ⅶ；√

卵裂黄鹌菜（亚种）
Youngia japonica (L.) DC. subsp. **elstonii** (Hochr.) Babc. et Stebbins；*Youngia pseudosenecio* (Vaniot) C. Shih；Ⅰ，Ⅳ，Ⅴ

绵毛黄鹌菜
●**Youngia lanata** Babc. et Stebbins; Ⅱ

东川黄鹌菜
●**Youngia mairei** (H. Lév.) Babc. et Stebbins; Ⅱ

羽裂黄鹌菜
★**Youngia paleacea** (Diels) Babc. et Stebbins; Ⅱ, Ⅳ, Ⅶ

百日菊[#]
Zinnia elegans Jacq.

多花百日菊[#]
Zinnia peruviana (L.) L.

408 五福花科 Adoxaceae
[2 属 22 种，含 4 栽培种]

血满草
Sambucus adnata Wall. ex DC.; Ⅰ, Ⅱ, Ⅲ, Ⅳ, Ⅴ, Ⅵ, Ⅶ; √

接骨草
Sambucus javanica Reinw. ex Blume; *Sambucus chinensis* Lindl.; Ⅰ, Ⅱ, Ⅲ, Ⅳ, Ⅴ, Ⅵ, Ⅶ

接骨木
Sambucus williamsii Hance; Ⅰ, Ⅱ, Ⅲ, Ⅳ, Ⅴ, Ⅵ, Ⅶ; √

蓝黑果荚蒾（毛枝荚蒾）
Viburnum atrocyaneum C. B. Clarke; *Viburnum atrocyaneum* C. B. Clarke subsp. *harryanum* (Rehd.) P. S. Hsu; Ⅰ, Ⅱ, Ⅲ, Ⅳ, Ⅴ, Ⅵ, Ⅶ

桦叶荚蒾（湖北荚蒾）
★ **Viburnum betulifolium** Batal.; *Viburnum hupehense* Rehd.; Ⅱ

短序荚蒾（尖果荚蒾）
★**Viburnum brachybotryum** Hemsl.; Ⅴ

漾濞荚蒾
★**Viburnum chingii** Hsu; Ⅰ, Ⅱ, Ⅲ, Ⅴ, Ⅵ; √

密花荚蒾
★**Viburnum congestum** Rehd.; Ⅰ, Ⅱ, Ⅳ, Ⅴ, Ⅶ; √

苹果叶荚蒾（亚种）
Viburnum corymbiflorum Hsu et S. C. Hsu subsp. **malifolium** Hsu; Ⅴ

水红木
Viburnum cylindricum Buch.-Ham. ex D. Don; Ⅰ, Ⅱ, Ⅲ, Ⅳ, Ⅴ, Ⅵ, Ⅶ; √

红荚蒾（原变种）
Viburnum erubescens Wall. ex DC. var. **erubescens**; Ⅱ, Ⅶ

紫药红荚蒾（变种）
Viburnum erubescens Wall. ex DC. var. **prattii** (Graebn.) Rehd.; Ⅱ, Ⅶ

珍珠荚蒾（变种）
Viburnum foetidum Wall. var. **ceanothoides** (C. H. Wright) Hand.-Mazz.; Ⅰ, Ⅱ, Ⅲ, Ⅳ, Ⅴ, Ⅵ, Ⅶ

直角荚蒾（变种）
Viburnum foetidum Wall. var. **rectangulatum** (Graebn.) Rehd.; Ⅱ, Ⅳ, Ⅶ

琼花荚蒾[*]（琼花、八仙花）
Viburnum keteleeri Carrière

绣球荚蒾[*]
Viburnum keteleeri Carrière cv. 'Sterile' Z. H. Chen et P. L. Chiu

显脉荚蒾（心叶荚蒾）
Viburnum nervosum D. Don; Ⅴ, Ⅵ

鳞斑荚蒾
Viburnum punctatum Buch.-Ham. ex D. Don; Ⅰ, Ⅱ, Ⅳ, Ⅴ, Ⅵ

锥序荚蒾
Viburnum pyramidatum Rehd.; Ⅴ

腾越荚蒾（腾冲荚蒾）
Viburnum tengyuehense (W. W. Sm.) Hsu; Ⅴ, Ⅵ

蝴蝶荚蒾[*]（蝴蝶戏珠花）
Viburnum thunbergianum Z. H. Chen et P. L. Chiu

粉团[*]（粉团花、雪球荚蒾）
Viburnum thunbergianum cv. 'Plenum' Z. H. Chen et P. L. Chiu

409 忍冬科 Caprifoliaceae
[13 属 45 种，含 1 栽培种]

裂叶翼首花
★**Bassecoia bretschneideri** (Batalin) B. L. Burtt; *Pterocephalus bretschneideri* (Bat.) Pritz.; Ⅰ, Ⅱ, Ⅶ; √

川续断
Dipsacus asper Wall. ex DC.; *Dipsacus asperoides* C. Y. Cheng et T. M. Ai; Ⅰ, Ⅱ, Ⅲ, Ⅳ, Ⅴ, Ⅵ, Ⅶ; √

鬼吹箫（中华风吹箫、华鬼吹箫、狭萼鬼吹箫）
Leycesteria formosa Wall.; *Leycesteria sinensis* Hemsl., *Leycesteria formosa* Wall. var. *stenosepala* Rehd.; Ⅰ, Ⅱ, Ⅲ, Ⅳ, Ⅴ, Ⅵ, Ⅶ; √

糯米条
Linnaea chinensis (R. Br.) A. Braun et Vatke;

Abelia chinensis R. Br.; II

莲梗花（小叶六道木）
★**Linnaea uniflora** (R. Br.) A. Braun et Vatke; *Abelia uniflora* R. Br., *Abelia parvifolia* Hemsl., *Abelia engleriana* (Graebn.) Rehd.; I，II，VII；√

云南双盾木
Linnaea yunnanensis (Franch.) Christenh.; *Dipelta yunnanensis* Franch.; II，V；√

淡红忍冬（毛萼忍冬、短柄忍冬）
Lonicera acuminata Wall.; *Lonicera trichosepala* (Rehder) P. S. Hsu, *Lonicera pampaninii* H. Lév.; I，II，VII

越桔叶忍冬（变种）（越桔忍冬）
Lonicera angustifolia Wall. ex DC. var. **myrtillus** (Hook. f. et Thomson) Q. E. Yang, Landrein, Borosova et Osborne; *Lonicera myrtillus* Hook. f. et Thomson; II，V，VII

西南忍冬
Lonicera bournei Hemsl.; V

长距忍冬
★**Lonicera calcarata** Hemsl.; I，II，IV，V，VI

须蕊忍冬（变种）
★**Lonicera chrysantha** Turcz. var. **koehneana** (Rehder) Q. E. Yang; I，II，III，VI，VII

锈毛忍冬
Lonicera ferruginea Rehd.; IV，V

刺续断（原亚种）
Lonicera hypoglauca Miq. subsp. **hypoglauca**; V

净花菰腺忍冬（亚种）
Lonicera hypoglauca Miq. subsp. **nudiflora** Hsu et H. J. Wang; V

忍冬*（金银花）
Lonicera japonica Thunb.

柳叶忍冬（光枝柳叶忍冬）
Lonicera lanceolata Wall.; *Lonicera lanceolata* Wall. var. *glabra* Chien ex Hsu et H. J. Wang; II，IV

女贞叶忍冬（原变种）（绢柳林忍冬）
Lonicera ligustrina Wall. var. **ligustrina**; *Lonicera virgultorum* W. W. Sm.; II，III，V

蕊帽忍冬（变种）（线叶蕊帽忍冬、条叶蕊帽忍冬）
★**Lonicera ligustrina** Wall. var. **pileata** (Oliv.) Franch.; *Lonicera pileata* Oliv. var. *linearis* Rehd., *Lonicera pileata* Oliv.; IV

亮叶忍冬（变种）
★**Lonicera ligustrina** Wall. var. **yunnanensis** Franch.; *Lonicera ligustrina* Wall. subsp. *yunnanensis* (Franch.) Hsu et H. J. Wang; I，II，IV，V，VI，VII

理塘忍冬
Lonicera litangensis Batalin; II

金银忍冬
Lonicera maackii (Rupr.) Maxim.; I，II，III，IV，V，VI，VII；√

黑果忍冬（柳叶忍冬）
Lonicera nigra L.; *Lonicera lanceolata* Wall.; II

岩生忍冬
Lonicera rupicola Hook. f. et Thomson; II

袋花忍冬
Lonicera saccata Rehd.; II

齿叶忍冬
Lonicera setifera Franch.; II

细毡毛忍冬（滇西忍冬、峨眉忍冬、异毛忍冬）
Lonicera similis Hemsl.; *Lonicera buchananii* Lace; I，II，III，IV，V，VII

唐古特忍冬（杯萼忍冬）
Lonicera tangutica Maxim.; *Lonicera inconspicua* Batal.; II，VII

云南忍冬（长睫毛忍冬）
★**Lonicera yunnanensis** Franch.; *Lonicera ciliosissima* C. Y. Wu ex Hsu et H. J. Wang; I，II，III，IV，VI，VII；√

白花刺续断（白花刺参）
★**Morina alba** Hand.-Mazz.; *Acanthocalyx alba* (Hand.-Mazz.) M. J. Cannon; II

刺续断（原亚种）（刺参）
Morina nepalensis D. Don subsp. **nepalensis**; *Acanthocalyx nepalensis* (D. Don) C. Cannon; II

大花刺参（亚种）
Morina nepalensis D. Don subsp. **delavayi** (Franch.) D. Y. Hong et L. M. Ma; *Acanthocalyx nepalensis* (D. Don) C. Cannon subsp. *delavayi* (Franch.) D. Y. Hong; II，VII

匙叶甘松（甘松香、甘松）
Nardostachys jatamansi (D. Don) DC.; *Nardostachys chinensis* Bat.; II

少蕊败酱
Patrinia monandra C. B. Clarke; II，V，VI，VII；√

败酱
Patrinia scabiosifolia Link; I，II，III，IV，V，VI，VII

墓头回
★**Patrinia heterophylla** Bunge; II

毛核木
★**Symphoricarpos sinensis** Rehd.; II, V, VII; √

穿心莛子藨
Triosteum himalayanum Wall.; II; √

双参（大花双参）
Triplostegia glandulifera Wall. ex DC.; *Triplostegia grandiflora* Gagnep.; I, II, III, IV, V, VI, VII

瑞香缬草
★**Valeriana daphniflora** Hand.-Mazz.; II, VII

柔垂缬草
Valeriana flaccidissima Maxim.; I, II, VI

长序缬草（岩参）
Valeriana hardwickei Wall.; I, II, IV, V, VI, VII; √

蜘蛛香（马蹄香）
Valeriana jatamansi Jones ex Roxb; I, II, III, IV, V, VI, VII; √

缬草
Valeriana officinalis L.; I, IV

窄裂缬草
★**Valeriana stenoptera** Diels; VII

南方六道木
★**Zabelia dielsii** (Graebn.) Makino; *Abelia dielsii* (Graebn.) Rehd.; VII

411 鞘柄木科 Toricelliaceae
[1 属 2 种]

角叶鞘柄木（原变种）
Torricellia angulata Oliv. var. **angulata**; II
有齿鞘柄木（变种）
Torricellia angulata Oliv. var. **intermedia** (Harms) Hu; I, II, VII

413 海桐科 Pittosporaceae
[1 属 10 种，含 1 栽培种]

短萼海桐
★**Pittosporum brevicalyx** (Oliv.) Gagnep.; I, II, III, IV, V, VI, VII

光叶海桐
Pittosporum glabratum Lindl.; II, III

异叶海桐
★**Pittosporum heterophyllum** Franch.; II, IV

羊脆木（杨翠木）
Pittosporum kerrii Craib; I, V, VI

昆明海桐
Pittosporum kunmingense H. T. Chang et S. Z.

Yan; I, VI

杜香叶海桐（带叶海桐）
Pittosporum ledoides (Hamd.-Mazz.) C. Y. Wu; *Pittosporum heterophyllum* Franch. var. *ledoides* Hamd.-Mazz.; VII

柄果海桐（原变种）
Pittosporum podocarpum Gagnep. var. **podocarpum**; I, II, III, IV, V, VI, VII

狭叶柄果海桐（变种）
Pittosporum podocarpum Gagnep. var. **angustatum** Gowda; I, III, IV, V, VI, VII

海桐*
Pittosporum tobira (Thunb.) W. T. Aiton

四子海桐
Pittosporum tonkinense Gagnep.; IV

414 五加科 Araliaceae
[15 属 49 种，含 4 栽培种]

野楤头（虎刺楤木、广东楤木）
Aralia armata (Wall. ex G. Don) Seem.; V, VI

浓紫龙眼独活
★**Aralia atropurpurea** Franch.; I, II, VII

黄毛楤木（原变种）（楤木）
★**Aralia chinensis** L. var. **chinensis**; I, II, III, IV, V, VI, VII; √

白背叶楤木（变种）
Aralia chinensis L. var. **nuda** Nakai; I, II

食用土当归*
Aralia cordata Thunb.

云南五叶参
★**Aralia delavayi** J. Wen; *Pentapanax yunnanensis* Franch.; II, VII

龙眼独活
★**Aralia fargesii** Franch.; I, II, V, VI, VII

总序五叶参
Aralia gigantea J. Wen; *Pentapanax racemosus* Seem.; V

羽叶参（五叶参、单序五叶参）
Aralia leschenaultii (DC.) J. Wen; *Pentapanax fragrans* (D. Don) T. D. Ha, *Pentapanax leschenaultii* (DC.) Seem.; II, VII

毛梗寄生羽叶参 （变种）
Aralia parasitica (D. Don) Buch.-Ham. ex Otto var. **khasianus** (C. B. Clarke) Huan C. Wang et F. Yang **comb. nov.**; *Pentapanax parasiticus* (D. Don) Seem. var. *khasianus* C. B. Clarke; I

粗毛楤木
Aralia searelliana Dunn；Ⅴ

锈毛五叶参
★Aralia wangshanensis (W. C. Cheng) Y. F. Deng；*Pentapanax henryi* Harms；Ⅰ，Ⅱ，Ⅲ，Ⅴ，Ⅶ；√

西南羽叶参（川西楤木、西南楤木）
★Aralia wilsonii Harms；*Pentapanax wilsonii* (Harms) C. B. Shang；Ⅰ，Ⅶ

云南龙眼独活
★Aralia yunnanensis Franch.；Ⅰ，Ⅴ，Ⅶ

狭叶罗伞（狭叶柏那参）
Brassaiopsis angustifolia K. M. Feng；Ⅴ，Ⅵ

纤齿罗伞（盘叶罗伞、盘叶柏那参）
Brassaiopsis ciliata Dunn；*Brassaiopsis fatsioides* Harms；Ⅲ，Ⅴ

罗伞（柏那参）
Brassaiopsis glomerulata (Blume) Regel；Ⅴ，Ⅵ，Ⅶ

浅裂罗伞（掌裂柏那参）
Brassaiopsis hainla (Buch.-Ham.) Seem.；Ⅴ

假榕叶罗伞（拟榕叶罗伞）
▲Brassaiopsis pseudoficifolia Lowry et C. B. Shang；Ⅴ

树参
Dendropanax dentiger (Harms) Merr.；Ⅴ，Ⅵ

细柱五加
★Eleutherococcus nodiflorus (Dunn) S. Y. Hu；*Acanthopanax gracilistylus* W. W. Sm.；Ⅲ

刚毛白簕
★Eleutherococcus setosus (H. L. Li) Y. R. Ling；*Acanthopanax trifoliatus* (L.) Merr. var. *setosus* H. L. Li；Ⅳ，Ⅴ

白簕
Eleutherococcus trifoliatus (L.) S. Y. Hu；*Acanthopanax trifoliatus* (L.) Merr.；Ⅰ，Ⅱ，Ⅲ，Ⅳ，Ⅴ，Ⅵ，Ⅶ

八角金盘*
Fatsia japonica (Thunb.) Decne. et Planch.

吴茱萸五加（变种）
Gamblea ciliata C. B. Clarke var. **evodiifolia** (Franch.) C. B. Shang, Lowry et Frodin；*Acanthopanax evodiaefolius* Franch.；Ⅱ，Ⅴ，Ⅵ

洋常春藤*
Hedera helix L.

常春藤（变种）
Hedera nepalensis K. Koch var. **sinensis** (Tobl.) Rehd.；Ⅰ，Ⅱ，Ⅲ，Ⅳ，Ⅴ，Ⅵ，Ⅶ；√

短序鹅掌柴
Heptapleurum bodinieri H. Lév.；*Schefflera bodinieri* (H. Lév.) Rehder；Ⅳ

中华鹅掌柴
★Heptapleurum chinense (Dunn) Y. F. Deng；*Schefflera chinensis* (Dunn) H. L. Li；Ⅴ

穗序鹅掌柴
Heptapleurum delavayi Franch.；*Schefflera delavayi* (Franch.) Harms；Ⅰ，Ⅱ，Ⅳ，Ⅴ，Ⅵ，Ⅶ

文山鹅掌柴
▲Heptapleurum fengii (C. J. Tseng et G. Hoo) Lowry et G. M. Plunkett；*Schefflera fengii* C. J. Tseng et G. Hoo；Ⅴ，Ⅵ

红河鹅掌柴
Heptapleurum hoi Dunn；*Schefflera hoi* (Dunn) R. Vig.；Ⅴ，Ⅵ

密脉鹅掌柴
Heptapleurum venulosum (Wight et Arn.) Seem.；*Schefflera venulosa* (Wight et Arn.) Harms, *Schefflera elliptica* (Blume) Harms, *Schefflera fukienensis* Merr.；Ⅰ，Ⅱ，Ⅲ，Ⅳ，Ⅴ，Ⅵ，Ⅶ

中华天胡荽（亚种）
Hydrocotyle hookeri (C. B. Clarke) Craib subsp. **chinensis** (Dunn ex R. H. Shan et S. L. Liou) M. F. Watson et M. L. Sheh；*Hydrocotyle chinensis* (Dunn) Craib；Ⅱ，Ⅳ，Ⅴ，Ⅵ，Ⅶ

普渡天胡荽（亚种）
★Hydrocotyle hookeri (C. B. Clarke) Craib subsp. **handelii** (H. Wolff) M. F. Watson et M. L. Sheh；*Hydrocotyle handelii* H. Wolff；Ⅱ，Ⅴ，Ⅵ；√

红马蹄草（乞食碗）
★Hydrocotyle javanica Thunb.；*Hydrocotyle nepalensis* Hook.；Ⅰ，Ⅳ，Ⅴ，Ⅵ

天胡荽
Hydrocotyle sibthorpioides Lam.；Ⅰ，Ⅱ，Ⅳ，Ⅴ，Ⅵ，Ⅶ

刺楸
Kalopanax septemlobus (Thunb.) Koidz.；Ⅰ，Ⅴ，Ⅶ

异叶梁王茶
Metapanax davidii (Franch.) J. Wen ex Frodin；*Nothopanax davidii* (Franch.) Harms ex Diels；Ⅰ，Ⅱ

梁王茶
Metapanax delavayi (Franch.) J. Wen et Frodin；*Nothopanax delavayi* (Franch.) Harms ex Diels；Ⅰ，Ⅱ，Ⅲ，Ⅳ，Ⅴ，Ⅵ，Ⅶ；√

竹节参（原变种）
Panax japonicus (T. Nees) C. A. Mey. var.

japonicus; Ⅱ, Ⅲ, Ⅴ, Ⅶ

疙瘩七（变种）
Panax japonicus (T. Nees) C. A. Mey. var. **bipinnatifidus** (Seem.) C. Y. Wu et Feng; Ⅱ

珠子参（变种）
Panax japonicus (T. Nees) C. A. Mey. var. **major** (Burkill) C. Y. Wu et K. M. Feng; Ⅱ, Ⅵ, Ⅶ

三七*
Panax notoginseng (Burkill) F. H. Chen

离柱鹅掌柴（拟白背叶鹅掌柴）
Schefflera hypoleucoides Harms; Ⅴ, Ⅵ

球序鹅掌柴
Schefflera pauciflora R. Vig.; *Schefflera glomerulata* H. L. Li; Ⅴ

瑞丽鹅掌柴
Schefflera shweliensis W. W. Sm.; Ⅱ, Ⅴ, Ⅵ

通脱木
★**Tetrapanax papyrifer** (Hook.) K. Koch; Ⅰ, Ⅱ, Ⅲ, Ⅳ, Ⅴ, Ⅵ, Ⅶ

刺通草
Trevesia palmata Vis.; Ⅳ

416 伞形科 **Umbelliferae**
[38 属 97 种，含 8 栽培种]

多变丝瓣芹
★**Acronema commutatum** H. Wolff; Ⅱ

厚叶丝瓣芹
★**Acronema crassifolium** Huan C. Wang, X. M. Zhou et Y. H. Wang; Ⅱ

锡金丝瓣芹
Acronema hookeri (C. B. Clarke) H. Wolff; Ⅰ, Ⅶ

阿坝当归（法落海）
★**Angelica apaensis** Shan et C. Q. Yuan; Ⅱ

东川当归
●**Angelica duclouxii** Fedde ex Wolff; Ⅱ

当归*
★**Angelica sinensis** (Oliv.) Diels

峨参
Anthriscus sylvestris (L.) Hoffm. Gen.; Ⅱ

旱芹#
Apium graveolens L.

唐松叶弓翅芹
★**Arcuatopterus thalictrioideus** M. L. Sheh et R. H. Shan; Ⅰ, Ⅱ

川滇柴胡
Bupleurum candollei Wall. ex DC.; Ⅰ, Ⅱ, Ⅳ, Ⅴ, Ⅶ

龙血树柴胡
Bupleurum dracaenoides Huan C. Wang, Z. R. He et H. Sun; Ⅱ

小柴胡（原变种）
Bupleurum hamiltonii N. P. Balakr. var. **hamiltonii**; *Bupleurum tenue* Buch.-Ham. ex D. Don; Ⅰ, Ⅱ, Ⅳ, Ⅴ, Ⅵ, Ⅶ; √

矮小柴胡（变种）
Bupleurum hamiltonii N. P. Balakr. var. **humile** (Franch.) R. H. Shan et M. L. Sheh; *Bupleurum tenue* Buch.-Ham. ex D. Don var. *humile* Franch.; Ⅰ, Ⅱ

韭叶柴胡
★**Bupleurum kunmingense** Ying Li et S. L. Pan; Ⅰ, Ⅳ

抱茎柴胡（变种）
★ **Bupleurum longicaule** Wall. ex DC. var. **amplexicaule** C. Y. Wu; Ⅱ, Ⅵ

竹叶柴胡（原变种）（竹叶防风）
Bupleurum marginatum Wall. ex DC. var. **marginatum**; Ⅰ, Ⅳ, Ⅵ; √

窄竹叶柴胡（变种）
Bupleurum marginatum Wall. ex DC. var. **stenophyllum** (H. Wolff) Shan et Y. Li; Ⅰ

多枝柴胡
★**Bupleurum polyclonum** Y. Li et S. L. Pan; Ⅱ

丽江柴胡
★**Bupleurum rockii** H. Wolff; Ⅰ, Ⅱ

云南柴胡
★**Bupleurum yunnanense** Franch.; Ⅱ, Ⅳ, Ⅶ

葛缕子*
Carum carvi L.

积雪草
Centella asiatica (L.) Urb.; Ⅰ, Ⅱ, Ⅲ, Ⅳ, Ⅴ, Ⅵ, Ⅶ; √

鹤庆矮泽芹
★**Chamaesium delavayi** (Franch.) R. H. Shan et S. L. Liou; Ⅱ

藁本*
Conioselinum anthriscoides (H. Boissieu) Pimenov et Kljuykov; *Ligusticum sinense* Oliv.

芫荽*
Coriandrum sativum L.

鸭儿芹
Cryptotaenia japonica Hassk.; Ⅱ, Ⅳ, Ⅶ; √

细叶旱芹#
Cyclospermum leptophyllum (Pers.) Sprague ex Britton et P. Wilson; *Apium leptophyllum* (Pers.) F. Muell.; √

野胡萝卜#（原变种）
Daucus carota L. var. **carota**; Ⅳ, Ⅴ

胡萝卜*（变种）
Daucus carota L. var. **sativa** Hoffm.

刺芹*（刺芫荽）
Eryngium foetidum L.

红前胡
Ferula rubricaulis Boiss.; *Peucedanum rubricaule* Shan et Sheh; Ⅰ, Ⅱ, Ⅲ

茴香*
Foeniculum vulgare Mill.

云南细裂芹
★**Harrysmithia franchetii** (M. Hiroe) M. L. Sheh; *Harrysmithia dissecta* (Franch.) H. Wolff; Ⅰ, Ⅱ, Ⅶ; √

印度独活
Heracleum barmanicum Kurz; Ⅱ, Ⅳ, Ⅵ

白亮独活（原变种）
Heracleum candicans Wall. ex DC. var. **candicans**; Ⅰ, Ⅱ, Ⅳ; √

钝叶独活（变种）
Heracleum candicans Wall. ex DC. var. **obtusifolium** (Wall. ex DC.) F. T. Pu et M. F. Watson; *Heracleum obtusifolium* Wall. ex DC.; Ⅰ, Ⅱ, Ⅳ

隆萼当归
▲**Heracleum oncosepalum** (Hand.-Mazz.) Pimenov et Kljuykov; *Angelica oncosepala* Hand.-Mazz.; Ⅰ

糙独活
★**Heracleum scabridum** Franch.; Ⅰ, Ⅱ, Ⅳ, Ⅵ, Ⅶ; √

永宁独活
★**Heracleum yungningense** Hand.-Mazz.; Ⅵ

二色棱子芹
★**Hymenidium bicolor** (Franch.) Pimenov et Kljuykov; *Pleurospermum bicolor* (Franch.) C. Norman ex Z. H. Pan et M. F. Watson; Ⅱ

西藏棱子芹
★**Hymenidium chloroleucum** (Diels) Pimenov et Kljuykov; *Pleurospermum hookeri* C. B. Clarke var.

thomsonii C. B. Clarke; Ⅱ

丽江棱子芹
★**Hymenidium foetens** (Franch.) Pimenov et Kljuykov; *Pleurospermum foetens* Franch.; Ⅱ

会泽前胡
★**Ligusticopsis acaulis** (R. H. Shan et M. L. Sheh) Pimenov; *Peucedanum acaule* Shan et Sheh; Ⅱ

短片藁本
★**Ligusticopsis brachyloba** (Franch.) Leute; *Ligusticum brachylobum* Franch.; Ⅰ, Ⅱ

羽苞藁本（大海藁本）
★**Ligusticopsis daucoides** (Franch.) Lavrova ex Pimenov et Kljuykov; *Ligusticum daucoides* (Franch.) Franch., *Ligusticum dielsianum* H. Wolff; Ⅰ, Ⅱ

毛藁本（长辐藁本）
★**Ligusticopsis hispida** (Franch.) Lavrova et Kljuykov; *Ligusticum hispidum* (Franch.) Wolff, *Ligusticum changii* M. Hiroe; Ⅰ, Ⅱ

多苞藁本
★**Ligusticopsis involucrata** (Franch.) Lavrova; *Ligusticum involucratum* Franch.; Ⅱ

尖叶藁本
★**Ligusticum acuminatum** Franch.; Ⅱ

川芎*
Ligusticum chuanxiong S. H. Qiu, Y. Q. Zeng, K. Y. Pan, Y. C. Tang et J. M. Xu

蕨叶藁本
★**Ligusticum pteridophyllum** Franch.; Ⅰ, Ⅱ, Ⅲ

滇芹（藏香叶芹）
★**Meeboldia yunnanensis** (H. Wolff) Constance et F. T. Pu ex S. L. Liou; *Sinodielsia yunnanensis* H. Wolff; Ⅰ, Ⅱ, Ⅶ; √

短辐水芹
Oenanthe benghalensis (DC.) Miq.; Ⅰ, Ⅱ, Ⅳ, Ⅴ, Ⅶ

水芹（原亚种）
Oenanthe javanica (Blume) DC. subsp. **javanica**; Ⅰ, Ⅱ, Ⅲ, Ⅳ, Ⅴ, Ⅵ, Ⅶ; √

卵叶水芹（亚种）
Oenanthe javanica (Blume) DC. subsp. **rosthornii** (Diels) F. T. Pu; *Oenanthe rosthornii* Diels; Ⅰ

线叶水芹（原亚种）（西南水芹）
Oenanthe linearis Wall. ex DC. subsp. **linearis**; *Oenanthe dielsii* H. Boiss.; Ⅱ, Ⅳ, Ⅵ, Ⅶ

蒙自水芹（亚种）
Oenanthe linearis Wall. ex DC. subsp. **rivularis** (Dunn) C. Y. Wu et F. T. Pu; *Oenanthe rivularis* Dunn; Ⅰ，Ⅱ

多裂叶水芹
Oenanthe thomsonii C. B. Clarke; Ⅱ

香根芹（疏叶香根芹）
Osmorhiza aristata (Thunb.) Rydb.; *Osmorhiza aristata* (Thunb.) Rydb. var. *laxa* (Royle) Constance et Shan; Ⅱ

毛前胡
★**Peucedanum pubescens** Hand.-Mazz.; Ⅱ，Ⅶ

云南前胡
★**Peucedanum yunnanense** H. Wolff; Ⅰ，Ⅱ

滇芎
★**Physospermopsis delavayi** (Franch.) H. Wolff; Ⅰ，Ⅱ，Ⅲ，Ⅳ，Ⅴ，Ⅵ，Ⅶ；√

丽江滇芎
Physospermopsis shaniana C. Y. Wu et F. T. Pu; *Physospermopsis forrestii* (Diels) C. Norman; Ⅱ

重波茴芹
★**Pimpinella bisinuata** Wolff; Ⅱ，Ⅵ

杏叶茴芹（原变种）（杏叶防风）
Pimpinella candolleana Wight et Arn. var. **candolleana**; Ⅰ，Ⅱ，Ⅳ，Ⅴ，Ⅵ，Ⅶ；√

圆叶茴芹（变种）
Pimpinella candolleana Wight et Arn. var. **rotundifolia** R. H. Shan et Z. H. Pan; Ⅶ

革叶茴芹
★**Pimpinella coriacea** (Franch.) H. Boiss.; Ⅰ，Ⅶ

绉叶茴芹
★**Pimpinella crispulifolia** H. Boiss.; Ⅱ，Ⅳ

异叶茴芹
Pimpinella diversifolia DC.; Ⅰ，Ⅳ，Ⅴ，Ⅵ，Ⅶ

细软茴芹（东川茴芹）
Pimpinella flaccida C. B. Clarke; *Pimpinella duclouxii* H. Boiss.; Ⅰ，Ⅱ

德钦茴芹（锥序茴芹、巍山茴芹）
Pimpinella kingdon-wardii H. Wolff; *Pimpinella thyrsiflora* H. Wolff, *Pimpinella weishanensis* Shan et Pu; Ⅶ

直立茴芹
★**Pimpinella smithii** H. Wolff; Ⅱ，Ⅵ

藏茴芹
Pimpinella tibetanica H. Wolff; Ⅰ，Ⅱ

乌蒙茴芹
★**Pimpinella urbaniana** Fedde ex H. Wolff; Ⅱ

云南茴芹
Pimpinella yunnanensis (Franch.) H. Wolff; Ⅱ，Ⅵ

楔叶囊瓣芹
★**Pternopetalum cuneifolium** (H. Wolff) Hand.-Mazz.; Ⅱ

澜沧囊瓣芹（华囊瓣芹）
★**Pternopetalum delavayi** (Franch.) Hand.-Mazz.; *Pternopetalum sinense* (Franch.) Hand.-Mazz.; Ⅰ，Ⅱ，Ⅶ

洱源囊瓣芹（变种）（圆齿囊瓣芹）
Pternopetalum molle (Franch.) Hand.-Mazz.; *Pternopetalum molle* (Franch.) Hand.-Mazz. var. *crenulatum* Shan et Pu; Ⅱ，Ⅴ，Ⅶ

东亚囊瓣芹（羊齿囊瓣芹）
Pternopetalum tanakae (Franch. et Sav.) Hand.-Mazz.; *Pternopetalum filicinum* (Franch.) Hand.-Mazz.; Ⅱ

五匹青
Pternopetalum vulgare (Dunn) Hand.-Mazz.; Ⅶ

归叶滇羌活
Pterocyclus angelicoides (DC.) Klotzsch; *Hymenolaena angelicoides* DC., *Pleurospermum angelicoides* (DC.) Benth. ex C. B. Clarke; Ⅱ

川滇变豆菜
★**Sanicula astrantiifolia** H. Wolff ex Kretsch.; Ⅰ，Ⅱ，Ⅳ，Ⅶ；√

软雀花
Sanicula elata Buch.-Ham. ex D. Don; Ⅱ，Ⅳ，Ⅴ；√

薄片变豆菜
Sanicula lamelligera Hance; Ⅱ

亮蛇床
★**Selinum cryptotaenium** H. Boiss.; Ⅰ，Ⅱ

多毛西风芹
★**Seseli delavayi** Franch.; Ⅴ，Ⅵ，Ⅶ

竹叶西风芹（原变种）（竹叶防风）
Seseli mairei H. Wolff var. **mairei**; Ⅰ，Ⅱ，Ⅲ，Ⅳ，Ⅴ，Ⅵ，Ⅶ；√

单叶西风芹（变种）
★**Seseli mairei** H. Wolff var. **simplicifolia** C. Y. Wu ex Shan et Sheh; Ⅶ

松叶西风芹
Seseli yunnanense Franch.; Ⅰ，Ⅴ，Ⅵ

紫茎小芹
Sinocarum coloratum (Diels) H. Wolff ex F. T.

Pu；Ⅴ

钝瓣小芹

Sinocarum cruciatum (Franch.) H. Wolff ex F. T. Pu；Ⅵ，Ⅶ

二管四带芹（二管独活）

Tetrataenium bivittatum (H. Boiss.) Manden.; *Heracleum bivittatum* H. Boiss.；Ⅰ

灰白四带芹（灰白独活）

Tetrataenium canescens (Lindl.) Manden.; *Heracleum canescens* Lindl.；Ⅰ

尼泊尔四带芹（尼泊尔独活）

Tetrataenium nepalense (D. Don) Manden.; *Heracleum nepalense* D. Don；Ⅱ

小窃衣

Torilis japonica (Houtt.) DC.；Ⅰ，Ⅱ，Ⅳ，Ⅴ，Ⅵ，Ⅶ；√

紫脉滇芎

Trachydium rubrinerve Franch.; *Physospermopsis rubrinervis* (Franch.) Norman；Ⅱ，Ⅳ

糙果芹（原变种）

★**Trachyspermum scaberulum** (Franch.) H. Wolff ex Hand.-Mazz. var. **scaberulum**；Ⅰ，Ⅱ，Ⅳ，Ⅴ，Ⅵ，Ⅶ；√

豚草叶糙果芹（变种）

★ **Trachyspermum scaberulum** (Franch.) H. Wolff ex Hand.-Mazz. var. **ambrosiifolium** (Franch.) Shan；Ⅱ，Ⅶ

参 考 文 献

包士英, 毛品一, 苑淑秀. 1995. 云南植物采集史略[M]. 北京: 中国科学技术出版社.

程捷, 刘学清, 高振纪, 等. 2001. 青藏高原隆升对云南高原环境的影响[J]. 现代地质, 15(3): 290-296.

郭勤峰. 1988. 滇中武定狮山植物区系地理的初步研究[J]. 云南植物研究, 10(2):183-200.

胡宗刚. 2018. 云南植物研究史略[M]. 上海: 上海交通大学出版社.

和积鉴. 1992. 昆明种子植物要览[M]. 昆明: 云南大学出版社.

黄素华. 1981. 昆明地区种子植物名录 (油印本) [M].

姜汉侨. 1980a. 云南植被分布的特点及其地带规律性[J]. 云南植物研究, 2(1): 22-32.

姜汉侨. 1980b. 云南植被分布的特点及其地带规律性[J]. 云南植物研究, 2(2): 142-151.

昆明市林业局, 云南大学生态学与地植物学研究所. 1998. 昆明植被[M]. 昆明: 云南科技出版社.

李海涛. 2008. 元江自然保护区种子植物区系研究[D]. 昆明: 西南林学院硕士学位论文.

李国昌, 孟广涛, 彭发寿, 等. 2010. 滇中紫溪山维管植物区系初步研究[J]. 林业勘查设计, (1): 65-69.

李锡文. 1995. 云南高原地区种子植物区系[J]. 云南植物研究, 17(1): 1-14.

李嵘, 孙航. 2017. 植物系统发育区系地理学研究: 以云南植物区系为例[J]. 生物多样性, 25(2): 195-203.

李朝阳, 杜凡, 姚莹, 等. 2010. 轿子山自然保护区杜鹃群落植物多样性研究[J]. 西南林学院学报, 30(3): 34-38.

明庆忠, 潘玉君. 2002. 对云南高原环境演化研究的重要性及环境演变的初步认知[J]. 地质力学学报 8(4): 361-368.

明庆忠, 童绍玉. 2016. 云南地理[M]. 北京: 北京师范大学出版社.

马兴达. 2017. 云南绿汁江流域种子植物区系地理学研究[D]. 昆明: 云南大学硕士学位论文.

吴根耀. 1992. 滇西北丽江-大理地区第四纪断裂活动的方式、机制及其对环境的影响[J]. 第四纪研究, (3): 265-276.

王焕冲. 2009. 轿子雪山及周边地区种子植物区系地理研究[D]. 昆明: 云南大学硕士学位论文.

王焕冲. 2020. 滇中地区野生植物识别手册[M]. 北京: 科学出版社.

王焕冲, 和兆荣. 2020. 云南高原常见野生植物手册[M]. 北京: 高等教育出版社.

王利松. 2003. 滇中小百草岭地区种子植物区系的初步研究[D]. 昆明: 中国科学院昆明植物研究所硕士学位论文.

王利松, 孔冬瑞, 马海英, 等. 2005. 滇中小百草岭种子植物区系的初步研究[J]. 云南植物研究, 27(2): 125-133

吴征镒, 孙航, 周浙昆, 等. 2010. 中国种子植物区系地理[M]. 北京: 科学出版社.

西南林学院, 云南林业厅. 1988-1991. 云南树木图志(上、中、下)[M]. 昆明: 云南科技出版社.

谢培信. 1996. 楚雄彝族自治州生物资源科学考察报告集—种子植物名录[M]. 昆明: 云南科技出版社.

叶文. 2017. 云南风景地理学[M]. 北京: 科学出版社.

杨一光. 1991. 云南省综合自然区划[M]. 北京: 高等教育出版社.

云南植被编写组. 1987. 云南植被[M]. 北京: 科学出版社.

朱维明. 1960. 昆明野生及习见栽培植物初步名录 (油印本) [M].

中国科学院植物研究所. 1972-1976. 中国高等植物图鉴(1~5 册)[M]. 北京: 科学出版社.

中国科学院昆明植物研究所. 1977-2006. 云南植物志(1~16 卷)[M]. 北京: 科学出版社.

中国科学院昆明植物研究所. 1984. 云南种子植物名录(上、下册)[M]. 昆明: 云南人民出版社

中国植物志编委会. 1959-2004. 中国植物志(1~80 卷)[M]. 北京: 科学出版社.

APG Ⅳ. 2016. An update of the Angiosperm Phylogeny Group classification for the orders and families of flowering plants [J]. Botanical Journal of the Linnean Society, 181(1): 1-20.

Christenhusz M. J., Reveal J. L., Farjon A., et al. 2011. A new classification and linear sequence of extant gymnosperms[J]. Phytotaxa, 19(1): 55-70.

GBIF. 2022. Global Biodiversity Information Facility. https://www.gbif.org [2022-4-5].

IPNI. 2022. International Plant Names Index. http://www.ipni.org [2022-4-5].

Mabberley D. J. 2017. Mabberley's Plant-Book: A Portable Dictionary of Plants, their Classification and Uses [M]. Cambridge: Cambridge University Press.

POWO. 2022. Plants of the World Online. http://www.plantsoftheworldonline.org [2022-4-5].

Stevens P. F. 2001. Angiosperm Phylogeny Website. Version 14, July 2017 [and more or less continuously updated since]. http://www.mobot.org/MOBOT/research/Apweb [2022-4-5].

Wu Z. Y., Ravan P. H. 1994-2013. Flora of China (Vol. 2-25) [M]. Beijing: Science Press & St. Louis: Missouri Botanical Garden.

科中文名索引

科学名索引